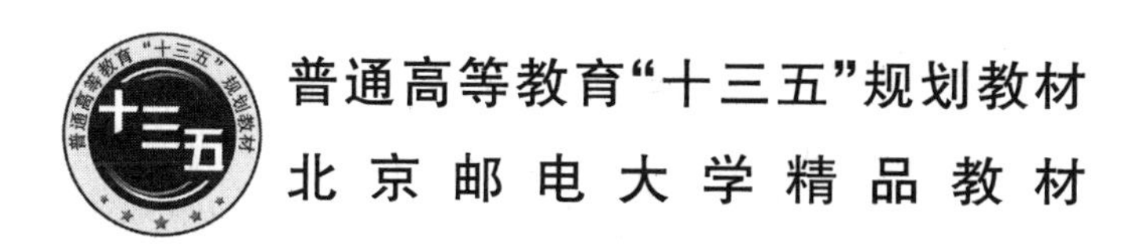

普通高等教育“十三五”规划教材

北京邮电大学精品教材

线性代数与几何学习辅导

（第2版）

刘吉佑　莫　骄　李亚杰　编

北京邮电大学出版社
www.buptpress.com

内容简介

本书是《线性代数与几何》第2版的配套教辅书，共分9章，内容包括行列式，矩阵，向量代数、平面与直线，向量组的线性相关性，线性方程组，特征值与特征向量，二次型，空间曲面与曲线，线性空间与线性变换。每章(除第9章外)内容分4个部分：内容提要、典型例题、练习题、练习题答案与提示。典型例题主要是该章常见题型的解题思路和方法，练习题答案与提示给出了练习题的答案、提示或较为详细的分析。

本书可作为高等工科院校非数学专业“线性代数与几何”课程的学习辅导书，也可供自学读者及有关科技工作者参考。

图书在版编目(CIP)数据

线性代数与几何学习辅导 / 刘吉佑，莫骄，李亚杰编. --2版. -- 北京：北京邮电大学出版社，2019.8 (2023.9重印)

ISBN 978-7-5635-4905-4

Ⅰ. ①线… Ⅱ. ①刘… ②莫… ③李… Ⅲ. ①线性代数—高等教育—教材②概率统计—高等教育—教材 Ⅳ. ①O151.2②O211

中国版本图书馆CIP数据核字(2016)第314683号

书　　名：线性代数与几何学习辅导(第2版)
编　　者：刘吉佑　莫　骄　李亚杰
责任编辑：孙宏颖
出版发行：北京邮电大学出版社
社　　址：北京市海淀区西土城路10号(邮编：100876)
发 行 部：电话：010-62282185　传真：010-62283578
E-mail：publish@bupt.edu.cn
经　　销：各地新华书店
印　　刷：唐山玺诚印务有限公司
开　　本：787 mm×1 092 mm　1/16
印　　张：12.75
字　　数：327千字
版　　次：2014年10月第1版　2019年8月第2版　2023年9月第4次印刷

ISBN 978-7-5635-4905-4　　定　价：32.00元

第2版前言

《线性代数与几何学习辅导（第1版）》（以下简称“第1版”）自出版至今，已连续5年作为北京邮电大学“线性代数与几何”课程与教材配套的辅导书，供全校各专业学生使用。第1版的编写内容对“线性代数与几何”课程的课堂教学内容进行了补充，为学生学习和掌握课程知识提供了指导和帮助。

虽然第1版在使用过程中效果良好，但是其内容还是存在有待完善之处。为此，编者编写并出版了《线性代数与几何学习辅导（第2版）》（以下简称“第2版”）。第2版保留了第1版的框架结构，对第1版的部分内容作了修改和补充，删减了第1版中难度较大的例题。第2版的编写与出版，力求以更科学严谨的内容和类型丰富、难易适度的例题，有效地促进学生学习好“线性代数与几何”这门课程。

本书的再版得到了北京邮电大学教务处、北京邮电大学理学院数学系的大力支持，在此一并表示衷心的感谢！

编　者

第1版前言

本书是专为北京邮电大学出版社2012年出版的教材《线性代数与几何(第1版)》(以下简称"教材")配套编写的辅导用书。参照教材,本书共分为9章,各章名称均与教材相同。每章分"内容提要"与"典型例题"两部分对本章知识作系统、全面的介绍。每章的"内容提要"对本章教材中的主要概念、结论与方法进行了归纳总结;"典型例题"以填空题、单项选择题、解答题、证明题的形式列举了与本章知识有关的主要问题及处理方法。每章(除第9章)在"典型例题"之后还提供了练习题及练习题答案与提示。

对初入大学的学生来说,线性代数课程内容抽象、逻辑严密,它的研究工具——矩阵——陌生而又难以驾驭,同时对其特有的跳跃、离散的思维推理方式也较难适应。再加上这门课程学时甚少,课堂上教师的引领有限,更是增加了学习这门课程的难度。本书的编写旨在为学生学习线性代数课程提供帮助。为此,本书在典型例题的选取上,力求类型丰富、覆盖知识全面、代表性强而且有难易层次,其中既有简单直接的基本问题,又有融合了诸多知识点的综合问题,这些例题是对课堂教学的有效补充。希望读者既能通过基本问题熟悉一般的概念和方法,又能通过综合问题注意各种概念和方法的相互渗透,学好这门课程。

在本书的编写和出版过程中,北京邮电大学教务处、北京邮电大学理学院数学系给予了大力支持,编者在此表示诚挚的谢意。由于编者水平有限,加之时间仓促,书中不当和错误之处在所难免,在此先向读者致歉并恳请读者批评指正。

编　者

第1版前言

[illegible]

编　者

目　　录

第一章　行列式

一、内容提要

（一）全排列及其逆序数

自然数 $1,2,\cdots,n$ 按一定次序排成一行，称为一个 n 元排列，n 元排列的个数为 $n!$。

在一个 n 元排列中，若一个大的数排在一个小的数的前面，则称这两个数之间构成一个逆序。一个排列中所有逆序的总数称为这个排列的逆序数。

n 元排列 $p_1p_2\cdots p_n$ 的逆序数记为 $\tau(p_1p_2\cdots p_n)$。

逆序数为奇数的排列称为奇排列，逆序数为偶数的排列称为偶排列。将一个排列中任意两个数位置互换，其余的数位置不动，就称对此排列作一次对换。

对换改变排列的奇偶性。

（二）n 阶行列式的定义

由 n^2 个数 $a_{ij}(i=1,2,\cdots,n;j=1,2,\cdots,n)$ 组成的 n 阶行列式为

$$D=\begin{vmatrix} a_{11} & a_{12} & \cdots & a_{1n} \\ a_{21} & a_{22} & \cdots & a_{2n} \\ \vdots & \vdots & & \vdots \\ a_{n1} & a_{n2} & \cdots & a_{nn} \end{vmatrix}=\sum(-1)^{\tau(p_1p_2\cdots p_n)}a_{1p_1}a_{2p_2}\cdots a_{np_n} \tag{1-1}$$

简记为 $D=\det(a_{ij})$，其中 $\sum$ 表示对所有 n 元排列求和，式(1-1)右端称为 n 阶行列式的展开式。其中 $(-1)^{\tau(p_1p_2\cdots p_n)}a_{1p_1}a_{2p_2}\cdots a_{np_n}$ 中的每一个元素取自 D 中不同的行和列，行标排成自然排列，相应的列标是 $1,2,3,\cdots,n$ 的一个 n 元排列 $p_1p_2\cdots p_n$。若 $p_1p_2\cdots p_n$ 是偶排列，则该排列对应的项取正号；若是奇排列，则取负号，每一项的符号用 $(-1)^{\tau(p_1p_2\cdots p_n)}$ 表示。n 阶行列式 D 是 $n!$ 个乘积项的和。

（三）行列式的性质

性质 1　行列式与它的转置行列式相等，即 $D^{\mathrm{T}}=D$。

性质 2　交换行列式的任意两行(列)，行列式的值改变符号。

性质 3　行列式的某一行(列)中所有元素都乘以同一个数 k，等于用数 k 乘此行列式，即

$$\begin{vmatrix} a_{11} & a_{12} & \cdots & a_{1n} \\ \vdots & \vdots & & \vdots \\ ka_{i1} & ka_{i2} & \cdots & ka_{in} \\ \vdots & \vdots & & \vdots \\ a_{n1} & a_{n2} & \cdots & a_{nn} \end{vmatrix} = k\begin{vmatrix} a_{11} & a_{12} & \cdots & a_{1n} \\ \vdots & \vdots & & \vdots \\ a_{i1} & a_{i2} & \cdots & a_{in} \\ \vdots & \vdots & & \vdots \\ a_{n1} & a_{n2} & \cdots & a_{nn} \end{vmatrix}$$

性质 4　如果行列式中某两行(列)的元素成比例，则此行列式的值等于零。

性质 5　如果行列式的某一行元素都是两个数之和，则此行列式可以表示为两个行列式之和,即

$$D=\begin{vmatrix} a_{11} & a_{12} & \cdots & a_{1n} \\ \vdots & \vdots & & \vdots \\ a_{i1}+b_{i1} & a_{i2}+b_{i2} & \cdots & a_{in}+b_{in} \\ \vdots & \vdots & & \vdots \\ a_{n1} & a_{n2} & \cdots & a_{nn} \end{vmatrix} = \begin{vmatrix} a_{11} & a_{12} & \cdots & a_{1n} \\ \vdots & \vdots & & \vdots \\ a_{i1} & a_{i2} & \cdots & a_{in} \\ \vdots & \vdots & & \vdots \\ a_{n1} & a_{n2} & \cdots & a_{nn} \end{vmatrix} + \begin{vmatrix} a_{11} & a_{12} & \cdots & a_{1n} \\ \vdots & \vdots & & \vdots \\ b_{i1} & b_{i2} & \cdots & b_{in} \\ \vdots & \vdots & & \vdots \\ a_{n1} & a_{n2} & \cdots & a_{nn} \end{vmatrix}$$

性质 6　将行列式的某一行(列)的所有数乘以同一个数后加到另一行(列)对应元素上，行列式的值不变。

(四) 行列式的展开定理

① 余子式：在行列式 D 中，去掉元素 a_{ij} 所在的第 i 行和第 j 列，由剩下元素按原来的位置顺序组成的 $n-1$ 阶行列式称为元素 a_{ij} 的余子式，记作 M_{ij}。

② 代数余子式：元素 a_{ij} 的余子式 M_{ij} 带上正负号 $(-1)^{i+j}$ 后的式子称为 a_{ij} 的代数余子式，记为 A_{ij}，即 $A_{ij}=(-1)^{i+j}M_{ij}$。

③ 行列式按一行(列)的展开定理：行列式等于它的任一行(列)的各元素与其对应的代数余子式的乘积之和，即

$$D=a_{i1}A_{i1}+a_{i2}A_{i2}+\cdots+a_{in}A_{in}\quad (i=1,2,\cdots,n)$$

或

$$D=a_{1j}A_{1j}+a_{2j}A_{2j}+\cdots+a_{nj}A_{nj}\quad (j=1,2,\cdots,n)$$

④ 行列式某一行(列)的元素与另一行(列)的对应元素的代数余子式的乘积之和等于零，即

$$a_{i1}A_{j1}+a_{i2}A_{j2}+\cdots+a_{in}A_{jn}=0\quad (i\neq j)$$

或

$$a_{1i}A_{1j}+a_{2i}A_{2j}+\cdots+a_{ni}A_{nj}=0\quad (i\neq j)$$

(五) 克拉默法则

定理　若 n 个方程 n 个未知量的非齐次线性方程组

$$\begin{cases} a_{11}x_1+a_{12}x_2+\cdots+a_{1n}x_n=b_1 \\ a_{21}x_1+a_{22}x_2+\cdots+a_{2n}x_n=b_2 \\ \qquad\qquad\vdots \\ a_{n1}x_1+a_{n2}x_2+\cdots+a_{nn}x_n=b_n \end{cases}$$

的系数行列式 $D=\det(a_{ij})\neq 0$,则方程组必有唯一解

$$x_j=\frac{D_j}{D}\quad (j=1,2,\cdots,n)$$

其中,D_j 是将系数行列式 D 中第 j 列元素 $a_{1j},a_{2j},\cdots,a_{nj}$ 对应地换为方程组的常数项 $b_1,b_2,\cdots,b_n$ 得到的行列式。

推论：若 n 元齐次线性方程组

$$\begin{cases}a_{11}x_1+a_{12}x_2+\cdots+a_{1n}x_n=0\\ a_{21}x_1+a_{22}x_2+\cdots+a_{2n}x_n=0\\ \qquad\vdots\\ a_{n1}x_1+a_{n2}x_2+\cdots+a_{nn}x_n=0\end{cases}$$

的系数行列式 $D\neq0$，则方程组有唯一的零解。

反之，若齐次线性方程组有非零解，则其系数行列式 $D=0$。

二、典型例题

【例 1】 求排列 $135\cdots(2n-1)(2n)(2n-2)\cdots42$ 的逆序数,并确定它的奇偶性。

【解】 在这个排列中，前 $n+1$ 个数 $1,3,5,\cdots,2n-1,2n$ 中的每一个数与它前面的数都没有逆序。第 $n+2$ 个数 $2n-2$ 的前面有 2 个数 $2n-1,2n$ 比它大，组成 2 个逆序，第 $n+3$ 个数 $2n-4$ 的前面有 4 个数 $2n-3,2n-1,2n$ 和 $2n-2$ 比它大，组成 4 个逆序，依次类推，得

$$\begin{aligned}\tau[135\cdots(2n-1)(2n)(2n-2)\cdots42]&=0+\cdots+0+2+4+\cdots+(2n-4)+(2n-2)\\&=2[1+2+\cdots+(n-2)+(n-1)]\\&=n(n-1)\end{aligned}$$

由于 n 和 $n-1$ 中一定有一个数为偶数，从而 $n(n-1)$ 为偶数，这个排列为偶排列。

【例 2】 选择 k 与 l，使 $a_{26}a_{5k}a_{33}a_{4l}a_{64}a_{12}$ 在 6 阶行列式中带有负号。

【解】 将行标排成自然排列，由于 $a_{26}a_{5k}a_{33}a_{4l}a_{64}a_{12}=a_{12}a_{26}a_{33}a_{4l}a_{5k}a_{64}$，要使其带有负号，则列标排列 $263lk4$ 为奇排列。由于 k 与 l 的选择只能是 $k=1,l=5$ 或 $k=5,l=1$，当 $k=1$，$l=5$ 时，$\tau(263lk4)=\tau(263514)=1+1+4+2=8$,所以要使排列 263154 为奇排列，应取 $k=5,l=1$。

【例 3】 用行列式定义计算行列式

$$\begin{vmatrix}x-1&4&3&1\\2&x-2&3&1\\7&9&x&0\\5&3&1&x-1\end{vmatrix}$$

展开式中 x^4 与 x^3 项的系数。

【解】 若先将行列式展开再求系数，则很烦琐，所以不妨按定义直接考虑，由于行列式中每一项都是由不同行、不同列元素的乘积组成的，因而所给行列式的展开式中 x^4 与 x^3 项只能在对角线上的 4 个元素相乘这一项的展开式中出现。由于 $(x-1)(x-2)x(x-1)=x^4-4x^3+\cdots$，故 x^4 项的系数为 1，x^3 项的系数为 -4。

【例 4】 已知 $\begin{vmatrix}a_1&b_1&c_1\\a_2&b_2&c_2\\a_3&b_3&c_3\end{vmatrix}=m$，则 $\begin{vmatrix}a_1+2b_1&b_1+2c_1&c_1+2a_1\\a_2+2b_2&b_2+2c_2&c_2+2a_2\\a_3+2b_3&b_3+2c_3&c_3+2a_3\end{vmatrix}$ 等于(　)。

(A) m　　(B) $3m$　　(C) $6m$　　(D) $9m$

【答】 应选(D)。

【解】

$$\begin{vmatrix} a_1+2b_1 & b_1+2c_1 & c_1+2a_1 \\ a_2+2b_2 & b_2+2c_2 & c_2+2a_2 \\ a_3+2b_3 & b_3+2c_3 & c_3+2a_3 \end{vmatrix} = \begin{vmatrix} a_1 & b_1+2c_1 & c_1+2a_1 \\ a_2 & b_2+2c_2 & c_2+2a_2 \\ a_3 & b_3+2c_3 & c_3+2a_3 \end{vmatrix} + 2\begin{vmatrix} b_1 & b_1+2c_1 & c_1+2a_1 \\ b_2 & b_2+2c_2 & c_2+2a_2 \\ b_3 & b_3+2c_3 & c_3+2a_3 \end{vmatrix}$$

$$= \begin{vmatrix} a_1 & b_1+2c_1 & c_1 \\ a_2 & b_2+2c_2 & c_2 \\ a_3 & b_3+2c_3 & c_3 \end{vmatrix} + 2\begin{vmatrix} b_1 & 2c_1 & c_1+2a_1 \\ b_2 & 2c_2 & c_2+2a_2 \\ b_3 & 2c_3 & c_3+2a_3 \end{vmatrix}$$

$$= \begin{vmatrix} a_1 & b_1 & c_1 \\ a_2 & b_2 & c_2 \\ a_3 & b_3 & c_3 \end{vmatrix} + 2\begin{vmatrix} b_1 & 2c_1 & 2a_1 \\ b_2 & 2c_2 & 2a_2 \\ b_3 & 2c_3 & 2a_3 \end{vmatrix}$$

$$= \begin{vmatrix} a_1 & b_1 & c_1 \\ a_2 & b_2 & c_2 \\ a_3 & b_3 & c_3 \end{vmatrix} + 8\begin{vmatrix} b_1 & c_1 & a_1 \\ b_2 & c_2 & a_2 \\ b_3 & c_3 & a_3 \end{vmatrix}$$

$$= 9\begin{vmatrix} a_1 & b_1 & c_1 \\ a_2 & b_2 & c_2 \\ a_3 & b_3 & c_3 \end{vmatrix} = 9m$$

【例 5】 计算 n 阶行列式

$$D_n = \begin{vmatrix} 1+a_1 & 1 & \cdots & 1 \\ 1 & 1+a_2 & \cdots & 1 \\ \vdots & \vdots & & \vdots \\ 1 & 1 & \cdots & 1+a_n \end{vmatrix}$$

其中 $a_1a_2\cdots a_n \neq 0$。

【解】 从第 1 行到第 n 行，依次提出公因子 $a_1, a_2, \cdots, a_n$，得

$$D_n = a_1a_2\cdots a_n \begin{vmatrix} 1+\frac{1}{a_1} & \frac{1}{a_1} & \cdots & \frac{1}{a_1} \\ \frac{1}{a_2} & 1+\frac{1}{a_2} & \cdots & \frac{1}{a_2} \\ \vdots & \vdots & & \vdots \\ \frac{1}{a_n} & \frac{1}{a_n} & \cdots & 1+\frac{1}{a_n} \end{vmatrix}$$

由于上述行列式的每列元素之和均为 $1+\sum\limits_{i=1}^{n}\frac{1}{a_i}$，所以从第 2 行起各行都加到第 1 行并提出公因子 $1+\sum\limits_{i=1}^{n}\frac{1}{a_i}$，得

$$D_n = a_1a_2\cdots a_n\left(1+\sum_{i=1}^{n}\frac{1}{a_i}\right)\begin{vmatrix} 1 & 1 & \cdots & 1 \\ \frac{1}{a_2} & 1+\frac{1}{a_2} & \cdots & \frac{1}{a_2} \\ \vdots & \vdots & & \vdots \\ \frac{1}{a_n} & \frac{1}{a_n} & \cdots & 1+\frac{1}{a_n} \end{vmatrix}$$

第 1 行分别乘$-\frac{1}{a_i}$后加到第 i 行，$i=2,3,\cdots,n$，得

$$D_n=a_1a_2\cdots a_n\left(1+\sum_{i=1}^{n}\frac{1}{a_i}\right)\begin{vmatrix}1&1&\cdots&1\\0&1&\cdots&0\\\vdots&\vdots&&\vdots\\0&0&\cdots&1\end{vmatrix}=a_1a_2\cdots a_n\left(1+\sum_{i=1}^{n}\frac{1}{a_i}\right)$$

【例 6】 计算 n 阶行列式 $D_n=\begin{vmatrix}1&1&1&\cdots&1\\1&2&0&\cdots&0\\1&0&3&\cdots&0\\\vdots&\vdots&\vdots&&\vdots\\1&0&0&\cdots&n\end{vmatrix}$。

【解】 注意该行列式的特点，将第 j 列($j=2,3,\cdots,n$)的$-\frac{1}{j}$倍加到第 1 列上，可将该行列式化成上三角行列式。

$$D_n=\begin{vmatrix}1-\sum\limits_{j=2}^{n}\frac{1}{j}&1&1&\cdots&1\\0&2&0&\cdots&0\\0&0&3&\cdots&0\\\vdots&\vdots&\vdots&&\vdots\\0&0&0&\cdots&n\end{vmatrix}=\left(1-\sum_{j=2}^{n}\frac{1}{j}\right)\cdot n!$$

【例 7】 计算 n 阶行列式 $D_n=\begin{vmatrix}x_1&a_2&a_3&\cdots&a_n\\a_1&x_2&a_3&\cdots&a_n\\a_1&a_2&x_3&\cdots&a_n\\\vdots&\vdots&\vdots&&\vdots\\a_1&a_2&a_3&\cdots&x_n\end{vmatrix}$，$x_i\neq a_i,i=1,2,\cdots,n$。

【解法 1】 利用行列式的性质将其化成类似于例 6 形式的行列式。将第 1 行的-1倍加到其他各行上去，得到

$$D_n=\begin{vmatrix}x_1&a_2&a_3&\cdots&a_n\\a_1-x_1&x_2-a_2&0&\cdots&0\\a_1-x_1&0&x_3-a_3&\cdots&0\\\vdots&\vdots&\vdots&&\vdots\\a_1-x_1&0&0&\cdots&x_n-a_n\end{vmatrix}$$

在第 $j(j=1,2,\cdots,n)$列中提出 x_j-a_j，得

$$D_n=(x_1-a_1)\cdots(x_n-a_n)\begin{vmatrix}\frac{x_1}{x_1-a_1}&\frac{a_2}{x_2-a_2}&\frac{a_3}{x_3-a_3}&\cdots&\frac{a_n}{x_n-a_n}\\-1&1&0&\cdots&0\\-1&0&1&\cdots&0\\\vdots&\vdots&\vdots&&\vdots\\-1&0&0&\cdots&1\end{vmatrix}$$

$$D_n=\prod_{j=1}^{n}(x_j-a_j)\begin{vmatrix}1+\sum\limits_{k=1}^{n}\dfrac{a_k}{x_k-a_k} & \dfrac{a_2}{x_2-a_2} & \dfrac{a_3}{x_3-a_3} & \cdots & \dfrac{a_n}{x_n-a_n}\\ 0 & 1 & 0 & \cdots & 0\\ 0 & 0 & 1 & \cdots & 0\\ \vdots & \vdots & \vdots & & \vdots\\ 0 & 0 & 0 & \cdots & 1\end{vmatrix}$$

$$=\left(1+\sum_{k=1}^{n}\frac{a_k}{x_k-a_k}\right)\cdot\prod_{j=1}^{n}(x_j-a_j)$$

【解法 2】 (利用加边法)。D_n 除了对角线上的元素外，任一列的其余元素都是相同的。可以在原行列式的基础上增加一行一列，并在保持原行列式值不变的情况下计算行列式的值。

$$D_n=\begin{vmatrix}1 & a_1 & a_2 & a_3 & \cdots & a_n\\ 0 & x_1 & a_2 & a_3 & \cdots & a_n\\ 0 & a_1 & x_2 & a_3 & \cdots & a_n\\ 0 & a_1 & a_2 & x_3 & \cdots & a_n\\ \vdots & \vdots & \vdots & \vdots & & \vdots\\ 0 & a_1 & a_2 & a_3 & \cdots & x_n\end{vmatrix}=\begin{vmatrix}1 & a_1 & a_2 & a_3 & \cdots & a_n\\ -1 & x_1-a_1 & 0 & 0 & \cdots & 0\\ -1 & 0 & x_2-a_2 & 0 & \cdots & 0\\ -1 & 0 & 0 & x_3-a_3 & \cdots & 0\\ \vdots & \vdots & \vdots & \vdots & & \vdots\\ -1 & 0 & 0 & 0 & \cdots & x_n-a_n\end{vmatrix}$$

$$=\begin{vmatrix}1+\sum\limits_{k=1}^{n}\dfrac{a_k}{x_k-a_k} & a_1 & a_2 & a_3 & \cdots & a_n\\ 0 & x_1-a_1 & 0 & 0 & \cdots & 0\\ 0 & 0 & x_2-a_2 & 0 & \cdots & 0\\ 0 & 0 & 0 & x_3-a_3 & \cdots & 0\\ \vdots & \vdots & \vdots & \vdots & & \vdots\\ 0 & 0 & 0 & 0 & \cdots & x_n-a_n\end{vmatrix}$$

$$=\left(1+\sum_{k=1}^{n}\frac{a_k}{x_k-a_k}\right)\cdot\prod_{j=1}^{n}(x_j-a_j)$$

【例 8】 计算行列式 $\begin{vmatrix}1 & 1 & 1 & 1\\ a & b & c & d\\ a^2 & b^2 & c^2 & d^2\\ a^4 & b^4 & c^4 & d^4\end{vmatrix}$。

【解法 1】 行列式的第 3 行乘以 $-a^2$ 加到第 4 行，第 2 行乘以 $-a$ 加到第 3 行，第 1 行乘以 $-a$ 加到第 2 行，得

$$\begin{vmatrix}1 & 1 & 1 & 1\\ a & b & c & d\\ a^2 & b^2 & c^2 & d^2\\ a^4 & b^4 & c^4 & d^4\end{vmatrix}=\begin{vmatrix}1 & 1 & 1 & 1\\ 0 & b-a & c-a & d-a\\ 0 & b(b-a) & c(c-a) & d(d-a)\\ 0 & b^2(b^2-a^2) & c^2(c^2-a^2) & d^2(d^2-a^2)\end{vmatrix}$$

$$=(b-a)(c-a)(d-a)\begin{vmatrix}1 & 1 & 1\\ b & c & d\\ b^2(b+a) & c^2(c+a) & d^2(d+a)\end{vmatrix}$$

$$=(b-a)(c-a)(d-a)\begin{vmatrix}1 & 1 & 1\\0 & c-b & d-b\\0 & c(c-b)(c+b+a) & d(d-b)(d+b+a)\end{vmatrix}$$

$$=(b-a)(c-a)(d-a)(c-b)(d-b)\begin{vmatrix}1 & 1\\c(c+b+a) & d(d+b+a)\end{vmatrix}$$

$$=(b-a)(c-a)(d-a)(c-b)(d-b)(d-c)(a+b+c+d)$$

【解法 2】 此行列式与范德蒙德(Vandermonde)行列式比较接近,构造下面的范德蒙德行列式:

$$f(x)=\begin{vmatrix}1 & 1 & 1 & 1 & 1\\a & b & c & d & x\\a^2 & b^2 & c^2 & d^2 & x^2\\a^3 & b^3 & c^3 & d^3 & x^3\\a^4 & b^4 & c^4 & d^4 & x^4\end{vmatrix}$$

所求行列式即上述行列式中元素 x^3 的余子式。因此,由 $A_{45}=(-1)^{4+5}M_{45}=-M_{45}$ 知,所求行列式为此范德蒙德行列式按最后一列展开所得 x 的多项式 $f(x)$ 中 x^3 的系数的 -1 倍。由于

$$f(x)=\begin{vmatrix}1 & 1 & 1 & 1 & 1\\a & b & c & d & x\\a^2 & b^2 & c^2 & d^2 & x^2\\a^3 & b^3 & c^3 & d^3 & x^3\\a^4 & b^4 & c^4 & d^4 & x^4\end{vmatrix}$$

$$=(x-a)(x-b)(x-c)(x-d)(d-a)(d-b)(d-c)(c-a)(c-b)(b-a)$$

$$=[x^4-(a+b+c+d)x^3+\cdots+abcd](d-a)(d-b)(d-c)(c-a)(c-b)(b-a)$$

所以所求行列式为 $(b-a)(c-a)(d-a)(c-b)(d-b)(d-c)(a+b+c+d)$。

【例 9】 计算 n 阶行列式

$$D_n=\begin{vmatrix}9 & 5 & 0 & \cdots & 0 & 0\\4 & 9 & 5 & \cdots & 0 & 0\\0 & 4 & 9 & \cdots & 0 & 0\\\vdots & \vdots & \vdots & & \vdots & \vdots\\0 & 0 & 0 & \cdots & 9 & 5\\0 & 0 & 0 & \cdots & 4 & 9\end{vmatrix}$$

【解】 按第一行展开,得

$$D_n=9D_{n-1}-20D_{n-2}$$

由此得

$$D_n-4D_{n-1}=5(D_{n-1}-4D_{n-2})$$
$$=5^2(D_{n-2}-4D_{n-3})=\cdots=5^{n-2}(D_2-4D_1)$$

因为 $D_2=\begin{vmatrix}9 & 5\\4 & 9\end{vmatrix}=61,D_1=|9|=9$,所以

$$D_n-4D_{n-1}=5^{n-2}\cdot 5^2=5^n \tag{1-2}$$

同理可得

$$D_n-5D_{n-1}=4^n \tag{1-3}$$

由式(1-2)与式(1-3)得

$$D_n=5^{n+1}-4^{n+1}$$

【例10】 计算 n 阶行列式

$$D_n=\begin{vmatrix}1 & 2 & 3 & 4 & \cdots & n\\ x & 1 & 2 & 3 & \cdots & n-1\\ x & x & 1 & 2 & \cdots & n-2\\ \vdots & \vdots & \vdots & \vdots & & \vdots\\ x & x & x & x & \cdots & 1\end{vmatrix}$$

【解】 从第2行开始,每行乘-1后加到上一行,得

$$D_n=\begin{vmatrix}1-x & 1 & 1 & 1 & \cdots & 1 & 1\\ 0 & 1-x & 1 & 1 & \cdots & 1 & 1\\ 0 & 0 & 1-x & 1 & \cdots & 1 & 1\\ \vdots & \vdots & \vdots & \vdots & & \vdots & \vdots\\ 0 & 0 & 0 & 0 & \cdots & 1-x & 1\\ x & x & x & x & \cdots & x & 1\end{vmatrix}$$

从第 $n-1$ 列开始,依次用前一列乘-1后加到后一列,得

$$D_n=\begin{vmatrix}1-x & x & 0 & 0 & \cdots & 0 & 0\\ 0 & 1-x & x & 0 & \cdots & 0 & 0\\ 0 & 0 & 1-x & x & \cdots & 0 & 0\\ \vdots & \vdots & \vdots & \vdots & & \vdots & \vdots\\ 0 & 0 & 0 & 0 & \cdots & 1-x & x\\ x & 0 & 0 & 0 & \cdots & 0 & 1-x\end{vmatrix}$$

按第一列展开,得

$$D_n=(1-x)\begin{vmatrix}1-x & x & 0 & \cdots & 0\\ 0 & 1-x & x & \cdots & 0\\ \vdots & \vdots & \vdots & & \vdots\\ 0 & 0 & 0 & \cdots & 1-x\end{vmatrix}+x(-1)^{n+1}\begin{vmatrix}x & 0 & 0 & \cdots & 0\\ 1-x & x & 0 & \cdots & 0\\ \vdots & \vdots & \vdots & & \vdots\\ 0 & 0 & 0 & \cdots & x\end{vmatrix}$$

$$=(1-x)^n+(-1)^{n+1}x^n$$

$$=(-1)^n[(x-1)^n-x^n]$$

【例11】 计算 $n+1$ 阶行列式

$$D_{n+1}=\begin{vmatrix}a & -1 & 0 & \cdots & 0\\ ax & a & -1 & \cdots & 0\\ ax^2 & ax & a & \cdots & 0\\ \vdots & \vdots & \vdots & & \vdots\\ ax^n & ax^{n-1} & ax^{n-2} & \cdots & a\end{vmatrix}$$

【解】 将所给行列式按第1行展开,得

$$D_{n+1}=aD_n+(-1)^{1+2}(-1)\begin{vmatrix}ax & -1 & \cdots & 0\\ ax^2 & a & \cdots & 0\\ \vdots & \vdots & & \vdots\\ ax^n & ax^{n-2} & \cdots & a\end{vmatrix}$$

$$
\begin{aligned}
&= aD_n + xD_n \qquad (\text{上式右端行列式第一列提出公因子 } x) \\
&= (a+x)D_n \\
&= (a+x)(a+x)D_{n-1} \\
&\cdots \\
&= (a+x)^{n-1}D_2 \\
&= (a+x)^{n-1}\begin{vmatrix} a & -1 \\ ax & a \end{vmatrix} \\
&= a(a+x)^n
\end{aligned}
$$

【例 12】 计算 $2n$ 阶行列式

$$
D_{2n}=\begin{vmatrix}
a_n & & & & & & & b_n \\
& a_{n-1} & & & & & b_{n-1} & \\
& & \ddots & & & \unicode{x22F0} & & \\
& & & a_1 & b_1 & & & \\
& & & c_1 & d_1 & & & \\
& & \unicode{x22F0} & & & \ddots & & \\
& c_{n-1} & & & & & d_{n-1} & \\
c_n & & & & & & & d_n
\end{vmatrix}
$$

【解】 按第 1 行展开

$$
D_{2n}=a_n\begin{vmatrix}
a_{n-1} & & & & & b_{n-1} & 0 \\
& \ddots & & & \unicode{x22F0} & & \\
& & a_1 & b_1 & & & \\
& & c_1 & d_1 & & & \\
& \unicode{x22F0} & & & \ddots & & \\
c_{n-1} & & & & & d_{n-1} & 0 \\
0 & & & & & 0 & d_n
\end{vmatrix}
+b_n(-1)^{1+2n}\begin{vmatrix}
0 & a_{n-1} & & & & & b_{n-1} \\
& & \ddots & & & \unicode{x22F0} & \\
& & & a_1 & b_1 & & \\
& & & c_1 & d_1 & & \\
& & \unicode{x22F0} & & & \ddots & \\
0 & c_{n-1} & & & & & d_{n-1} \\
c_n & 0 & & & & & 0
\end{vmatrix}
$$

把这两个 $2n-1$ 阶行列式再按最后一行展开，得

$$
\begin{aligned}
D_{2n} &= a_nd_nD_{2n-2} - b_n\,(-1)^{(2n-1)+1}c_nD_{2n-2} \\
&= a_nd_nD_{2n-2} - b_nc_nD_{2n-2} \\
&= (a_nd_n - b_nc_n)D_{2(n-1)}
\end{aligned}
$$

由此递推公式，得

$$
\begin{aligned}
D_{2n} &= (a_nd_n - b_nc_n)D_{2(n-1)} \\
&= (a_nd_n - b_nc_n)(a_{n-1}d_{n-1} - b_{n-1}c_{n-1})D_{2(n-2)} \\
&\cdots \\
&= (a_nd_n - b_nc_n)\cdots(a_2d_2 - b_2c_2)D_2 \\
&= (a_nd_n - b_nc_n)\cdots(a_2d_2 - b_2c_2)\begin{vmatrix} a_1 & b_1 \\ c_1 & d_1 \end{vmatrix} \\
&= \prod_{i=1}^{n}(a_id_i - b_ic_i)
\end{aligned}
$$

【例 13】 计算行列式

$$D_n=\begin{vmatrix} 1 & 1 & 1 & \cdots & 1 \\ 2 & 2^2 & 2^3 & \cdots & 2^n \\ 3 & 3^2 & 3^3 & \cdots & 3^n \\ \vdots & \vdots & \vdots & & \vdots \\ n & n^2 & n^3 & \cdots & n^n \end{vmatrix}$$

【解】 从第 2,3,…,n 行提出公因子,得

$$D_n=n!\begin{vmatrix} 1 & 1 & 1 & \cdots & 1 \\ 1 & 2 & 2^2 & \cdots & 2^{n-1} \\ 1 & 3 & 3^2 & \cdots & 3^{n-1} \\ \vdots & \vdots & \vdots & & \vdots \\ 1 & n & n^2 & \cdots & n^{n-1} \end{vmatrix}=n!\begin{vmatrix} 1 & 1 & 1 & \cdots & 1 \\ 1 & 2 & 3 & \cdots & n \\ 1 & 2^2 & 3^2 & \cdots & n^2 \\ \vdots & \vdots & \vdots & & \vdots \\ 1 & 2^{n-1} & 3^{n-1} & \cdots & n^{n-1} \end{vmatrix}$$

由范德蒙德行列式,得

$$\begin{aligned} D_n &= n!\ (n-1)(n-2)\cdots[n-(n-1)][(n-1)-1]\cdots[(n-1)-(n-2)]\cdots \\ &\quad (3-2)(3-1)(2-1) \\ &= n!\ (n-1)!\ (n-2)!\ \cdots 2!\ 1! \end{aligned}$$

【例 14】 计算 $n+1$ 阶行列式

$$D_{n+1}=\begin{vmatrix} a_1^n & a_1^{n-1}b_1 & a_1^{n-2}b_1^2 & \cdots & a_1b_1^{n-1} & b_1^n \\ a_2^n & a_2^{n-1}b_2 & a_2^{n-2}b_2^2 & \cdots & a_2b_2^{n-1} & b_2^n \\ \vdots & \vdots & \vdots & & \vdots & \vdots \\ a_{n+1}^n & a_{n+1}^{n-1}b_{n+1} & a_{n+1}^{n-2}b_{n+1}^2 & \cdots & a_{n+1}b_{n+1}^{n-1} & b_{n+1}^n \end{vmatrix}$$

其中 $a_i\neq 0,i=1,2,\cdots,n+1$。

【解】 此行列式中从左到右各列 a_i 按降次幂排列,b_i 按升次幂排列,从第 1 行提出 a_1^n,从第 2 行提出 a_2^n,…,从第 $n+1$ 行提出 a_{n+1}^n,再将所得的行列式转置转化成标准形式的范德蒙德行列式,即

$$D_{n+1}=\prod_{i=1}^{n+1}a_i^n\begin{vmatrix} 1 & 1 & \cdots & 1 \\ \dfrac{b_1}{a_1} & \dfrac{b_2}{a_2} & \cdots & \dfrac{b_{n+1}}{a_{n+1}} \\ \left(\dfrac{b_1}{a_1}\right)^2 & \left(\dfrac{b_2}{a_2}\right)^2 & \cdots & \left(\dfrac{b_{n+1}}{a_{n+1}}\right)^2 \\ \vdots & \vdots & & \vdots \\ \left(\dfrac{b_1}{a_1}\right)^n & \left(\dfrac{b_2}{a_2}\right)^n & \cdots & \left(\dfrac{b_{n+1}}{a_{n+1}}\right)^n \end{vmatrix}$$

$$=\prod_{i=1}^{n+1}a_i^n\cdot\prod_{1\leqslant j<i\leqslant n+1}\left(\frac{b_i}{a_i}-\frac{b_j}{a_j}\right)$$

$$=\prod_{1\leqslant j<i\leqslant n+1}(b_ia_j-a_ib_j)$$

【例 15】 设

$$D=\begin{vmatrix} 2 & 1 & -3 & 5 \\ 1 & 1 & 1 & 2 \\ 4 & 2 & 3 & 1 \\ 2 & 5 & 1 & 3 \end{vmatrix}$$

计算 $A_{41}+A_{42}+A_{43}+A_{44}$,其中 $A_{4j}(j=1,2,3,4)$是元素 a_{4j} 的代数余子式。

分析：$A_{4j}(j=1,2,3,4)$是第 4 行元素的代数余子式，其值只与第 1,2,3 行元素有关，与第 4 行元素无关，适于构造一个新的行列式计算 $A_{41}+A_{42}+A_{43}+A_{44}$的值。

【解】 将 D 的第 4 行元素全改为 1，第 1,2,3 行元素不变，得到新的行列式$\overline{D}$，应用行列式按行展开定理，将$\overline{D}$按第 4 行展开，其值即为 $A_{41}+A_{42}+A_{43}+A_{44}$，即

$$A_{41}+A_{42}+A_{43}+A_{44}=\overline{D}=\begin{vmatrix}2&1&-3&5\\1&1&1&2\\4&2&3&1\\1&1&1&1\end{vmatrix}=\begin{vmatrix}2&1&-3&5\\0&0&0&1\\4&2&3&1\\1&1&1&1\end{vmatrix}$$

$$=(-1)^{2+4}\begin{vmatrix}2&1&-3\\4&2&3\\1&1&1\end{vmatrix}=\begin{vmatrix}2&-1&-5\\4&-2&-1\\1&0&0\end{vmatrix}=\begin{vmatrix}-1&-5\\-2&-1\end{vmatrix}=-9$$

【例 16】 若 n 阶行列式的元素满足条件 $a_{ji}=-a_{ij}(i,j=1,2,\cdots,n)$，则称此行列式为 n 阶反对称行列式。证明奇数阶反对称行列式的值为零。

【证明】 设 $D_n=|a_{ij}|$为 n 阶反对称行列式，则由各行提出-1，得

$$D_n=(-1)^n|-a_{ij}|=(-1)^n|a_{ji}|=-D_n^{\mathrm{T}}$$

其中 D_n^{T} 是 D_n 的转置行列式，由于 $D_n^{\mathrm{T}}=D_n$，故有 $D_n=-D_n$，所以 $D_n=0$。

【例 17】 计算 n 阶行列式

$$D_n=\begin{vmatrix}a_1&a_2&\cdots&a_{n-1}&a_n+\lambda\\a_1&a_2&\cdots&a_{n-1}+\lambda&a_n\\\vdots&\vdots&&\vdots&\vdots\\a_1&a_2+\lambda&\cdots&a_{n-1}&a_n\\a_1+\lambda&a_2&\cdots&a_{n-1}&a_n\end{vmatrix}$$

【解】 将行列式的第 $2,3,\cdots,n$ 列都加到第 1 列，得

$$D_n=\begin{vmatrix}\lambda+\sum_{i=1}^{n}a_i&a_2&\cdots&a_{n-1}&a_n+\lambda\\\lambda+\sum_{i=1}^{n}a_i&a_2&\cdots&a_{n-1}+\lambda&a_n\\\vdots&\vdots&&\vdots&\vdots\\\lambda+\sum_{i=1}^{n}a_i&a_2+\lambda&\cdots&a_{n-1}&a_n\\\lambda+\sum_{i=1}^{n}a_i&a_2&\cdots&a_{n-1}&a_n\end{vmatrix}$$

$$=\left(\lambda+\sum_{i=1}^{n}a_i\right)\begin{vmatrix}1&a_2&\cdots&a_{n-1}&a_n+\lambda\\1&a_2&\cdots&a_{n-1}+\lambda&a_n\\\vdots&\vdots&&\vdots&\vdots\\1&a_2+\lambda&\cdots&a_{n-1}&a_n\\1&a_2&\cdots&a_{n-1}&a_n\end{vmatrix}$$

再将上述行列式的第 1 列分别乘以$-a_i$ 加到第 $i(i=2,3,\cdots,n)$列，得

$$D_n=\left(\lambda+\sum_{i=1}^n a_i\right)\begin{vmatrix}1 & 0 & \cdots & 0 & \lambda\\ 1 & 0 & \cdots & \lambda & 0\\ \vdots & \vdots & & \vdots & \vdots\\ 1 & \lambda & \cdots & 0 & 0\\ 1 & 0 & \cdots & 0 & 0\end{vmatrix}=\left(\lambda+\sum_{i=1}^n a_i\right)(-1)^{\frac{n(n-1)}{2}}\lambda^{n-1}$$

【例 18】 设 $a_{ij}=|i-j|(i,j=1,2,\cdots,n)$，证明 n 阶行列式 $D_n=|a_{ij}|=(-1)^{n-1}2^{n-2}(n-1)$。

【证明】 由 $a_{ij}=|i-j|(i,j=1,2,\cdots,n)$，得

$$D_n=\begin{vmatrix}0 & 1 & 2 & \cdots & n-1\\ 1 & 0 & 1 & \cdots & n-2\\ 2 & 1 & 0 & \cdots & n-3\\ \vdots & \vdots & \vdots & & \vdots\\ n-1 & n-2 & n-3 & \cdots & 0\end{vmatrix}$$

将第 $i+1$ 行的 -1 倍加到第 i 行上去($i=1,2,\cdots,n-1$)，得到

$$D_n=\begin{vmatrix}-1 & 1 & 1 & \cdots & 1\\ -1 & -1 & 1 & \cdots & 1\\ -1 & -1 & -1 & \cdots & 1\\ \vdots & \vdots & \vdots & & \vdots\\ n-1 & n-2 & n-3 & \cdots & 0\end{vmatrix}$$

再将第 1 列分别加到其余各列上去，得

$$D_n=\begin{vmatrix}-1 & 0 & 0 & \cdots & 0\\ -1 & -2 & 0 & \cdots & 0\\ -1 & -2 & -2 & \cdots & 0\\ \vdots & \vdots & \vdots & & \vdots\\ n-1 & 2n-3 & 2n-4 & \cdots & n-1\end{vmatrix}=(-1)^{n-1}2^{n-2}(n-1)$$

【例 19】 计算 n 阶行列式

$$D_n=\begin{vmatrix}\alpha+\beta & \beta & 0 & \cdots & 0 & 0\\ \alpha & \alpha+\beta & \beta & \cdots & 0 & 0\\ 0 & \alpha & \alpha+\beta & \cdots & 0 & 0\\ \vdots & \vdots & \vdots & & \vdots & \vdots\\ 0 & 0 & 0 & \cdots & \alpha+\beta & \beta\\ 0 & 0 & 0 & \cdots & \alpha & \alpha+\beta\end{vmatrix}$$

【解】 先计算低阶行列式，再利用数学归纳法推出一般的 n 阶行列式的值。

$$D_1=\alpha+\beta$$

$$D_2=\begin{vmatrix}\alpha+\beta & \beta\\ \alpha & \alpha+\beta\end{vmatrix}=\alpha^2+\alpha\beta+\beta^2$$

$$D_3=\begin{vmatrix}\alpha+\beta & \beta & 0\\ \alpha & \alpha+\beta & \beta\\ 0 & \alpha & \alpha+\beta\end{vmatrix}=\alpha^3+\alpha^2\beta+\alpha\beta^2+\beta^3$$

由此推测 $D_n=\alpha^n+\alpha^{n-1}\beta+\alpha^{n-2}\beta^2+\cdots+\alpha\beta^{n-1}+\beta^n$。下面用数学归纳法进行证明。

当 $n=1$ 时，$D_1=\alpha+\beta$，结论成立。

假设结论对小于等于 $n-1$ 的自然数都成立，下面证明 n 的情形。将 D_n 按第 1 列展开。

$$D_n=(\alpha+\beta)\begin{vmatrix}\alpha+\beta & \beta & \cdots & 0 & 0\\ \alpha & \alpha+\beta & \cdots & 0 & 0\\ \vdots & \vdots & & \vdots & \vdots\\ 0 & 0 & \cdots & \alpha+\beta & \beta\\ 0 & 0 & \cdots & \alpha & \alpha+\beta\end{vmatrix}+$$

$$\alpha(-1)^{2+1}\begin{vmatrix}\beta & 0 & \cdots & 0 & 0\\ \alpha & \alpha+\beta & \cdots & 0 & 0\\ \vdots & \vdots & & \vdots & \vdots\\ 0 & 0 & \cdots & \alpha+\beta & \beta\\ 0 & 0 & \cdots & \alpha & \alpha+\beta\end{vmatrix} \tag{1-4}$$

再将式(1-4)右端的第 2 个行列式按第 1 行展开，得

$$\begin{aligned}D_n&=(\alpha+\beta)D_{n-1}-\alpha\beta D_{n-2}\\&=(\alpha+\beta)(\alpha^{n-1}+\alpha^{n-2}\beta+\cdots+\alpha\beta^{n-2}+\beta^{n-1})-\alpha\beta(\alpha^{n-2}+\alpha^{n-3}\beta+\cdots+\alpha\beta^{n-3}+\beta^{n-2})\\&=\alpha^n+\alpha^{n-1}\beta+\alpha^{n-2}\beta^2+\cdots+\alpha\beta^{n-1}+\beta^n\end{aligned}$$

由数学归纳法知结论成立。

所以有

$$D_n=\begin{cases}(n+1)\alpha^n, \alpha=\beta\\ \dfrac{\alpha^{n+1}-\beta^{n+1}}{\alpha-\beta}, \alpha\neq\beta\end{cases}$$

【例 20】 设 n 阶行列式

$$D=\begin{vmatrix}1 & -1 & -1 & \cdots & -1 & -1\\ 1 & 1 & -1 & \cdots & -1 & -1\\ 1 & 1 & 1 & \cdots & -1 & -1\\ \vdots & \vdots & \vdots & & \vdots & \vdots\\ 1 & 1 & 1 & \cdots & 1 & -1\\ 1 & 1 & 1 & \cdots & 1 & 1\end{vmatrix}$$

求 D 的展开式中的正项总数。

【解】 由于 D 中的元素都是 ±1，因此 D 的展开式的 $n!$ 项中，每一项不是 1 就是 -1，设展开式中正项总数为 p，负项总数为 q，那么有

$$\begin{cases}D=p-q\\ n!=p+q\end{cases}\Rightarrow p=\frac{1}{2}(D+n!)$$

下面计算 D，用第 n 行分别加到其他各行，得

$$D=\begin{vmatrix}2 & 0 & 0 & \cdots & 0 & 0\\ 2 & 2 & 0 & \cdots & 0 & 0\\ 2 & 2 & 2 & \cdots & 0 & 0\\ \vdots & \vdots & \vdots & & \vdots & \vdots\\ 2 & 2 & 2 & \cdots & 2 & 0\\ 1 & 1 & 1 & \cdots & 1 & 1\end{vmatrix}=2^{n-1}$$

所以 $p=\dfrac{1}{2}(2^{n-1}+n!)$。

【例 21】 若齐次线性方程组

$$\begin{cases} x_1 - x_2 - x_3 + kx_4 = 0 \\ -x_1 + x_2 + kx_3 - x_4 = 0 \\ -x_1 + kx_2 + x_3 - x_4 = 0 \\ kx_1 - x_2 - x_3 + x_4 = 0 \end{cases}$$

有非零解,求 k 的值。

【解】

$$D = \begin{vmatrix} 1 & -1 & -1 & k \\ -1 & 1 & k & -1 \\ -1 & k & 1 & -1 \\ k & -1 & -1 & 1 \end{vmatrix} = \begin{vmatrix} 1 & -1 & -1 & k \\ 0 & 0 & k-1 & k-1 \\ 0 & k-1 & 0 & k-1 \\ 0 & k-1 & k-1 & 1-k^2 \end{vmatrix}$$

$$= \begin{vmatrix} 0 & k-1 & k-1 \\ k-1 & 0 & k-1 \\ k-1 & k-1 & 1-k^2 \end{vmatrix} = (k-1)^3 \begin{vmatrix} 0 & 1 & 1 \\ 1 & 0 & 1 \\ 1 & 1 & -k-1 \end{vmatrix}$$

$$= (k-1)^3(k+3)$$

若该齐次线性方程组有非零解,则系数行列式必为零,即 $D=0$,从而 $k=1$ 或 $k=-3$。

【例 22】 设 $f(x)=c_0+c_1x+c_2x^2+\cdots+c_nx^n$。若 $f(x)$ 有 $n+1$ 个不同的零点,证明 $f(x)$ 是零多项式。

分析:$f(x)$ 由 $n+1$ 个系数 $c_0,c_1,\cdots,c_n$ 完全确定,$f(x)$ 是零多项式当且仅当 $c_0=c_1=\cdots=c_n=0$。若 $f(x)$ 有 $n+1$ 个不同的零点 $a_i\,(i=1,2,\cdots,n+1)$,则由 $f(a_i)=0\ (i=1,2,\cdots,n,n+1)$,可得 $n+1$ 个未知数 $c_0,c_1,\cdots,c_n$ 和 $n+1$ 个方程的齐次线性方程组,再利用 Cramer(克拉默)法则求解。

【证明】 设 $a_i(i=1,2,\cdots,n+1)$ 是 $f(x)$ 的 $n+1$ 个不同的根,即 $f(a_i)=0\ (i=1,2,\cdots,n,n+1)$ 且 $a_i\neq a_j\,(i\neq j)$,由此得齐次线性方程组

$$\begin{cases} c_0+c_1a_1+c_2a_1^2+\cdots+c_na_1^n=0 \\ c_0+c_1a_2+c_2a_2^2+\cdots+c_na_2^n=0 \\ \qquad\qquad\vdots \\ c_0+c_1a_{n+1}+c_2a_{n+1}^2+\cdots+c_na_{n+1}^n=0 \end{cases}$$

该方程组的系数行列式是范德蒙德行列式的转置,即

$$D=\begin{vmatrix} 1 & a_1 & a_1^2 & \cdots & a_1^n \\ 1 & a_2 & a_2^2 & \cdots & a_2^n \\ \vdots & \vdots & \vdots & & \vdots \\ 1 & a_{n+1} & a_{n+1}^2 & \cdots & a_{n+1}^n \end{vmatrix} = \prod_{1\leqslant i<j\leqslant n+1}(a_j-a_i)\neq 0$$

由 Cramer 法则可知,上述方程组只有唯一的零解,即 $c_0=c_1=\cdots=c_n=0$,故 $f(x)\equiv 0$。

【例 23】 解线性方程组

$$\begin{cases} x_1+ax_2+a^2x_3=a^3 \\ x_1+bx_2+b^2x_3=b^3 \\ x_1+cx_2+c^2x_3=c^3 \end{cases}$$

其中 a,b,c 是互不相同的常数。

【解】 方程组的系数行列式为

$$D=\begin{vmatrix}1 & a & a^2\\1 & b & b^2\\1 & c & c^2\end{vmatrix}=(b-a)(c-a)(c-b)\neq 0$$

由克拉默法则知方程组有唯一解。又

$$D_1=\begin{vmatrix}a^3 & a & a^2\\b^3 & b & b^2\\c^3 & c & c^2\end{vmatrix}=abc\begin{vmatrix}a^2 & 1 & a\\b^2 & 1 & b\\c^2 & 1 & c\end{vmatrix}=abc(b-a)(c-a)(c-b)$$

$$\begin{aligned}D_2&=\begin{vmatrix}1 & a^3 & a^2\\1 & b^3 & b^2\\1 & c^3 & c^2\end{vmatrix}=\begin{vmatrix}1 & a^3 & a^2\\0 & b^3-a^3 & b^2-a^2\\0 & c^3-a^3 & c^2-a^2\end{vmatrix}\\&=(b^3-a^3)(c^2-a^2)-(b^2-a^2)(c^3-a^3)\\&=-(b-a)(c-a)(c-b)(ab+ac+bc)\end{aligned}$$

$$D_3=\begin{vmatrix}1 & a & a^3\\1 & b & b^3\\1 & c & c^3\end{vmatrix}=(b-a)(c-a)(c-b)(a+b+c)$$

方程组的唯一解为

$$x_1=\frac{D_1}{D}=abc,\quad x_2=\frac{D_2}{D}=-(ab+ac+bc),\quad x_3=\frac{D_3}{D}=a+b+c$$

三、练习题

（一）填空题

1. $\begin{vmatrix}1 & 1 & 1 & 0\\1 & 1 & 0 & 1\\1 & 0 & 1 & 1\\0 & 1 & 1 & 1\end{vmatrix}=$________________。

2. $\begin{vmatrix}0 & 0 & 0 & 1\\0 & 0 & 1 & 0\\0 & 1 & 0 & 0\\1 & 0 & 0 & 0\end{vmatrix}=$________________。

3. $\begin{vmatrix}1 & 2 & 3\\99 & 201 & 298\\4 & 5 & 6\end{vmatrix}=$________________。

4. 设$\begin{vmatrix}a_{11} & a_{12} & a_{13}\\a_{21} & a_{22} & a_{23}\\a_{31} & a_{32} & a_{33}\end{vmatrix}=\delta\neq 0$，则$\begin{vmatrix}3a_{11} & 4a_{11}-a_{12} & -a_{13}\\3a_{21} & 4a_{21}-a_{22} & -a_{23}\\3a_{31} & 4a_{31}-a_{32} & -a_{33}\end{vmatrix}=$________________。

5. 设 $F(x)=x(x-1)(x-2)\cdots(x-n+1)$，则

$$D=\begin{vmatrix} F(0) & F(1) & F(2) & \cdots & F(n-1) & F(n) \\ F(1) & F(2) & F(3) & \cdots & F(n) & F(n+1) \\ F(2) & F(3) & F(4) & \cdots & F(n+1) & F(n+2) \\ \vdots & \vdots & \vdots & & \vdots & \vdots \\ F(n) & F(n+1) & F(n+2) & \cdots & F(2n-1) & F(2n) \end{vmatrix}=\underline{\qquad\qquad}。$$

6. 如果 5 阶行列式 D_5 中每一列上的 5 个元素之和都等于零，则 $D_5=$__________。

7. 若 $a_i\neq 0(i=1,2,3,4)$，则 $\begin{vmatrix} a_1 & 0 & 0 & 1 \\ 0 & a_2 & 0 & 0 \\ 0 & 0 & a_3 & 0 \\ 1 & 0 & 0 & a_4 \end{vmatrix}=$__________。

8. $\begin{vmatrix} a_1 & 0 & 0 & b_1 \\ 0 & a_2 & b_2 & 0 \\ 0 & b_3 & a_3 & 0 \\ b_4 & 0 & 0 & a_4 \end{vmatrix}=$__________。

9. 若 $\begin{vmatrix} 1 & 0 & 2 \\ x & 3 & 1 \\ 4 & x & 5 \end{vmatrix}$ 的代数余子式 $A_{12}=-1$，则代数余子式 $A_{21}=$__________。

10. 已知 4 阶行列式 D 的第 2 列元素为 $-2,3,1,2$，且对应的余子式为 $4,-1,2,-2$，则行列式 $D=$__________。

11. 已知 4 阶行列式 D 中第 2 行上的元素分别为 $-1,0,2,4$，第 4 行上的元素的余子式分别为 $5,10,a,4$，则 a 的值为__________。

12. 设 4 阶行列式 $D=\begin{vmatrix} a & b & c & d \\ c & b & d & a \\ d & b & c & a \\ a & b & d & c \end{vmatrix}$，则 $A_{14}+A_{24}+A_{34}+A_{44}=$______。

13. 4 阶行列式 $D_4=\begin{vmatrix} 1-a & a & 0 & 0 \\ -1 & 1-a & a & 0 \\ 0 & -1 & 1-a & a \\ 0 & 0 & -1 & 1-a \end{vmatrix}=$__________。

14. 已知 $D_n=\begin{vmatrix} a_1 & 1 & 0 & \cdots & 0 & 0 \\ -1 & a_2 & 1 & \cdots & 0 & 0 \\ 0 & -1 & a_3 & \cdots & 0 & 0 \\ \vdots & \vdots & \vdots & & \vdots & \vdots \\ 0 & 0 & 0 & \cdots & a_{n-1} & 1 \\ 0 & 0 & 0 & \cdots & -1 & a_n \end{vmatrix}=a_nD_{n-1}+kD_{n-2}$，则 $k=$________。

15. 齐次线性方程组 $\begin{cases} kx_1+x_2-x_3=0 \\ x_1+kx_2-x_3=0 \\ 2x_1-x_2+x_3=0 \end{cases}$ 有非零解，则 $k=$__________。

（二）选择题

1. 若$\begin{vmatrix} a_1 & a_2 & a_3 \\ b_1 & b_2 & b_3 \\ c_1 & c_2 & c_3 \end{vmatrix}=m$，则$\begin{vmatrix} a_1 & 2c_1-5b_1 & 3b_1 \\ a_2 & 2c_2-5b_2 & 3b_2 \\ a_3 & 2c_3-5b_3 & 3b_3 \end{vmatrix}=$(　　)。

(A) $30m$　　(B) $-15m$　　(C) $6m$　　(D) $-6m$

2. 多项式 $p(x)=\begin{vmatrix} a_{11}+x & a_{12}+x & a_{13}+x & a_{14}+x \\ a_{21}+x & a_{22}+x & a_{23}+x & a_{24}+x \\ a_{31}+x & a_{32}+x & a_{33}+x & a_{34}+x \\ a_{41}+x & a_{42}+x & a_{43}+x & a_{44}+x \end{vmatrix}$的实根的个数为(　　)。

(A) 1　　(B) 2　　(C) 3　　(D) 4

3. 方程 $f(x)=\begin{vmatrix} x-2 & x-1 & x-2 & x-3 \\ 2x-2 & 2x-1 & 2x-2 & 2x-3 \\ 3x-3 & 3x-2 & 4x-5 & 3x-5 \\ 4x & 4x-3 & 5x-7 & 4x-3 \end{vmatrix}=0$ 的根的个数为(　　)。

(A) 1　　(B) 2　　(C) 3　　(D) 4

4. 行列式$\begin{vmatrix} a & b & a+b \\ b & a+b & a \\ a+b & a & b \end{vmatrix}$等于(　　)。

(A) $(a+b)^3-3a^2b$　　(B) $2(a^3+b^3)$

(C) $-2(a^3+b^3)$　　(D) $3a^2b-(a+b)^3$

5. 已知$\begin{vmatrix} a_{11} & a_{12} & a_{13} \\ a_{21} & a_{22} & a_{23} \\ a_{31} & a_{32} & a_{33} \end{vmatrix}=m$，则$\begin{vmatrix} a_{21} & a_{22} & a_{23} \\ 2a_{31}-a_{11} & 2a_{32}-a_{12} & 2a_{33}-a_{13} \\ 2a_{11}+a_{21} & 2a_{12}+a_{22} & 2a_{13}+a_{23} \end{vmatrix}$等于(　　)。

(A) $-4m$　　(B) $-2m$　　(C) $2m$　　(D) $4m$

6. 设 $D_4=\begin{vmatrix} a_{11} & a_{12} & a_{13} & a_{14} \\ a_{21} & a_{22} & a_{23} & a_{24} \\ a_{31} & a_{32} & a_{33} & a_{34} \\ a_{41} & a_{42} & a_{43} & a_{44} \end{vmatrix}=m, c\neq 0$，则$\begin{vmatrix} a_{11} & a_{12}c & a_{13}c^2 & a_{14}c^3 \\ a_{21}c^{-1} & a_{22} & a_{23}c & a_{24}c^2 \\ a_{31}c^{-2} & a_{32}c^{-1} & a_{33} & a_{34}c \\ a_{41}c^{-3} & a_{42}c^{-2} & a_{43}c^{-1} & a_{44} \end{vmatrix}=$(　　)。

(A) $c^{-2}m$　　(B) m　　(C) cm　　(D) c^3m

7. 下列 n 阶行列式的值必为零的是(　　)。

(A) 行列式主对角线上的元素全为零

(B) 行列式零元素的个数多于 n 个

(C) 行列式非零元素的个数小于 n 个

(D) 行列式零元素的个数多于 $2n(n\geqslant 4)$个

8. 设 $f(x)=\begin{vmatrix} x & x & 1 & 0 \\ 1 & x & 2 & 3 \\ 2 & 3 & x & 2 \\ 1 & 1 & 2 & x \end{vmatrix}$，则 $f(x)$中的常数项为(　　)。

(A) 0 (B) 6 (C) -5 (D) 2

9. 设行列式 $D=\begin{vmatrix}3&0&4&0\\2&2&2&2\\0&-7&0&0\\5&3&-2&2\end{vmatrix}$，则第 4 行元素的余子式之和的值为(　　)。

(A) -28 (B) 28 (C) 0 (D) 336

10. 若行列式 $\begin{vmatrix}a&b&c\\2&3&4\\1&0&1\end{vmatrix}=1$，则 $\begin{vmatrix}a+3&1&1\\b+3&0&3\\c+5&1&3\end{vmatrix}$ 的值为(　　)。

(A) 0 (B) 1 (C) -1 (D) 2

11. n 阶行列式 D_n 为零的充分条件是(　　)。

(A) 零元素的个数大于 n (B) D_n 中各行元素之和为零

(C) 主对角线上的元素全为零 (D) 次对角线上的元素全为零

12. n 阶行列式 $D_n\neq 0$ 的充分条件是(　　)。

(A) D_n 中至少有 n 个元素非零

(B) D_n 中所有元素非零

(C) D_n 中任意两行元素之间不成比例

(D) D_n 中非零行的各元素的代数余子式与对应的元素相等

13. 已知 $\begin{vmatrix}1&0&1\\0&1&1\\x&y&z\end{vmatrix}=2$，则 $\begin{vmatrix}z-y&y&-1\\x&z-x&-1\\-x&-y&1\end{vmatrix}$ 的值为(　　)。

(A) 2 (B) -2 (C) 0 (D) 4

14. 已知 5 阶行列式 $D_5=\begin{vmatrix}1&2&3&4&5\\2&2&2&1&1\\3&1&2&4&5\\1&1&1&2&2\\4&3&1&5&0\end{vmatrix}=27$，$A_{2j}$ 是 a_{2j} 的代数余子式，则 $A_{21}+A_{22}+A_{23}$ 和 $A_{24}+A_{25}$ 的值分别为(　　)。

(A) 18 和 9 (B) 9 和 18 (C) 18 和 -9 (D) -9 和 18

15. n 阶行列式

$$D_n=\begin{vmatrix}1&1&1&\cdots&1\\x_1+1&x_2+1&x_3+1&\cdots&x_n+1\\x_1^2+x_1&x_2^2+x_2&x_3^2+x_3&\cdots&x_n^2+x_n\\\vdots&\vdots&\vdots&&\vdots\\x_1^{n-1}+x_1^{n-2}&x_2^{n-1}+x_2^{n-2}&x_3^{n-1}+x_3^{n-2}&\cdots&x_n^{n-1}+x_n^{n-2}\end{vmatrix}$$

的值为(　　)。

(A) $x_1x_2\cdots x_n$ (B) $(x_1x_2\cdots x_n)^{\frac{n(n-1)}{2}}$

(C) $\prod\limits_{1\leqslant i<j\leqslant n}(x_j-x_i)$ (D) $\prod\limits_{i=1}^{n}x_i\cdot\prod\limits_{1\leqslant i<j\leqslant n}(x_j-x_i)$

（三）解答与证明题

1. 计算行列式$\begin{vmatrix} 1 & 2 & 3 \\ 4 & 5 & 6 \\ 7 & 8 & 9 \end{vmatrix}$。

2. 已知$D=\begin{vmatrix} 1 & 0 & 1 & 2 \\ -1 & 1 & 0 & 3 \\ 1 & 1 & 1 & 0 \\ -1 & 2 & 5 & 4 \end{vmatrix}$，试求：① $A_{12}-A_{22}+A_{32}-A_{42}$；② $A_{41}+A_{42}+A_{43}+A_{44}$。

3. 设 x_1,x_2,x_3 是方程 $x^3+px+q=0$ 的 3 个根，计算行列式

$$D_3=\begin{vmatrix} x_1 & x_2 & x_3 \\ x_3 & x_1 & x_2 \\ x_2 & x_3 & x_1 \end{vmatrix}$$

4. 计算 n 阶行列式

$$D_n=\begin{vmatrix} x_1-m & x_2 & \cdots & x_n \\ x_1 & x_2-m & \cdots & x_n \\ \vdots & \vdots & & \vdots \\ x_1 & x_2 & \cdots & x_n-m \end{vmatrix}$$

5. 计算 n 阶行列式

$$D_n=\begin{vmatrix} a_1+b_1 & a_2 & \cdots & a_n \\ a_1 & a_2+b_2 & \cdots & a_n \\ \vdots & \vdots & & \vdots \\ a_1 & a_2 & \cdots & a_n+b_n \end{vmatrix}$$

其中 $b_1b_2\cdots b_n\neq 0$。

6. 计算

$$D_n=\begin{vmatrix} 1+a_1 & 1 & \cdots & 1 \\ 2 & 2+a_2 & \cdots & 2 \\ \vdots & \vdots & & \vdots \\ n & n & \cdots & n+a_n \end{vmatrix}$$

其中 $a_1a_2\cdots a_n\neq 0$。

7. 计算

$$D=\begin{vmatrix} 1 & 1 & 1 & 1 \\ 1+\sin\varphi_1 & 1+\sin\varphi_2 & 1+\sin\varphi_3 & 1+\sin\varphi_4 \\ \sin\varphi_1+\sin^2\varphi_1 & \sin\varphi_2+\sin^2\varphi_2 & \sin\varphi_3+\sin^2\varphi_3 & \sin\varphi_4+\sin^2\varphi_4 \\ \sin^2\varphi_1+\sin^3\varphi_1 & \sin^2\varphi_2+\sin^3\varphi_2 & \sin^2\varphi_3+\sin^3\varphi_3 & \sin^2\varphi_4+\sin^3\varphi_4 \end{vmatrix}$$

8*. 设 $\mathbf{A}=(a_{ij})$是 n 阶方阵，$a_{ij}=a^{i-j}$，$a\neq 0$，$i,j=1,2,\cdots,n$，求 $\det\mathbf{A}$。

9. 计算 $n(n\geqslant 2)$阶行列式

$$D=\begin{vmatrix} 1 & \omega^{-1} & \omega^{-2} & \cdots & \omega^{-n+1} \\ \omega^{-n+1} & 1 & \omega^{-1} & \cdots & \omega^{-n+2} \\ \omega^{-n+2} & \omega^{-n+1} & 1 & \cdots & \omega^{-n+3} \\ \vdots & \vdots & \vdots & & \vdots \\ \omega^{-1} & \omega^{-2} & \omega^{-3} & \cdots & 1 \end{vmatrix}$$

的值，其中 ω 是 $x^n=1$ 的任意一个根。

10. 求方程

$$\begin{vmatrix} 1 & x & x^2 & \cdots & x^n \\ 1 & a_1 & a_1^2 & \cdots & a_1^n \\ \vdots & \vdots & \vdots & & \vdots \\ 1 & a_n & a_n^2 & \cdots & a_n^n \end{vmatrix}=0$$

的解，其中 $a_1,a_2,\cdots,a_n$ 是 n 个互不相同的实数。

11*. 计算 n 阶行列式

$$D_n=\begin{vmatrix} x & a & a & \cdots & a & a \\ -a & x & a & \cdots & a & a \\ -a & -a & x & \cdots & a & a \\ \vdots & \vdots & \vdots & & \vdots & \vdots \\ -a & -a & -a & \cdots & x & a \\ -a & -a & -a & \cdots & -a & x \end{vmatrix}$$

12. 计算行列式

$$D=\begin{vmatrix} a_1 & a_2 & \cdots & a_n & 0 \\ 1 & 0 & \cdots & 0 & b_1 \\ 0 & 1 & \cdots & 0 & b_2 \\ \vdots & \vdots & & \vdots & \vdots \\ 0 & 0 & \cdots & 1 & b_n \end{vmatrix}$$

13. 计算行列式

$$D_n=\begin{vmatrix} n & n-1 & n-2 & \cdots & 2 & 1 \\ -1 & x & 0 & \cdots & 0 & 0 \\ 0 & -1 & x & \cdots & 0 & 0 \\ \vdots & \vdots & \vdots & & \vdots & \vdots \\ 0 & 0 & 0 & \cdots & x & 0 \\ 0 & 0 & 0 & \cdots & -1 & x \end{vmatrix}$$

14. 试用数学归纳法证明：

① $D_n=\begin{vmatrix} 1+a_1^2 & a_1a_2 & \cdots & a_1a_n \\ a_2a_1 & 1+a_2^2 & \cdots & a_2a_n \\ \vdots & \vdots & & \vdots \\ a_na_1 & a_na_2 & \cdots & 1+a_n^2 \end{vmatrix}=1+a_1^2+a_2^2+\cdots+a_n^2$；

② $D_n=\begin{vmatrix} 1 & 1 & \cdots & 1 \\ x_1 & x_2 & \cdots & x_n \\ \vdots & \vdots & & \vdots \\ x_1^{n-2} & x_2^{n-2} & \cdots & x_n^{n-2} \\ x_1^n & x_2^n & \cdots & x_n^n \end{vmatrix}=\sum_{k=1}^{n} x_k \prod_{1\leqslant j<i\leqslant n}(x_i-x_j)$。

15. 解方程

$$\begin{vmatrix} a_1 & a_2 & a_3 & \cdots & a_n \\ a_1 & a_1+a_2-x & a_3 & \cdots & a_n \\ a_1 & a_2 & a_2+a_3-x & \cdots & a_n \\ \vdots & \vdots & \vdots & & \vdots \\ a_1 & a_2 & a_3 & \cdots & a_{n-1}+a_n-x \end{vmatrix}=0$$

其中 $a_1,a_2,\cdots,a_n$ 是 n 个互不相同的数，且 $a_1\neq 0$。

16. 计算 $n+1$ 阶行列式

$$D_{n+1}=\begin{vmatrix} (2n-1)^n & (2n-2)^n & \cdots & n^n & (2n)^n \\ (2n-1)^{n-1} & (2n-2)^{n-1} & \cdots & n^{n-1} & (2n)^{n-1} \\ \vdots & \vdots & & \vdots & \vdots \\ 2n-1 & 2n-2 & \cdots & n & 2n \\ 1 & 1 & \cdots & 1 & 1 \end{vmatrix}$$

17. 试证在一个 n 阶行列式中，如果等于零的元素个数大于 n^2-n，那么该行列式的值必为零。

18. 设 a,b,c,d 是不全为 0 的实数，证明线性方程组

$$\begin{cases} ax_1+bx_2+cx_3+dx_4=0 \\ bx_1-ax_2+dx_3-cx_4=0 \\ cx_1-dx_2-ax_3+bx_4=0 \\ dx_1+cx_2-bx_3-ax_4=0 \end{cases}$$

只有零解。

19. 当 λ 取什么值时，下面的齐次线性方程组有非零解？

$$\begin{cases} (\lambda-6)x_1+2x_2-2x_3=0 \\ 2x_1+(\lambda-3)x_2-4x_3=0 \\ -2x_1-4x_2+(\lambda-3)x_3=0 \end{cases}$$

20. 判断下述方程组是否有唯一解：

$$\begin{cases} a_1x_1+a_2x_2+\cdots+a_nx_n=b_1 \\ a_1^2x_1+a_2^2x_2+\cdots+a_n^2x_n=b_2 \\ \cdots \\ a_1^nx_1+a_2^nx_2+\cdots+a_n^nx_n=b_n \end{cases}$$

其中 $a_1,a_2,\cdots,a_n$ 是互不相同的非零常数。

四、练习题答案与提示

(一) 填空题

1. -3。
2. 1。
3. -15。
4. 3δ。
5. $(-1)^{\frac{n(n+1)}{2}}(n!)^{n+1}$。
6. 0。
7. $a_1a_2a_3a_4-a_2a_3$。
8. $(a_1a_4-b_1b_4)(a_2a_3-b_2b_3)$。
9. 2。
10. -1。
11. $a=\frac{21}{2}$。
12. 0。
13. $1-a+a^2-a^3+a^4$。
14. $k=1$。
15. $k=-2$ 或 $k=1$。

(二) 选择题

1. (D)。
2. (A)。

提示：将行列式第 1 行的 -1 倍加到第 2,3,4 行上，易知 $p(x)$ 是 1 次多项式，因此只有一个实根。

3. (B)。
4. (C)。

分析：第 2,3 行加到第 1 行上去，提出公因子 $2(a+b)$ 后，再将第 1 列的 -1 倍加到第 2,3 列上，得到

$$\begin{vmatrix} a & b & a+b \\ b & a+b & a \\ a+b & a & b \end{vmatrix}=2(a+b)\begin{vmatrix} 1 & 1 & 1 \\ b & a+b & a \\ a+b & a & b \end{vmatrix}=2(a+b)\begin{vmatrix} 1 & 0 & 0 \\ b & a & a-b \\ a+b & -b & -a \end{vmatrix}$$

$$=2(a+b)(-a^2+ab-b^2)=-2(a^3+b^3)$$

5. (D)。
6. (B)。

分析：

$$\begin{vmatrix} a_{11} & a_{12}c & a_{13}c^2 & a_{14}c^3 \\ a_{21}c^{-1} & a_{22} & a_{23}c & a_{24}c^2 \\ a_{31}c^{-2} & a_{32}c^{-1} & a_{33} & a_{34}c \\ a_{41}c^{-3} & a_{42}c^{-2} & a_{43}c^{-1} & a_{44} \end{vmatrix} = c^{-1}c^{-2}c^{-3} \begin{vmatrix} a_{11} & a_{12}c & a_{13}c^2 & a_{14}c^3 \\ a_{21} & a_{22}c & a_{23}c^2 & a_{24}c^3 \\ a_{31} & a_{32}c & a_{33}c^2 & a_{34}c^3 \\ a_{41} & a_{42}c & a_{43}c^2 & a_{44}c^3 \end{vmatrix} = m$$

最后的等式是由第 2,3,4 列分别提出公因子 c, c^2, c^3 后得到的。

7. (C)。

提示:行列式中至少有一个全零行或全零列。

8. (C)。

提示:设 $f(x)=ax^4+bx^3+cx^2+dx+e$,则常数项为

$$e=f(0)=\begin{vmatrix} 0 & 0 & 1 & 0 \\ 1 & 0 & 2 & 3 \\ 2 & 3 & 0 & 2 \\ 1 & 1 & 2 & 0 \end{vmatrix} = \begin{vmatrix} 1 & 0 & 3 \\ 2 & 3 & 2 \\ 1 & 1 & 0 \end{vmatrix} = -5$$

9. (A)。

分析:构造一个新的行列式,使其值恰为第 4 行元素余子式之和,而余子式之和又可以看成各元素的代数余子式分别与 $+1$ 或 -1 的乘积之和,因此,把行列式 D 的第 4 行换成 -1, 1, -1, 1,新的行列式按第 4 行展开就是 D 的第 4 行元素的余子式之和。

记 M_{4j} 和 $A_{4j}(j=1,2,3,4)$ 分别是第 4 行元素的余子式和代数余子式,则

$$M_{41}+M_{42}+M_{43}+M_{44}=-A_{41}+A_{42}-A_{43}+A_{44}=\begin{vmatrix} 3 & 0 & 4 & 0 \\ 2 & 2 & 2 & 2 \\ 0 & -7 & 0 & 0 \\ -1 & 1 & -1 & 1 \end{vmatrix}=-28$$

10. (C)。

11. (B)。

分析:对于选项(A)、(C)、(D),可以分别举出反例。

由 $T_1=\begin{vmatrix} 1 & 0 & 0 \\ 0 & 1 & 0 \\ 0 & 0 & 1 \end{vmatrix}=1\neq 0$,知(A)不是充分条件。

由 $T_2=\begin{vmatrix} 0 & 1 & 0 \\ 0 & 0 & 1 \\ 1 & 0 & 0 \end{vmatrix}=1\neq 0$,知(C)不是充分条件。

由 $T_3=\begin{vmatrix} 0 & 1 & 0 \\ 1 & 0 & 0 \\ 0 & 0 & 1 \end{vmatrix}=-1\neq 0$,知(D)不是充分条件。

而 D_n 中各列元素全加到第 1 列后,第 1 列成为全零列,故 $D_n=0$,因此选(B)。

12. (D)。

分析:举反例,对于选项(A),取行列式

$$A_n=\begin{vmatrix}1 & 1 & 1 & \cdots & 1\\ 1 & 1 & 1 & \cdots & 1\\ a_{31} & a_{32} & a_{33} & \cdots & a_{3n}\\ \vdots & \vdots & \vdots & & \vdots\\ a_{n1} & a_{n2} & a_{n3} & \cdots & a_{nn}\end{vmatrix}=0$$

说明(A)不是充分条件。

对于选项(B)，取行列式

$$B_n=\begin{vmatrix}1 & 1 & \cdots & 1\\ 1 & 1 & \cdots & 1\\ \vdots & \vdots & & \vdots\\ 1 & 1 & \cdots & 1\end{vmatrix}=0$$

说明(B)不是充分条件。

对于选项(C)，取

$$C_3=\begin{vmatrix}1 & 2 & 3\\ 4 & 5 & 6\\ 5 & 7 & 9\end{vmatrix}=0$$

说明 (C)不是充分条件，

易验证，(D)是充分条件。

13. (D)。

评注：直接计算得

$$\begin{vmatrix}1 & 0 & 1\\ 0 & 1 & 1\\ x & y & z\end{vmatrix}=z-x-y=2,\quad \begin{vmatrix}z-y & y & -1\\ x & z-x & -1\\ -x & -y & 1\end{vmatrix}=(z-x-y)^2$$

14. (C)。

分析:将行列式按第 2 行展开得

$$2(A_{21}+A_{22}+A_{23})+(A_{24}+A_{25})=27 \tag{1-5}$$

根据行列式的性质，将第 4 行加到第 2 行，其值不变，即得

$$D_5=\begin{vmatrix}1 & 2 & 3 & 4 & 5\\ 2 & 2 & 2 & 1 & 1\\ 3 & 1 & 2 & 4 & 5\\ 1 & 1 & 1 & 2 & 2\\ 4 & 3 & 1 & 5 & 0\end{vmatrix}=\begin{vmatrix}1 & 2 & 3 & 4 & 5\\ 3 & 3 & 3 & 3 & 3\\ 3 & 1 & 2 & 4 & 5\\ 1 & 1 & 1 & 2 & 2\\ 4 & 3 & 1 & 5 & 0\end{vmatrix}=27$$

后一个行列式按第 2 行展开，得

$$3(A_{21}+A_{22}+A_{23})+3(A_{24}+A_{25})=27 \tag{1-6}$$

由式(1-5)和式(1-6)可得 $A_{21}+A_{22}+A_{23}=18$，$A_{24}+A_{25}=-9$。

15. (C)。

提示:利用行列式的性质，将行列式化成一个范德蒙德行列式。

（三）解答与证明题

1.【**解法 1**】　把第 1 行的 -4 倍、-7 倍分别加到第 2 行及第 3 行，得

$$\begin{vmatrix}1&2&3\\4&5&6\\7&8&9\end{vmatrix}=\begin{vmatrix}1&2&3\\0&-3&-6\\0&-6&-12\end{vmatrix}=\begin{vmatrix}-3&-6\\-6&-12\end{vmatrix}=0$$

【**解法 2**】　把第 2 行的 -1 倍加到第 3 行，再把第 1 行的 -1 倍加到第 2 行，得

$$\begin{vmatrix}1&2&3\\4&5&6\\7&8&9\end{vmatrix}=\begin{vmatrix}1&2&3\\3&3&3\\3&3&3\end{vmatrix}=0$$

【**解法 3**】　把 7,8,9 分别写成 $8-1,10-2,12-3$,然后将其拆成两个行列式，即

$$\begin{vmatrix}1&2&3\\4&5&6\\7&8&9\end{vmatrix}=\begin{vmatrix}1&2&3\\4&5&6\\8-1&10-2&12-3\end{vmatrix}=\begin{vmatrix}1&2&3\\4&5&6\\8&10&12\end{vmatrix}-\begin{vmatrix}1&2&3\\4&5&6\\1&2&3\end{vmatrix}=0$$

评注：本题中行列式非常简单，但求解的方法灵活多样，所以应多记多练，达到熟练计算的效果。

2. 分析：① 在计算第 2 列元素的代数余子式的代数和时，只要保持第 1,3,4 列元素不变，而不管第 2 列元素本身如何变化，其对应的代数余子式不变。若令 $a_{12}=1,a_{22}=-1$，$a_{32}=1$，$a_{42}=-1$，那么就有

$$\begin{aligned}A_{12}-A_{22}+A_{32}-A_{42}&=a_{12}A_{12}+a_{22}A_{22}+a_{32}A_{32}+a_{42}A_{42}\\&=\begin{vmatrix}1&a_{12}&1&2\\-1&a_{22}&0&3\\1&a_{32}&1&0\\-1&a_{42}&5&4\end{vmatrix}=\begin{vmatrix}1&1&1&2\\-1&-1&0&3\\1&1&1&0\\-1&-1&5&4\end{vmatrix}=0\end{aligned}$$

② 类似于①的解法，令 $a_{41}=a_{42}=a_{43}=a_{44}=1$，则

$$\begin{aligned}&A_{41}+A_{42}+A_{43}+A_{44}=a_{41}A_{41}+a_{42}A_{42}+a_{43}A_{43}+a_{44}A_{44}\\&=\begin{vmatrix}1&0&1&2\\-1&1&0&3\\1&1&1&0\\a_{41}&a_{42}&a_{43}&a_{44}\end{vmatrix}=\begin{vmatrix}1&0&1&2\\-1&1&0&3\\1&1&1&0\\1&1&1&1\end{vmatrix}=\begin{vmatrix}1&0&1&2\\-1&1&0&3\\1&1&1&0\\0&0&0&1\end{vmatrix}\\&=-1\end{aligned}$$

3. 分析：由于 x_1,x_2,x_3 是方程 $x^3+px+q=0$ 的 3 个根，从而

$$\begin{aligned}x^3+px+q&=(x-x_1)(x-x_2)(x-x_3)\\&=x^3-(x_1+x_2+x_3)x^2+(x_1x_2+x_1x_3+x_2x_3)x-x_1x_2x_3\\&\Rightarrow x_1+x_2+x_3=0\end{aligned}$$

故 $D_3=\begin{vmatrix}x_1&x_2&x_3\\x_3&x_1&x_2\\x_2&x_3&x_1\end{vmatrix}=\begin{vmatrix}x_1+x_2+x_3&x_2&x_3\\x_1+x_2+x_3&x_1&x_2\\x_1+x_2+x_3&x_3&x_1\end{vmatrix}=\begin{vmatrix}0&x_2&x_3\\0&x_1&x_2\\0&x_3&x_1\end{vmatrix}=0$。

4. 分析：该行列式具有各行元素之和相等的特点，可将第 $2,3,\cdots,n$ 列都加到第 1 列，则第 1 列的元素相等，再进一步化简。对于各列元素之和相等的行列式，也可以做类似处理。

5. 分析:该行列式含有共同的元素 $a_1,a_2,\cdots,a_n$，可在保持原行列式值不变的情况下，增加一行一列，称为**加边法**，适当选择所增行(或列)，使得化简后出现大量的零元素。

$$D_n \xlongequal{\text{加边}} \begin{vmatrix} 1 & a_1 & a_2 & \cdots & a_n \\ 0 & a_1+b_1 & a_2 & \cdots & a_n \\ 0 & a_1 & a_2+b_2 & \cdots & a_n \\ \vdots & \vdots & \vdots & & \vdots \\ 0 & a_1 & a_2 & \cdots & a_n+b_n \end{vmatrix}$$

$$\xlongequal[r_n-r_1]{\substack{r_2-r_1\\ \cdots}} \begin{vmatrix} 1 & a_1 & a_2 & \cdots & a_n \\ -1 & b_1 & 0 & \cdots & 0 \\ -1 & 0 & b_2 & \cdots & 0 \\ \vdots & \vdots & \vdots & & \vdots \\ -1 & 0 & 0 & \cdots & b_n \end{vmatrix}$$

$$\xlongequal[\frac{c_1+c_{n+1}}{b_n}]{\substack{\frac{c_1+c_2}{b_1}\\ \cdots}} \begin{vmatrix} 1+\frac{a_1}{b_1}+\cdots+\frac{a_n}{b_n} & a_1 & a_2 & \cdots & a_n \\ 0 & b_1 & 0 & \cdots & 0 \\ 0 & 0 & b_2 & \cdots & 0 \\ \vdots & \vdots & \vdots & & \vdots \\ 0 & 0 & 0 & \cdots & b_n \end{vmatrix}$$

$$=b_1b_2\cdots b_n\left(1+\frac{a_1}{b_1}+\cdots+\frac{a_n}{b_n}\right)$$

6. 提示:加边得

$$D_n=\begin{vmatrix} 1 & 1 & 1 & \cdots & 1 \\ 0 & 1+a_1 & 1 & \cdots & 1 \\ 0 & 2 & 2+a_2 & \cdots & 2 \\ \vdots & \vdots & \vdots & & \vdots \\ 0 & n & n & \cdots & n+a_n \end{vmatrix}=\begin{vmatrix} 1 & 1 & 1 & \cdots & 1 \\ -1 & a_1 & 0 & \cdots & 0 \\ -2 & 0 & a_2 & \cdots & 0 \\ \vdots & \vdots & \vdots & & \vdots \\ -n & 0 & 0 & \cdots & a_n \end{vmatrix}$$

$$=\begin{vmatrix} 1+\frac{1}{a_1}+\frac{2}{a_2}+\cdots+\frac{n}{a_n} & 1 & 1 & \cdots & 1 \\ 0 & a_1 & 0 & \cdots & 0 \\ 0 & 0 & a_2 & \cdots & 0 \\ \vdots & \vdots & \vdots & & \vdots \\ 0 & 0 & 0 & \cdots & a_n \end{vmatrix}$$

$$=\left(1+\frac{1}{a_1}+\frac{2}{a_2}+\cdots+\frac{n}{a_n}\right)a_1a_2\cdots a_n$$

7. 分析:从第 1 行开始,依次用上一行的 -1 倍加到下一行,进行逐行相加可得

$$D=\begin{vmatrix} 1 & 1 & 1 & 1 \\ \sin\varphi_1 & \sin\varphi_2 & \sin\varphi_3 & \sin\varphi_4 \\ \sin^2\varphi_1 & \sin^2\varphi_2 & \sin^2\varphi_3 & \sin^2\varphi_4 \\ \sin^3\varphi_1 & \sin^3\varphi_2 & \sin^3\varphi_3 & \sin^3\varphi_4 \end{vmatrix}=\prod_{1\leqslant i<j\leqslant 4}(\sin\varphi_j-\sin\varphi_i)$$

8*. 提示：

$$\det\boldsymbol{A}=\begin{vmatrix}1 & a^{-1} & a^{-2} & \cdots & a^{-(n-1)}\\ a & 1 & a^{-1} & \cdots & a^{-(n-2)}\\ a^2 & a & 1 & \cdots & a^{-(n-3)}\\ \vdots & \vdots & \vdots & & \vdots\\ a^{n-1} & a^{n-2} & a^{n-3} & \cdots & 1\end{vmatrix}$$

用第 1 列的 $-a^{-1}$ 倍加到第 2 列，使第 2 列的元素全变为 0，故 $\det\boldsymbol{A}=0$。

9. 分析：因为 $\omega^n=1$，所以有 $\omega=1$ 或 $1+\omega+\omega^2+\cdots+\omega^{n-1}=0$。

若 $\omega=1$，则行列式的所有元素全为 1，于是行列式的值为 0。

若 $\omega\neq1$，则有 $1+\omega+\omega^2+\cdots+\omega^{n-1}=0$。先将 D 改写为

$$D=\begin{vmatrix}1 & \omega^{n-1} & \omega^{n-2} & \cdots & \omega\\ \omega & 1 & \omega^{n-1} & \cdots & \omega^2\\ \omega^2 & \omega & 1 & \cdots & \omega^3\\ \vdots & \vdots & \vdots & & \vdots\\ \omega^{n-1} & \omega^{n-2} & \omega^{n-3} & \cdots & 1\end{vmatrix}$$

将行列式的各行都加到第 1 行，由于 $1+\omega+\omega^2+\cdots+\omega^{n-1}=0$，这时 D 的第 1 行全为 0，所以 $D=0$。

10. $x_1=a_1, x_2=a_2, \cdots, x_n=a_n$。

11*. 分析：将第 n 行拆成两项和：$-a=0+(-a)$，$x=(x-a)+a$。所以 D_n 可以写成两个行列式的和，即

$$D_n=\begin{vmatrix}x & a & a & \cdots & a & a\\ -a & x & a & \cdots & a & a\\ -a & -a & x & \cdots & a & a\\ \vdots & \vdots & \vdots & & \vdots & \vdots\\ -a & -a & -a & \cdots & x & a\\ 0 & 0 & 0 & \cdots & 0 & x-a\end{vmatrix}+\begin{vmatrix}x & a & a & \cdots & a & a\\ -a & x & a & \cdots & a & a\\ -a & -a & x & \cdots & a & a\\ \vdots & \vdots & \vdots & & \vdots & \vdots\\ -a & -a & -a & \cdots & x & a\\ -a & -a & -a & \cdots & -a & a\end{vmatrix}$$

$$=(x-a)D_{n-1}+\begin{vmatrix}x+a & a & a & \cdots & a & a\\ 0 & x+a & a & \cdots & a & a\\ 0 & 0 & x+a & \cdots & a & a\\ \vdots & \vdots & \vdots & & \vdots & \vdots\\ 0 & 0 & 0 & \cdots & x+a & a\\ 0 & 0 & 0 & \cdots & 0 & a\end{vmatrix}$$

$$=(x-a)D_{n-1}+a(x+a)^{n-1} \tag{1-7}$$

类似地，将 D_n 转置后，把第 n 行拆成两项和：$a=0+a$，$x=(x+a)-a$。仿上可得

$$D_n=(x+a)D_{n-1}-a(x-a)^{n-1} \tag{1-8}$$

由式(1-7)和式(1-8)可得

$$D_n=\frac{1}{2}[(x+a)^n+(x-a)^n]$$

12. 分析：将第 i 列乘以 $-b_i(i=1,2,\cdots,n)$ 后都加到最后一列得

$$D=\begin{vmatrix} a_1 & a_2 & \cdots & a_n & -\sum_{i=1}^{n}a_ib_i \\ 1 & 0 & \cdots & 0 & 0 \\ 0 & 1 & \cdots & 0 & 0 \\ \vdots & \vdots & & \vdots & \vdots \\ 0 & 0 & \cdots & 1 & 0 \end{vmatrix}=(-1)^{n+2}(-\sum_{i=1}^{n}a_ib_i)$$

$$=(-1)^{n+1}\sum_{i=1}^{n}a_ib_i$$

13. 按第 1 行展开得:$D=nx^{n-1}+(n-1)x^{n-2}+\cdots+2x+1$。

14. ① 提示:当 $n=1$ 时,结论成立,设 $n-1$ 时结论也成立,对 n 阶的情形,按第 1 列拆成两个行列式。

② 提示:在 D_n 中将第 $n-1$ 行的 $-x_n^2$ 倍加到第 n 行,然后从第 $n-1$ 行开始,依次减去上一行的 x_n 倍,再按第 n 列展开。

15. 提示:

【方法 1】 先化简左边的行列式 D,提出第 1 列的 a_1,然后将第 i 列($i=2,3,\cdots,n$)减去第 1 列的 a_i 倍,则有

$$D=a_1\begin{vmatrix} 1 & 0 & 0 & \cdots & 0 \\ 1 & a_1-x & 0 & \cdots & 0 \\ 1 & 0 & a_2-x & \cdots & 0 \\ \vdots & \vdots & \vdots & & \vdots \\ 1 & 0 & 0 & \cdots & a_{n-1}-x \end{vmatrix}=a_1\prod_{i=1}^{n-1}(a_i-x)$$

由此可得方程的根为:$x=a_1,x=a_2,\cdots,x=a_{n-1}$。

【方法 2】 因为此方程左端为 $n-1$ 次多项式,所以此方程只有 $n-1$ 个根,由于当 $x=a_i$ ($i=1,2,\cdots,n-1$)时左边的行列式有两列成比例,从而可断定方程的根就是 $x=a_i$($i=1,2,\cdots,n-1$)。

16. $D_{n+1}=(-1)^{1+2+\cdots+n}\cdot(-1)^{1+2+\cdots+(n-1)}$。

$$\begin{vmatrix} 1 & 1 & \cdots & 1 & 1 \\ n & n+1 & \cdots & 2n-1 & 2n \\ \vdots & \vdots & & \vdots & \vdots \\ n^{n-1} & (n+1)^{n-1} & \cdots & (2n-1)^{n-1} & (2n)^{n-1} \\ n^n & (n+1)^n & \cdots & (2n-1)^n & (2n)^n \end{vmatrix}=(-1)^{\frac{n(n+1)}{2}+\frac{n(n-1)}{2}}\prod_{0\leqslant j<i\leqslant n}[(2n-j)-(2n-i)]$$

$$=(-1)^{n^2}\prod_{0\leqslant j<i\leqslant n}(i-j)=(-1)^{n^2}n!(n-1)!\cdots2!1!$$

17. 提示:试证明该行列式有一个全零行或全零列。

18. 提示:证明系数行列式不等于零。

19. 提示:方程组的系数行列式 $D=(\lambda-7)^2(\lambda+2)$。

20. 提示:方程组的系数行列式 $D=\prod_{k=1}^{n}a_k\cdot\prod_{1\leqslant i<j\leqslant n}(a_j-a_i)\neq0$。

第二章　矩　　阵

一、内容提要

（一）矩阵的定义与运算

1. 矩阵的定义

由 $m \times n$ 个数 $a_{ij}(i=1,2,\cdots,m;j=1,2,\cdots,n)$排成的 m 行 n 列数表

$$\boldsymbol{A}=\begin{pmatrix} a_{11} & a_{12} & \cdots & a_{1n} \\ a_{21} & a_{22} & \cdots & a_{2n} \\ \vdots & \vdots & & \vdots \\ a_{m1} & a_{m2} & \cdots & a_{mn} \end{pmatrix}$$

称为一个 m **行** n **列矩阵**，简称 $m \times n$ **矩阵**，其中 a_{ij} 称为该矩阵的第 i 行第 j 列元素$(i=1,2,\cdots,m;j=1,2,\cdots,n)$。

通常用大写字母 $\boldsymbol{A},\boldsymbol{B},\boldsymbol{C}$ 等表示矩阵。有时为了标明矩阵的行数 m 和列数 n，也可记为 $\boldsymbol{A}=(a_{ij})_{m\times n}$或$\boldsymbol{A}_{m\times n}$，有时简记为 $\boldsymbol{A}=(a_{ij})$或 $\boldsymbol{A}$。

当 $m=n$ 时，称 $\boldsymbol{A}=(a_{ij})_{n\times n}$为 n **阶矩阵**，或者称为 n **阶方阵**。

只有一行的矩阵称为行矩阵，行矩阵又称为行向量。只有一列的矩阵称为列矩阵，列矩阵也称为列向量。

2. 矩阵的基本运算及方阵的行列式

(1) 矩阵相等

设 $\boldsymbol{A}=(a_{ij})_{m\times n}$，$\boldsymbol{B}=(b_{ij})_{s\times r}$，则

$$\boldsymbol{A}=\boldsymbol{B}\Leftrightarrow m=s,n=r,a_{ij}=b_{ij}\,(i=1,2,\cdots,m;j=1,2,\cdots,n)$$

(2) 矩阵的加法

设 $\boldsymbol{A}=(a_{ij})_{m\times n}$，$\boldsymbol{B}=(b_{ij})_{m\times n}$，则 $\boldsymbol{A}+\boldsymbol{B}=(a_{ij}+b_{ij})_{m\times n}$。

(3) 数与矩阵的乘法

设 k 是一个数，$\boldsymbol{A}=(a_{ij})_{m\times n}$是一个 $m\times n$ 矩阵，则 k 与 $\boldsymbol{A}$ 相乘为

$$k\boldsymbol{A}=(ka_{ij})_{m\times n}$$

注意：$-\boldsymbol{A}=(-1)\boldsymbol{A}=(-a_{ij})_{m\times n}$，称$-\boldsymbol{A}$ 为 $\boldsymbol{A}$ 的负矩阵。矩阵 $\boldsymbol{A}$ 与 $\boldsymbol{B}$ 的减法为

$$\boldsymbol{A}-\boldsymbol{B}=\boldsymbol{A}+(-\boldsymbol{B})=(a_{ij}-b_{ij})_{m\times n}$$

矩阵的加法运算和数乘运算统称为矩阵的线性运算，满足下列运算规律。

设 $\boldsymbol{A},\boldsymbol{B},\boldsymbol{C}$ 是同型矩阵，k,l 是数,则：

① 交换律　$\boldsymbol{A}+\boldsymbol{B}=\boldsymbol{B}+\boldsymbol{A}$；

② 结合律　$(\boldsymbol{A}+\boldsymbol{B})+\boldsymbol{C}=\boldsymbol{A}+(\boldsymbol{B}+\boldsymbol{C})$；

③ 分配律　$k(\boldsymbol{A}+\boldsymbol{B})=k\boldsymbol{A}+k\boldsymbol{B},(k+l)\boldsymbol{A}=k\boldsymbol{A}+l\boldsymbol{A}$；

④ 数与矩阵相乘的结合律　$k(l\boldsymbol{A})=(kl)\boldsymbol{A}=l(k\boldsymbol{A})$。

(4) 矩阵的乘法

设矩阵 $\boldsymbol{A}=(a_{ij})_{m\times s},\boldsymbol{B}=(b_{ij})_{s\times n}$。令 $\boldsymbol{C}=(c_{ij})_{m\times n}$是由下面的 $m\times n$ 个元素

$$c_{ij}=a_{i1}b_{1j}+a_{i2}b_{2j}+\cdots+a_{is}b_{sj}\quad(i=1,2,\cdots,m;j=1,2,\cdots,n)$$

构成的 m 行 n 列矩阵。称矩阵 $\boldsymbol{C}$ 为矩阵 $\boldsymbol{A}$ 与矩阵 $\boldsymbol{B}$ 的乘积,记为 $\boldsymbol{C}=\boldsymbol{AB}$。

矩阵的乘法满足下列运算律：

① 结合律　$(\boldsymbol{AB})\boldsymbol{C}=\boldsymbol{A}(\boldsymbol{BC})$；

② 左分配律　$\boldsymbol{A}(\boldsymbol{B}+\boldsymbol{C})=\boldsymbol{AB}+\boldsymbol{AC}$；

③ 右分配律　$(\boldsymbol{B}+\boldsymbol{C})\boldsymbol{A}=\boldsymbol{BA}+\boldsymbol{CA}$；

④ $k(\boldsymbol{AB})=(k\boldsymbol{A})\boldsymbol{B}=\boldsymbol{A}(k\boldsymbol{B})$，其中 k 是一个数。

注意：矩阵的乘法一般不满足交换律,即一般未必有 $\boldsymbol{AB}=\boldsymbol{BA}$，且 $\boldsymbol{AB}=\boldsymbol{O}$ 一般推不出 $\boldsymbol{A}=\boldsymbol{O}$或 $\boldsymbol{B}=\boldsymbol{O}$。

矩阵的幂：设 $\boldsymbol{A}=(a_{ij})_{n\times n}$是一个方阵，$m$ 是一个正整数，称 $\boldsymbol{A}^m=\overbrace{\boldsymbol{A}\cdot\boldsymbol{A}\cdot\cdots\cdot\boldsymbol{A}}^{m个}$为 $\boldsymbol{A}$ 的 m 次幂。当 $\boldsymbol{AB}=\boldsymbol{BA}$ 时,有

$$(\boldsymbol{AB})^m=\overbrace{(\boldsymbol{AB})\cdot(\boldsymbol{AB})\cdot\cdots\cdot(\boldsymbol{AB})}^{m个}\neq\boldsymbol{A}^m\boldsymbol{B}^m$$

若 $f(x)=a_0+a_1x+\cdots+a_kx^k$,则 $f(\boldsymbol{A})=a_0\boldsymbol{E}+a_1\boldsymbol{A}+\cdots+a_k\boldsymbol{A}^k$。

(5) 矩阵的转置

设矩阵

$$\boldsymbol{A}=\begin{pmatrix}a_{11}&a_{12}&\cdots&a_{1n}\\a_{21}&a_{22}&\cdots&a_{2n}\\\vdots&\vdots&&\vdots\\a_{m1}&a_{m2}&\cdots&a_{mn}\end{pmatrix}$$

把矩阵 $\boldsymbol{A}$ 的所有行换成相应的列所得到的矩阵，称为矩阵 $\boldsymbol{A}$ 的转置矩阵，记为 $\boldsymbol{A}^{\mathrm{T}}$，即

$$\boldsymbol{A}^{\mathrm{T}}=\begin{pmatrix}a_{11}&a_{21}&\cdots&a_{m1}\\a_{12}&a_{22}&\cdots&a_{m2}\\\vdots&\vdots&&\vdots\\a_{1n}&a_{2n}&\cdots&a_{mn}\end{pmatrix}$$

矩阵的转置运算满足下列规律：

① $(\boldsymbol{A}^{\mathrm{T}})^{\mathrm{T}}=\boldsymbol{A}$；

② $(\boldsymbol{A}+\boldsymbol{B})^{\mathrm{T}}=\boldsymbol{A}^{\mathrm{T}}+\boldsymbol{B}^{\mathrm{T}}$；

③ $(k\boldsymbol{A})^{\mathrm{T}}=k\boldsymbol{A}^{\mathrm{T}},k$ 为数；

④ $(\boldsymbol{AB})^{\mathrm{T}}=\boldsymbol{B}^{\mathrm{T}}\boldsymbol{A}^{\mathrm{T}}$。

(6) 方阵的行列式

n 阶方阵 $\boldsymbol{A}=(a_{ij})_{n\times n}$的元素按原来的位置顺序构成的行列式称为方阵 $\boldsymbol{A}$ 的行列式，记为

$|\boldsymbol{A}|$或 $\det\boldsymbol{A}$，即

$$\det\boldsymbol{A}=\begin{vmatrix} a_{11} & a_{12} & \cdots & a_{1n} \\ a_{21} & a_{22} & \cdots & a_{2n} \\ \vdots & \vdots & & \vdots \\ a_{n1} & a_{n2} & \cdots & a_{nn} \end{vmatrix}$$

方阵的行列式的运算规律如下。

设 $\boldsymbol{A},\boldsymbol{B}$ 为 n 阶方阵，k 为数，则有：

① $|\boldsymbol{A}^{\mathrm{T}}|=|\boldsymbol{A}|$；

② $|k\boldsymbol{A}|=k^n|\boldsymbol{A}|$；

③ $|\boldsymbol{A}\boldsymbol{B}|=|\boldsymbol{A}|\cdot|\boldsymbol{B}|$。

3. 矩阵的求逆运算

(1) 矩阵可逆的概念

设 $\boldsymbol{A}$ 是 n 阶矩阵，若存在 n 阶矩阵 $\boldsymbol{B}$，使得

$$\boldsymbol{AB}=\boldsymbol{BA}=\boldsymbol{E}$$

其中 $\boldsymbol{E}$ 是 n 阶单位阵，则称 $\boldsymbol{A}$ 为**可逆矩阵**(或**非奇异矩阵**)，并称 $\boldsymbol{B}$ 为 $\boldsymbol{A}$ 的**逆矩阵**。

若矩阵 $\boldsymbol{A}$ 可逆，则 $\boldsymbol{A}$ 的逆矩阵是唯一的，记为 $\boldsymbol{A}^{-1}$，于是

$$\boldsymbol{A}\boldsymbol{A}^{-1}=\boldsymbol{A}^{-1}\boldsymbol{A}=\boldsymbol{E}$$

设 $\boldsymbol{A},\boldsymbol{B}$ 为同阶矩阵，只要满足 $\boldsymbol{AB}=\boldsymbol{E}$ 或 $\boldsymbol{BA}=\boldsymbol{E}$，则 $\boldsymbol{A}$ 与 $\boldsymbol{B}$ 互为逆矩阵。

n 阶矩阵 $\boldsymbol{A}$ 可逆的充分必要条件是 $|\boldsymbol{A}|\neq 0$。

(2) 用伴随矩阵法求逆矩阵

若 $\boldsymbol{A}$ 可逆，则有

$$\boldsymbol{A}^{-1}=\frac{1}{|\boldsymbol{A}|}\boldsymbol{A}^{*}$$

其中

$$\boldsymbol{A}^{*}=\begin{pmatrix} A_{11} & A_{21} & \cdots & A_{n1} \\ A_{12} & A_{22} & \cdots & A_{n2} \\ \vdots & \vdots & & \vdots \\ A_{1n} & A_{2n} & \cdots & A_{nn} \end{pmatrix}$$

称为矩阵 $\boldsymbol{A}$ 的伴随矩阵，A_{ij} 为行列式 $|\boldsymbol{A}|$ 中元素 a_{ij} 的**代数余子式**。

矩阵的逆矩阵满足下列运算规律。

设 $\boldsymbol{A},\boldsymbol{B}$ 为同阶的可逆矩阵，常数 $k\neq 0$，则：

① $\boldsymbol{A}^{-1}$ 为可逆矩阵，且 $(\boldsymbol{A}^{-1})^{-1}=\boldsymbol{A}$；

② $k\boldsymbol{A}$ 为可逆矩阵，且 $(k\boldsymbol{A})^{-1}=\frac{1}{k}\boldsymbol{A}^{-1}$；

③ $|\boldsymbol{A}^{-1}|=\frac{1}{|\boldsymbol{A}|}=|\boldsymbol{A}|^{-1}$；

④ $\boldsymbol{A}^{\mathrm{T}}$ 为可逆矩阵，且 $(\boldsymbol{A}^{\mathrm{T}})^{-1}=(\boldsymbol{A}^{-1})^{\mathrm{T}}$；

⑤ $\boldsymbol{AB}$ 为可逆矩阵，且 $(\boldsymbol{AB})^{-1}=\boldsymbol{B}^{-1}\boldsymbol{A}^{-1}$。

4. 特殊矩阵

① 零矩阵：每个元素均为零的矩阵，记为 $\boldsymbol{O}$。

② 单位矩阵：对角线上元素均为 1，其余元素全为零的 n 阶矩阵，叫作 n 阶单位矩阵，记为 $\boldsymbol{E}$ 或 $\boldsymbol{I}$。

③ 数量矩阵：数 k 乘以单位矩阵的积称为数量矩阵。

④ 对角矩阵：非对角线上元素全为零的矩阵称为对角矩阵。

⑤ 上(下)三角矩阵：当 $i>j(i<j)$时，$a_{ij}=0$ 的矩阵称为上(下)三角矩阵。

⑥ 对称矩阵：满足条件 $\boldsymbol{A}^{\mathrm{T}}=\boldsymbol{A}$ 的方阵称为对称矩阵，$\boldsymbol{A}^{\mathrm{T}}=\boldsymbol{A}\Leftrightarrow a_{ij}=a_{ji}$。

⑦ 反对称矩阵：满足条件 $\boldsymbol{A}^{\mathrm{T}}=-\boldsymbol{A}$ 的方阵称为反对称矩阵，$\boldsymbol{A}^{\mathrm{T}}=-\boldsymbol{A}\Leftrightarrow a_{ij}=-a_{ji}, a_{ii}=0$。

⑧ 正交矩阵：满足 $\boldsymbol{A}^{\mathrm{T}}=\boldsymbol{A}^{-1}$ 或 $\boldsymbol{A}\boldsymbol{A}^{\mathrm{T}}=\boldsymbol{A}^{\mathrm{T}}\boldsymbol{A}=\boldsymbol{E}$ 的矩阵称为正交矩阵。

(二) 矩阵的秩与初等变换

1. 矩阵秩的定义

设在矩阵 $\boldsymbol{A}$ 中有一个 r 阶子式不等于零，且所有的 $r+1$ 阶子式(如果有的话)全等于零，则称矩阵 $\boldsymbol{A}$ 的秩为 r。

矩阵 $\boldsymbol{A}$ 的秩是 $\boldsymbol{A}$ 中一切非零子式的最高阶数，矩阵 $\boldsymbol{A}$ 的秩记为 $\mathrm{r}(\boldsymbol{A})$，或秩$(\boldsymbol{A})$。零矩阵的秩规定为 0。

设 $\boldsymbol{A}$ 是一个 n 阶矩阵，若 $\mathrm{r}(\boldsymbol{A})=n$，则称 $\boldsymbol{A}$ 为满秩矩阵；若 $\mathrm{r}(\boldsymbol{A})<n$，则称 $\boldsymbol{A}$ 为降秩矩阵。

2. 矩阵秩的性质

设矩阵 $\boldsymbol{A}=(a_{ij})_{m\times n}$，则：

① $0\leqslant \mathrm{r}(\boldsymbol{A})\leqslant \min\{m,n\}, \mathrm{r}(\boldsymbol{A})=0\Leftrightarrow \boldsymbol{A}=\boldsymbol{O}$;

② $\mathrm{r}(\boldsymbol{A})=\mathrm{r}(\boldsymbol{A}^{\mathrm{T}})$;

③ 设 $\boldsymbol{P}$ 是 m 阶可逆矩阵，$\boldsymbol{Q}$ 是 n 阶可逆矩阵，则

$$\mathrm{r}(\boldsymbol{PAQ})=\mathrm{r}(\boldsymbol{PA})=\mathrm{r}(\boldsymbol{AQ})=\mathrm{r}(\boldsymbol{A})$$

④ $\mathrm{r}(\boldsymbol{AB})\leqslant \min\{\mathrm{r}(\boldsymbol{A}),\mathrm{r}(\boldsymbol{B})\}$;

⑤ $\mathrm{r}(\boldsymbol{A}+\boldsymbol{B})\leqslant \mathrm{r}(\boldsymbol{A})+\mathrm{r}(\boldsymbol{B})$;

⑥ 设 $\boldsymbol{A}=(a_{ij})_{m\times n}, \boldsymbol{B}=(b_{ij})_{n\times p}$，且 $\boldsymbol{AB}=\boldsymbol{O}$，则 $\mathrm{r}(\boldsymbol{A})+\mathrm{r}(\boldsymbol{B})\leqslant n$。

3. 矩阵的初等变换和初等矩阵

对于一个矩阵 $\boldsymbol{A}=(a_{ij})_{m\times n}$进行以下 3 种变换，称为矩阵的**初等行变换**。

① 对换变换：对调 $\boldsymbol{A}$ 的某两行(对调 i,j 两行，记作 $r_i\leftrightarrow r_j$)。

② 数乘变换：用一个数 $k(k\neq 0)$乘 $\boldsymbol{A}$ 的某一行中的所有元素(第 i 行乘 k，记作 kr_i)。

③ 倍加变换：把某一行的所有元素的 k 倍加到另一行对应的元素上去(第 j 行的 k 倍加到第 i 行上，记作 r_i+kr_j)。

若对矩阵的列进行类似于上述 3 种变换，即为矩阵的**初等列变换**(所用记号是把 r 换成 c)。

矩阵的初等行变换和初等列变换统称为矩阵的**初等变换**。

矩阵的 3 种初等变换都是可逆的，且其逆是同一类型的初等变换。

初等变换不改变矩阵的秩。

若矩阵 $\boldsymbol{A}$ 经过有限次初等变换变为 $\boldsymbol{B}$，则称 $\boldsymbol{A}$ 与 $\boldsymbol{B}$ **等价**，记为 $\boldsymbol{A}\cong\boldsymbol{B}$。

矩阵之间的等价关系有以下 3 条性质：

① 反身性，$\boldsymbol{A}\cong\boldsymbol{A}$；

② 对称性，若 $\boldsymbol{A}\cong\boldsymbol{B}$，则 $\boldsymbol{B}\cong\boldsymbol{A}$；

③ 传递性，若 $\boldsymbol{A}\cong\boldsymbol{B}$，$\boldsymbol{B}\cong\boldsymbol{C}$，则 $\boldsymbol{A}\cong\boldsymbol{C}$。

若 $\boldsymbol{A}\cong\boldsymbol{B}$，则 $\mathrm{r}(\boldsymbol{A})=\mathrm{r}(\boldsymbol{B})$，反之不然。

由单位矩阵 $\boldsymbol{E}$ 经过一次初等变换得到的矩阵称为初等矩阵。

① 交换 $\boldsymbol{E}$ 的第 $i,j(i\neq j)$ 两行(列)，得到的初等矩阵记为

$$\boldsymbol{P}_{ij}=\begin{pmatrix}1&&&&&&&\\&\ddots&&&&&&\\&&0&\cdots&1&&&\\&&&1&&&&\\&&\vdots&\ddots&\vdots&&&\\&&&&1&&&\\&&1&\cdots&0&&&\\&&&&&&\ddots&\\&&&&&&&1\end{pmatrix}\begin{matrix}\\\\ i\text{ 行}\\\\\\\\ j\text{ 行}\\\\\\\end{matrix}$$

② 用非零常数 $k(k\neq 0)$ 乘 $\boldsymbol{E}$ 的第 i 行(列)，得到的初等矩阵记为

$$\boldsymbol{D}_i(k)=\begin{pmatrix}1&&&&&&\\&\ddots&&&&&\\&&1&&&&\\&&&k&&&\\&&&&1&&\\&&&&&\ddots&\\&&&&&&1\end{pmatrix}\begin{matrix}\\\\\\ i\text{ 行}\\\\\\\\\end{matrix}$$

i 列

③ 将 $\boldsymbol{E}$ 的第 j 行的 k 倍加到第 $i(i<j)$ 行上去(或第 i 列的 k 倍加到第 j 列上去)，得到的初等矩阵记为

$$\boldsymbol{T}_{ij}(k)=\begin{pmatrix}1&&&&&\\&\ddots&&&&\\&&1&\cdots&k&&\\&&&\ddots&\vdots&&\\&&&&1&&\\&&&&&\ddots&\\&&&&&&1\end{pmatrix}\begin{matrix}\\\\ i\text{ 行}\\\\ j\text{ 行}\\\\\\\end{matrix}$$

i 列　　j 列

初等矩阵是可逆的，且其逆矩阵也是初等矩阵。由初等矩阵的定义易得

$$\boldsymbol{P}_{ij}^{-1}=\boldsymbol{P}_{ij}\text{，}\boldsymbol{D}_i(k)^{-1}=\boldsymbol{D}_i\left(\frac{1}{k}\right)\text{，}\boldsymbol{T}_{ij}(k)^{-1}=\boldsymbol{T}_{ij}(-k)$$

可逆矩阵可以写成有限个初等矩阵的乘积。

设 $\boldsymbol{A},\boldsymbol{B}$ 均为 $m\times n$ 矩阵，则 $\boldsymbol{A}\cong\boldsymbol{B}\Leftrightarrow$存在可逆矩阵 $\boldsymbol{P}$ 和 $\boldsymbol{Q}$，使得 $\boldsymbol{PAQ}=\boldsymbol{B}$。

进一步，$m\times n$ 矩阵 $\boldsymbol{A}$ 的秩为 r 当且仅当存在 m 阶可逆矩阵 $\boldsymbol{P}$ 和 n 阶可逆矩阵 $\boldsymbol{Q}$，使得

$$PAQ=\begin{pmatrix} E_r & O \\ O & O \end{pmatrix}$$

4. 初等变换的应用

(1) 求矩阵的秩

初等变换不改变矩阵的秩，用初等变换把矩阵 $\boldsymbol{A}$ 化为行阶梯形矩阵，则阶梯形矩阵中非零行的个数 r 即为 $\boldsymbol{A}$ 的秩，即 $\mathrm{r}(\boldsymbol{A})=r$。

(2) 求逆矩阵

由于伴随矩阵求逆法的计算量较大，一般用初等变换求矩阵的逆矩阵。

将 n 阶矩阵 $\boldsymbol{A}$ 与 n 阶单位矩阵 $\boldsymbol{E}$ 组成一个 $n\times 2n$ 矩阵 $(\boldsymbol{A} \,\vdots\, \boldsymbol{E})$，作初等行变换，将 $\boldsymbol{A}$ 化为单位矩阵 $\boldsymbol{E}$ 的同时，$\boldsymbol{E}$ 就化为 $\boldsymbol{A}$ 的逆矩阵 $\boldsymbol{A}^{-1}$，即

$$(\boldsymbol{A} \,\vdots\, \boldsymbol{E})\xrightarrow{\text{初等行变换}}(\boldsymbol{E} \,\vdots\, \boldsymbol{A}^{-1})$$

(三) 矩阵的分块

1. 分块矩阵的概念

用一些贯穿于矩阵的横线和纵线把矩阵分割成若干小块，每个小块称作矩阵的子块(子矩阵)，以子块为元素的形式上的矩阵称作分块矩阵。

2. 分块矩阵的运算

(1) 分块矩阵的加法

把 $m\times n$ 矩阵 $\boldsymbol{A}$ 和 $\boldsymbol{B}$ 作同样的分块，有

$$\boldsymbol{A}=\begin{pmatrix} \boldsymbol{A}_{11} & \boldsymbol{A}_{12} & \cdots & \boldsymbol{A}_{1s} \\ \boldsymbol{A}_{21} & \boldsymbol{A}_{22} & \cdots & \boldsymbol{A}_{2s} \\ \vdots & \vdots & & \vdots \\ \boldsymbol{A}_{r1} & \boldsymbol{A}_{r2} & \cdots & \boldsymbol{A}_{rs} \end{pmatrix},\quad \boldsymbol{B}=\begin{pmatrix} \boldsymbol{B}_{11} & \boldsymbol{B}_{12} & \cdots & \boldsymbol{B}_{1s} \\ \boldsymbol{B}_{21} & \boldsymbol{B}_{22} & \cdots & \boldsymbol{B}_{2s} \\ \vdots & \vdots & & \vdots \\ \boldsymbol{B}_{r1} & \boldsymbol{B}_{r2} & \cdots & \boldsymbol{B}_{rs} \end{pmatrix}$$

其中，$\boldsymbol{A}_{ij}$ 的行数 $=\boldsymbol{B}_{ij}$ 的行数，$\boldsymbol{A}_{ij}$ 的列数 $=\boldsymbol{B}_{ij}$ 的列数，$1\leqslant i\leqslant r$，$1\leqslant j\leqslant s$，则

$$\boldsymbol{A}+\boldsymbol{B}=\begin{pmatrix} \boldsymbol{A}_{11}+\boldsymbol{B}_{11} & \boldsymbol{A}_{12}+\boldsymbol{B}_{12} & \cdots & \boldsymbol{A}_{1s}+\boldsymbol{B}_{1s} \\ \boldsymbol{A}_{21}+\boldsymbol{B}_{21} & \boldsymbol{A}_{22}+\boldsymbol{B}_{22} & \cdots & \boldsymbol{A}_{2s}+\boldsymbol{B}_{2s} \\ \vdots & \vdots & & \vdots \\ \boldsymbol{A}_{r1}+\boldsymbol{B}_{r1} & \boldsymbol{A}_{r2}+\boldsymbol{B}_{r2} & \cdots & \boldsymbol{A}_{rs}+\boldsymbol{B}_{rs} \end{pmatrix}$$

(2) 数乘分块矩阵

数 k 与分块矩阵 $\boldsymbol{A}=(\boldsymbol{A}_{ij})_{r\times s}$ 的乘积为

$$k\boldsymbol{A}=\begin{pmatrix} k\boldsymbol{A}_{11} & k\boldsymbol{A}_{12} & \cdots & k\boldsymbol{A}_{1s} \\ k\boldsymbol{A}_{21} & k\boldsymbol{A}_{22} & \cdots & k\boldsymbol{A}_{2s} \\ \vdots & \vdots & & \vdots \\ k\boldsymbol{A}_{r1} & k\boldsymbol{A}_{r2} & \cdots & k\boldsymbol{A}_{rs} \end{pmatrix}$$

(3) 分块矩阵的转置

设 $\boldsymbol{A}=\begin{pmatrix}\boldsymbol{A}_{11} & \boldsymbol{A}_{12} & \cdots & \boldsymbol{A}_{1s}\\ \boldsymbol{A}_{21} & \boldsymbol{A}_{22} & \cdots & \boldsymbol{A}_{2s}\\ \vdots & \vdots & & \vdots\\ \boldsymbol{A}_{r1} & \boldsymbol{A}_{r2} & \cdots & \boldsymbol{A}_{rs}\end{pmatrix}=(\boldsymbol{A}_{ij})_{r\times s}$,则其转置矩阵为

$$\boldsymbol{A}^{\mathrm{T}}=\begin{pmatrix}\boldsymbol{A}_{11}^{\mathrm{T}} & \boldsymbol{A}_{21}^{\mathrm{T}} & \cdots & \boldsymbol{A}_{r1}^{\mathrm{T}}\\ \boldsymbol{A}_{12}^{\mathrm{T}} & \boldsymbol{A}_{22}^{\mathrm{T}} & \cdots & \boldsymbol{A}_{r2}^{\mathrm{T}}\\ \vdots & \vdots & & \vdots\\ \boldsymbol{A}_{1s}^{\mathrm{T}} & \boldsymbol{A}_{2s}^{\mathrm{T}} & \cdots & \boldsymbol{A}_{rs}^{\mathrm{T}}\end{pmatrix}=(\boldsymbol{B}_{ij})_{s\times r}$$

(4) 分块矩阵的乘法

设 $\boldsymbol{A}$ 的分块方式为

$$\boldsymbol{A}=\begin{pmatrix}\boldsymbol{A}_{11} & \boldsymbol{A}_{12} & \cdots & \boldsymbol{A}_{1s}\\ \boldsymbol{A}_{21} & \boldsymbol{A}_{22} & \cdots & \boldsymbol{A}_{2s}\\ \vdots & \vdots & & \vdots\\ \boldsymbol{A}_{r1} & \boldsymbol{A}_{r2} & \cdots & \boldsymbol{A}_{rs}\end{pmatrix}\begin{matrix}m_1\text{ 行}\\ m_2\text{ 行}\\ \vdots\\ m_r\text{ 行}\end{matrix},\quad \boldsymbol{B}=\begin{pmatrix}\boldsymbol{B}_{11} & \boldsymbol{B}_{12} & \cdots & \boldsymbol{B}_{1t}\\ \boldsymbol{B}_{21} & \boldsymbol{B}_{22} & \cdots & \boldsymbol{B}_{2t}\\ \vdots & \vdots & & \vdots\\ \boldsymbol{B}_{s1} & \boldsymbol{B}_{s2} & \cdots & \boldsymbol{B}_{st}\end{pmatrix}\begin{matrix}l_1\text{ 行}\\ l_2\text{ 行}\\ \vdots\\ l_s\text{ 行}\end{matrix}$$

$$l_1\text{ 列}\ \ l_2\text{ 列}\ \cdots\ l_s\text{ 列}\qquad\qquad n_1\text{ 列}\ \ n_2\text{ 列}\ \cdots\ n_t\text{ 列}$$

其中 $\boldsymbol{A}_{ik}$ 为 $m_i\times l_k$ 矩阵($i=1,2,\cdots,r$; $k=1,2,\cdots,s$);$\boldsymbol{B}_{kj}$ 为 $l_k\times n_j$ 矩阵($k=1,2,\cdots,s$; $j=1,2,\cdots,t$)。且 $\boldsymbol{A}_{i1},\boldsymbol{A}_{i2},\cdots,\boldsymbol{A}_{is}$ 的列数分别等于 $\boldsymbol{B}_{1j},\boldsymbol{B}_{2j},\cdots,\boldsymbol{B}_{sj}$ 的行数,则

$$\boldsymbol{AB}=\boldsymbol{C}=\begin{pmatrix}\boldsymbol{C}_{11} & \boldsymbol{C}_{12} & \cdots & \boldsymbol{C}_{1t}\\ \boldsymbol{C}_{21} & \boldsymbol{C}_{22} & \cdots & \boldsymbol{C}_{2t}\\ \vdots & \vdots & & \vdots\\ \boldsymbol{C}_{r1} & \boldsymbol{C}_{r2} & \cdots & \boldsymbol{C}_{rt}\end{pmatrix}$$

其中 $\boldsymbol{C}_{ij}=\boldsymbol{A}_{i1}\boldsymbol{B}_{1j}+\boldsymbol{A}_{i2}\boldsymbol{B}_{2j}+\cdots+\boldsymbol{A}_{is}\boldsymbol{B}_{sj}$($i=1,2,\cdots,r$; $j=1,2,\cdots,t$)。

(5) 分块对角阵

设 $\boldsymbol{A}$ 为 n 阶方阵,若 $\boldsymbol{A}$ 的分块矩阵具有下面的形状:

$$\boldsymbol{A}=\begin{pmatrix}\boldsymbol{A}_1 & & & \\ & \boldsymbol{A}_2 & & \\ & & \ddots & \\ & & & \boldsymbol{A}_r\end{pmatrix}$$

其中主对角线上的每一个子块 $\boldsymbol{A}_1,\boldsymbol{A}_2,\cdots,\boldsymbol{A}_r$ 均为方阵,对角线外的子块都是零子块,则称 $\boldsymbol{A}$ 为**分块对角阵**(或称为**准对角阵**)。

分块对角阵 $\boldsymbol{A}$ 的行列式为 $|\boldsymbol{A}|=\prod\limits_{i=1}^{r}|\boldsymbol{A}_i|$。

两个准对角阵的乘积为

$$\begin{pmatrix}\boldsymbol{A}_1 & & & \\ & \boldsymbol{A}_2 & & \\ & & \ddots & \\ & & & \boldsymbol{A}_r\end{pmatrix}\begin{pmatrix}\boldsymbol{B}_1 & & & \\ & \boldsymbol{B}_2 & & \\ & & \ddots & \\ & & & \boldsymbol{B}_r\end{pmatrix}=\begin{pmatrix}\boldsymbol{A}_1\boldsymbol{B}_1 & & & \\ & \boldsymbol{A}_2\boldsymbol{B}_2 & & \\ & & \ddots & \\ & & & \boldsymbol{A}_r\boldsymbol{B}_r\end{pmatrix}$$

其中,对于每一个 $1\leqslant i\leqslant r$,$\boldsymbol{A}_i$ 与 $\boldsymbol{B}_i$ 是同阶方阵(否则,它们不能相乘)。

准对角阵的逆矩阵为

$$\begin{pmatrix} \boldsymbol{A}_1 & & & \\ & \boldsymbol{A}_2 & & \\ & & \ddots & \\ & & & \boldsymbol{A}_r \end{pmatrix}^{-1} = \begin{pmatrix} \boldsymbol{A}_1^{-1} & & & \\ & \boldsymbol{A}_2^{-1} & & \\ & & \ddots & \\ & & & \boldsymbol{A}_r^{-1} \end{pmatrix}$$

这里，假设每个$\boldsymbol{A}_i(i=1,2,\cdots,r)$都是可逆方阵。

(6) 矩阵按行(列)分块

设$\boldsymbol{A}=(a_{ij})_{m\times n}$，把矩阵按列分块，则

$$\boldsymbol{A}=\begin{pmatrix} a_{11} & a_{12} & \cdots & a_{1n} \\ a_{21} & a_{22} & \cdots & a_{2n} \\ \vdots & \vdots & & \vdots \\ a_{m1} & a_{m2} & \cdots & a_{mn} \end{pmatrix}=(\boldsymbol{\alpha}_1,\boldsymbol{\alpha}_2,\cdots,\boldsymbol{\alpha}_n)$$

其中$\boldsymbol{\alpha}_i=(a_{1i},a_{2i},\cdots,a_{mi})^{\mathrm{T}}$是一列的矩阵，称为$\boldsymbol{A}$的列向量。

若把$\boldsymbol{A}$按行分块，则

$$\boldsymbol{A}=\begin{pmatrix} \boldsymbol{\beta}_1 \\ \boldsymbol{\beta}_2 \\ \vdots \\ \boldsymbol{\beta}_m \end{pmatrix}$$

其中$\boldsymbol{\beta}_i=(a_{i1},a_{i2},\cdots,a_{in})$是一行的矩阵，称为$\boldsymbol{A}$的行向量。

二、典型例题

【例1】 设3阶矩阵$\boldsymbol{A}=\begin{pmatrix} 1 & 1 & 0 \\ 0 & 1 & 1 \\ 0 & 0 & 1 \end{pmatrix}$，若存在矩阵$\boldsymbol{X}$，满足$\boldsymbol{AX}=\boldsymbol{XA}$，则称$\boldsymbol{X}$与$\boldsymbol{A}$可交换。试求出所有与$\boldsymbol{A}$可交换的矩阵。

分析：由矩阵乘法可知，与3阶矩阵$\boldsymbol{A}$可交换的矩阵必为3阶矩阵。求与$\boldsymbol{A}$可交换的矩阵的一般方法是：设$\boldsymbol{X}=\begin{pmatrix} x_{11} & x_{12} & x_{13} \\ x_{21} & x_{22} & x_{23} \\ x_{31} & x_{32} & x_{33} \end{pmatrix}$，先求出$\boldsymbol{AX}$和$\boldsymbol{XA}$，然后由$\boldsymbol{AX}=\boldsymbol{XA}$推出$\boldsymbol{X}$的元素所具有的结构。而我们注意到

$$\boldsymbol{A}=\begin{pmatrix} 1 & 1 & 0 \\ 0 & 1 & 1 \\ 0 & 0 & 1 \end{pmatrix}=\begin{pmatrix} 1 & 0 & 0 \\ 0 & 1 & 0 \\ 0 & 0 & 1 \end{pmatrix}+\begin{pmatrix} 0 & 1 & 0 \\ 0 & 0 & 1 \\ 0 & 0 & 0 \end{pmatrix}\xlongequal{\text{记为}}\boldsymbol{E}+\boldsymbol{B}$$

于是$\boldsymbol{AX}=\boldsymbol{XA}\Leftrightarrow(\boldsymbol{E}+\boldsymbol{B})\boldsymbol{X}=\boldsymbol{X}(\boldsymbol{B}+\boldsymbol{E})\Leftrightarrow\boldsymbol{BX}=\boldsymbol{XB}$。由于$\boldsymbol{B}$中的0比$\boldsymbol{A}$中的0多，所以计算$\boldsymbol{BX}$和$\boldsymbol{XB}$比计算$\boldsymbol{AX}$和$\boldsymbol{XA}$简单，更便于我们讨论。

【解】

$$\boldsymbol{A}=\begin{pmatrix} 1 & 1 & 0 \\ 0 & 1 & 1 \\ 0 & 0 & 1 \end{pmatrix}=\begin{pmatrix} 1 & 0 & 0 \\ 0 & 1 & 0 \\ 0 & 0 & 1 \end{pmatrix}+\begin{pmatrix} 0 & 1 & 0 \\ 0 & 0 & 1 \\ 0 & 0 & 0 \end{pmatrix}\xlongequal{\text{记为}}\boldsymbol{E}+\boldsymbol{B}$$

设 $\boldsymbol{X}=\begin{pmatrix} x_{11} & x_{12} & x_{13} \\ x_{21} & x_{22} & x_{23} \\ x_{31} & x_{32} & x_{33} \end{pmatrix}$与 $\boldsymbol{A}$ 可交换，则 $\boldsymbol{AX}=\boldsymbol{XA}\Leftrightarrow \boldsymbol{BX}=\boldsymbol{XB}$，其中

$$\boldsymbol{BX}=\begin{pmatrix} 0 & 1 & 0 \\ 0 & 0 & 1 \\ 0 & 0 & 0 \end{pmatrix}\begin{pmatrix} x_{11} & x_{12} & x_{13} \\ x_{21} & x_{22} & x_{23} \\ x_{31} & x_{32} & x_{33} \end{pmatrix}=\begin{pmatrix} x_{21} & x_{22} & x_{23} \\ x_{31} & x_{32} & x_{33} \\ 0 & 0 & 0 \end{pmatrix}$$

$$\boldsymbol{XB}=\begin{pmatrix} x_{11} & x_{12} & x_{13} \\ x_{21} & x_{22} & x_{23} \\ x_{31} & x_{32} & x_{33} \end{pmatrix}\begin{pmatrix} 0 & 1 & 0 \\ 0 & 0 & 1 \\ 0 & 0 & 0 \end{pmatrix}=\begin{pmatrix} 0 & x_{11} & x_{12} \\ 0 & x_{21} & x_{22} \\ 0 & x_{31} & x_{32} \end{pmatrix}$$

由 $\boldsymbol{BX}=\boldsymbol{XB}$ 可推出，$x_{21}=0$，$x_{31}=0$，$x_{32}=0$；$x_{11}=x_{22}=x_{33}$；$x_{12}=x_{23}$；x_{13}可取任意值。从而，所有与 $\boldsymbol{A}$ 可交换的矩阵形如 $\boldsymbol{X}=\begin{pmatrix} x_{11} & x_{12} & x_{13} \\ 0 & x_{11} & x_{12} \\ 0 & 0 & x_{11} \end{pmatrix}$，或记作 $\begin{pmatrix} a & b & c \\ 0 & a & b \\ 0 & 0 & a \end{pmatrix}$，其中 a,b,c 为任意常数。

【例 2】 已知 $\boldsymbol{\alpha}=(1,0,\cdots,0,1)$是 $1\times n$ 矩阵，$\boldsymbol{A}=\boldsymbol{E}+\boldsymbol{\alpha}^{\mathrm{T}}\boldsymbol{\alpha}$，$\boldsymbol{B}=\boldsymbol{E}-\frac{1}{3}\boldsymbol{\alpha}^{\mathrm{T}}\boldsymbol{\alpha}$，求 $\boldsymbol{AB}$ 和 $\boldsymbol{BA}$。

【解】 由于

$$\boldsymbol{\alpha\alpha}^{\mathrm{T}}=(1,0,\cdots,0,1)\begin{pmatrix} 1 \\ 0 \\ \vdots \\ 0 \\ 1 \end{pmatrix}=2$$

所以

$$\begin{aligned} \boldsymbol{AB} &=(\boldsymbol{E}+\boldsymbol{\alpha}^{\mathrm{T}}\boldsymbol{\alpha})(\boldsymbol{E}-\frac{1}{3}\boldsymbol{\alpha}^{\mathrm{T}}\boldsymbol{\alpha}) \\ &=\boldsymbol{E}+\boldsymbol{\alpha}^{\mathrm{T}}\boldsymbol{\alpha}-\frac{1}{3}\boldsymbol{\alpha}^{\mathrm{T}}\boldsymbol{\alpha}-\frac{1}{3}\boldsymbol{\alpha}^{\mathrm{T}}\boldsymbol{\alpha\alpha}^{\mathrm{T}}\boldsymbol{\alpha} \\ &=\boldsymbol{E}+\frac{2}{3}\boldsymbol{\alpha}^{\mathrm{T}}\boldsymbol{\alpha}-\frac{1}{3}\boldsymbol{\alpha}^{\mathrm{T}}(\boldsymbol{\alpha\alpha}^{\mathrm{T}})\boldsymbol{\alpha} \\ &=\boldsymbol{E}+\frac{2}{3}\boldsymbol{\alpha}^{\mathrm{T}}\boldsymbol{\alpha}-\frac{1}{3}\boldsymbol{\alpha}^{\mathrm{T}}(2\boldsymbol{\alpha}) \\ &=\boldsymbol{E} \end{aligned}$$

因为 $\boldsymbol{A},\boldsymbol{B}$ 为同阶方阵，故由 $\boldsymbol{AB}=\boldsymbol{E}$ 可得 $\boldsymbol{BA}=\boldsymbol{E}$。

【例 3】 设矩阵 $\boldsymbol{A}=\begin{pmatrix} a & b & 0 \\ 0 & a & b \\ 0 & 0 & a \end{pmatrix}$，$n$ 为正整数，求 $\boldsymbol{A}^n$。

【解】 由于 $\boldsymbol{A}=\begin{pmatrix} a & b & 0 \\ 0 & a & b \\ 0 & 0 & a \end{pmatrix}=\begin{pmatrix} a & 0 & 0 \\ 0 & a & 0 \\ 0 & 0 & a \end{pmatrix}+\begin{pmatrix} 0 & b & 0 \\ 0 & 0 & b \\ 0 & 0 & 0 \end{pmatrix}\xlongequal{\text{记为}}a\boldsymbol{E}+\boldsymbol{B}$，其中 $a\boldsymbol{E}$ 与 $\boldsymbol{B}$ 可交换，从而可由二项式定理展开。对于 $\boldsymbol{B}$ 有

$$\boldsymbol{B}^2=\begin{pmatrix} 0 & b & 0 \\ 0 & 0 & b \\ 0 & 0 & 0 \end{pmatrix}\begin{pmatrix} 0 & b & 0 \\ 0 & 0 & b \\ 0 & 0 & 0 \end{pmatrix}=\begin{pmatrix} 0 & 0 & b^2 \\ 0 & 0 & 0 \\ 0 & 0 & 0 \end{pmatrix}$$

$$B^3=BB^2=\begin{pmatrix}0&b&0\\0&0&b\\0&0&0\end{pmatrix}\begin{pmatrix}0&0&b^2\\0&0&0\\0&0&0\end{pmatrix}=\begin{pmatrix}0&0&0\\0&0&0\\0&0&0\end{pmatrix}$$

因此，当 $n\geqslant 3$ 时，有 $\boldsymbol{B}^n=\boldsymbol{O}$，由此得到

$$\begin{aligned}\boldsymbol{A}^n&=(a\boldsymbol{E}+\boldsymbol{B})^n=(a\boldsymbol{E})^n+\mathrm{C}_n^1(a\boldsymbol{E})^{n-1}\boldsymbol{B}+\mathrm{C}_n^2(a\boldsymbol{E})^{n-2}\boldsymbol{B}^2\\&=a^n\boldsymbol{E}+na^{n-1}\boldsymbol{EB}+\frac{n(n-1)}{2}a^{n-2}\boldsymbol{EB}^2\\&=a^n\begin{pmatrix}1&0&0\\0&1&0\\0&0&1\end{pmatrix}+na^{n-1}\begin{pmatrix}0&b&0\\0&0&b\\0&0&0\end{pmatrix}+\frac{n(n-1)}{2}a^{n-2}\begin{pmatrix}0&0&b^2\\0&0&0\\0&0&0\end{pmatrix}\\&=\begin{pmatrix}a^n&na^{n-1}b&\frac{n(n-1)}{2}a^{n-2}b^2\\0&a^n&na^{n-1}b\\0&0&a^n\end{pmatrix}\end{aligned}$$

【例 4】 设 3 阶方阵 $\boldsymbol{A}=\begin{pmatrix}1&0&1\\0&2&0\\1&0&1\end{pmatrix}$，对于正整数 $n\geqslant 2$，求 $\boldsymbol{A}^n-2\boldsymbol{A}^{n-1}$。

【解】 由于 $\boldsymbol{A}^n-2\boldsymbol{A}^{n-1}=(\boldsymbol{A}-2\boldsymbol{E})\boldsymbol{A}^{n-1}$，而

$$\boldsymbol{A}-2\boldsymbol{E}=\begin{pmatrix}-1&0&1\\0&0&0\\1&0&-1\end{pmatrix}$$

$$(\boldsymbol{A}-2\boldsymbol{E})\boldsymbol{A}=\begin{pmatrix}-1&0&1\\0&0&0\\1&0&-1\end{pmatrix}\begin{pmatrix}1&0&1\\0&2&0\\1&0&1\end{pmatrix}=\begin{pmatrix}0&0&0\\0&0&0\\0&0&0\end{pmatrix}$$

因此

$$\boldsymbol{A}^n-2\boldsymbol{A}^{n-1}=(\boldsymbol{A}-2\boldsymbol{E})\boldsymbol{A}^{n-1}=(\boldsymbol{A}-2\boldsymbol{E})\boldsymbol{A}\boldsymbol{A}^{n-2}=\boldsymbol{O}(\text{规定 }\boldsymbol{A}^0=\boldsymbol{E})$$

【例 5】 设 $\boldsymbol{A}=\begin{pmatrix}1&0&0\\2&-1&0\\1&2&1\end{pmatrix}$，求 $\boldsymbol{A}^{100}$。

【解】 记 $\boldsymbol{B}=\begin{pmatrix}0&0&0\\2&-2&0\\1&2&0\end{pmatrix}$，则 $\boldsymbol{A}=\boldsymbol{E}+\boldsymbol{B}$，从而

$$\begin{aligned}\boldsymbol{A}^{100}&=(\boldsymbol{E}+\boldsymbol{B})^{100}=\boldsymbol{E}^{100}+\mathrm{C}_{100}^1\boldsymbol{E}^{99}\boldsymbol{B}+\cdots+\mathrm{C}_{100}^{99}\boldsymbol{EB}^{99}+\boldsymbol{B}^{100}\\&=\boldsymbol{E}+\mathrm{C}_{100}^1\boldsymbol{B}+\cdots+\mathrm{C}_{100}^{99}\boldsymbol{B}^{99}+\boldsymbol{B}^{100}\\&=\begin{pmatrix}1&0&0\\0&1&0\\0&0&1\end{pmatrix}+\mathrm{C}_{100}^1\begin{pmatrix}0&0&0\\2&-2&0\\1&2&0\end{pmatrix}+\mathrm{C}_{100}^2\begin{pmatrix}0&0&0\\-2^2&2^2&0\\2^2&-2^2&0\end{pmatrix}+\\&\quad\mathrm{C}_{100}^3\begin{pmatrix}0&0&0\\2^3&-2^3&0\\-2^3&2^3&0\end{pmatrix}+\cdots+\mathrm{C}_{100}^{100}\begin{pmatrix}0&0&0\\-2^{100}&2^{100}&0\\2^{100}&-2^{100}&0\end{pmatrix}\end{aligned}$$

$$=\begin{pmatrix}1 & 0 & 0\\ 1-(2-1)^{100} & (2-1)^{100} & 0\\ 299+(2-1)^{100} & 1-(2-1)^{100} & 1\end{pmatrix}=\begin{pmatrix}1 & 0 & 0\\ 0 & 1 & 0\\ 300 & 0 & 1\end{pmatrix}$$

【例 6】 设 $\boldsymbol{A}=\begin{pmatrix}a & b\\ 0 & c\end{pmatrix}$，其中 a,b,c 为实数，试求 a,b,c 的一切可能值，使 $\boldsymbol{A}^{100}=\begin{pmatrix}1 & 0\\ 0 & 1\end{pmatrix}$。

【解】 $\boldsymbol{A}$ 是上三角矩阵，它的任意正整数次方幂还是上三角矩阵，所以

$$\boldsymbol{A}^{100}=\begin{pmatrix}a^{100} & f(a,b,c)\\ 0 & c^{100}\end{pmatrix}=\begin{pmatrix}1 & 0\\ 0 & 1\end{pmatrix}\tag{2-1}$$

其中 $f(a,b,c)$ 是 a,b,c 的整系数多项式。由式(2-1)有

$$a^{100}=1,c^{100}=1\Rightarrow a=\pm1,c=\pm1$$

下面分别讨论。

① 当 $a=c=1$ 时，则

$$\boldsymbol{A}^{100}=\begin{pmatrix}1 & b\\ 0 & 1\end{pmatrix}^{100}=\begin{pmatrix}1 & 100b\\ 0 & 1\end{pmatrix}=\begin{pmatrix}1 & 0\\ 0 & 1\end{pmatrix}$$

所以 $b=0$，这时 $\boldsymbol{A}=\begin{pmatrix}1 & 0\\ 0 & 1\end{pmatrix}$。

② 当 $a=c=-1$ 时，可得 $\boldsymbol{A}=\begin{pmatrix}-1 & 0\\ 0 & -1\end{pmatrix}$。

③ 当 $a=1,c=-1$ 或 $a=-1,c=1$ 时，b 可以取任意实数。

综上可知，$\boldsymbol{A}$ 有 4 种可能

$$\begin{pmatrix}1 & 0\\ 0 & 1\end{pmatrix},\begin{pmatrix}-1 & 0\\ 0 & -1\end{pmatrix},\begin{pmatrix}1 & b\\ 0 & -1\end{pmatrix},\begin{pmatrix}-1 & b\\ 0 & 1\end{pmatrix}$$

其中 b 为任意实数。

【例 7】 设 $\boldsymbol{A}=\frac{1}{2}(\boldsymbol{B}+\boldsymbol{E})$，证明：$\boldsymbol{A}^2=\boldsymbol{A}\Leftrightarrow\boldsymbol{B}^2=\boldsymbol{E}$。

【证明】 必要性：设 $\boldsymbol{A}^2=\boldsymbol{A}$，则有

$$\boldsymbol{A}^2=\left[\frac{1}{2}(\boldsymbol{B}+\boldsymbol{E})\right]^2=\frac{1}{4}(\boldsymbol{B}^2+2\boldsymbol{B}+\boldsymbol{E})=\boldsymbol{A}=\frac{1}{2}(\boldsymbol{B}+\boldsymbol{E})$$

即

$$\boldsymbol{B}^2+2\boldsymbol{B}+\boldsymbol{E}=2(\boldsymbol{B}+\boldsymbol{E})=2\boldsymbol{B}+2\boldsymbol{E}\Rightarrow\boldsymbol{B}^2=\boldsymbol{E}$$

充分性：设 $\boldsymbol{B}^2=\boldsymbol{E}$，则有

$$\boldsymbol{A}^2=\frac{1}{4}(\boldsymbol{B}^2+2\boldsymbol{B}+\boldsymbol{E})=\frac{1}{4}(\boldsymbol{E}+2\boldsymbol{B}+\boldsymbol{E})=\frac{1}{2}(\boldsymbol{B}+\boldsymbol{E})=\boldsymbol{A}$$

【例 8】 设 $\boldsymbol{A}$ 是 n 阶矩阵，且 $\boldsymbol{A}^2=\boldsymbol{A}$，证明：$(\boldsymbol{A}+\boldsymbol{E})^k=\boldsymbol{E}+(2^k-1)\boldsymbol{A}$。其中：$k$ 是正整数，$\boldsymbol{E}$ 是 n 阶单位矩阵。

【证明】 $\boldsymbol{E}$ 和任意 n 阶矩阵可交换，且 $\boldsymbol{E}^m=\boldsymbol{E}$，又 $\boldsymbol{A}^2=\boldsymbol{A}$，可得 $\boldsymbol{A}^m=\boldsymbol{A}$，由二项式展开可得

$$\begin{aligned}(\boldsymbol{A}+\boldsymbol{E})^k&=\boldsymbol{E}^k+\mathrm{C}_k^1\boldsymbol{E}^{k-1}\boldsymbol{A}+\mathrm{C}_k^2\boldsymbol{E}^{k-2}\boldsymbol{A}^2+\cdots+\mathrm{C}_k^{k-1}\boldsymbol{E}\boldsymbol{A}^{k-1}+\mathrm{C}_k^k\boldsymbol{A}^k\\&=\boldsymbol{E}+\mathrm{C}_k^1\boldsymbol{A}+\mathrm{C}_k^2\boldsymbol{A}^2+\cdots+\mathrm{C}_k^{k-1}\boldsymbol{A}^{k-1}+\mathrm{C}_k^k\boldsymbol{A}^k\\&=\boldsymbol{E}+\mathrm{C}_k^1\boldsymbol{A}+\mathrm{C}_k^2\boldsymbol{A}+\cdots+\mathrm{C}_k^{k-1}\boldsymbol{A}+\mathrm{C}_k^k\boldsymbol{A}\end{aligned}$$

$$=\boldsymbol{E}-\boldsymbol{A}+C_k^0\boldsymbol{A}+C_k^1\boldsymbol{A}+C_k^2\boldsymbol{A}+\cdots+C_k^{k-1}\boldsymbol{A}+C_k^k\boldsymbol{A}$$
$$=\boldsymbol{E}-\boldsymbol{A}+(C_k^0+C_k^1+C_k^2+\cdots+C_k^{k-1}+C_k^k)\boldsymbol{A}$$
$$=\boldsymbol{E}-\boldsymbol{A}+2^k\boldsymbol{A}=\boldsymbol{E}+(2^k-1)\boldsymbol{A}$$

【例 9】 设 $\boldsymbol{A}$ 是对称阵，$f(x)=a_0+a_1x+a_2x^2+\cdots+a_nx^n$。证明：

① $k\boldsymbol{A}$(k 是常数)是对称阵；

② $\boldsymbol{A}^m$(m 是正整数)是对称阵；

③ $f(\boldsymbol{A})$是对称阵。

【证明】 因 $\boldsymbol{A}^{\mathrm{T}}=\boldsymbol{A}$，有：

① $(k\boldsymbol{A})^{\mathrm{T}}=k\boldsymbol{A}^{\mathrm{T}}=k\boldsymbol{A}$，故 $k\boldsymbol{A}$ 是对称阵；

② $(\boldsymbol{A}^m)^{\mathrm{T}}=(\boldsymbol{A}\boldsymbol{A}\cdots\boldsymbol{A})^{\mathrm{T}}=\boldsymbol{A}^{\mathrm{T}}\boldsymbol{A}^{\mathrm{T}}\cdots\boldsymbol{A}^{\mathrm{T}}=(\boldsymbol{A}^{\mathrm{T}})^m=\boldsymbol{A}^m$，故 $\boldsymbol{A}^m$ 是对称阵；

③ $f(\boldsymbol{A})=a_0\boldsymbol{E}+a_1\boldsymbol{A}+a_2\boldsymbol{A}^2+\cdots+a_n\boldsymbol{A}^n$，由①，②及矩阵转置的运算规则，得

$$\begin{aligned}f(\boldsymbol{A})^{\mathrm{T}}&=(a_0\boldsymbol{E}+a_1\boldsymbol{A}+a_2\boldsymbol{A}^2+\cdots+a_n\boldsymbol{A}^n)^{\mathrm{T}}\\&=(a_0\boldsymbol{E})^{\mathrm{T}}+(a_1\boldsymbol{A})^{\mathrm{T}}+(a_2\boldsymbol{A}^2)^{\mathrm{T}}+\cdots+(a_n\boldsymbol{A}^n)^{\mathrm{T}}\\&=a_0\boldsymbol{E}^{T}+a_1\boldsymbol{A}^{\mathrm{T}}+a_2(\boldsymbol{A}^2)^{\mathrm{T}}+\cdots+a_n(\boldsymbol{A}^n)^{\mathrm{T}}\\&=a_0\boldsymbol{E}+a_1\boldsymbol{A}+a_2\boldsymbol{A}^2+\cdots+a_n\boldsymbol{A}^n=f(\boldsymbol{A})\end{aligned}$$

故 $f(\boldsymbol{A})$是对称阵。

【例 10】 证明：任何一个 n 阶矩阵都可表示为一个对称矩阵与一个反对称矩阵之和。

【证明】 任何一个 n 阶方阵 $\boldsymbol{A}$ 都可表示为

$$\boldsymbol{A}=\frac{1}{2}(\boldsymbol{A}+\boldsymbol{A}^{\mathrm{T}})+\frac{1}{2}(\boldsymbol{A}-\boldsymbol{A}^{\mathrm{T}})$$

由于

$$\left[\frac{1}{2}(\boldsymbol{A}+\boldsymbol{A}^{\mathrm{T}})\right]^{\mathrm{T}}=\frac{1}{2}(\boldsymbol{A}^{\mathrm{T}}+\boldsymbol{A})=\frac{1}{2}(\boldsymbol{A}+\boldsymbol{A}^{\mathrm{T}})$$

所以$\frac{1}{2}(\boldsymbol{A}+\boldsymbol{A}^{\mathrm{T}})$为对称矩阵，又由于

$$\left[\frac{1}{2}(\boldsymbol{A}-\boldsymbol{A}^{\mathrm{T}})\right]^{\mathrm{T}}=\frac{1}{2}(\boldsymbol{A}^{\mathrm{T}}-\boldsymbol{A})=-\frac{1}{2}(\boldsymbol{A}-\boldsymbol{A}^{\mathrm{T}})$$

所以$-\frac{1}{2}(\boldsymbol{A}-\boldsymbol{A}^{\mathrm{T}})$是反对称矩阵，命题得证。

【例 11】 证明：若实对称矩阵 $\boldsymbol{A}$ 满足 $\boldsymbol{A}^2=\boldsymbol{O}$，则 $\boldsymbol{A}=\boldsymbol{O}$。

【证明】 设

$$\boldsymbol{A}=\begin{pmatrix}a_{11}&a_{12}&\cdots&a_{1n}\\a_{21}&a_{22}&\cdots&a_{2n}\\\vdots&\vdots&&\vdots\\a_{n1}&a_{n2}&\cdots&a_{nn}\end{pmatrix}$$

因为 $\boldsymbol{A}$ 是实对称矩阵，所以 $\boldsymbol{A}^{\mathrm{T}}=\boldsymbol{A}$，于是有

$$\begin{aligned}\boldsymbol{A}^2&=\boldsymbol{A}\boldsymbol{A}=\boldsymbol{A}\boldsymbol{A}^{\mathrm{T}}\\&=\begin{pmatrix}a_{11}^2+\cdots+a_{1n}^2&*&\cdots&*\\*&a_{21}^2+\cdots+a_{2n}^2&\cdots&*\\\vdots&\vdots&&\vdots\\*&*&\cdots&a_{n1}^2+\cdots+a_{nn}^2\end{pmatrix}\end{aligned}$$

又因为 $\boldsymbol{A}^2=\boldsymbol{O}$，所以

$$a_{i1}^2+a_{i2}^2+\cdots+a_{in}^2=0, i=1,2,\cdots,n$$

由于 $a_{ij}(i=1,2,\cdots,n;j=1,2,\cdots,n)$ 均为实数，故有

$$a_{i1}=a_{i2}=\cdots=a_{in}=0, i=1,2,\cdots,n$$

故 $\boldsymbol{A}=\boldsymbol{O}$。

【例 12】 设 $\boldsymbol{A}$ 为 n 阶可逆矩阵，试证 $\boldsymbol{A}$ 的伴随矩阵 $\boldsymbol{A}^*$ 也可逆，并求 $(\boldsymbol{A}^*)^{-1}$。

【证明】 由于 $\boldsymbol{A}^{-1}=\frac{1}{|\boldsymbol{A}|}\boldsymbol{A}^*$，因此 $\boldsymbol{A}^*=|\boldsymbol{A}|\boldsymbol{A}^{-1}$，两边取行列式，得

$$|\boldsymbol{A}^*|=||\boldsymbol{A}|\boldsymbol{A}^{-1}|=|\boldsymbol{A}^n||\boldsymbol{A}^{-1}|=|\boldsymbol{A}^n|\frac{1}{|\boldsymbol{A}|}=|\boldsymbol{A}|^{n-1}\neq 0$$

所以 $\boldsymbol{A}^*$ 可逆。将 $\boldsymbol{A}^*=|\boldsymbol{A}|\boldsymbol{A}^{-1}$ 两边取逆，得

$$(\boldsymbol{A}^*)^{-1}=(|\boldsymbol{A}|\boldsymbol{A}^{-1})^{-1}=\frac{1}{|\boldsymbol{A}|}\boldsymbol{A}$$

评注：关于方阵 $\boldsymbol{A}$ 及其伴随矩阵 $\boldsymbol{A}^*$ 有 $\boldsymbol{A}\boldsymbol{A}^*=\boldsymbol{A}^*\boldsymbol{A}=|\boldsymbol{A}|\boldsymbol{E}$，此式不论 $|\boldsymbol{A}|$ 是否为零均成立，因此可以作为公式牢记。当 $|\boldsymbol{A}|\neq 0$ 时，可得 $\boldsymbol{A}^{-1}=\frac{1}{|\boldsymbol{A}|}\boldsymbol{A}^*$。

【例 13】 设 n 阶矩阵 $\boldsymbol{A}$ 的伴随矩阵为 $\boldsymbol{A}^*$，证明：

① 若 $|\boldsymbol{A}|=0$，则 $|\boldsymbol{A}^*|=0$；

② $|\boldsymbol{A}^*|=|\boldsymbol{A}|^{n-1}$。

【证明】 由于 $\boldsymbol{A}\boldsymbol{A}^*=|\boldsymbol{A}|\boldsymbol{E}\Rightarrow|\boldsymbol{A}||\boldsymbol{A}^*|=|\boldsymbol{A}|^n$。

① 若 $|\boldsymbol{A}|=0$，分两种情形来讨论。

a. 若 $\boldsymbol{A}=\boldsymbol{O}$，则 $\boldsymbol{A}^*=\boldsymbol{O}$，从而 $|\boldsymbol{A}^*|=0$。

b. 若 $\boldsymbol{A}\neq\boldsymbol{O}$，则同样有 $|\boldsymbol{A}^*|=0$，否则若 $|\boldsymbol{A}^*|\neq 0$，则 $\boldsymbol{A}^*$ 可逆，由于 $|\boldsymbol{A}|=0$，则有 $\boldsymbol{A}\boldsymbol{A}^*=\boldsymbol{O}$，等式两边右乘 $(\boldsymbol{A}^*)^{-1}$，得 $\boldsymbol{A}\boldsymbol{A}^*(\boldsymbol{A}^*)^{-1}=\boldsymbol{O}$，于是推出 $\boldsymbol{A}=\boldsymbol{O}$，与 $\boldsymbol{A}\neq\boldsymbol{O}$ 矛盾，故 $|\boldsymbol{A}^*|=0$。

综合 a，b 可知，当 $|\boldsymbol{A}|=0$ 时，$|\boldsymbol{A}^*|=|\boldsymbol{A}|^{n-1}$。

② 若 $|\boldsymbol{A}|\neq 0$，由式 $|\boldsymbol{A}||\boldsymbol{A}^*|=|\boldsymbol{A}|^n$，即得 $|\boldsymbol{A}^*|=|\boldsymbol{A}|^{n-1}$。

【例 14】 设 $\boldsymbol{A}=(a_{ij})_{3\times 3}$，$A_{ij}$ 为行列式 $|\boldsymbol{A}|$ 中元素 a_{ij} 的代数余子式，且 $A_{ij}=a_{ij}$，又 $a_{11}\neq 0$，求 $|\boldsymbol{A}|$。

【解】 因为 $A_{ij}=a_{ij}$，所以

$$\boldsymbol{A}^*=\begin{pmatrix}A_{11} & A_{21} & A_{31}\\ A_{12} & A_{22} & A_{32}\\ A_{13} & A_{23} & A_{33}\end{pmatrix}=\begin{pmatrix}a_{11} & a_{21} & a_{31}\\ a_{12} & a_{22} & a_{32}\\ a_{13} & a_{23} & a_{33}\end{pmatrix}=\boldsymbol{A}^{\mathrm{T}}$$

从而有

$$|\boldsymbol{A}^*|=|\boldsymbol{A}^{\mathrm{T}}|=|\boldsymbol{A}|$$

又由于 $|\boldsymbol{A}^*|=|\boldsymbol{A}|^{3-1}=|\boldsymbol{A}|^2$，故有 $|\boldsymbol{A}|^2=|\boldsymbol{A}|$，从而有 $|\boldsymbol{A}|=0$ 或 $|\boldsymbol{A}|=1$。

将 $|\boldsymbol{A}|$ 按第 1 行展开，并注意到 $A_{ij}=a_{ij}$，有 $|\boldsymbol{A}|=a_{11}A_{11}+a_{12}A_{12}+a_{13}A_{13}=a_{11}^2+a_{12}^2+a_{13}^2\neq 0$，故 $|\boldsymbol{A}|=1$。

【例 15】 设 $\boldsymbol{A}=\begin{pmatrix}1 & 0 & 0\\ 1 & 2 & 0\\ 1 & 2 & 3\end{pmatrix}$，$\boldsymbol{A}^*$ 是 $\boldsymbol{A}$ 的伴随矩阵，求 $(\boldsymbol{A}^*)^{-1}$ 与 $(\boldsymbol{A}^{-1})^*$。

【解】 由于 $|\boldsymbol{A}|=6\neq 0$，故 $\boldsymbol{A}$ 可逆，从而 $\boldsymbol{A}^*$ 也可逆，且

$$(\boldsymbol{A}^*)^{-1}=\frac{1}{|\boldsymbol{A}|}\boldsymbol{A}=\frac{1}{6}\begin{pmatrix}1&0&0\\1&2&0\\1&2&3\end{pmatrix}=\begin{pmatrix}\frac{1}{6}&0&0\\\frac{1}{6}&\frac{1}{3}&0\\\frac{1}{6}&\frac{1}{3}&\frac{1}{2}\end{pmatrix}$$

又由 $\boldsymbol{A}^*=|\boldsymbol{A}|\boldsymbol{A}^{-1}$，有$(\boldsymbol{A}^{-1})^*=|\boldsymbol{A}^{-1}|(\boldsymbol{A}^{-1})^{-1}=\frac{1}{|\boldsymbol{A}|}\boldsymbol{A}$，即得$(\boldsymbol{A}^*)^{-1}=(\boldsymbol{A}^{-1})^*$，从而

$$(\boldsymbol{A}^{-1})^*=\begin{pmatrix}\frac{1}{6}&0&0\\\frac{1}{6}&\frac{1}{3}&0\\\frac{1}{6}&\frac{1}{3}&\frac{1}{2}\end{pmatrix}$$

【例 16】 已知 $\boldsymbol{A}=\frac{1}{2}\begin{pmatrix}2&0&0\\0&1&3\\0&2&5\end{pmatrix}$，求$|\boldsymbol{A}|$，$\boldsymbol{A}^{-1}$，$(\boldsymbol{A}^*)^{-1}$。

【解】 ① $|\boldsymbol{A}|=\left(\frac{1}{2}\right)^3\begin{vmatrix}2&0&0\\0&1&3\\0&2&5\end{vmatrix}=-\frac{1}{4}$。

② 令

$$(\boldsymbol{B}\vdots\boldsymbol{E})=\left(\begin{array}{ccc:ccc}2&0&0&1&0&0\\0&1&2&0&1&0\\0&3&5&0&0&1\end{array}\right)\to\left(\begin{array}{ccc:ccc}1&0&0&\frac{1}{2}&0&0\\0&1&0&0&-5&3\\0&0&1&0&2&-1\end{array}\right)$$

于是得

$$\boldsymbol{B}^{-1}=\begin{pmatrix}\frac{1}{2}&0&0\\0&-5&3\\0&2&-1\end{pmatrix}\Rightarrow\boldsymbol{A}^{-1}=2\boldsymbol{B}^{-1}=\begin{pmatrix}1&0&0\\0&-10&6\\0&4&-2\end{pmatrix}$$

③ 因为 $\boldsymbol{A}\boldsymbol{A}^*=|\boldsymbol{A}|\boldsymbol{E}=-\frac{1}{4}\boldsymbol{E}$，所以$(-4\boldsymbol{A})\boldsymbol{A}^*=\boldsymbol{E}$，故

$$(\boldsymbol{A}^*)^{-1}=-4\boldsymbol{A}=\begin{pmatrix}-4&0&0\\0&-2&-6\\0&-4&-10\end{pmatrix}$$

【例 17】 设矩阵 $\boldsymbol{A}$ 的伴随矩阵

$$\boldsymbol{A}^*=\begin{pmatrix}1&0&0&0\\0&1&0&0\\1&0&1&0\\0&-3&0&8\end{pmatrix}$$

且 $\boldsymbol{A}\boldsymbol{B}\boldsymbol{A}^{-1}=\boldsymbol{B}\boldsymbol{A}^{-1}+3\boldsymbol{E}$，其中 $\boldsymbol{E}$ 是 4 阶单位矩阵，求矩阵 $\boldsymbol{B}$。

【解】 由$|\boldsymbol{A}^*|=|\boldsymbol{A}|^{n-1}$，得 $|\boldsymbol{A}|^3=8$，$|\boldsymbol{A}|=2$。

将 $\boldsymbol{A}^{-1}=\frac{1}{|\boldsymbol{A}|}\boldsymbol{A}^*=\frac{1}{2}\boldsymbol{A}^*$ 代入 $\boldsymbol{ABA}^{-1}=\boldsymbol{BA}^{-1}+3\boldsymbol{E}$，则有

$$\frac{1}{2}\boldsymbol{ABA}^*=\frac{1}{2}\boldsymbol{BA}^*+3\boldsymbol{E}$$

$$\boldsymbol{ABA}^*=\boldsymbol{BA}^*+6\boldsymbol{E}$$

$$\boldsymbol{ABA}^*-\boldsymbol{BA}^*=6\boldsymbol{E}$$

$$(\boldsymbol{A}-\boldsymbol{E})\boldsymbol{BA}^*=6\boldsymbol{E}$$

$$\begin{aligned}\boldsymbol{B}&=6(\boldsymbol{A}-\boldsymbol{E})^{-1}(\boldsymbol{A}^*)^{-1}=6[\boldsymbol{A}^*(\boldsymbol{A}-\boldsymbol{E})]^{-1}\\&=6(\boldsymbol{A}^*\boldsymbol{A}-\boldsymbol{A}^*)^{-1}=6(2\boldsymbol{E}-\boldsymbol{A}^*)^{-1}\end{aligned}$$

由于 $2\boldsymbol{E}-\boldsymbol{A}^*=\begin{pmatrix}1&0&0&0\\0&1&0&0\\-1&0&1&0\\0&3&0&-6\end{pmatrix}\Rightarrow(2\boldsymbol{E}-\boldsymbol{A}^*)^{-1}=\begin{pmatrix}1&0&0&0\\0&1&0&0\\1&0&1&0\\0&\frac{1}{2}&0&-\frac{1}{6}\end{pmatrix}$，因此

$$\boldsymbol{B}=\begin{pmatrix}6&0&0&0\\0&6&0&0\\6&0&6&0\\0&3&0&-1\end{pmatrix}$$

【例 18】 设 $\boldsymbol{A}=\begin{pmatrix}1&-3&0\\2&1&0\\0&0&2\end{pmatrix}$，求矩阵 $\boldsymbol{X}$，使 $\boldsymbol{X}+\boldsymbol{A}=\boldsymbol{XA}$。

【解】 将已知等式改写为 $\boldsymbol{X}(\boldsymbol{A}-\boldsymbol{E})=\boldsymbol{A}$，所以

$$\begin{aligned}\boldsymbol{X}&=\boldsymbol{A}(\boldsymbol{A}-\boldsymbol{E})^{-1}\\&=\begin{pmatrix}1&-3&0\\2&1&0\\0&0&2\end{pmatrix}\begin{pmatrix}0&-3&0\\2&0&0\\0&0&1\end{pmatrix}^{-1}=\begin{pmatrix}1&\frac{1}{2}&0\\-\frac{1}{3}&0&0\\0&0&2\end{pmatrix}\end{aligned}$$

【例 19】 设 $\boldsymbol{A}$ 是 3 阶矩阵，$\boldsymbol{A}^*$ 是 $\boldsymbol{A}$ 的伴随矩阵，$\boldsymbol{A}$ 的行列式 $|\boldsymbol{A}|=\frac{1}{2}$。求行列式 $|(3\boldsymbol{A})^{-1}-2\boldsymbol{A}^*|$ 的值。

【解】 因为 $(3\boldsymbol{A})^{-1}=\frac{1}{3}\boldsymbol{A}^{-1}$，$\boldsymbol{A}^*=|\boldsymbol{A}|\boldsymbol{A}^{-1}=\frac{1}{2}\boldsymbol{A}^{-1}$，所以

$$|(3\boldsymbol{A})^{-1}-2\boldsymbol{A}^*|=\left|\frac{1}{3}\boldsymbol{A}^{-1}-\boldsymbol{A}^{-1}\right|=\left|-\frac{2}{3}\boldsymbol{A}^{-1}\right|=\left(-\frac{2}{3}\right)^3|\boldsymbol{A}^{-1}|=-\frac{8}{27}\frac{1}{|\boldsymbol{A}|}=-\frac{16}{27}$$

【例 20】 设 $\boldsymbol{A}=\boldsymbol{E}-\boldsymbol{XX}^{\mathrm{T}}$，$\boldsymbol{X}=(x_1,x_2,\cdots,x_n)^{\mathrm{T}}$ 为非零列矩阵，证明：

① $\boldsymbol{A}^2=\boldsymbol{A}$ 的充分必要条件是 $\boldsymbol{X}^{\mathrm{T}}\boldsymbol{X}=1$；

② 若 $\boldsymbol{X}^{\mathrm{T}}\boldsymbol{X}=1$，则 $\boldsymbol{A}$ 不可逆。

【证明】 ① 由于 $\boldsymbol{X}$ 是 $n\times1$ 的列矩阵，所以 $\boldsymbol{XX}^{\mathrm{T}}$ 是一个 n 阶矩阵，而 $\boldsymbol{X}^{\mathrm{T}}\boldsymbol{X}$ 是一个数。

必要性：由于

$$\begin{aligned}\boldsymbol{A}^2&=(\boldsymbol{E}-\boldsymbol{XX}^{\mathrm{T}})(\boldsymbol{E}-\boldsymbol{XX}^{\mathrm{T}})\\&=\boldsymbol{E}-2\boldsymbol{XX}^{\mathrm{T}}+\boldsymbol{XX}^{\mathrm{T}}\boldsymbol{XX}^{\mathrm{T}}\end{aligned}$$

$$=E-2XX^{T}+X(X^{T}X)X^{T}$$
$$=E-2XX^{T}+(X^{T}X)XX^{T}$$

由 $A^2=A$，得

$$E-2XX^{T}+(X^{T}X)XX^{T}=E-XX^{T}$$
$$(X^{T}X-1)XX^{T}=O$$

由于 X 是非零列矩阵，从而 $XX^{T}\neq O$，因此必有 $X^{T}X-1=0$，即 $X^{T}X=1$。

充分性：若 $X^{T}X=1$，则

$$\begin{aligned}A^2&=(E-XX^{T})(E-XX^{T})\\&=E-2XX^{T}+XX^{T}XX^{T}\\&=E-2XX^{T}+X(X^{T}X)X^{T}\\&=E-XX^{T}=A\end{aligned}$$

② 用反证法证明 A 不可逆。当 $X^{T}X=1$ 时，$A^2=A$，若 A 可逆，则

$$A^{-1}A^2=A^{-1}A\Rightarrow A=E$$

这与 $A=E-XX^{T}\neq E$ 矛盾，故 A 不可逆。

【例 21】 设矩阵 A 满足 $A^2+A-4E=O$，其中 E 是单位矩阵，求 $(A-E)^{-1}$。

【解】 由于矩阵 A 的元素没有给出，因此只能利用逆矩阵的定义法来求出 $(A-E)^{-1}$。由于

$$\begin{aligned}A^2+A-4E=O&\Leftrightarrow A^2+A-2E-2E=O\\&\Leftrightarrow(A-E)(A+2E)=2E\end{aligned}$$

得到

$$(A-E)\left[\frac{1}{2}(A+2E)\right]=E\Rightarrow(A-E)^{-1}=\frac{1}{2}(A+2E)$$

【例 22】 设 n 阶矩阵 A 满足 $A^2+2A-3E=O$。

① 证明：$A,A+2E,A+4E$ 均可逆，并求它们的逆。

② 当 $A\neq E$ 时，判断 $A+3E$ 是否可逆，并说明理由。

【证明】 因 $A^2+2A-3E=O$，故有：

① $A(A+2E)=3E$，$A\left[\frac{1}{3}(A+2E)\right]=E\Rightarrow A$ 可逆，且 $A^{-1}=\frac{1}{3}(A+2E)$；$\frac{1}{3}A(A+2E)=E\Rightarrow A+2E$ 可逆，且 $(A+2E)^{-1}=\frac{1}{3}A$；$(A+4E)(A-2E)=-5E\Rightarrow A+4E$ 可逆，且 $(A+4E)^{-1}=-\frac{1}{5}(A-2E)$。

② 当 $A\neq E$ 时，$A-E\neq O$，因 $A^2+2A-3E=(A+3E)(A-E)=O$，即方程组 $(A+3E)X=O$ 有非零解，故有 $|A+3E|=0$，$A+3E$ 不可逆。

【例 23】 设 A,B 均为 n 阶矩阵，且满足 $AA^{T}=E,BB^{T}=E$，若 $|A|+|B|=0$，试证：$A+B$ 为奇异矩阵。

【证明】 因为 $AA^{T}=E,BB^{T}=E$，所以

$$A+B=(AA^{T})B+A(B^{T}B)=A(A^{T}+B^{T})B \tag{2-2}$$

式(2-2)两边取行列式得

$$\begin{aligned}|A+B|&=|A(A^{T}+B^{T})B|=|A||(A^{T}+B^{T})||B|\\&=|A||(A+B)^{T}||B|=|A||A+B||B|\end{aligned} \tag{2-3}$$

由$|\boldsymbol{A}|+|\boldsymbol{B}|=0$，得$|\boldsymbol{B}|=-|\boldsymbol{A}|$，又由$\boldsymbol{A}\boldsymbol{A}^{\mathrm{T}}=\boldsymbol{E}$，得$|\boldsymbol{A}|^2=1$，从而式(2-3)变为

$$|\boldsymbol{A}+\boldsymbol{B}|=-|\boldsymbol{A}|^2|\boldsymbol{A}+\boldsymbol{B}|=-|\boldsymbol{A}+\boldsymbol{B}|\Rightarrow|\boldsymbol{A}+\boldsymbol{B}|=0$$

故$\boldsymbol{A}+\boldsymbol{B}$为奇异矩阵。

【例 24】 设矩阵$\boldsymbol{A}=\begin{pmatrix}1&2&3&-1&1\\1&1&2&3&1\\3&-1&-1&-2&a\\2&3&-1&-52&-6\end{pmatrix}$，求$\mathrm{r}(\boldsymbol{A})$。

【解】

$$\boldsymbol{A}\rightarrow\begin{pmatrix}1&2&3&-1&1\\0&-1&-1&4&0\\0&-7&-10&1&a-3\\0&-1&-7&-50&-8\end{pmatrix}$$

$$\rightarrow\begin{pmatrix}1&2&3&-1&1\\0&-1&-1&4&0\\0&0&-3&-27&a-3\\0&0&-6&-54&-8\end{pmatrix}$$

$$\rightarrow\begin{pmatrix}1&2&3&-1&1\\0&-1&-1&4&0\\0&0&-3&-27&a-3\\0&0&0&0&-2a-2\end{pmatrix}$$

① 当$a=-1$时，$\mathrm{r}(\boldsymbol{A})=3$。

② 当$a\neq-1$时，$\mathrm{r}(\boldsymbol{A})=4$。

【例 25】 设$\boldsymbol{A}$是n阶可逆矩阵，将$\boldsymbol{A}$的第i行与第j行对换后得到的矩阵记为$\boldsymbol{B}$。

① 证明$\boldsymbol{B}$可逆。

② 求$\boldsymbol{A}\boldsymbol{B}^{-1}$。

【证明】 ① 设$\boldsymbol{P}_{ij}$为n阶单位矩阵$\boldsymbol{E}$对调i,j两行得到的初等矩阵，因为用$\boldsymbol{P}_{ij}$左乘$\boldsymbol{A}$相当于将$\boldsymbol{A}$的i,j两行互换，因此有$\boldsymbol{P}_{ij}\boldsymbol{A}=\boldsymbol{B}$，从而

$$|\boldsymbol{B}|=|\boldsymbol{P}_{ij}||\boldsymbol{A}|=-|\boldsymbol{A}|\neq0$$

所以矩阵$\boldsymbol{B}$可逆。

② $\boldsymbol{A}\boldsymbol{B}^{-1}=\boldsymbol{A}(\boldsymbol{P}_{ij}\boldsymbol{A})^{-1}=\boldsymbol{A}\boldsymbol{A}^{-1}\boldsymbol{P}_{ij}^{-1}=\boldsymbol{P}_{ij}^{-1}=\boldsymbol{P}_{ij}$。

【例 26】 设$\boldsymbol{A}$是3×5矩阵，且$\boldsymbol{A}$的秩$\mathrm{r}(\boldsymbol{A})=2$，$\boldsymbol{B}=\begin{pmatrix}4&1&2\\-1&0&3\\0&5&6\end{pmatrix}$，求$\mathrm{r}(\boldsymbol{B}\boldsymbol{A})$。

【解】 因为

$$|\boldsymbol{B}|=\begin{vmatrix}4&1&2\\-1&0&3\\0&5&6\end{vmatrix}=\begin{vmatrix}0&1&14\\-1&0&3\\0&5&6\end{vmatrix}=-(-1)\begin{vmatrix}1&14\\5&6\end{vmatrix}=-64\neq0$$

所以矩阵$\boldsymbol{B}$可逆，由矩阵秩的性质可知，$\mathrm{r}(\boldsymbol{B}\boldsymbol{A})=\mathrm{r}(\boldsymbol{A})=2$。

【例 27】 设$\boldsymbol{A}$为n阶矩阵，且$|\boldsymbol{A}|=a$。若$\boldsymbol{A}$经过一次初等行(列)变换化为矩阵$\boldsymbol{B}$，求$|\boldsymbol{B}|$。

【解】 对$\boldsymbol{A}$作一次初等行变换，相当于用一个相应的初等矩阵左乘$\boldsymbol{A}$。对应于3种初等

变换，相应的初等矩阵为：交换 $\boldsymbol{E}$ 的第 i,j 两行，对应的初等矩阵为 $\boldsymbol{P}_{ij}$；用非零常数 k 乘 $\boldsymbol{E}$ 的第 i 行，对应的初等矩阵为 $\boldsymbol{D}_i(k)$；将 $\boldsymbol{E}$ 的第 j 行的 k 倍加到第 i 行上去，对应的初等矩阵为 $\boldsymbol{T}_{ij}(k)$。

设 $\boldsymbol{A}$ 经过 3 种初等变换得到的矩阵分别为 $\boldsymbol{B}_1,\boldsymbol{B}_2,\boldsymbol{B}_3$，则

$$\boldsymbol{B}_1=\boldsymbol{P}_{ij}\boldsymbol{A}\Rightarrow|\boldsymbol{B}_1|=|\boldsymbol{P}_{ij}\boldsymbol{A}|=|\boldsymbol{P}_{ij}|\cdot|\boldsymbol{A}|=-a$$

$$\boldsymbol{B}_2=\boldsymbol{D}_i(k)\boldsymbol{A}\Rightarrow|\boldsymbol{B}_2|=|\boldsymbol{D}_i(k)\boldsymbol{A}|=|\boldsymbol{D}_i(k)|\cdot|\boldsymbol{A}|=ka$$

$$\boldsymbol{B}_3=\boldsymbol{T}_{ij}(k)\boldsymbol{A}\Rightarrow|\boldsymbol{B}_3|=|\boldsymbol{T}_{ij}(k)\boldsymbol{A}|=|\boldsymbol{T}_{ij}(k)|\cdot|\boldsymbol{A}|=a$$

对于列初等变换得到的矩阵的行列式类似可求。

【例 28】 设 $\boldsymbol{A}$ 为 n 阶方阵，且 $\boldsymbol{A}^2=\boldsymbol{A}$(称 $\boldsymbol{A}$ 为幂等矩阵)，试证明 $\mathrm{r}(\boldsymbol{A})+\mathrm{r}(\boldsymbol{A}-\boldsymbol{E})=n$。

分析：注意到 $\mathrm{r}(\boldsymbol{A}-\boldsymbol{E})=\mathrm{r}(\boldsymbol{E}-\boldsymbol{A})$，要证 $\mathrm{r}(\boldsymbol{A})+\mathrm{r}(\boldsymbol{A}-\boldsymbol{E})=\mathrm{r}(\boldsymbol{A})+\mathrm{r}(\boldsymbol{E}-\boldsymbol{A})=n$，只要证明不等式 $\mathrm{r}(\boldsymbol{A})+\mathrm{r}(\boldsymbol{A}-\boldsymbol{E})\leqslant n$ 和 $\mathrm{r}(\boldsymbol{A})+\mathrm{r}(\boldsymbol{A}-\boldsymbol{E})\geqslant n$ 同时成立即可，这是证明等式时常用的思路。

【证明】 由 $\boldsymbol{A}^2=\boldsymbol{A}$ 得 $\boldsymbol{A}^2-\boldsymbol{A}=\boldsymbol{O}$，即 $\boldsymbol{A}(\boldsymbol{A}-\boldsymbol{E})=\boldsymbol{O}$，由矩阵秩的性质⑥，得

$$\mathrm{r}(\boldsymbol{A})+\mathrm{r}(\boldsymbol{A}-\boldsymbol{E})\leqslant n$$

此外，$\boldsymbol{E}=\boldsymbol{A}+(\boldsymbol{E}-\boldsymbol{A})$，由两个矩阵和的秩的性质，得

$$\mathrm{r}(\boldsymbol{A})+\mathrm{r}(\boldsymbol{A}-\boldsymbol{E})=\mathrm{r}(\boldsymbol{A})+\mathrm{r}(\boldsymbol{E}-\boldsymbol{A})\geqslant\mathrm{r}[\boldsymbol{A}+(\boldsymbol{E}-\boldsymbol{A})]=\mathrm{r}(\boldsymbol{E})=n$$

于是，得 $\mathrm{r}(\boldsymbol{A})+\mathrm{r}(\boldsymbol{A}-\boldsymbol{E})=n$。

【例 29】 设 $f(x)=a_0+a_1x+a_2x^2+\cdots+a_mx^m$，$\boldsymbol{A}=(a_{ij})_{n\times n}$，若 $f(0)=0$，则 $\mathrm{r}[f(\boldsymbol{A})]\leqslant\mathrm{r}(\boldsymbol{A})$。

分析：由于 $\mathrm{r}(\boldsymbol{AB})\leqslant\min\{\mathrm{r}(\boldsymbol{A}),\mathrm{r}(\boldsymbol{B})\}\Rightarrow\mathrm{r}(\boldsymbol{AB})\leqslant\mathrm{r}(\boldsymbol{A})$，要证 $\mathrm{r}[f(\boldsymbol{A})]\leqslant\mathrm{r}(\boldsymbol{A})$，只需由题设推导出 $f(\boldsymbol{A})=\boldsymbol{A}\cdot(\quad)$ 的形式。

【证明】 由 $f(0)=0$，得 $a_0=0$，即 $f(x)=a_1x+a_2x^2+\cdots+a_mx^m$，从而

$$f(\boldsymbol{A})=a_1\boldsymbol{A}+a_2\boldsymbol{A}^2+\cdots+a_m\boldsymbol{A}^m=\boldsymbol{A}(a_1\boldsymbol{E}+a_2\boldsymbol{A}+\cdots+a_m\boldsymbol{A}^{m-1})$$

由 $\mathrm{r}(\boldsymbol{AB})\leqslant\min\{\mathrm{r}(\boldsymbol{A}),\mathrm{r}(\boldsymbol{B})\}\Rightarrow\mathrm{r}[f(\boldsymbol{A})]\leqslant\mathrm{r}(\boldsymbol{A})$。

【例 30】 试证任何一个秩为 r 的矩阵 $\boldsymbol{A}=(a_{ij})_{m\times n}$ 总可以表示为 r 个秩为 1 的矩阵之和。

【证明】 设 $\mathrm{r}(\boldsymbol{A})=r$，则存在 m 阶可逆方阵 $\boldsymbol{P}$ 和 n 阶可逆方阵 $\boldsymbol{Q}$，使

$$\boldsymbol{A}=\boldsymbol{P}\begin{bmatrix}\boldsymbol{E}_r & \boldsymbol{O}\\ \boldsymbol{O} & \boldsymbol{O}\end{bmatrix}\boldsymbol{Q}$$

由于

$$\begin{bmatrix}\boldsymbol{E}_r & \boldsymbol{O}\\ \boldsymbol{O} & \boldsymbol{O}\end{bmatrix}=\begin{pmatrix}1 & 0 & \cdots & 0\\ 0 & 0 & \cdots & 0\\ \vdots & \vdots & & \vdots\\ 0 & 0 & \cdots & 0\end{pmatrix}+\begin{pmatrix}0 & 0 & \cdots & 0\\ 0 & 1 & \cdots & 0\\ \vdots & \vdots & & \vdots\\ 0 & 0 & \cdots & 0\end{pmatrix}+\cdots+\begin{pmatrix}0 & \cdots & 0 & \cdots & 0\\ \vdots & & \vdots & & \vdots\\ 0 & \cdots & 1 & \cdots & 0\\ \vdots & & \vdots & & \vdots\\ 0 & \cdots & 0 & \cdots & 0\end{pmatrix} r\text{ 行}$$

$$=\boldsymbol{E}_{11}+\boldsymbol{E}_{22}+\cdots+\boldsymbol{E}_{rr}$$

显然 $\mathrm{r}(\boldsymbol{E}_{11})=\mathrm{r}(\boldsymbol{E}_{22})=\cdots=\mathrm{r}(\boldsymbol{E}_{rr})=1$，而

$$\begin{aligned}\boldsymbol{A}&=\boldsymbol{P}(\boldsymbol{E}_{11}+\boldsymbol{E}_{22}+\cdots+\boldsymbol{E}_{rr})\boldsymbol{Q}\\&=\boldsymbol{PE}_{11}\boldsymbol{Q}+\boldsymbol{PE}_{22}\boldsymbol{Q}+\cdots+\boldsymbol{PE}_{rr}\boldsymbol{Q}\\&=\boldsymbol{B}_1+\boldsymbol{B}_2+\cdots+\boldsymbol{B}_r\end{aligned}$$

其中 $\boldsymbol{B}_t=\boldsymbol{P}\boldsymbol{E}_{tt}\boldsymbol{Q}$，$t=1,2,\cdots,r$；且有 $\mathrm{r}(\boldsymbol{B}_t)=\mathrm{r}(\boldsymbol{P}\boldsymbol{E}_{tt}\boldsymbol{Q})=1$，因此 $\boldsymbol{A}$ 可写成 r 个秩为 1 的矩阵之和。

【例 31】 如果非奇异 n 阶矩阵 $\boldsymbol{A}$ 的每行元素之和均为 a。试证明：$\boldsymbol{A}^{-1}$ 的每行元素之和必为 a^{-1}。

【证明】 由于 $\boldsymbol{A}$ 是非奇异矩阵，易知 $a\neq 0$。又由假设条件知

$$\boldsymbol{A}\begin{pmatrix}1\\1\\\vdots\\1\end{pmatrix}=\begin{pmatrix}a\\a\\\vdots\\a\end{pmatrix}$$

由于 $\boldsymbol{A}$ 为非奇异矩阵，即 $\boldsymbol{A}$ 可逆，用 $\boldsymbol{A}^{-1}$ 左乘上式两边，得

$$\boldsymbol{A}^{-1}\begin{pmatrix}a\\a\\\vdots\\a\end{pmatrix}=\begin{pmatrix}1\\1\\\vdots\\1\end{pmatrix}\Rightarrow a\boldsymbol{A}^{-1}\begin{pmatrix}1\\1\\\vdots\\1\end{pmatrix}=\begin{pmatrix}1\\1\\\vdots\\1\end{pmatrix}\Rightarrow\boldsymbol{A}^{-1}\begin{pmatrix}1\\1\\\vdots\\1\end{pmatrix}=\begin{pmatrix}1/a\\1/a\\\vdots\\1/a\end{pmatrix}$$

上式表明 $\boldsymbol{A}^{-1}$ 的每行元素之和为 a^{-1}。

【例 32】 设

$$\boldsymbol{A}=\begin{pmatrix}0&1&0&0\\0&0&1&0\\0&0&0&1\\1&0&0&0\end{pmatrix}$$

用分块矩阵计算：

① $\boldsymbol{A}^2$；

② $\boldsymbol{A}^4$。

【解】 ①

$$\boldsymbol{A}^2=\boldsymbol{A}\cdot\boldsymbol{A}=\begin{pmatrix}0&1&0&0\\0&0&1&0\\0&0&0&1\\1&0&0&0\end{pmatrix}\begin{pmatrix}0&1&0&0\\0&0&1&0\\0&0&0&1\\1&0&0&0\end{pmatrix}$$

左边的 $\boldsymbol{A}$ 分块如下

$$\boldsymbol{A}=\left(\begin{array}{c:ccc}0&1&0&0\\0&0&1&0\\0&0&0&1\\\hdashline 1&0&0&0\end{array}\right)=\begin{pmatrix}\boldsymbol{O}&\boldsymbol{E}_3\\1&\boldsymbol{O}^{\mathrm{T}}\end{pmatrix}$$

按分块矩阵乘法，为了可乘，右边的矩阵不能用与左边矩阵相同的分块法。右边矩阵分块如下

$$\boldsymbol{A}=\left(\begin{array}{c:ccc}0&1&0&0\\\hdashline 0&0&1&0\\0&0&0&1\\1&0&0&0\end{array}\right)\xlongequal{\text{记为}}\begin{bmatrix}0&\boldsymbol{\alpha}\\\boldsymbol{\beta}&\boldsymbol{B}\end{bmatrix}$$

其中 $\boldsymbol{\alpha}=(1,0,0)$,$\boldsymbol{\beta}=\begin{pmatrix}0\\0\\1\end{pmatrix}$,$\boldsymbol{B}=\begin{pmatrix}0&1&0\\0&0&1\\0&0&0\end{pmatrix}$, 从而有

$$\boldsymbol{A}^2=\begin{pmatrix}\boldsymbol{O}&\boldsymbol{E}_3\\1&\boldsymbol{O}^{\mathrm{T}}\end{pmatrix}\begin{pmatrix}0&\boldsymbol{\alpha}\\\boldsymbol{\beta}&\boldsymbol{B}\end{pmatrix}=\begin{pmatrix}\boldsymbol{E}_3\boldsymbol{\beta}&\boldsymbol{E}_3\boldsymbol{B}\\0&\boldsymbol{\alpha}\end{pmatrix}=\begin{pmatrix}\boldsymbol{\beta}&\boldsymbol{B}\\0&\boldsymbol{\alpha}\end{pmatrix}$$

$$=\left(\begin{array}{c:ccc}0&0&1&0\\0&0&0&1\\1&0&0&0\\\hdashline 0&1&0&0\end{array}\right)$$

② $\boldsymbol{A}^4=\boldsymbol{A}^2\cdot\boldsymbol{A}^2$, 将 $\boldsymbol{A}^2$ 作如下分块

$$\boldsymbol{A}^2=\left(\begin{array}{cc:cc}0&0&1&0\\0&0&0&1\\\hdashline 1&0&0&0\\0&1&0&0\end{array}\right)=\begin{pmatrix}\boldsymbol{O}&\boldsymbol{E}_2\\\boldsymbol{E}_2&\boldsymbol{O}\end{pmatrix}$$

则

$$\boldsymbol{A}^4=\boldsymbol{A}^2\cdot\boldsymbol{A}^2=\begin{pmatrix}\boldsymbol{O}&\boldsymbol{E}_2\\\boldsymbol{E}_2&\boldsymbol{O}\end{pmatrix}\begin{pmatrix}\boldsymbol{O}&\boldsymbol{E}_2\\\boldsymbol{E}_2&\boldsymbol{O}\end{pmatrix}=\begin{pmatrix}\boldsymbol{E}_2^2&\boldsymbol{O}\\\boldsymbol{O}&\boldsymbol{E}_2^2\end{pmatrix}$$

$$=\begin{pmatrix}\boldsymbol{E}_2&\boldsymbol{O}\\\boldsymbol{O}&\boldsymbol{E}_2\end{pmatrix}=\begin{pmatrix}1&0&0&0\\0&1&0&0\\0&0&1&0\\0&0&0&1\end{pmatrix}=\boldsymbol{E}_4$$

评注：分块矩阵 $\boldsymbol{A},\boldsymbol{B}$ 相乘时，必须要求如下。①左边矩阵 $\boldsymbol{A}$ 的列数＝右边矩阵 $\boldsymbol{B}$ 的行数。②左边矩阵 $\boldsymbol{A}$ 的列分块法＝右边矩阵 $\boldsymbol{B}$ 的行分块法。否则不能相乘。

【例 33】 设分块矩阵

$$\boldsymbol{X}=\begin{pmatrix}\boldsymbol{O}&\boldsymbol{A}\\\boldsymbol{B}&\boldsymbol{O}\end{pmatrix}$$

其中 $\boldsymbol{A}$ 为 r 阶可逆矩阵,$\boldsymbol{B}$ 为 s 阶可逆矩阵,求 $\boldsymbol{X}^{-1}$。

【解】 设 $\boldsymbol{X}^{-1}=\begin{pmatrix}\boldsymbol{X}_1&\boldsymbol{X}_2\\\boldsymbol{X}_3&\boldsymbol{X}_4\end{pmatrix}$,则有

$$\boldsymbol{X}^{-1}\boldsymbol{X}=\begin{pmatrix}\boldsymbol{X}_1&\boldsymbol{X}_2\\\boldsymbol{X}_3&\boldsymbol{X}_4\end{pmatrix}\begin{pmatrix}\boldsymbol{O}&\boldsymbol{A}\\\boldsymbol{B}&\boldsymbol{O}\end{pmatrix}=\begin{pmatrix}\boldsymbol{X}_2\boldsymbol{B}&\boldsymbol{X}_1\boldsymbol{A}\\\boldsymbol{X}_4\boldsymbol{B}&\boldsymbol{X}_3\boldsymbol{A}\end{pmatrix}=\begin{pmatrix}\boldsymbol{E}_r&\boldsymbol{O}\\\boldsymbol{O}&\boldsymbol{E}_s\end{pmatrix}$$

由此得

$$\boldsymbol{X}_2\boldsymbol{B}=\boldsymbol{E}_r,\boldsymbol{X}_1\boldsymbol{A}=\boldsymbol{O},\boldsymbol{X}_4\boldsymbol{B}=\boldsymbol{O},\boldsymbol{X}_3\boldsymbol{A}=\boldsymbol{E}_s$$

所以

$$\boldsymbol{X}_1=\boldsymbol{O},\boldsymbol{X}_2=\boldsymbol{B}^{-1},\boldsymbol{X}_3=\boldsymbol{A}^{-1},\boldsymbol{X}_4=\boldsymbol{O}$$

因此

$$\boldsymbol{X}^{-1}=\begin{pmatrix}\boldsymbol{O}&\boldsymbol{B}^{-1}\\\boldsymbol{A}^{-1}&\boldsymbol{O}\end{pmatrix}$$

评注:上述结论可推广到一般情形,即分块矩阵

$$A=\begin{pmatrix} & & & A_1 \\ & & A_2 & \\ & \iddots & & \\ A_s & & & \end{pmatrix}$$

若子块 $A_i(i=1,2,\cdots,s)$ 都可逆，则

$$A^{-1}=\begin{pmatrix} & & & A_s^{-1} \\ & & A_{s-1}^{-1} & \\ & \iddots & & \\ A_1^{-1} & & & \end{pmatrix}$$

【例 34】 设 $A=\begin{pmatrix} 0 & 0 & 0 & 2 & 5 \\ 0 & 0 & 0 & 1 & 3 \\ 1 & 1 & 1 & 0 & 0 \\ 0 & 1 & 1 & 0 & 0 \\ 0 & 0 & 1 & 0 & 0 \end{pmatrix}$，求 A^{-1}。

【解】 将矩阵 A 分块如下

$$A=\left(\begin{array}{ccc:cc} 0 & 0 & 0 & 2 & 5 \\ 0 & 0 & 0 & 1 & 3 \\ \hdashline 1 & 1 & 1 & 0 & 0 \\ 0 & 1 & 1 & 0 & 0 \\ 0 & 0 & 1 & 0 & 0 \end{array}\right)=\begin{pmatrix} O & A_1 \\ A_2 & O \end{pmatrix}$$

其中 $A_1=\begin{pmatrix} 2 & 5 \\ 1 & 3 \end{pmatrix}$，$A_2=\begin{pmatrix} 1 & 1 & 1 \\ 0 & 1 & 1 \\ 0 & 0 & 1 \end{pmatrix}$。

因为

$$A_1^{-1}=\begin{pmatrix} 3 & -5 \\ -1 & 2 \end{pmatrix},\ A_2^{-1}=\begin{pmatrix} 1 & -1 & 0 \\ 0 & 1 & -1 \\ 0 & 0 & 1 \end{pmatrix}$$

故 $A^{-1}=\begin{pmatrix} O & A_1 \\ A_2 & O \end{pmatrix}^{-1}=\begin{pmatrix} O & A_2^{-1} \\ A_1^{-1} & O \end{pmatrix}=\begin{pmatrix} 0 & 0 & 1 & -1 & 0 \\ 0 & 0 & 0 & 1 & -1 \\ 0 & 0 & 0 & 0 & 1 \\ 3 & -5 & 0 & 0 & 0 \\ -1 & 2 & 0 & 0 & 0 \end{pmatrix}$。

【例 35】 设矩阵

$$A=\begin{pmatrix} 0 & a_1 & 0 & \cdots & 0 & 0 \\ 0 & 0 & a_2 & \cdots & 0 & 0 \\ \vdots & \vdots & \vdots & & \vdots & \vdots \\ 0 & 0 & 0 & \cdots & 0 & a_{n-1} \\ a_n & 0 & 0 & \cdots & 0 & 0 \end{pmatrix}$$

其中 $a_1,a_2,\cdots,a_n$ 均不为 0，求 A^{-1}。

【解】 利用分块矩阵求逆,则

$$A^{-1}=\begin{pmatrix}0 & a_1 & 0 & \cdots & 0 & 0\\ 0 & 0 & a_2 & \cdots & 0 & 0\\ \vdots & \vdots & \vdots & & \vdots & \vdots\\ 0 & 0 & 0 & \cdots & 0 & a_{n-1}\\ a_n & 0 & 0 & \cdots & 0 & 0\end{pmatrix}^{-1}=\begin{pmatrix}\boldsymbol{O} & \boldsymbol{A}_1\\ a_n & \boldsymbol{O}\end{pmatrix}^{-1}=\begin{pmatrix}\boldsymbol{O} & a_n^{-1}\\ \boldsymbol{A}_1^{-1} & \boldsymbol{O}\end{pmatrix}$$

由于

$$\boldsymbol{A}_1^{-1}=\begin{pmatrix}a_1 & & & \\ & a_2 & & \\ & & \ddots & \\ & & & a_{n-1}\end{pmatrix}^{-1}=\begin{pmatrix}a_1^{-1} & & & \\ & a_2^{-1} & & \\ & & \ddots & \\ & & & a_{n-1}^{-1}\end{pmatrix}$$

所以

$$A^{-1}=\begin{pmatrix}\boldsymbol{O} & a_n^{-1}\\ \boldsymbol{A}_1^{-1} & \boldsymbol{O}\end{pmatrix}=\begin{pmatrix}0 & 0 & \cdots & 0 & 0 & a_n^{-1}\\ a_1^{-1} & 0 & \cdots & 0 & 0 & 0\\ \vdots & \vdots & & \vdots & \vdots & \vdots\\ 0 & 0 & \cdots & a_{n-2}^{-1} & 0 & 0\\ 0 & 0 & \cdots & 0 & a_{n-1}^{-1} & 0\end{pmatrix}$$

【例 36】 设 $\boldsymbol{A}=(a_{ij})_{m\times n}$，试证明:若 $\mathrm{r}(\boldsymbol{A})=r$，则必存在秩为 r 的矩阵 $\boldsymbol{B}_{m\times r}$ 和 $\boldsymbol{C}_{m\times r}$，使得 $\boldsymbol{A}=\boldsymbol{BC}$。

【证明】 因为 $\mathrm{r}(\boldsymbol{A})=r$，所以存在 m 阶可逆矩阵 $\boldsymbol{P}$ 和 n 阶可逆矩阵 $\boldsymbol{Q}$，使

$$\boldsymbol{A}=\boldsymbol{P}\begin{bmatrix}\boldsymbol{E}_r & \boldsymbol{O}\\ \boldsymbol{O} & \boldsymbol{O}\end{bmatrix}\boldsymbol{Q}$$

由分块矩阵乘法，可得

$$\begin{bmatrix}\boldsymbol{E}_r & \boldsymbol{O}\\ \boldsymbol{O} & \boldsymbol{O}\end{bmatrix}=\begin{bmatrix}\boldsymbol{E}_r\\ \boldsymbol{O}\end{bmatrix}(\boldsymbol{E}_r,\boldsymbol{O})$$

其中$\begin{bmatrix}\boldsymbol{E}_r\\ \boldsymbol{O}\end{bmatrix}$是一个 $m\times r$ 阶矩阵，$(\boldsymbol{E}_r,\boldsymbol{O})$是一个 $r\times n$ 阶矩阵，因此

$$\boldsymbol{A}=\boldsymbol{P}\begin{bmatrix}\boldsymbol{E}_r & \boldsymbol{O}\\ \boldsymbol{O} & \boldsymbol{O}\end{bmatrix}\boldsymbol{Q}=\boldsymbol{P}\begin{bmatrix}\boldsymbol{E}_r\\ \boldsymbol{O}\end{bmatrix}(\boldsymbol{E}_r,\boldsymbol{O})\boldsymbol{Q}=\boldsymbol{BC}$$

其中 $\boldsymbol{B}=\boldsymbol{P}\begin{bmatrix}\boldsymbol{E}_r\\ \boldsymbol{O}\end{bmatrix}$,$\boldsymbol{C}=(\boldsymbol{E}_r,\boldsymbol{O})\boldsymbol{Q}$，则 $\boldsymbol{B}$ 是一个 $m\times r$ 阶矩阵，$\boldsymbol{C}$ 是一个 $r\times n$ 阶矩阵，且 $\mathrm{r}(\boldsymbol{B})=\mathrm{r}\left[\begin{bmatrix}\boldsymbol{E}_r\\ \boldsymbol{O}\end{bmatrix}\right]=r$,$\mathrm{r}(\boldsymbol{C})=\mathrm{r}[(\boldsymbol{E}_r,\boldsymbol{O})]=r$。

【例 37】 证明下列关于矩阵秩的不等式:

① $\mathrm{r}(\boldsymbol{AB})\leqslant\min\{\mathrm{r}(\boldsymbol{A}),\mathrm{r}(\boldsymbol{B})\}$;

② $\mathrm{r}(\boldsymbol{A}+\boldsymbol{B})\leqslant\mathrm{r}(\boldsymbol{A})+\mathrm{r}(\boldsymbol{B})$;

③ 设 $\boldsymbol{A}$,$\boldsymbol{B}$ 均为 n 阶矩阵，且 $\boldsymbol{AB}=\boldsymbol{O}$，则 $\mathrm{r}(\boldsymbol{A})+\mathrm{r}(\boldsymbol{B})\leqslant n$。

【证明】 设 $\boldsymbol{A}=(a_{ij})_{m\times n}$,$\boldsymbol{B}=(b_{ij})_{n\times s}$且 $\mathrm{r}(\boldsymbol{A})=r$,则存在 m 阶可逆矩阵 $\boldsymbol{P}$ 和 n 阶可逆矩阵 $\boldsymbol{Q}$，使

$$\boldsymbol{A}=\boldsymbol{P}\begin{pmatrix}\boldsymbol{E}_r & \boldsymbol{O}\\ \boldsymbol{O} & \boldsymbol{O}\end{pmatrix}\boldsymbol{Q}$$

$$\boldsymbol{AB}=\boldsymbol{P}\begin{pmatrix}\boldsymbol{E}_r & \boldsymbol{O}\\ \boldsymbol{O} & \boldsymbol{O}\end{pmatrix}\boldsymbol{QB}$$

令 $\boldsymbol{QB}=\begin{pmatrix}\boldsymbol{B}_1\\ \boldsymbol{B}_2\end{pmatrix}$,其中 $\boldsymbol{B}_1$ 为 $r\times s$ 阶矩阵，$\boldsymbol{B}_2$ 为$(n-r)\times s$ 阶矩阵。于是有

$$\boldsymbol{AB}=\boldsymbol{P}\begin{pmatrix}\boldsymbol{E}_r & \boldsymbol{O}\\ \boldsymbol{O} & \boldsymbol{O}\end{pmatrix}\begin{pmatrix}\boldsymbol{B}_1\\ \boldsymbol{B}_2\end{pmatrix}=\boldsymbol{P}\begin{pmatrix}\boldsymbol{B}_1\\ \boldsymbol{O}\end{pmatrix}$$

由于 $\boldsymbol{P}$ 可逆，从而有

$$\mathrm{r}(\boldsymbol{AB})=\mathrm{r}\left[\boldsymbol{P}\begin{pmatrix}\boldsymbol{B}_1\\ \boldsymbol{O}\end{pmatrix}\right]=\mathrm{r}\left[\begin{pmatrix}\boldsymbol{B}_1\\ \boldsymbol{O}\end{pmatrix}\right]=\mathrm{r}(\boldsymbol{B}_1)\leqslant r=\mathrm{r}(\boldsymbol{A})$$

又由 $\mathrm{r}(\boldsymbol{AB})=\mathrm{r}[(\boldsymbol{AB})^{\mathrm{T}}]=\mathrm{r}(\boldsymbol{B}^{\mathrm{T}}\boldsymbol{A}^{\mathrm{T}})\leqslant\mathrm{r}(\boldsymbol{B}^{\mathrm{T}})=\mathrm{r}(\boldsymbol{B})$，得

$$\mathrm{r}(\boldsymbol{AB})\leqslant\min\{\mathrm{r}(\boldsymbol{A}),\mathrm{r}(\boldsymbol{B})\}$$

② 设 $\boldsymbol{A},\boldsymbol{B}$ 均为 $m\times n$ 阶矩阵，利用分块矩阵乘法可得

$$\boldsymbol{A}+\boldsymbol{B}=(\boldsymbol{E}_m,\boldsymbol{E}_m)\begin{pmatrix}\boldsymbol{A} & \boldsymbol{O}\\ \boldsymbol{O} & \boldsymbol{B}\end{pmatrix}\begin{pmatrix}\boldsymbol{E}_n\\ \boldsymbol{E}_n\end{pmatrix}$$

由①知

$$\mathrm{r}(\boldsymbol{A}+\boldsymbol{B})\leqslant\mathrm{r}\begin{pmatrix}\boldsymbol{A} & \boldsymbol{O}\\ \boldsymbol{O} & \boldsymbol{B}\end{pmatrix}$$

设 $\mathrm{r}(\boldsymbol{A})=s,\mathrm{r}(\boldsymbol{B})=t$，则经初等变换后，有

$$\mathrm{r}(\boldsymbol{A}+\boldsymbol{B})\leqslant\mathrm{r}\begin{pmatrix}\boldsymbol{A} & \boldsymbol{O}\\ \boldsymbol{O} & \boldsymbol{B}\end{pmatrix}=\mathrm{r}\begin{pmatrix}\boldsymbol{E}_{s+t} & \boldsymbol{O}\\ \boldsymbol{O} & \boldsymbol{O}\end{pmatrix}=s+t=\mathrm{r}(\boldsymbol{A})+\mathrm{r}(\boldsymbol{B})$$

③ 设 $\mathrm{r}(\boldsymbol{A})=r$,则存在两个 n 阶可逆矩阵 $\boldsymbol{P}$ 和 $\boldsymbol{Q}$，使得

$$\boldsymbol{A}=\boldsymbol{P}\begin{pmatrix}\boldsymbol{E}_r & \boldsymbol{O}\\ \boldsymbol{O} & \boldsymbol{O}\end{pmatrix}\boldsymbol{Q}$$

由 $\boldsymbol{AB}=\boldsymbol{O}$，得

$$\boldsymbol{P}\begin{pmatrix}\boldsymbol{E}_r & \boldsymbol{O}\\ \boldsymbol{O} & \boldsymbol{O}\end{pmatrix}\boldsymbol{QB}=\boldsymbol{O}\Rightarrow\begin{pmatrix}\boldsymbol{E}_r & \boldsymbol{O}\\ \boldsymbol{O} & \boldsymbol{O}\end{pmatrix}\boldsymbol{QB}=\boldsymbol{O}$$

令 $\boldsymbol{QB}=\begin{pmatrix}\boldsymbol{B}_1\\ \boldsymbol{B}_2\end{pmatrix}$,其中 $\boldsymbol{B}_1$ 为 $r\times n$ 阶矩阵，$\boldsymbol{B}_2$ 为$(n-r)\times n$ 阶矩阵,则有

$$\begin{pmatrix}\boldsymbol{E}_r & \boldsymbol{O}\\ \boldsymbol{O} & \boldsymbol{O}\end{pmatrix}\boldsymbol{QB}=\begin{pmatrix}\boldsymbol{E}_r & \boldsymbol{O}\\ \boldsymbol{O} & \boldsymbol{O}\end{pmatrix}\begin{pmatrix}\boldsymbol{B}_1\\ \boldsymbol{B}_2\end{pmatrix}=\begin{pmatrix}\boldsymbol{B}_1\\ \boldsymbol{O}\end{pmatrix}\Rightarrow\boldsymbol{B}_1=\boldsymbol{O}$$

这样

$$\boldsymbol{QB}=\begin{pmatrix}\boldsymbol{B}_1\\ \boldsymbol{B}_2\end{pmatrix}=\begin{pmatrix}\boldsymbol{O}\\ \boldsymbol{B}_2\end{pmatrix}$$

由于 $\boldsymbol{Q}$ 可逆，从而有

$$\mathrm{r}(\boldsymbol{B})=\mathrm{r}(\boldsymbol{QB})=\mathrm{r}\left[\begin{pmatrix}\boldsymbol{O}\\ \boldsymbol{B}_2\end{pmatrix}\right]=\mathrm{r}(\boldsymbol{B}_2)\leqslant n-r$$

所以

$$\mathrm{r}(\boldsymbol{A})+\mathrm{r}(\boldsymbol{B})\leqslant n$$

【例 38】 设 $\boldsymbol{A}$ 为 n 阶非奇异矩阵，$\boldsymbol{\alpha}$ 为 $n\times 1$ 阶列矩阵，b 为常数，记分块矩阵

$$\boldsymbol{P}=\begin{bmatrix}\boldsymbol{E} & \boldsymbol{O}\\ -\boldsymbol{\alpha}^{\mathrm{T}}\boldsymbol{A}^{*} & |\boldsymbol{A}|\end{bmatrix},\ \boldsymbol{Q}=\begin{bmatrix}\boldsymbol{A} & \boldsymbol{\alpha}\\ \boldsymbol{\alpha}^{\mathrm{T}} & b\end{bmatrix}$$

其中：$\boldsymbol{A}^{*}$ 是矩阵 $\boldsymbol{A}$ 的伴随矩阵，$\boldsymbol{E}$ 是 n 阶单位矩阵，$\boldsymbol{\alpha}^{\mathrm{T}}$ 为列矩阵 $\boldsymbol{\alpha}$ 的转置。

① 计算并化简 $\boldsymbol{PQ}$。

② 证明：矩阵 $\boldsymbol{Q}$ 可逆的充分必要条件是 $\boldsymbol{\alpha}^{\mathrm{T}}\boldsymbol{A}^{-1}\boldsymbol{\alpha}\neq b$。

分析：利用公式

$$\boldsymbol{A}^{*}\boldsymbol{A}=\boldsymbol{A}\boldsymbol{A}^{*}=|\boldsymbol{A}|\boldsymbol{E}$$

由于 $\boldsymbol{A}$ 是 n 阶非奇异矩阵，则有 $\boldsymbol{A}^{*}=|\boldsymbol{A}|\boldsymbol{A}^{-1}$，又由于 $|\boldsymbol{PQ}|=|\boldsymbol{P}|\cdot|\boldsymbol{Q}|$，$|\boldsymbol{P}|=|\boldsymbol{A}|\neq 0$，所以 $|\boldsymbol{Q}|\neq 0$ 等价于 $|\boldsymbol{PQ}|\neq 0$。

【解】 ① 由 $\boldsymbol{A}^{*}\boldsymbol{A}=\boldsymbol{A}\boldsymbol{A}^{*}=|\boldsymbol{A}|\boldsymbol{E}$ 和 $\boldsymbol{A}^{*}=|\boldsymbol{A}|\boldsymbol{A}^{-1}$ 得

$$\begin{aligned}\boldsymbol{PQ}&=\begin{bmatrix}\boldsymbol{E} & \boldsymbol{O}\\ -\boldsymbol{\alpha}^{\mathrm{T}}\boldsymbol{A}^{*} & |\boldsymbol{A}|\end{bmatrix}\begin{bmatrix}\boldsymbol{A} & \boldsymbol{\alpha}\\ \boldsymbol{\alpha}^{\mathrm{T}} & b\end{bmatrix}\\ &=\begin{bmatrix}\boldsymbol{A} & \boldsymbol{\alpha}\\ -\boldsymbol{\alpha}^{\mathrm{T}}\boldsymbol{A}^{*}\boldsymbol{A}+|\boldsymbol{A}|\boldsymbol{\alpha}^{\mathrm{T}} & -\boldsymbol{\alpha}^{\mathrm{T}}\boldsymbol{A}^{*}\boldsymbol{\alpha}+b|\boldsymbol{A}|\end{bmatrix}\\ &=\begin{bmatrix}\boldsymbol{A} & \boldsymbol{\alpha}\\ -\boldsymbol{\alpha}^{\mathrm{T}}|\boldsymbol{A}|\boldsymbol{E}+|\boldsymbol{A}|\boldsymbol{\alpha}^{\mathrm{T}} & b|\boldsymbol{A}|-\boldsymbol{\alpha}^{\mathrm{T}}|\boldsymbol{A}|\boldsymbol{A}^{-1}\boldsymbol{\alpha}\end{bmatrix}\\ &=\begin{bmatrix}\boldsymbol{A} & \boldsymbol{\alpha}\\ \boldsymbol{O} & |\boldsymbol{A}|(b-\boldsymbol{\alpha}^{\mathrm{T}}\boldsymbol{A}^{-1}\boldsymbol{\alpha})\end{bmatrix}\end{aligned}$$

② 由①知

$$|\boldsymbol{PQ}|=|\boldsymbol{A}|^{2}(b-\boldsymbol{\alpha}^{\mathrm{T}}\boldsymbol{A}^{-1}\boldsymbol{\alpha})$$

又由 $|\boldsymbol{P}|=|\boldsymbol{A}|\neq 0$，所以 $|\boldsymbol{PQ}|=|\boldsymbol{P}|\cdot|\boldsymbol{Q}|=|\boldsymbol{A}|\cdot|\boldsymbol{Q}|$，从而有

$$|\boldsymbol{Q}|=|\boldsymbol{A}|(b-\boldsymbol{\alpha}^{\mathrm{T}}\boldsymbol{A}^{-1}\boldsymbol{\alpha})$$

由此得，$\boldsymbol{Q}$ 可逆的充分必要条件是 $|\boldsymbol{Q}|\neq 0$，而 $|\boldsymbol{Q}|\neq 0$ 当且仅当 $b-\boldsymbol{\alpha}^{\mathrm{T}}\boldsymbol{A}^{-1}\boldsymbol{\alpha}\neq 0$，即 $\boldsymbol{\alpha}^{\mathrm{T}}\boldsymbol{A}^{-1}\boldsymbol{\alpha}\neq b$。

【例 39】 ① 已知 $\boldsymbol{A}=\begin{bmatrix}\boldsymbol{B} & \boldsymbol{O}\\ \boldsymbol{D} & \boldsymbol{C}\end{bmatrix}$，其中，$\boldsymbol{B}$ 是 $r\times r$ 阶可逆矩阵，$\boldsymbol{C}$ 是 $s\times s$ 阶可逆矩阵，证明 $\boldsymbol{A}$ 可逆，并求 $\boldsymbol{A}^{-1}$。

② 设 $\boldsymbol{A}=\begin{pmatrix}2 & 5 & 0 & 0\\ 1 & 3 & 0 & 0\\ 1 & 1 & 1 & 3\\ 1 & 2 & 2 & 7\end{pmatrix}$，求 $\boldsymbol{A}^{-1}$。

【解】 ① 因 $|\boldsymbol{A}|=\begin{vmatrix}\boldsymbol{B} & \boldsymbol{O}\\ \boldsymbol{D} & \boldsymbol{C}\end{vmatrix}=|\boldsymbol{B}|\cdot|\boldsymbol{C}|\neq 0$，故 $\boldsymbol{A}$ 可逆。设 $\boldsymbol{A}^{-1}=\begin{bmatrix}\boldsymbol{X} & \boldsymbol{Y}\\ \boldsymbol{Z} & \boldsymbol{W}\end{bmatrix}$，由定义

$$\boldsymbol{A}\boldsymbol{A}^{-1}=\begin{bmatrix}\boldsymbol{B} & \boldsymbol{O}\\ \boldsymbol{D} & \boldsymbol{C}\end{bmatrix}\begin{bmatrix}\boldsymbol{X} & \boldsymbol{Y}\\ \boldsymbol{Z} & \boldsymbol{W}\end{bmatrix}=\begin{bmatrix}\boldsymbol{E} & \boldsymbol{O}\\ \boldsymbol{O} & \boldsymbol{E}\end{bmatrix}$$

得

$$\boldsymbol{BX}=\boldsymbol{E}\Rightarrow\boldsymbol{X}=\boldsymbol{B}^{-1}$$

$$\boldsymbol{BY}=\boldsymbol{O}\Rightarrow\boldsymbol{Y}=\boldsymbol{O}$$

$$\boldsymbol{DX}+\boldsymbol{CZ}=\boldsymbol{O}\Rightarrow\boldsymbol{Z}=-\boldsymbol{C}^{-1}\boldsymbol{D}\boldsymbol{B}^{-1}\quad(\boldsymbol{X}=\boldsymbol{B}^{-1})$$

$$\boldsymbol{DY}+\boldsymbol{CW}=\boldsymbol{E}\Rightarrow\boldsymbol{W}=-\boldsymbol{C}^{-1}\quad(\boldsymbol{Y}=\boldsymbol{O})$$

故

$$A^{-1}=\begin{pmatrix} B^{-1} & O \\ -C^{-1}DB^{-1} & C^{-1} \end{pmatrix}$$

② 将 A 分块如下

$$A=\left(\begin{array}{cc:cc} 2 & 5 & 0 & 0 \\ 1 & 3 & 0 & 0 \\ \hdashline 1 & 1 & 1 & 3 \\ 1 & 2 & 2 & 7 \end{array}\right) \xlongequal{\text{记为}} \begin{pmatrix} B & O \\ D & C \end{pmatrix}$$

其中：$B=\begin{pmatrix} 2 & 5 \\ 1 & 3 \end{pmatrix}$，$C=\begin{pmatrix} 1 & 3 \\ 2 & 7 \end{pmatrix}$，$D=\begin{pmatrix} 1 & 1 \\ 1 & 2 \end{pmatrix}$。

因为

$$B^{-1}=\begin{pmatrix} 3 & -5 \\ -1 & 2 \end{pmatrix},\ C^{-1}=\begin{pmatrix} 7 & -3 \\ -2 & 1 \end{pmatrix},\ D^{-1}=\begin{pmatrix} 2 & -1 \\ -1 & 1 \end{pmatrix}$$

$$C^{-1}DB^{-1}=\begin{pmatrix} 7 & -3 \\ -2 & 1 \end{pmatrix}\begin{pmatrix} 1 & 1 \\ 1 & 2 \end{pmatrix}\begin{pmatrix} 3 & -5 \\ -1 & 2 \end{pmatrix}=\begin{pmatrix} 11 & 18 \\ -3 & 5 \end{pmatrix}$$

故

$$A^{-1}=\begin{pmatrix} B & O \\ D & C \end{pmatrix}^{-1}=\begin{pmatrix} B^{-1} & O \\ -C^{-1}DB^{-1} & C^{-1} \end{pmatrix}$$

$$=\begin{pmatrix} 3 & -5 & 0 & 0 \\ -1 & 2 & 0 & 0 \\ 11 & -18 & 7 & -3 \\ -3 & 5 & -2 & 1 \end{pmatrix}$$

评注：若 $A_1=\begin{pmatrix} B & D \\ O & C \end{pmatrix}$，$A_2=\begin{pmatrix} O & B \\ C & D \end{pmatrix}$，$A_3=\begin{pmatrix} D & B \\ C & O \end{pmatrix}$，其中 B,C 均可逆，则有

$A_1^{-1}=\begin{pmatrix} B^{-1} & -B^{-1}DC^{-1} \\ O & C^{-1} \end{pmatrix}$，$A_2^{-1}=\begin{pmatrix} -C^{-1}DB^{-1} & C^{-1} \\ B^{-1} & O \end{pmatrix}$，$A_3^{-1}=\begin{pmatrix} O & C^{-1} \\ B^{-1} & -B^{-1}DC^{-1} \end{pmatrix}$

用本题①中的方法可推得此类求逆公式，不必记忆，掌握推导方法即可。

三、练习题

（一）填空题

1. 已知 $\boldsymbol{\alpha}=(1,2,3)$，$\boldsymbol{\beta}=\left(1,\frac{1}{2},\frac{1}{3}\right)$，且 $A=\boldsymbol{\alpha}^{\mathrm{T}}\boldsymbol{\beta}$，则 $A^n=$__________。

2. 设 A 是 n 阶方阵，且 A 的行列式 $|A|=a\neq 0$，A^* 是 A 的伴随矩阵，则 $|A^*|=$__________。

3. 设 $A=\begin{pmatrix} 3 & 0 & 0 \\ 1 & 4 & 0 \\ 0 & 0 & 3 \end{pmatrix}$，$E=\begin{pmatrix} 1 & 0 & 0 \\ 0 & 1 & 0 \\ 0 & 0 & 1 \end{pmatrix}$，则逆矩阵 $(A-2E)^{-1}=$__________。

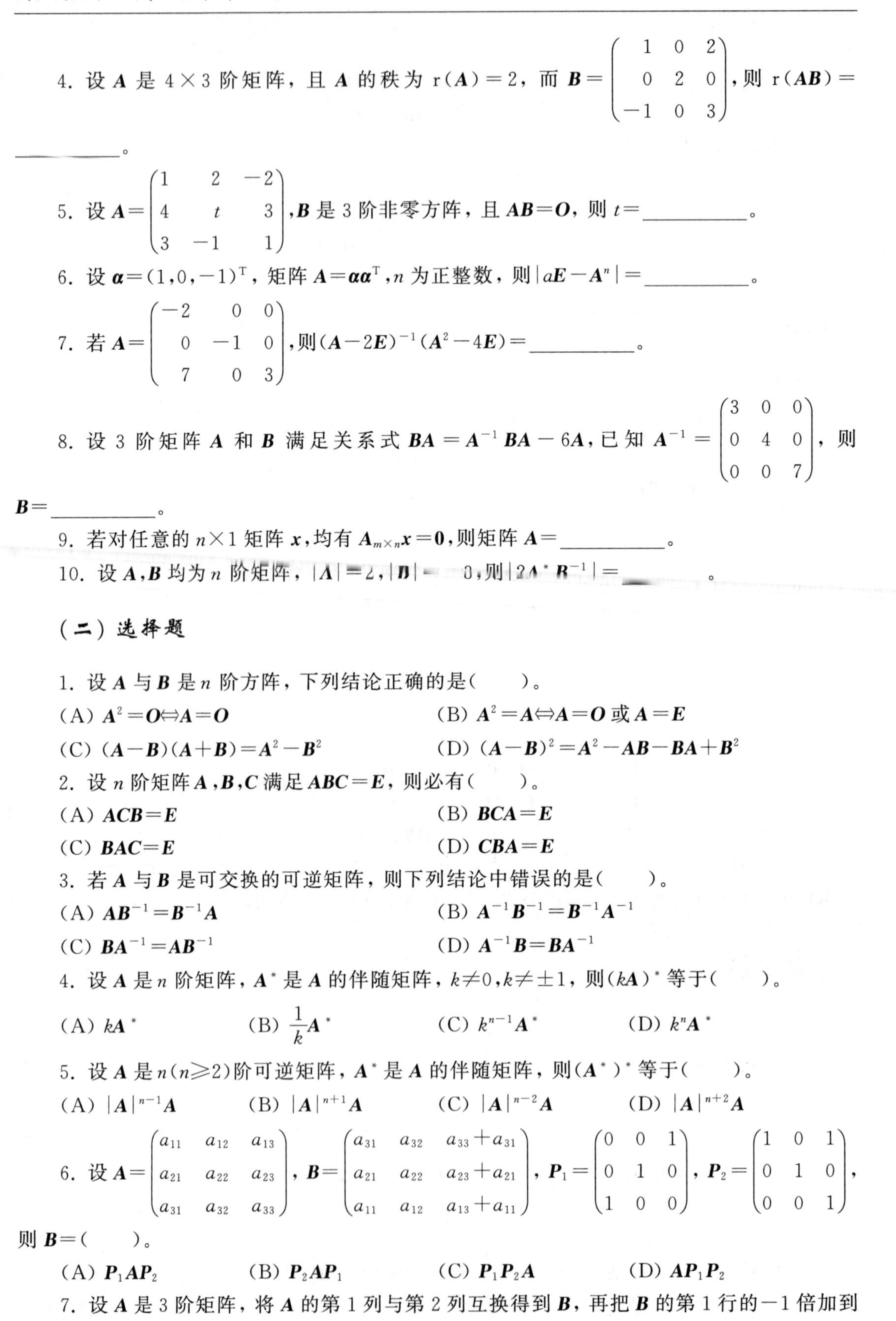

4. 设 $\boldsymbol{A}$ 是 4×3 阶矩阵，且 $\boldsymbol{A}$ 的秩为 $r(\boldsymbol{A})=2$，而 $\boldsymbol{B}=\begin{pmatrix}1&0&2\\0&2&0\\-1&0&3\end{pmatrix}$，则 $r(\boldsymbol{AB})=$__________。

5. 设 $\boldsymbol{A}=\begin{pmatrix}1&2&-2\\4&t&3\\3&-1&1\end{pmatrix}$，$\boldsymbol{B}$ 是 3 阶非零方阵，且 $\boldsymbol{AB}=\boldsymbol{O}$，则 $t=$__________。

6. 设 $\boldsymbol{\alpha}=(1,0,-1)^{\mathrm{T}}$，矩阵 $\boldsymbol{A}=\boldsymbol{\alpha\alpha}^{\mathrm{T}}$，$n$ 为正整数，则 $|a\boldsymbol{E}-\boldsymbol{A}^n|=$__________。

7. 若 $\boldsymbol{A}=\begin{pmatrix}-2&0&0\\0&-1&0\\7&0&3\end{pmatrix}$，则 $(\boldsymbol{A}-2\boldsymbol{E})^{-1}(\boldsymbol{A}^2-4\boldsymbol{E})=$__________。

8. 设 3 阶矩阵 $\boldsymbol{A}$ 和 $\boldsymbol{B}$ 满足关系式 $\boldsymbol{BA}=\boldsymbol{A}^{-1}\boldsymbol{BA}-6\boldsymbol{A}$，已知 $\boldsymbol{A}^{-1}=\begin{pmatrix}3&0&0\\0&4&0\\0&0&7\end{pmatrix}$，则 $\boldsymbol{B}=$__________。

9. 若对任意的 $n\times1$ 矩阵 $\boldsymbol{x}$，均有 $\boldsymbol{A}_{m\times n}\boldsymbol{x}=\boldsymbol{0}$，则矩阵 $\boldsymbol{A}=$__________。

10. 设 $\boldsymbol{A},\boldsymbol{B}$ 均为 n 阶矩阵，$|\boldsymbol{A}|=2$，$|\boldsymbol{B}|$ [illegible]3，则 $|2\boldsymbol{A}^*\boldsymbol{B}^{-1}|=$__________。

(二) 选择题

1. 设 $\boldsymbol{A}$ 与 $\boldsymbol{B}$ 是 n 阶方阵，下列结论正确的是(　　)。

(A) $\boldsymbol{A}^2=\boldsymbol{O}\Leftrightarrow\boldsymbol{A}=\boldsymbol{O}$　　(B) $\boldsymbol{A}^2=\boldsymbol{A}\Leftrightarrow\boldsymbol{A}=\boldsymbol{O}$ 或 $\boldsymbol{A}=\boldsymbol{E}$

(C) $(\boldsymbol{A}-\boldsymbol{B})(\boldsymbol{A}+\boldsymbol{B})=\boldsymbol{A}^2-\boldsymbol{B}^2$　　(D) $(\boldsymbol{A}-\boldsymbol{B})^2=\boldsymbol{A}^2-\boldsymbol{AB}-\boldsymbol{BA}+\boldsymbol{B}^2$

2. 设 n 阶矩阵 $\boldsymbol{A},\boldsymbol{B},\boldsymbol{C}$ 满足 $\boldsymbol{ABC}=\boldsymbol{E}$，则必有(　　)。

(A) $\boldsymbol{ACB}=\boldsymbol{E}$　　(B) $\boldsymbol{BCA}=\boldsymbol{E}$

(C) $\boldsymbol{BAC}=\boldsymbol{E}$　　(D) $\boldsymbol{CBA}=\boldsymbol{E}$

3. 若 $\boldsymbol{A}$ 与 $\boldsymbol{B}$ 是可交换的可逆矩阵，则下列结论中错误的是(　　)。

(A) $\boldsymbol{AB}^{-1}=\boldsymbol{B}^{-1}\boldsymbol{A}$　　(B) $\boldsymbol{A}^{-1}\boldsymbol{B}^{-1}=\boldsymbol{B}^{-1}\boldsymbol{A}^{-1}$

(C) $\boldsymbol{BA}^{-1}=\boldsymbol{AB}^{-1}$　　(D) $\boldsymbol{A}^{-1}\boldsymbol{B}=\boldsymbol{BA}^{-1}$

4. 设 $\boldsymbol{A}$ 是 n 阶矩阵，$\boldsymbol{A}^*$ 是 $\boldsymbol{A}$ 的伴随矩阵，$k\neq0$，$k\neq\pm1$，则 $(k\boldsymbol{A})^*$ 等于(　　)。

(A) $k\boldsymbol{A}^*$　　(B) $\dfrac{1}{k}\boldsymbol{A}^*$　　(C) $k^{n-1}\boldsymbol{A}^*$　　(D) $k^n\boldsymbol{A}^*$

5. 设 $\boldsymbol{A}$ 是 $n(n\geqslant2)$ 阶可逆矩阵，$\boldsymbol{A}^*$ 是 $\boldsymbol{A}$ 的伴随矩阵，则 $(\boldsymbol{A}^*)^*$ 等于(　　)。

(A) $|\boldsymbol{A}|^{n-1}\boldsymbol{A}$　　(B) $|\boldsymbol{A}|^{n+1}\boldsymbol{A}$　　(C) $|\boldsymbol{A}|^{n-2}\boldsymbol{A}$　　(D) $|\boldsymbol{A}|^{n+2}\boldsymbol{A}$

6. 设 $\boldsymbol{A}=\begin{pmatrix}a_{11}&a_{12}&a_{13}\\a_{21}&a_{22}&a_{23}\\a_{31}&a_{32}&a_{33}\end{pmatrix}$，$\boldsymbol{B}=\begin{pmatrix}a_{31}&a_{32}&a_{33}+a_{31}\\a_{21}&a_{22}&a_{23}+a_{21}\\a_{11}&a_{12}&a_{13}+a_{11}\end{pmatrix}$，$\boldsymbol{P}_1=\begin{pmatrix}0&0&1\\0&1&0\\1&0&0\end{pmatrix}$，$\boldsymbol{P}_2=\begin{pmatrix}1&0&1\\0&1&0\\0&0&1\end{pmatrix}$，则 $\boldsymbol{B}=$(　　)。

(A) $\boldsymbol{P}_1\boldsymbol{AP}_2$　　(B) $\boldsymbol{P}_2\boldsymbol{AP}_1$　　(C) $\boldsymbol{P}_1\boldsymbol{P}_2\boldsymbol{A}$　　(D) $\boldsymbol{AP}_1\boldsymbol{P}_2$

7. 设 $\boldsymbol{A}$ 是 3 阶矩阵，将 $\boldsymbol{A}$ 的第 1 列与第 2 列互换得到 $\boldsymbol{B}$，再把 $\boldsymbol{B}$ 的第 1 行的 -1 倍加到

第 3 行得到 $\boldsymbol{C}$，其中 $\boldsymbol{C}=\begin{pmatrix}1&1&1\\0&1&1\\0&0&1\end{pmatrix}$，则 $\boldsymbol{A}^{-1}=($　　$)$。

(A) $\begin{pmatrix}-1&1&-1\\1&-1&1\\1&0&0\end{pmatrix}$　　(B) $\begin{pmatrix}1&1&-1\\1&-1&0\\-1&0&1\end{pmatrix}$

(C) $\begin{pmatrix}0&1&-1\\1&-1&1\\0&0&1\end{pmatrix}$　　(D) $\begin{pmatrix}0&1&-1\\1&-1&-1\\0&0&1\end{pmatrix}$

8. 设 $\boldsymbol{A},\boldsymbol{B}$ 均为 n 阶方阵，且 $\boldsymbol{A}$ 与 $\boldsymbol{B}$ 等价，则下列命题中不正确的是(　　)。

(A) 存在可逆矩阵 $\boldsymbol{P}$ 和 $\boldsymbol{Q}$，使得 $\boldsymbol{PAQ}=\boldsymbol{B}$

(B) 若 $|\boldsymbol{A}|\neq 0$，则存在可逆矩阵 $\boldsymbol{P}$，使得 $\boldsymbol{PB}=\boldsymbol{E}$

(C) 若 $\boldsymbol{A}$ 与 $\boldsymbol{E}$ 等价，则 $\boldsymbol{B}$ 可逆

(D) 若 $|\boldsymbol{A}|>0$，则 $|\boldsymbol{B}|>0$

9. 设 $\boldsymbol{A},\boldsymbol{B},\boldsymbol{A}+\boldsymbol{B},\boldsymbol{A}^{-1}+\boldsymbol{B}^{-1}$ 均为 n 阶可逆矩阵，则 $(\boldsymbol{A}^{-1}+\boldsymbol{B}^{-1})^{-1}$ 等于(　　)。

(A) $\boldsymbol{A}^{-1}+\boldsymbol{B}^{-1}$　　(B) $\boldsymbol{A}+\boldsymbol{B}$

(C) $\boldsymbol{A}(\boldsymbol{A}+\boldsymbol{B})^{-1}\boldsymbol{B}$　　(D) $(\boldsymbol{A}+\boldsymbol{B})^{-1}$

10. 设 $\boldsymbol{A}=\begin{pmatrix}a_1b_1&a_1b_2&\cdots&a_1b_n\\a_2b_1&a_2b_2&\cdots&a_2b_n\\\vdots&\vdots&&\vdots\\a_nb_1&a_nb_2&\cdots&a_nb_n\end{pmatrix}$，其中 $a_i\neq 0,b_i\neq 0(i=1,2,\cdots,n)$，则矩阵 $\boldsymbol{A}$ 的秩 $\mathrm{r}(\boldsymbol{A})=($　　$)$。

(A) n　　(B) $n-1$　　(C) 1　　(D) 0

11. 设 $M_i(x_i,y_i)(i=1,2,\cdots,n)$ 是 xOy 平面上 n 个不同的点，令 $\boldsymbol{A}=\begin{pmatrix}x_1&y_1&1\\x_2&y_2&1\\\vdots&\vdots&\vdots\\x_n&y_n&1\end{pmatrix}$，则点 $M_1,M_2,\cdots,M_n(n\geqslant 3)$ 共线的充分必要条件是(　　)。

(A) $\mathrm{r}(\boldsymbol{A})=1$　　(B) $\mathrm{r}(\boldsymbol{A})=2$　　(C) $\mathrm{r}(\boldsymbol{A})=3$　　(D) $\mathrm{r}(\boldsymbol{A})<3$

12. 设 $\boldsymbol{A}$ 是 $m\times n$ 阶矩阵，$\boldsymbol{C}$ 是 n 阶可逆矩阵，矩阵 $\boldsymbol{A}$ 的秩为 r，矩阵 $\boldsymbol{B}=\boldsymbol{AC}$ 的秩为 r_1，则(　　)。

(A) $r>r_1$　　(B) $r<r_1$

(C) $r=r_1$　　(D) r 与 r_1 的关系由 $\boldsymbol{C}$ 而定

13. 设 3 阶矩阵 $\boldsymbol{A}=\begin{pmatrix}a&b&b\\b&a&b\\b&b&a\end{pmatrix}$，若 $\boldsymbol{A}$ 的伴随矩阵的秩为 1，则必有(　　)。

(A) $a=b$ 或 $a+2b=0$　　(B) $a=b$ 或 $a+2b\neq 0$

(C) $a\neq b$ 且 $a+2b=0$　　(D) $a\neq b$ 且 $a+2b\neq 0$

14. 设 $n(n\geqslant 3)$ 阶实矩阵 $\boldsymbol{A}=(a_{ij})_{n\times n}\neq\boldsymbol{O}$，且 $a_{ij}=A_{ij}\ (i,j=1,2,\cdots,n)$，其中 A_{ij} 是元素 a_{ij} 的代数余子式，则下列结论中不正确的是(　　)。

(A) $\boldsymbol{A}$ 必为可逆矩阵　　(B) $\boldsymbol{A}$ 必为反对称矩阵

(C) $\boldsymbol{A}$ 必为正交矩阵　　(D) $|\boldsymbol{A}|=1$

15. 设 $\boldsymbol{A}$ 为 n 阶非奇异矩阵，$\boldsymbol{\alpha}$ 是 n 维列向量，b 为常数，记分块矩阵

$$\boldsymbol{P}=\begin{pmatrix}\boldsymbol{E} & \boldsymbol{0}\\ -\boldsymbol{\alpha}^{\mathrm{T}}\boldsymbol{A}^{*} & |\boldsymbol{A}|\end{pmatrix},\ \boldsymbol{Q}=\begin{pmatrix}\boldsymbol{A} & \boldsymbol{\alpha}\\ \boldsymbol{\alpha}^{\mathrm{T}} & b\end{pmatrix}$$

其中 $\boldsymbol{A}^{*}$ 是矩阵 $\boldsymbol{A}$ 的伴随矩阵，$\boldsymbol{E}$ 是 n 阶单位矩阵，则有(　　)。

(A) $b\neq\boldsymbol{\alpha}^{\mathrm{T}}\boldsymbol{\alpha}$ 是 $\boldsymbol{PQ}$ 可逆的充要条件

(B) $b\neq\boldsymbol{\alpha}^{\mathrm{T}}\boldsymbol{A}^{-1}\boldsymbol{\alpha}$ 是 $\boldsymbol{PQ}$ 可逆的充要条件

(C) $b\neq\boldsymbol{\alpha}^{\mathrm{T}}\boldsymbol{A}^{\mathrm{T}}\boldsymbol{\alpha}$ 是 $\boldsymbol{PQ}$ 可逆的充要条件

(D) $b\neq\boldsymbol{\alpha}^{\mathrm{T}}\boldsymbol{A}^{*}\boldsymbol{\alpha}$ 是 $\boldsymbol{PQ}$ 可逆的充要条件

16. 设矩阵 $\boldsymbol{A}=(a_{ij})_{3\times 3}$ 满足 $\boldsymbol{A}^{*}=\boldsymbol{A}^{\mathrm{T}}$，其中 $\boldsymbol{A}^{*}$ 为 $\boldsymbol{A}$ 的伴随矩阵，$\boldsymbol{A}^{\mathrm{T}}$ 为 $\boldsymbol{A}$ 的转置矩阵，若 a_{11},a_{12},a_{13} 为 3 个相等的正数，则 a_{11} 为(　　)。

(A) $\dfrac{\sqrt{3}}{3}$　　(B) 3　　(C) $\dfrac{1}{3}$　　(D) $\sqrt{3}$

(三) 解答与证明题

1. 设 $\boldsymbol{A}=\begin{bmatrix}1 & 0\\ \lambda & 1\end{bmatrix}$，求 $\boldsymbol{A}^2,\boldsymbol{A}^3,\cdots,\boldsymbol{A}^k$，$k\geqslant 3$ 且为正整数。

2. 设 $\boldsymbol{A}=\begin{pmatrix}\lambda & 1 & 0\\ 0 & \lambda & 1\\ 0 & 0 & \lambda\end{pmatrix}$，求 $\boldsymbol{A}^k$。

3. 设 $\boldsymbol{A}=\begin{pmatrix}\dfrac{1}{2} & -\dfrac{\sqrt{3}}{2}\\ \dfrac{\sqrt{3}}{2} & \dfrac{1}{2}\end{pmatrix}$，求 $\boldsymbol{A}^6$ 和 $\boldsymbol{A}^{11}$。

4. 设 $\boldsymbol{A}=\begin{pmatrix}-1 & 1 & 1 & -1\\ 1 & -1 & -1 & 1\\ 1 & -1 & -1 & 1\\ -1 & 1 & 1 & -1\end{pmatrix}$，计算 $\boldsymbol{A}^6$。

5. 设 4 阶矩阵 $\boldsymbol{B}=\begin{pmatrix}1 & -1 & 0 & 0\\ 0 & 1 & -1 & 0\\ 0 & 0 & 1 & -1\\ 0 & 0 & 0 & 1\end{pmatrix}$，$\boldsymbol{C}=\begin{pmatrix}2 & 1 & 3 & 4\\ 0 & 2 & 1 & 3\\ 0 & 0 & 2 & 1\\ 0 & 0 & 0 & 2\end{pmatrix}$ 满足关系式 $\boldsymbol{A}(\boldsymbol{E}-\boldsymbol{C}^{-1}\boldsymbol{B})^{\mathrm{T}}\boldsymbol{C}^{\mathrm{T}}=\boldsymbol{E}$，求 $\boldsymbol{A}$。

6. 已知 n 阶行列式 $|\boldsymbol{A}|=\begin{vmatrix} 0 & 1 & 0 & \cdots & 0 \\ 0 & 0 & 2 & \cdots & 0 \\ \vdots & \vdots & \vdots & & \vdots \\ 0 & 0 & 0 & \cdots & n-1 \\ n & 0 & 0 & \cdots & 0 \end{vmatrix}$，求 $|\boldsymbol{A}|$ 的第 k 行元素的代数余子式的和。

7. 设 $\boldsymbol{A}=\begin{pmatrix} 3 & 3 & \cdots & 3 \\ 3 & 3 & \cdots & 3 \\ \vdots & \vdots & & \vdots \\ 3 & 3 & \cdots & 3 \end{pmatrix}$ 是 n 阶方阵，证明：$\boldsymbol{A}+3n\boldsymbol{E}$ 是可逆矩阵，其中 $\boldsymbol{E}$ 是 n 阶单位矩阵。

8. 已知 3 阶矩阵 $\boldsymbol{A}$ 的逆矩阵为 $\boldsymbol{A}^{-1}=\begin{pmatrix} 1 & 1 & 1 \\ 1 & 2 & 1 \\ 1 & 1 & 3 \end{pmatrix}$，试求 $\boldsymbol{A}$ 的伴随矩阵的逆矩阵 $(\boldsymbol{A}^*)^{-1}$。

9. 已知 $\boldsymbol{A}=\begin{pmatrix} 1 & -1 & -1 \\ -1 & 1 & 1 \\ 1 & -1 & 1 \end{pmatrix}$，若 $\boldsymbol{A}^*\boldsymbol{B}\left(\frac{1}{2}\boldsymbol{A}^*\right)^*=8\boldsymbol{A}^{-1}\boldsymbol{B}+12\boldsymbol{E}$，求 $\boldsymbol{B}$。

10. 设 $\boldsymbol{A}$ 是 n 阶矩阵，若 $\boldsymbol{A}^2=\boldsymbol{A}$，证明 $\boldsymbol{A}+\boldsymbol{E}$ 可逆。

11. 设 $\boldsymbol{P}^{-1}\boldsymbol{A}\boldsymbol{P}=\boldsymbol{\Lambda}$，$\boldsymbol{P}=\begin{pmatrix} -1 & -4 \\ 1 & 1 \end{pmatrix}$，$\boldsymbol{\Lambda}=\begin{pmatrix} -1 & 0 \\ 0 & 2 \end{pmatrix}$，求 $\boldsymbol{A}^{11}$。

12. 设矩阵 $\boldsymbol{A}=\begin{pmatrix} -2 & 2k & -2 & 4k \\ 1 & -1 & k & -2 \\ k & -1 & 1 & -2 \end{pmatrix}$，问 k 为何值时，可使：① $\mathrm{r}(\boldsymbol{A})=1$；② $\mathrm{r}(\boldsymbol{A})=2$；③ $\mathrm{r}(\boldsymbol{A})=3$。

13. 设矩阵 $\boldsymbol{A}=\begin{pmatrix} a_1b_1 & a_1b_2 & \cdots & a_1b_n \\ a_2b_1 & a_2b_2 & \cdots & a_2b_n \\ \vdots & \vdots & & \vdots \\ a_nb_1 & a_nb_2 & \cdots & a_nb_n \end{pmatrix}$，求 $\mathrm{r}(\boldsymbol{A})$，$\mathrm{r}(\boldsymbol{A}^2)$。

14. 设 4 阶矩阵 $\boldsymbol{A}$ 的秩为 2，求它的伴随矩阵 $\boldsymbol{A}^*$ 的秩。

15. 设 $\boldsymbol{A}$ 是秩为 r 的 $m\times r(m>r)$ 阶矩阵，$\boldsymbol{B}$ 是 $r\times s$ 阶矩阵，证明：

① 存在非奇异矩阵 $\boldsymbol{P}$，使 $\boldsymbol{PA}$ 的后 $m-r$ 行全为 0；

② $\mathrm{r}(\boldsymbol{AB})=\mathrm{r}(\boldsymbol{B})$。

16. 设 $\boldsymbol{A}$，$\boldsymbol{B}$ 分别为 $s\times n$，$n\times m$ 阶矩阵，则 $\mathrm{r}(\boldsymbol{A})+\mathrm{r}(\boldsymbol{B})-n\leqslant\mathrm{r}(\boldsymbol{AB})$。

17. 设矩阵 $\boldsymbol{A}$ 的元素均为整数，证明：$\boldsymbol{A}^{-1}$ 的元素均为整数 $\Leftrightarrow|\boldsymbol{A}|=\pm1$。

18. ① 设 n 阶矩阵 $\boldsymbol{A}\neq\boldsymbol{O}$，且存在正整数 $k\geqslant2$，使 $\boldsymbol{A}^k=\boldsymbol{O}$。证明 $\boldsymbol{E}-\boldsymbol{A}$ 可逆，并且 $(\boldsymbol{E}-\boldsymbol{A})^{-1}=\boldsymbol{E}+\boldsymbol{A}+\boldsymbol{A}^2+\cdots+\boldsymbol{A}^{k-1}$。

② 设矩阵 $\boldsymbol{B}=\begin{pmatrix} 1 & 1 & 0 & 0 \\ 0 & 1 & 1 & 0 \\ 0 & 0 & 1 & 1 \\ 0 & 0 & 0 & 1 \end{pmatrix}$，试利用①的结果求 $\boldsymbol{B}^{-1}$。

19*. 设 $\boldsymbol{A},\boldsymbol{B},\boldsymbol{C},\boldsymbol{D}$ 均为 n 阶矩阵，且 $\det \boldsymbol{A}\neq 0,\boldsymbol{AC}=\boldsymbol{CA}$，求证：$\begin{vmatrix}\boldsymbol{A} & \boldsymbol{B}\\ \boldsymbol{C} & \boldsymbol{D}\end{vmatrix}=|\boldsymbol{AD}-\boldsymbol{CB}|$。

20. ① 如果 $\boldsymbol{A}$ 是一个实对称矩阵，且 $\boldsymbol{A}^2=\boldsymbol{O}$，则 $\boldsymbol{A}=\boldsymbol{O}$；② 举例说明在一般情况下，由 $\boldsymbol{A}^2=\boldsymbol{O}$ 推不出 $\boldsymbol{A}=\boldsymbol{O}$。

21. 设 $\boldsymbol{A},\boldsymbol{B},\boldsymbol{x}_n(n=0,1,2,\cdots)$ 都是3阶方阵，且 $\boldsymbol{x}_{n+1}=\boldsymbol{A}\boldsymbol{x}_n+\boldsymbol{B}$，当 $\boldsymbol{A}=\begin{pmatrix}0&1&0\\0&0&1\\1&0&0\end{pmatrix}$，$\boldsymbol{B}=\begin{pmatrix}1&0&0\\0&1&0\\0&0&1\end{pmatrix}$，$\boldsymbol{x}_0=\begin{pmatrix}0&0&0\\0&0&0\\0&0&0\end{pmatrix}$ 时，求 $\boldsymbol{x}_n$。

四、练习题答案与提示

(一) 填空题

1. $3^{n-1}\begin{pmatrix}1&\frac{1}{2}&\frac{1}{3}\\2&1&\frac{2}{3}\\3&\frac{3}{2}&1\end{pmatrix}$。

2. a^{n-1}。

3. $\begin{pmatrix}1&0&0\\-\frac{1}{2}&\frac{1}{2}&0\\0&0&1\end{pmatrix}$。

4. 2。

评注：当 $\boldsymbol{B}$ 可逆时，$\mathrm{r}(\boldsymbol{AB})=\mathrm{r}(\boldsymbol{A})\Rightarrow \mathrm{r}(\boldsymbol{AB})=2$。

5. -3。

6. $a^2(a-2^n)$。

$$\boldsymbol{A}^n=2^{n-1}\begin{pmatrix}1&0&-1\\0&0&0\\-1&0&1\end{pmatrix}\Rightarrow a\boldsymbol{E}-\boldsymbol{A}^n=\begin{pmatrix}a-2^{n-1}&0&2^{n-1}\\0&a&0\\2^{n-1}&0&a-2^{n-1}\end{pmatrix}$$

7. $\begin{pmatrix}0&0&0\\0&1&0\\7&0&5\end{pmatrix}$。

8. $\begin{pmatrix}3&&\\&2&\\&&1\end{pmatrix}$。

9. $\boldsymbol{A}=\boldsymbol{O}$。

提示：可构造 n 阶可逆矩阵 $\boldsymbol{B}$，使 $\boldsymbol{AB}=\boldsymbol{O}$。

10. $-\dfrac{1}{3}\cdot 2^{2n-1}$。

（二）选择题

1. (D)。

2. (B)。

提示：在 $\boldsymbol{ABC}=\boldsymbol{E}$ 中将 $\boldsymbol{BC}$ 当作一个整体即得。

3. (C)。

4. (C)。

分析：由 $\boldsymbol{AA}^*=|\boldsymbol{A}|\boldsymbol{E}$，$\boldsymbol{A}$ 可逆时，有 $\boldsymbol{A}^*=|\boldsymbol{A}|\boldsymbol{A}^{-1}$。于是

$$(k\boldsymbol{A})^*=|k\boldsymbol{A}|(k\boldsymbol{A})^{-1}=k^n|\boldsymbol{A}|\frac{1}{k}\boldsymbol{A}^{-1}=k^{n-1}|\boldsymbol{A}|\boldsymbol{A}^{-1}=k^{n-1}\boldsymbol{A}^*$$

5. (C)。

提示：利用公式 $\boldsymbol{A}^*=|\boldsymbol{A}|\boldsymbol{A}^{-1}$ 和 $(k\boldsymbol{A})^*=k^{n-1}\boldsymbol{A}^*$。

$(\boldsymbol{A}^*)^*=(|\boldsymbol{A}|\boldsymbol{A}^{-1})^*=|\boldsymbol{A}|^{n-1}(\boldsymbol{A}^{-1})^*$，且 $(\boldsymbol{A}^{-1})^*=|\boldsymbol{A}^{-1}|(\boldsymbol{A}^{-1})^{-1}=\dfrac{1}{|\boldsymbol{A}|}\boldsymbol{A}$。于是 $(\boldsymbol{A}^*)^*=(|\boldsymbol{A}|\boldsymbol{A}^{-1})^*=|\boldsymbol{A}|^{n-1}\dfrac{1}{|\boldsymbol{A}|}\boldsymbol{A}=|\boldsymbol{A}|^{n-2}\boldsymbol{A}$。

6. (A)。

7. (B)。

分析：将 $\boldsymbol{A}$ 的第 1 列与第 2 列互换得到 $\boldsymbol{B}$，即 $\boldsymbol{AE}_{12}=\boldsymbol{B}$。再把 $\boldsymbol{B}$ 的第 1 行的 -1 倍加到第 3 行得到 $\boldsymbol{C}$，即 $\boldsymbol{E}_{13}(-1)\boldsymbol{B}=\boldsymbol{C}$。从而有 $\boldsymbol{E}_{13}(-1)\boldsymbol{AE}_{12}=\boldsymbol{C}\Rightarrow\boldsymbol{A}=[\boldsymbol{E}_{13}(-1)]^{-1}\boldsymbol{CE}_{12}^{-1}$，于是

$$\boldsymbol{A}^{-1}=\boldsymbol{E}_{12}\boldsymbol{C}^{-1}\boldsymbol{E}_{13}(-1)$$

其中 $\boldsymbol{C}=\begin{pmatrix}1&1&1\\0&1&1\\0&0&1\end{pmatrix}\Rightarrow\boldsymbol{C}^{-1}=\begin{pmatrix}1&-1&0\\0&1&-1\\0&0&1\end{pmatrix}$，故

$$\boldsymbol{A}^{-1}=\begin{pmatrix}0&1&0\\1&0&0\\0&0&1\end{pmatrix}\begin{pmatrix}1&-1&0\\0&1&-1\\0&0&1\end{pmatrix}\begin{pmatrix}1&0&0\\0&1&0\\-1&0&1\end{pmatrix}=\begin{pmatrix}1&1&-1\\1&-1&0\\-1&0&1\end{pmatrix}$$

8. (D)。

9. (C)。

10. (C)。

11. (B)。

分析：点 $M_1,M_2,\cdots,M_n(n\geqslant3)$ 共线等价于式(2-4)成立

$$\frac{x_2-x_1}{y_2-y_1}=\frac{x_3-x_1}{y_3-y_1}=\cdots=\frac{x_n-x_1}{y_n-y_1}=t \tag{2-4}$$

将 $\boldsymbol{A}$ 的第 3 列乘以 $-x_1$ 加到第 1 列，乘以 $-y_1$ 加到第 2 列，有

$$\boldsymbol{A}\to\begin{pmatrix}0&0&1\\x_2-x_1&y_2-y_1&1\\\vdots&\vdots&\vdots\\x_n-x_1&y_n-y_1&1\end{pmatrix}=\boldsymbol{B}$$

因为 $M_1,M_2,\cdots,M_n(n\geqslant 3)$ 是不同的点，因此在所有 x_j-x_1 和 $y_j-y_1(j=2,3,\cdots,n)$ 中，至少有一个不为0，不妨设 $y_2-y_1\neq 0$。于是，若 $M_1,M_2,\cdots,M_n$ 共线，$\boldsymbol{B}$ 的第2列乘以 $-t$ 加到第1列，$\boldsymbol{A}$ 可化为

$$\boldsymbol{A}\to\begin{pmatrix}0 & 0 & 1\\ 0 & y_2-y_1 & 1\\ \vdots & \vdots & \vdots\\ 0 & y_n-y_1 & 1\end{pmatrix}\Rightarrow \mathrm{r}(\boldsymbol{A})=2$$

反之，$\mathrm{r}(\boldsymbol{A})=2\Rightarrow \mathrm{r}(\boldsymbol{B})=2\Rightarrow$ 式(2-4)成立 $\Rightarrow M_1,M_2,\cdots,M_n$ 共线。

12. (C)。

13. (C)。

分析：根据 $\boldsymbol{A}$ 与 $\boldsymbol{A}^*$ 的秩的关系

$$\mathrm{r}(\boldsymbol{A}^*)=\begin{cases}n,\mathrm{r}(\boldsymbol{A})=n\\ 1,\mathrm{r}(\boldsymbol{A})=n-1\\ 0,\mathrm{r}(\boldsymbol{A})<n-1\end{cases}$$

对于 n 阶矩阵，只有当 $\mathrm{r}(\boldsymbol{A})=n-1$ 时，才有 $\mathrm{r}(\boldsymbol{A}^*)=1$，所以，依题意必有 $\mathrm{r}(\boldsymbol{A})=2$。于是

$$\begin{vmatrix}a & b & b\\ b & a & b\\ b & b & a\end{vmatrix}=(a+2b)(a-b)^2=0$$

由此可知 $a\neq b$〔否则 $\mathrm{r}(\boldsymbol{A})=0$ 或 $\mathrm{r}(\boldsymbol{A})=1$〕且 $a+2b=0$，故应选(C)。

14. (B)。

分析：由 $a_{ij}=A_{ij}(i,j=1,2,\cdots,n)$ 可知 $\boldsymbol{A}^*=\boldsymbol{A}^{\mathrm{T}}$。又由 $\boldsymbol{A}\boldsymbol{A}^*=|\boldsymbol{A}|\boldsymbol{E}\Rightarrow\boldsymbol{A}\boldsymbol{A}^{\mathrm{T}}=|\boldsymbol{A}|\boldsymbol{E}$。由等式两边矩阵的主对角元素相等，有

$$\sum_{j=1}^{n}a_{ij}^2=|\boldsymbol{A}|\quad (i=1,2,\cdots,n)$$

由 $\boldsymbol{A}=(a_{ij})_{n\times n}\neq\boldsymbol{O}$，可得 $|\boldsymbol{A}|>0$。

在等式 $\boldsymbol{A}\boldsymbol{A}^{\mathrm{T}}=|\boldsymbol{A}|\boldsymbol{E}$ 两边取行列式得 $|\boldsymbol{A}|^2=|\boldsymbol{A}|^n\Rightarrow|\boldsymbol{A}|=1\Rightarrow\boldsymbol{A}\boldsymbol{A}^{\mathrm{T}}=\boldsymbol{E}$。因此结论(A)，(C)，(D)都正确。排除(A)，(C)，(D)，只能选(B)。

事实上，若(B)成立，当 n 为奇数时，$\boldsymbol{A}$ 为奇数阶反对称矩阵，则 $|\boldsymbol{A}|=0$，与 $|\boldsymbol{A}|>0$ 矛盾，故(B)的结论是错误的。

15. (B)。

分析：$\boldsymbol{PQ}$ 可逆的充要条件为 $|\boldsymbol{PQ}|\neq 0$。观察4个备选项，可以考虑将行列式 $|\boldsymbol{PQ}|$ 用 b 表示出来。

$$\begin{aligned}\boldsymbol{PQ}&=\begin{pmatrix}\boldsymbol{E} & \boldsymbol{0}\\ -\boldsymbol{\alpha}^{\mathrm{T}}\boldsymbol{A}^* & |\boldsymbol{A}|\end{pmatrix}\begin{pmatrix}\boldsymbol{A} & \boldsymbol{\alpha}\\ \boldsymbol{\alpha}^{\mathrm{T}} & b\end{pmatrix}\\ &=\begin{pmatrix}\boldsymbol{A} & \boldsymbol{\alpha}\\ -\boldsymbol{\alpha}^{\mathrm{T}}\boldsymbol{A}^*\boldsymbol{A}+|\boldsymbol{A}|\boldsymbol{\alpha}^{\mathrm{T}} & -\boldsymbol{\alpha}^{\mathrm{T}}\boldsymbol{A}^*\boldsymbol{\alpha}+b|\boldsymbol{A}|\end{pmatrix}\\ &=\begin{pmatrix}\boldsymbol{A} & \boldsymbol{\alpha}\\ \boldsymbol{0} & |\boldsymbol{A}|(b-\boldsymbol{\alpha}^{\mathrm{T}}\boldsymbol{A}^{-1}\boldsymbol{\alpha})\end{pmatrix}\end{aligned}$$

由此推得 $|\boldsymbol{PQ}|=|\boldsymbol{A}|^2(b-\boldsymbol{\alpha}^{\mathrm{T}}\boldsymbol{A}^{-1}\boldsymbol{\alpha})$。而$|\boldsymbol{A}|\neq0$，所以$|\boldsymbol{PQ}|\neq0\Leftrightarrow b\neq\boldsymbol{\alpha}^{\mathrm{T}}\boldsymbol{A}^{-1}\boldsymbol{\alpha}$。

16.（A）。

分析：由$\boldsymbol{AA}^*=|\boldsymbol{A}|\boldsymbol{E}$和条件$\boldsymbol{A}^*=\boldsymbol{A}^{\mathrm{T}}$，有$\boldsymbol{AA}^{\mathrm{T}}=|\boldsymbol{A}|\boldsymbol{E}$。两边取行列式得$|\boldsymbol{A}|^2=|\boldsymbol{A}|^3$。又由等式$\boldsymbol{AA}^{\mathrm{T}}=|\boldsymbol{A}|\boldsymbol{E}$两边第1行第1列的元素应相等，有

$$|\boldsymbol{A}|=a_{11}^2+a_{12}^2+a_{13}^2$$

因为a_{11},a_{12},a_{13}为3个相等的正数，所以$|\boldsymbol{A}|>0$并且$|\boldsymbol{A}|=1$，于是推得$3a_{11}^2=1\Rightarrow a_{11}=\frac{\sqrt{3}}{3}$。故应选（A）。

（三）解答与证明题

1. $\boldsymbol{A}^2=\begin{pmatrix}1&0\\2\lambda&1\end{pmatrix}$，$\boldsymbol{A}^3=\begin{pmatrix}1&0\\3\lambda&1\end{pmatrix}$，$\boldsymbol{A}^k=\begin{pmatrix}1&0\\k\lambda&1\end{pmatrix}$。

2. $\begin{pmatrix}\lambda^k&k\lambda^{k-1}&\frac{k(k-1)}{2}\lambda^{k-2}\\0&\lambda^k&k\lambda^{k-1}\\0&0&\lambda^k\end{pmatrix}$。

3. $\boldsymbol{A}^6=\begin{pmatrix}1&0\\0&1\end{pmatrix}$，$\boldsymbol{A}^{11}=\frac{1}{2}\begin{pmatrix}1&\sqrt{3}\\-\sqrt{3}&1\end{pmatrix}$。

4. $\boldsymbol{A}^2=-4\boldsymbol{A}$，$\boldsymbol{A}^6=(-4)^5\boldsymbol{A}=-1\,024\boldsymbol{A}$。

评注：这类题先找低次幂的规律，进而推广到一般，用数学归纳法证明结论是否正确。

5. 分析：由于$\boldsymbol{A}(\boldsymbol{E}-\boldsymbol{C}^{-1}\boldsymbol{B})^{\mathrm{T}}\boldsymbol{C}^{\mathrm{T}}=\boldsymbol{A}[\boldsymbol{C}(\boldsymbol{E}-\boldsymbol{C}^{-1}\boldsymbol{B})]^{\mathrm{T}}=\boldsymbol{A}(\boldsymbol{C}-\boldsymbol{B})^{\mathrm{T}}$，于是

$$\boldsymbol{A}=[(\boldsymbol{C}-\boldsymbol{B})^{\mathrm{T}}]^{-1}=\begin{pmatrix}1&0&0&0\\2&1&0&0\\3&2&1&0\\4&3&2&1\end{pmatrix}^{-1}=\begin{pmatrix}1&0&0&0\\-2&1&0&0\\1&-2&1&0\\0&1&-2&1\end{pmatrix}$$

6. 分析：令$\boldsymbol{A}=\begin{pmatrix}\boldsymbol{0}&\boldsymbol{B}\\\boldsymbol{C}&\boldsymbol{0}^{\mathrm{T}}\end{pmatrix}$，$\boldsymbol{B}=\begin{pmatrix}1&&&\\&2&&\\&&\ddots&\\&&&n-1\end{pmatrix}$，$\boldsymbol{C}=(n)$。于是

$$\boldsymbol{A}^{-1}=\begin{pmatrix}\boldsymbol{0}&\boldsymbol{C}^{-1}\\\boldsymbol{B}^{-1}&\boldsymbol{0}^{\mathrm{T}}\end{pmatrix}=\begin{pmatrix}0&0&\cdots&0&\frac{1}{n}\\1&0&\cdots&0&0\\0&\frac{1}{2}&\cdots&0&0\\\vdots&\vdots&&\vdots&\vdots\\0&0&\cdots&\frac{1}{n-1}&0\end{pmatrix},|\boldsymbol{A}|=(-1)^{n-1}n!$$

因为$\boldsymbol{A}^*=|\boldsymbol{A}|\boldsymbol{A}^{-1}$，那么

$$A^*=\begin{pmatrix}A_{11}&A_{21}&\cdots&A_{n1}\\A_{12}&A_{22}&\cdots&A_{n2}\\\vdots&\vdots&&\vdots\\A_{1n}&A_{2n}&\cdots&A_{nn}\end{pmatrix}=(-1)^{n-1}n!\begin{pmatrix}0&0&\cdots&0&\frac{1}{n}\\1&0&\cdots&0&0\\0&\frac{1}{2}&\cdots&0&0\\\vdots&\vdots&&\vdots&\vdots\\0&0&\cdots&\frac{1}{n-1}&0\end{pmatrix}$$

由此易推得

$$A_{k1}+A_{k2}+\cdots+A_{kn}=\frac{(-1)^{n-1}n!}{k},\ k=1,2,\cdots,n$$

7. 分析：$|A+3nE|=\begin{vmatrix}3(n+1)&3&\cdots&3\\3&3(n+1)&\cdots&3\\\vdots&\vdots&&\vdots\\3&3&\cdots&3(n+1)\end{vmatrix}=6n(3n)^{n-1}\neq 0$。所以 $A+3nE$ 是可逆矩阵。

8. 分析：因为 $AA^*=|A|E$，两边取逆得 $(A^*)^{-1}A^{-1}=\frac{1}{|A|}E$，所以 $(A^*)^{-1}=\frac{1}{|A|}A=|A^{-1}|A$。由已知，得

$$|A^{-1}|=\begin{vmatrix}1&1&1\\1&2&1\\1&1&3\end{vmatrix}=2, A=(A^{-1})^{-1}=\frac{1}{2}\begin{pmatrix}5&-2&-1\\-2&2&0\\-1&0&1\end{pmatrix}$$

所以，得 $(A^*)^{-1}=\begin{pmatrix}5&-2&-1\\-2&2&0\\-1&0&1\end{pmatrix}$。

9. 分析：由于 $|A|=4$，等式两边乘以 A，有 $AA^*B(\frac{1}{2}A^*)^*=8B+12A$。因为 $AA^*=4E$，$\left(\frac{1}{2}A^*\right)^*=\frac{1}{4}(A^*)^*=\frac{1}{4}|A|A=A$，故

$$4BA=8B+12A\Rightarrow B(A-2E)=3A\Rightarrow B=3A(A-2E)^{-1}$$

由于

$$(A-2E)^{-1}=\begin{pmatrix}-1&1&-1\\-1&-1&1\\1&-1&-1\end{pmatrix}^{-1}=-\frac{1}{2}\begin{pmatrix}1&1&0\\0&1&1\\1&0&1\end{pmatrix}$$

故

$$B=-\frac{3}{2}\begin{pmatrix}1&1&-1\\-1&1&1\\1&-1&1\end{pmatrix}\begin{pmatrix}1&1&0\\0&1&1\\1&0&1\end{pmatrix}=\begin{pmatrix}0&-3&0\\0&0&-3\\-3&0&0\end{pmatrix}$$

10. 分析：由于 $\boldsymbol{A}^2=\boldsymbol{A}$，故 $\boldsymbol{A}^2-\boldsymbol{A}-2\boldsymbol{E}=-2\boldsymbol{E}\Rightarrow(\boldsymbol{A}+\boldsymbol{E})(\boldsymbol{A}-2\boldsymbol{E})=-2\boldsymbol{E}$，即

$$(\boldsymbol{A}+\boldsymbol{E})\frac{-(\boldsymbol{A}-2\boldsymbol{E})}{2}=\boldsymbol{E}$$

按定义可知 $\boldsymbol{A}+\boldsymbol{E}$ 可逆。

11. $\boldsymbol{A}^{11}=\begin{pmatrix}2\,731 & 2\,732\\ -683 & -684\end{pmatrix}$。

12. 当 $k=1$ 时，$\mathrm{r}(\boldsymbol{A})=1$；当 $k=-2$ 时，$\mathrm{r}(\boldsymbol{A})=2$；当 $k\neq1$ 且 $k\neq-2$ 时，$\mathrm{r}(\boldsymbol{A})=3$。

13. 分析：因 $\boldsymbol{A}=\begin{pmatrix}a_1\\ a_2\\ \vdots\\ a_n\end{pmatrix}(b_1,b_2,\cdots,b_n)$，知 $\boldsymbol{A}$ 的任意两行对应成比例，由此知，$\mathrm{r}(\boldsymbol{A})\leqslant1$。

当 $a_1,a_2,\cdots,a_n$ 全为零或 $b_1,b_2,\cdots,b_n$ 全为零时，$\mathrm{r}(\boldsymbol{A})=0$，否则 $\mathrm{r}(\boldsymbol{A})=1$。又

$$\boldsymbol{A}^2=\begin{pmatrix}a_1\\ a_2\\ \vdots\\ a_n\end{pmatrix}(b_1,b_2,\cdots,b_n)\begin{pmatrix}a_1\\ a_2\\ \vdots\\ a_n\end{pmatrix}(b_1,b_2,\cdots,b_n)=(\sum_{i=1}^{n}a_ib_i)\boldsymbol{A}$$

故

$$\mathrm{r}(\boldsymbol{A}^2)=\begin{cases}0, & \sum\limits_{i=1}^{n}a_ib_i=0\\ 1, & \sum\limits_{i=1}^{n}a_ib_i\neq0\end{cases}$$

14. $\mathrm{r}(\boldsymbol{A}^*)=0$。

15. 分析：① 因为 $\mathrm{r}(\boldsymbol{A})=r$，所以存在 m 阶可逆矩阵 $\boldsymbol{P}$ 和 r 阶可逆矩阵 $\boldsymbol{Q}$，使

$$\boldsymbol{PAQ}=\begin{pmatrix}\boldsymbol{E}_r\\ \boldsymbol{O}\end{pmatrix}\Rightarrow\boldsymbol{PA}=\begin{pmatrix}\boldsymbol{E}_r\\ \boldsymbol{O}\end{pmatrix}\boldsymbol{Q}^{-1}=\begin{pmatrix}\boldsymbol{Q}^{-1}\\ \boldsymbol{O}\end{pmatrix}$$

其中 $\boldsymbol{Q}^{-1}$ 为 r 阶可逆矩阵，即证得结论。

② $\mathrm{r}(\boldsymbol{AB})=\mathrm{r}(\boldsymbol{PAB})=\mathrm{r}\begin{pmatrix}\boldsymbol{Q}^{-1}\\ \boldsymbol{O}\end{pmatrix}\boldsymbol{B}=\mathrm{r}(\boldsymbol{Q}^{-1}\boldsymbol{B})=\mathrm{r}(\boldsymbol{B})$。

16. 分析：

$$\begin{pmatrix}\boldsymbol{E}_n & \boldsymbol{O}\\ -\boldsymbol{A} & \boldsymbol{E}_s\end{pmatrix}\begin{pmatrix}\boldsymbol{E}_n & \boldsymbol{B}\\ \boldsymbol{A} & \boldsymbol{O}\end{pmatrix}\begin{pmatrix}\boldsymbol{E}_n & -\boldsymbol{B}\\ \boldsymbol{O} & \boldsymbol{E}_m\end{pmatrix}=\begin{pmatrix}\boldsymbol{E}_n & \boldsymbol{O}\\ \boldsymbol{O} & -\boldsymbol{AB}\end{pmatrix}$$

$$\Rightarrow\mathrm{r}\left(\begin{pmatrix}\boldsymbol{E}_n & \boldsymbol{B}\\ \boldsymbol{A} & \boldsymbol{O}\end{pmatrix}\right)=\mathrm{r}\left(\begin{pmatrix}\boldsymbol{E}_n & \boldsymbol{O}\\ \boldsymbol{O} & -\boldsymbol{AB}\end{pmatrix}\right)=\mathrm{r}(\boldsymbol{E}_n)+\mathrm{r}(-\boldsymbol{AB})=n+\mathrm{r}(\boldsymbol{AB})$$

又因为

$$\mathrm{r}\left(\begin{pmatrix} \boldsymbol{E}_n & \boldsymbol{B} \\ \boldsymbol{A} & \boldsymbol{O} \end{pmatrix}\right) \geqslant \mathrm{r}(\boldsymbol{A})+\mathrm{r}(\boldsymbol{B})$$

所以

$$n+\mathrm{r}(\boldsymbol{AB}) \geqslant \mathrm{r}(\boldsymbol{A})+\mathrm{r}(\boldsymbol{B}) \Rightarrow \mathrm{r}(\boldsymbol{AB}) \geqslant \mathrm{r}(\boldsymbol{A})+\mathrm{r}(\boldsymbol{B})-n$$

17. 略。

18. 提示:① 考虑 $\boldsymbol{E}-\boldsymbol{A}$ 与 $\boldsymbol{E}+\boldsymbol{A}+\boldsymbol{A}^2+\cdots+\boldsymbol{A}^{k-1}$ 的乘积。

② $\boldsymbol{B}^{-1}=\begin{pmatrix} 1 & -1 & 1 & -1 \\ 0 & 1 & -1 & 1 \\ 0 & 0 & 1 & -1 \\ 0 & 0 & 0 & 1 \end{pmatrix}$。

19*. 分析:对于分块矩阵 $\begin{pmatrix} \boldsymbol{A} & \boldsymbol{B} \\ \boldsymbol{C} & \boldsymbol{D} \end{pmatrix}$,由于 $\det \boldsymbol{A} \neq 0$,即 $\boldsymbol{A}$ 可逆,考虑用分块初等矩阵 $\boldsymbol{P}=\begin{pmatrix} \boldsymbol{E} & \boldsymbol{O} \\ -\boldsymbol{CA}^{-1} & \boldsymbol{E} \end{pmatrix}$ 左乘该分块矩阵,即 $\begin{pmatrix} \boldsymbol{E} & \boldsymbol{O} \\ -\boldsymbol{CA}^{-1} & \boldsymbol{E} \end{pmatrix}\begin{pmatrix} \boldsymbol{A} & \boldsymbol{B} \\ \boldsymbol{C} & \boldsymbol{D} \end{pmatrix}=\begin{pmatrix} \boldsymbol{A} & \boldsymbol{B} \\ \boldsymbol{O} & -\boldsymbol{CA}^{-1}\boldsymbol{B}+\boldsymbol{D} \end{pmatrix}$,再求两边分块矩阵的行列式。

20. 分析:① 设 $\boldsymbol{A}$ 是一个实对称矩阵

$$\boldsymbol{A}=\begin{pmatrix} a_{11} & a_{12} & \cdots & a_{1n} \\ a_{12} & a_{22} & \cdots & a_{2n} \\ \vdots & \vdots & & \vdots \\ a_{1n} & a_{2n} & \cdots & a_{nn} \end{pmatrix}$$

$\boldsymbol{A}^2$ 的对角线上的元素依次为

$$a_{11}^2+a_{12}^2+\cdots+a_{1n}^2, a_{21}^2+a_{22}^2+\cdots+a_{2n}^2, \cdots, a_{n1}^2+a_{n2}^2+\cdots+a_{nn}^2$$

如果 $\boldsymbol{A}^2=\boldsymbol{O}$,则这些元素都必须为 0,又因 a_{ij} 为实数,$a_{ij}^2 \geqslant 0(i,j=1,2,\cdots,n)$,故必须当 $a_{ij}(i,j=1,2,\cdots,n)$ 全等于 0 时才能成立,所以 $\boldsymbol{A}=\boldsymbol{O}$。

② 令 $\boldsymbol{A}=\begin{pmatrix} 0 & 1 \\ 0 & 0 \end{pmatrix}$,则 $\boldsymbol{A} \neq \boldsymbol{O}$,但 $\boldsymbol{A}^2=\boldsymbol{O}$。

21. 分析:由 $\begin{cases} \boldsymbol{x}_k=\boldsymbol{A}\boldsymbol{x}_{k-1}+\boldsymbol{B} \\ \boldsymbol{x}_{k-1}=\boldsymbol{A}\boldsymbol{x}_{k-2}+\boldsymbol{B} \end{cases}$ 得

$$\begin{aligned} \boldsymbol{x}_k-\boldsymbol{x}_{k-1} &= \boldsymbol{A}(\boldsymbol{x}_{k-1}-\boldsymbol{x}_{k-2})=\boldsymbol{A}^2(\boldsymbol{x}_{k-2}-\boldsymbol{x}_{k-3}) \\ &= \cdots=\boldsymbol{A}^{k-1}(\boldsymbol{x}_1-\boldsymbol{x}_0)=\boldsymbol{A}^{k-1}\boldsymbol{x}_1 \end{aligned}$$

而 $\boldsymbol{x}_1=\boldsymbol{A}\boldsymbol{x}_0+\boldsymbol{B}=\boldsymbol{B}=\boldsymbol{E} \Rightarrow \boldsymbol{x}_k-\boldsymbol{x}_{k-1}=\boldsymbol{A}^{k-1}$,所以

$$\begin{aligned} \boldsymbol{x}_k &= \boldsymbol{x}_{k-1}+\boldsymbol{A}^{k-1}=(\boldsymbol{x}_{k-2}+\boldsymbol{A}^{k-2})+\boldsymbol{A}^{k-1} \\ &= (\boldsymbol{x}_1+\boldsymbol{A})+\boldsymbol{A}^2+\cdots+\boldsymbol{A}^{k-1}=\boldsymbol{E}+\boldsymbol{A}+\boldsymbol{A}^2+\cdots+\boldsymbol{A}^{k-1} \end{aligned}$$

由此得

$$\boldsymbol{x}_n=\boldsymbol{E}+\boldsymbol{A}+\boldsymbol{A}^2+\cdots+\boldsymbol{A}^{n-1}$$

得 $\boldsymbol{A}^3=\boldsymbol{E}$，所以有

$$\boldsymbol{x}_n=\begin{cases}m\boldsymbol{J}, & n=3m \\ m\boldsymbol{J}+\boldsymbol{E}, & n=3m+1 \\ m\boldsymbol{J}+\boldsymbol{E}+\boldsymbol{A}, & n=3m+2\end{cases}$$

其中 $\boldsymbol{J}=\begin{pmatrix}1 & 1 & 1 \\ 1 & 1 & 1 \\ 1 & 1 & 1\end{pmatrix}$。

第三章　向量代数、平面与直线

一、内容提要

（一）向量代数

1. 基本概念

既有大小，又有方向的量称为向量，常记为 $\boldsymbol{a},\boldsymbol{b},\boldsymbol{c},\cdots$。以 A 为起点，以 B 为终点的向量记为$\overrightarrow{AB}$。与起点无关的向量称为自由向量。向量的长度又称为向量的模，向量 $\boldsymbol{a}$ 的模记为$|\boldsymbol{a}|$。长度为 1 的向量称为单位向量。长度为零的向量称为零向量。与 $\boldsymbol{a}$ 长度相等、方向相反的向量称为 $\boldsymbol{a}$ 的负向量，记为$-\boldsymbol{a}$。

向量相等：若 $\boldsymbol{a}$ 与 $\boldsymbol{b}$ 长度相等、方向相同，则称 $\boldsymbol{a}$ 与 $\boldsymbol{b}$ 相等，记为 $\boldsymbol{a}=\boldsymbol{b}$。若将向量 $\boldsymbol{a}$ 与 $\boldsymbol{b}$ 的起点重合后，$\boldsymbol{a}$ 与 $\boldsymbol{b}$ 在同一直线上，则称 $\boldsymbol{a}$ 与 $\boldsymbol{b}$ 平行或共线，记为 $\boldsymbol{a}/\!/\boldsymbol{b}$。

2. 向量的线性运算

（1）向量的加法

向量 $\boldsymbol{a}$ 与 $\boldsymbol{b}$ 的加法服从平行四边形法则，或三角形法则。即若 $\boldsymbol{a}=\overrightarrow{AB},\boldsymbol{b}=\overrightarrow{BC}$，则 $\boldsymbol{a}+\boldsymbol{b}=\overrightarrow{AC}$。向量 $\boldsymbol{a}$ 与 $\boldsymbol{b}$ 的差定义为 $\boldsymbol{a}-\boldsymbol{b}=\boldsymbol{a}+(-\boldsymbol{b})$。

（2）向量的数乘

设 λ 是实数，$\boldsymbol{a}$ 为向量，则 λ 与 $\boldsymbol{a}$ 的数乘是一个向量，记为 $\lambda\boldsymbol{a}$。其中$|\lambda\boldsymbol{a}|=|\lambda|\cdot|\boldsymbol{a}|$，且当 $\lambda>0$ 时，$\lambda\boldsymbol{a}$ 与 $\boldsymbol{a}$ 同方向，当 $\lambda<0$ 时，$\lambda\boldsymbol{a}$ 与 $\boldsymbol{a}$ 反方向。

3. 向量的坐标

过点 A 作平面 π 垂直于数轴 u，则 π 与数轴 u 的交点 A' 称为 A 在 u 轴上的投影。

设 A,B 在 u 轴上的投影点分别是 A',B'，则称$\overrightarrow{A'B'}$的值 $A'B'$ 为$\overrightarrow{AB}$在 u 轴上的投影，记为 $\mathrm{Prj}_u\overrightarrow{AB}$。

向量 $\boldsymbol{a}$ 与 $\boldsymbol{b}$ 所夹的不超过 π 的角，称为 $\boldsymbol{a}$ 与 $\boldsymbol{b}$ 的夹角，记为$(\widehat{\boldsymbol{a},\boldsymbol{b}})$或$\langle\widehat{\boldsymbol{a}\boldsymbol{b}}\rangle$。

向量 $\boldsymbol{a}$ 与 x,y,z 轴的夹角 α,β,γ 称为 $\boldsymbol{a}$ 的 3 个方向角。

设$\overrightarrow{AB}$与 u 轴的夹角为 φ，则有 $\mathrm{Prj}_u\overrightarrow{AB}=|\overrightarrow{AB}|\cos\varphi$。

投影满足：$\mathrm{Prj}_u(\boldsymbol{a}+\boldsymbol{b})=\mathrm{Prj}_u\boldsymbol{a}+\mathrm{Prj}_u\boldsymbol{b}$。

设向量 $\boldsymbol{a}$ 的起点为 $A(x_1,y_1,z_1)$，终点为 $B(x_2,y_2,z_2)$，则 $\boldsymbol{a}$ 的坐标表达式为

$$\boldsymbol{a}=(x_2-x_1,y_2-y_1,z_2-z_1)=(a_x,a_y,a_z)$$

其中 a_x,a_y,a_z 称为 $\boldsymbol{a}$ 的坐标。

4. 向量的数量积、向量积与混合积

（1）数量积(内积)

设 $\boldsymbol{a},\boldsymbol{b}$ 是两个向量，则 $\boldsymbol{a},\boldsymbol{b}$ 的数量积为 $\boldsymbol{a}\cdot\boldsymbol{b}=|\boldsymbol{a}|\cdot|\boldsymbol{b}|\cos(\widehat{\boldsymbol{a},\boldsymbol{b}})$。

运算律：$\boldsymbol{a}\cdot\boldsymbol{b}=\boldsymbol{b}\cdot\boldsymbol{a}$，$\boldsymbol{a}\cdot(\boldsymbol{b}+\boldsymbol{c})=\boldsymbol{a}\cdot\boldsymbol{b}+\boldsymbol{a}\cdot\boldsymbol{c}$，$(\lambda\boldsymbol{a})\cdot\boldsymbol{b}=\lambda(\boldsymbol{a}\cdot\boldsymbol{b})=\boldsymbol{a}\cdot(\lambda\boldsymbol{b})$。

坐标表达式：设 $\boldsymbol{a}=(a_x,a_y,a_z)$，$\boldsymbol{b}=(b_x,b_y,b_z)$，则 $\boldsymbol{a}\cdot\boldsymbol{b}=a_xb_x+a_yb_y+a_zb_z$。

（2）向量积(外积，也称叉积)

设 $\boldsymbol{a},\boldsymbol{b}$ 是两个向量，将向量 $\boldsymbol{c}$ 称为 $\boldsymbol{a}$ 与 $\boldsymbol{b}$ 的向量积，记为 $\boldsymbol{a}\times\boldsymbol{b}$。其中 $|\boldsymbol{c}|=|\boldsymbol{a}||\boldsymbol{b}|\sin(\widehat{\boldsymbol{a},\boldsymbol{b}})$，$\boldsymbol{c}\perp\boldsymbol{a}$，$\boldsymbol{c}\perp\boldsymbol{b}$，$\boldsymbol{a},\boldsymbol{b},\boldsymbol{c}$ 符合右手系。

向量积的几何意义：模 $|\boldsymbol{a}\times\boldsymbol{b}|$ 等于以向量 $\boldsymbol{a},\boldsymbol{b}$ 为相邻边的平行四边形的面积。

运算律：$\boldsymbol{a}\times\boldsymbol{b}=-\boldsymbol{b}\times\boldsymbol{a}$，$\boldsymbol{a}\times(\boldsymbol{b}+\boldsymbol{c})=\boldsymbol{a}\times\boldsymbol{b}+\boldsymbol{a}\times\boldsymbol{c}$，$(\lambda\boldsymbol{a})\times\boldsymbol{b}=\lambda(\boldsymbol{a}\times\boldsymbol{b})=\boldsymbol{a}\times(\lambda\boldsymbol{b})$。

坐标表达式

$$\boldsymbol{a}\times\boldsymbol{b}=\begin{vmatrix}\boldsymbol{i}&\boldsymbol{j}&\boldsymbol{k}\\a_x&a_y&a_z\\b_x&b_y&b_z\end{vmatrix}=\begin{vmatrix}a_y&a_z\\b_y&b_z\end{vmatrix}\boldsymbol{i}-\begin{vmatrix}a_x&a_z\\b_x&b_z\end{vmatrix}\boldsymbol{j}+\begin{vmatrix}a_x&a_y\\b_x&b_y\end{vmatrix}\boldsymbol{k}$$

（3）混合积

设 $\boldsymbol{a},\boldsymbol{b},\boldsymbol{c}$ 为 3 个向量，称 $(\boldsymbol{a}\times\boldsymbol{b})\cdot\boldsymbol{c}$ 为 $\boldsymbol{a},\boldsymbol{b},\boldsymbol{c}$ 的混合积，记为 $(\boldsymbol{a},\boldsymbol{b},\boldsymbol{c})$。

几何意义：$|(\boldsymbol{a},\boldsymbol{b},\boldsymbol{c})|$ 等于以 $\boldsymbol{a},\boldsymbol{b},\boldsymbol{c}$ 为棱的平行六面体的体积。

性质：$(\boldsymbol{a},\boldsymbol{b},\boldsymbol{c})=(\boldsymbol{b},\boldsymbol{c},\boldsymbol{a})=(\boldsymbol{c},\boldsymbol{a},\boldsymbol{b})$（混合积的轮换对称性）。

坐标表达式

$$(\boldsymbol{a},\boldsymbol{b},\boldsymbol{c})=\begin{vmatrix}a_x&a_y&a_z\\b_x&b_y&b_z\\c_x&c_y&c_z\end{vmatrix}$$

5. 向量的关系

（1）向量的平行

$\boldsymbol{a}/\!/\boldsymbol{b}$ 的几个充要条件：

① 存在不同时为零的数 λ,μ，使得 $\lambda\boldsymbol{a}+\mu\boldsymbol{b}=\boldsymbol{0}$；

② $\dfrac{a_x}{b_x}=\dfrac{a_y}{b_y}=\dfrac{a_z}{b_z}$；

③ $\boldsymbol{a}\times\boldsymbol{b}=\boldsymbol{0}$。

（2）向量的垂直

$$\boldsymbol{a}\perp\boldsymbol{b}\Leftrightarrow\boldsymbol{a}\cdot\boldsymbol{b}=0$$

（3）3 个向量共面

3 个向量 $\boldsymbol{a},\boldsymbol{b},\boldsymbol{c}$ 共面的两个充要条件：

① 存在不全为零的 λ,μ,γ，使得 $\lambda\boldsymbol{a}+\mu\boldsymbol{b}+\gamma\boldsymbol{c}=\boldsymbol{0}$；

② 混合积 $(\boldsymbol{a},\boldsymbol{b},\boldsymbol{c})=0$。

（二）空间平面与直线

1. 平面及其方程

（1）点法式方程

设平面 π 过点 $M(x_0,y_0,z_0)$，其法向量为 $\boldsymbol{n}=(A,B,C)$，则平面 π 的点法式方程为

$$A(x-x_0)+B(y-y_0)+C(z-z_0)=0$$

(2) 一般方程

$$Ax+By+Cz+D=0$$

(3) 截距式方程

$$\frac{x}{a}+\frac{y}{b}+\frac{z}{c}=1$$

其中 a,b,c 是平面在3个坐标轴上的截距。

(4) 点到平面的距离

空间点 $P(x_0,y_0,z_0)$ 到平面 $Ax+By+Cz+D=0$ 的距离为

$$d=\frac{|Ax_0+By_0+Cz_0+D|}{\sqrt{A^2+B^2+C^2}}$$

2. 直线及其方程

(1) 参数方程

若直线过点 $M(x_0,y_0,z_0)$，且方向向量为 $\boldsymbol{s}=(l,m,n)$，则直线的参数方程为

$$\begin{cases}x=x_0+lt\\y=y_0+mt\\z=z_0+nt\end{cases}$$

(2) 对称式方程(或标准方程)

$$\frac{x-x_0}{l}=\frac{y-y_0}{m}=\frac{z-z_0}{n}$$

(3) 一般方程

$$\begin{cases}A_1x+B_1y+C_1z+D_1=0\\A_2x+B_2y+C_2z+D_2=0\end{cases}$$

3. 直线与平面的位置关系

(1) 平面与平面的夹角

设平面 π_1,π_2 的法向量分别为 $\boldsymbol{n}_1,\boldsymbol{n}_2$，那么 $\boldsymbol{n}_1$ 与 $\boldsymbol{n}_2$ 所夹的不超过$\frac{\pi}{2}$的角 θ 称为 π_1 与 π_2 的夹角，$0\leqslant\theta\leqslant\frac{\pi}{2}$。

$$\pi_1 /\!/ \pi_2 \Leftrightarrow \boldsymbol{n}_1 /\!/ \boldsymbol{n}_2,\quad \pi_1\perp\pi_2\Leftrightarrow\boldsymbol{n}_1\perp\boldsymbol{n}_2$$

(2) 直线与直线的夹角

设直线 L_1 与 L_2 的方向向量分别为 $\boldsymbol{s}_1,\boldsymbol{s}_2$，则 $\boldsymbol{s}_1$ 与 $\boldsymbol{s}_2$ 所夹的不超过$\frac{\pi}{2}$的角 θ 称为 L_1 与 L_2 的夹角，$0\leqslant\theta\leqslant\frac{\pi}{2}$。

$$L_1 /\!/ L_2\Leftrightarrow\boldsymbol{s}_1 /\!/ \boldsymbol{s}_2,\quad L_1\perp L_2\Leftrightarrow\boldsymbol{s}_1\perp\boldsymbol{s}_2$$

(3) 直线与平面的夹角

设直线 L 在平面 π 上的投影直线为 L'，则 L 与 L' 的夹角 φ 称为直线 L 与平面 π 的夹角。

设 L 的方向向量为 $\boldsymbol{s}$，平面的法向量为 $\boldsymbol{n}$，则 $\sin\varphi=\frac{|\boldsymbol{s}\cdot\boldsymbol{n}|}{|\boldsymbol{s}||\boldsymbol{n}|}$。

$$L /\!/ \pi\Leftrightarrow\boldsymbol{s}\perp\boldsymbol{n},\quad L\perp\pi\Leftrightarrow\boldsymbol{s} /\!/ \boldsymbol{n}$$

(4) 平面束方程

设两个平面 $\pi_i: A_i x + B_i y + C_i z + D_i = 0, i=1,2$。则过此两平面的交线的平面束方程为

$$\lambda(A_1 x + B_1 y + C_1 z + D_1) + \mu(A_2 x + B_2 y + C_2 z + D_2) = 0$$

二、典型例题

【例 1】 已知 $\boldsymbol{a}=(1,2,-3)$, $\boldsymbol{b}=(2,-3,k)$, $\boldsymbol{c}=(-2,k,6)$。

① 如果 $\boldsymbol{a}\perp\boldsymbol{b}$，则 $k=$________；② 如果 $\boldsymbol{a}/\!/\boldsymbol{c}$，则 $k=$________；③ 如果 $\boldsymbol{a},\boldsymbol{b},\boldsymbol{c}$ 共面，则 $k=$________。

【答】 ① $k=-\dfrac{4}{3}$；② $k=-4$；③ $k=-4$ 或 $k=-6$。

分析:① $\boldsymbol{a}\perp\boldsymbol{b}\Leftrightarrow\boldsymbol{a}\cdot\boldsymbol{b}=0$，故 $1\times2+2\times(-3)+(-3)k=0$，得 $k=-\dfrac{4}{3}$。

② $\boldsymbol{a}/\!/\boldsymbol{c}\Leftrightarrow\dfrac{x_1}{y_1}=\dfrac{x_2}{y_2}=\dfrac{x_3}{y_3}$，故 $\dfrac{1}{-2}=\dfrac{2}{k}=\dfrac{-3}{6}$，得 $k=-4$。

③ $\boldsymbol{a},\boldsymbol{b},\boldsymbol{c}$ 共面 $\Leftrightarrow(\boldsymbol{a},\boldsymbol{b},\boldsymbol{c})=0$，故 $(\boldsymbol{a},\boldsymbol{b},\boldsymbol{c})=\begin{vmatrix}1 & 2 & -3\\ 2 & -3 & k\\ -2 & k & 6\end{vmatrix}=0$，得 $k=-4$ 或 $k=-6$。

【例 2】 已知 $\boldsymbol{a}=(1,2,3)$, $\boldsymbol{b}=(1,-3,-2)$，与 $\boldsymbol{a},\boldsymbol{b}$ 都垂直的单位向量为________。

【答】 $\pm\dfrac{1}{\sqrt{3}}(1,1,-1)$。

分析:用叉积，因为由定义，$\boldsymbol{a}\times\boldsymbol{b}$ 与 $\boldsymbol{a},\boldsymbol{b}$ 都垂直，而

$$\boldsymbol{a}\times\boldsymbol{b}=\begin{vmatrix}\boldsymbol{i} & \boldsymbol{j} & \boldsymbol{k}\\ 1 & 2 & 3\\ 1 & -3 & -2\end{vmatrix}=5\boldsymbol{i}+5\boldsymbol{j}-5\boldsymbol{k}$$

可见与 $\boldsymbol{a},\boldsymbol{b}$ 都垂直的向量是 $l(5\boldsymbol{i}+5\boldsymbol{j}-5\boldsymbol{k})$，再将其单位化，得 $\pm\dfrac{1}{\sqrt{3}}(1,1,-1)$。

【例 3】 化简下列各式:

① $(\boldsymbol{a}+\boldsymbol{b}+\boldsymbol{c})\times\boldsymbol{c}+(\boldsymbol{a}+\boldsymbol{b}+\boldsymbol{c})\times\boldsymbol{b}-(\boldsymbol{b}-\boldsymbol{c})\times\boldsymbol{a}$；

② $(\boldsymbol{a}+2\boldsymbol{b}-\boldsymbol{c})\cdot[(\boldsymbol{a}-\boldsymbol{b})\times(\boldsymbol{a}-\boldsymbol{b}-\boldsymbol{c})]$。

【解】 ①

$$\begin{aligned}(\boldsymbol{a}+\boldsymbol{b}+\boldsymbol{c})\times\boldsymbol{c}+(\boldsymbol{a}+\boldsymbol{b}+\boldsymbol{c})\times\boldsymbol{b}-(\boldsymbol{b}-\boldsymbol{c})\times\boldsymbol{a} &= (\boldsymbol{a}+\boldsymbol{b}+\boldsymbol{c})\times(\boldsymbol{c}+\boldsymbol{b})-(\boldsymbol{b}-\boldsymbol{c})\times\boldsymbol{a}\\ &= (\boldsymbol{b}+\boldsymbol{c})\times(\boldsymbol{b}+\boldsymbol{c})+\boldsymbol{a}\times(\boldsymbol{c}+\boldsymbol{b})-(\boldsymbol{b}-\boldsymbol{c})\times\boldsymbol{a}\\ &= \boldsymbol{a}\times(\boldsymbol{c}+\boldsymbol{b})+\boldsymbol{a}\times(\boldsymbol{b}-\boldsymbol{c})\\ &= \boldsymbol{a}\times[(\boldsymbol{c}+\boldsymbol{b})+(\boldsymbol{b}-\boldsymbol{c})]\\ &= \boldsymbol{a}\times(2\boldsymbol{b})=2(\boldsymbol{a}\times\boldsymbol{b})\end{aligned}$$

②

$$\begin{aligned}(\boldsymbol{a}+2\boldsymbol{b}-\boldsymbol{c})\cdot[(\boldsymbol{a}-\boldsymbol{b})\times(\boldsymbol{a}-\boldsymbol{b}-\boldsymbol{c})] &= (\boldsymbol{a}+2\boldsymbol{b}-\boldsymbol{c})\cdot[(\boldsymbol{a}-\boldsymbol{b})\times(\boldsymbol{a}-\boldsymbol{b})-(\boldsymbol{a}-\boldsymbol{b})\times\boldsymbol{c}]\\ &= (\boldsymbol{a}+2\boldsymbol{b}-\boldsymbol{c})\cdot[-(\boldsymbol{a}-\boldsymbol{b})\times\boldsymbol{c}]\\ &= (\boldsymbol{a}+2\boldsymbol{b})\cdot[-(\boldsymbol{a}-\boldsymbol{b})\times\boldsymbol{c}]-\boldsymbol{c}\cdot[-(\boldsymbol{a}-\boldsymbol{b})\times\boldsymbol{c}]\\ &= -(\boldsymbol{a}+2\boldsymbol{b})\cdot[(\boldsymbol{a}-\boldsymbol{b})\times\boldsymbol{c}]\end{aligned}$$

$$
\begin{aligned}
&=-[(\boldsymbol{a}-\boldsymbol{b})+3\boldsymbol{b}]\cdot[(\boldsymbol{a}-\boldsymbol{b})\times\boldsymbol{c}]\\
&=-(\boldsymbol{a}-\boldsymbol{b})\cdot[(\boldsymbol{a}-\boldsymbol{b})\times\boldsymbol{c}]-3\boldsymbol{b}\cdot[(\boldsymbol{a}-\boldsymbol{b})\times\boldsymbol{c}]\\
&=-3\boldsymbol{b}\cdot[(\boldsymbol{a}-\boldsymbol{b})\times\boldsymbol{c}]\\
&=-3\boldsymbol{b}\cdot(\boldsymbol{a}\times\boldsymbol{c}-\boldsymbol{b}\times\boldsymbol{c})\\
&=-3\boldsymbol{b}\cdot(\boldsymbol{a}\times\boldsymbol{c})+3\boldsymbol{b}\cdot(\boldsymbol{b}\times\boldsymbol{c})\\
&=3\boldsymbol{a}\cdot(\boldsymbol{b}\times\boldsymbol{c})
\end{aligned}
$$

【例 4】 已知平行四边形的对角线矢量为 $\boldsymbol{\alpha}=\boldsymbol{m}+2\boldsymbol{n},\boldsymbol{\beta}=3\boldsymbol{m}-4\boldsymbol{n}$,且 $|\boldsymbol{m}|=1,|\boldsymbol{n}|=2$, $(\widehat{\boldsymbol{m},\boldsymbol{n}})=\frac{\pi}{6}$,求该平行四边形的面积。

【解】 已知平行四边形对角线矢量为 $\boldsymbol{\alpha}=\boldsymbol{m}+2\boldsymbol{n},\boldsymbol{\beta}=3\boldsymbol{m}-4\boldsymbol{n}$,令

$$\boldsymbol{a}=\frac{1}{2}\boldsymbol{\alpha}=\frac{1}{2}(\boldsymbol{m}+2\boldsymbol{n}),\boldsymbol{b}=\frac{1}{2}\boldsymbol{\beta}=\frac{1}{2}(3\boldsymbol{m}-4\boldsymbol{n})$$

由于平行四边形的两条对角线将它分成 4 个三角形,且每个三角形的面积均等于 $\frac{1}{2}|\boldsymbol{a}\times\boldsymbol{b}|$,于是平行四边形的面积为

$$
\begin{aligned}
S&=4\times\frac{1}{2}\times|\boldsymbol{a}\times\boldsymbol{b}|=2\left|\left[\frac{1}{2}(\boldsymbol{m}+2\boldsymbol{n})\right]\times\left[\frac{1}{2}(3\boldsymbol{m}-4\boldsymbol{n})\right]\right|\\
&=\frac{1}{2}|(\boldsymbol{m}+2\boldsymbol{n})\times(3\boldsymbol{m}-4\boldsymbol{n})|\\
&=\frac{1}{2}|-10(\boldsymbol{m}\times\boldsymbol{n})|\\
&=\frac{1}{2}\times10|\boldsymbol{m}|\cdot|\boldsymbol{n}|\sin(\widehat{\boldsymbol{m},\boldsymbol{n}})\\
&=\frac{1}{2}\times10\times1\times2\times\frac{1}{2}=5
\end{aligned}
$$

【例 5】 设 $\boldsymbol{\alpha}=2\boldsymbol{a}+\boldsymbol{b},\boldsymbol{\beta}=k\boldsymbol{a}+\boldsymbol{b}$,其中 $|\boldsymbol{a}|=1,|\boldsymbol{b}|=2,\boldsymbol{a}\perp\boldsymbol{b}$。问:

① k 为何值时,$\boldsymbol{\alpha}\perp\boldsymbol{\beta}$;

② k 为何值时,以 $\boldsymbol{\alpha}$ 与 $\boldsymbol{\beta}$ 为邻边的平行四边形的面积为 6。

【解】 ① $\boldsymbol{\alpha}\perp\boldsymbol{\beta}\Leftrightarrow\boldsymbol{\alpha}\cdot\boldsymbol{\beta}=0$,即

$$(2\boldsymbol{a}+\boldsymbol{b})\cdot(k\boldsymbol{a}+\boldsymbol{b})=2k\boldsymbol{a}^2+(2+k)\boldsymbol{a}\cdot\boldsymbol{b}+\boldsymbol{b}^2=2k\times1^2+(2+k)\times0+2^2=0$$

于是 $k=-2$。

② 以 $\boldsymbol{\alpha}$ 和 $\boldsymbol{\beta}$ 为邻边的平行四边形的面积为

$$
\begin{aligned}
S&=|\boldsymbol{\alpha}\times\boldsymbol{\beta}|=|(2\boldsymbol{a}+\boldsymbol{b})\times(k\boldsymbol{a}+\boldsymbol{b})|\\
&=|(2-k)(\boldsymbol{a}\times\boldsymbol{b})|\\
&=|2(2-k)|=6
\end{aligned}
$$

所以 $2-k=\pm3$,得 $k=-1$ 或 $k=5$。

【例 6】 求通过三平面 $2x+y-z-2=0,x-3y+z+1=0$ 和 $x+y+z-3=0$ 的交点,且平行于平面 $x+y+2z=0$ 的平面方程。

【解】 解方程组

$$\begin{cases}2x+y-z-2=0\\x-3y+z+1=0\\x+y+z-3=0\end{cases}$$

得其解为 $x=1,y=1,z=1$，即 3 个已知平面的交点为(1,1,1)。

由于所求平面平行于 $x+y+2z=0$，因此所求平面的法向量为 $\boldsymbol{n}=(1,1,2)$。

由平面的点法式方程，得所求平面的方程为

$$1\cdot(x-1)+1\cdot(y-1)+2\cdot(z-1)=0$$

或

$$x+y+2z-4=0$$

【例 7】 ① 过点 $P(2,-3,1)$ 且与平面 $\pi: 3x+y+5z+6=0$ 垂直的直线 L_1 的方程是________；② 过点 $P(2,-3,1)$ 且与直线 $L: \frac{x-1}{3}=\frac{y}{4}=\frac{z+2}{5}$ 垂直相交的直线 L_2 的方程是________。

【答】 ① $L_1: \frac{x-2}{3}=\frac{y+3}{1}=\frac{z-1}{5}$；② $\begin{cases}3x+4y+5z+1=0\\27x-4y-13z-53=0\end{cases}$。

分析：① 由于 $L_1\perp\pi$，平面 π 的法向量 $\boldsymbol{n}=(3,1,5)$ 也就是 L_1 的方向向量 $\boldsymbol{s}$，所以 L_1 的方程为 $L_1: \frac{x-2}{3}=\frac{y+3}{1}=\frac{z-1}{5}$。

② 因 L 与 L_2 垂直相交，所以直线 L_2 在经过 P 点且以 L 的方向向量(3,4,5)为法向量的平面 π_1 上，π_1 的方程为

$$3(x-2)+4(y+3)+5(z-1)=0$$

即

$$3x+4y+5z+1=0$$

同时，L_2 在经过 P 点且经过直线 L 的平面 π_2 上，而且 π_2 的方程为

$$\pi_2: \begin{vmatrix}x-1 & y & z+2\\3 & 4 & 5\\1 & -3 & 3\end{vmatrix}=0$$

即

$$27x-4y-13z-53=0$$

故所求 L_2 的方程为 $\begin{cases}3x+4y+5z+1=0\\27x-4y-13z-53=0\end{cases}$。

【例 8】 直线 $L_1: \frac{x-1}{1}=\frac{y-5}{-2}=\frac{z+8}{1}$ 与直线 $L_2: \begin{cases}x-y=6\\2y+z=3\end{cases}$ 的夹角为________。

【答】 应填 $\frac{\pi}{3}$。

分析：两条直线的夹角也就是这两条直线的方向向量所夹成的锐角，L_1 的方向向量是 $\boldsymbol{s}_1=(1,-2,1)$。将 L_2 的方程化为标准方程或参数方程可求出 L_2 的方向向量。

令 $y=t$，则得 L_2 的参数方程 $\begin{cases}x=t+6\\y=t\\z=-2t+3\end{cases}$，于是 L_2 的方向向量为 $\boldsymbol{s}_2=(1,1,-2)$。

由于 $\cos\theta=\frac{|\boldsymbol{s}_1\cdot\boldsymbol{s}_2|}{|\boldsymbol{s}_1||\boldsymbol{s}_2|}=\frac{|-3|}{\sqrt{6}\times\sqrt{6}}=\frac{1}{2}$，所以 L_1 与 L_2 的夹角为 $\frac{\pi}{3}$。

【例 9】 设 L_1,L_2 为两条共面直线，L_1 的方程为 $\frac{x-7}{1}=\frac{y-3}{2}=\frac{z-5}{2}$，$L_2$ 通过点$(2,-3,-1)$，

且与 x 轴的正向夹角为$\frac{\pi}{3}$，与 z 轴的正向夹角为锐角，求 L_2 的方程。

分析:已知直线过已知点，且已知直线与坐标轴正向的夹角关系，因此只需求出直线的方向向量。

【解】 L_1 的方向向量为 $\boldsymbol{s}_1=(1,2,2)$。设 L_2 的方向向量为 $\boldsymbol{s}_2=(l,m,n)$，L_1 上的点 $M(7,3,5)$与 L_2 上的点 $N(2,-3,-1)$确定的向量为 $\boldsymbol{s}=\overrightarrow{MN}=(-5,-6,-6)$。

因为 L_1,L_2 共面，所以有

$$(\boldsymbol{s}_1,\boldsymbol{s}_2,\boldsymbol{s})=\begin{vmatrix}1 & 2 & 2\\ l & m & n\\ -5 & -6 & -6\end{vmatrix}=0$$

即

$$-2(2n-2m)=0$$

得 $m=n$。

由已知条件得$(\boldsymbol{s},\boldsymbol{i})=\frac{\pi}{3}$，于是$\frac{\boldsymbol{s}\cdot\boldsymbol{i}}{|\boldsymbol{s}|\,|\boldsymbol{i}|}=\cos\frac{\pi}{3}$，即$\frac{l}{\sqrt{l^2+m^2+n^2}}=\frac{1}{2}$，从而有$\frac{l}{\sqrt{l^2+2m^2}}=\frac{1}{2}\Rightarrow l=\pm\sqrt{\frac{2}{3}}m$。于是 $\boldsymbol{s}_2 /\!/ \left(\pm\sqrt{\frac{2}{3}}m,m,m\right)$。

又由 $0<(\widehat{\boldsymbol{s},\boldsymbol{k}})<\frac{\pi}{2}$及$(\widehat{\boldsymbol{s},\boldsymbol{i}})=\frac{\pi}{3}$知，可取 $\boldsymbol{s}_2=(\sqrt{\frac{2}{3}},1,1)$或 $\boldsymbol{s}_2=(2,\sqrt{6},\sqrt{6})$。故直线 L_2 的方程为$\frac{x-2}{2}=\frac{y+3}{\sqrt{6}}=\frac{z+1}{\sqrt{6}}$。

【例 10】 设直线 L 过点 $P(1,2,-2)$，且与直线 L_1:$\frac{x-1}{1}=\frac{y+1}{3}=\frac{z}{2}$及 L_2:$\frac{x}{2}=\frac{y+1}{3}=\frac{z-3}{1}$都相交,求 L 的方程。

【解】 点 $M_1(1,-1,0)\in L_1$，点 $M_2(0,-1,3)\in L_2$。一方面，直线 L 在经过点 P 和经过直线 L_1 的平面 π_1 上，平面 π_1 的方程为

$$\begin{vmatrix}x-1 & y+1 & z\\ 1 & 3 & 2\\ 0 & 3 & -2\end{vmatrix}=0$$

即

$$12x-2y-3z-14=0$$

另一方面，直线 L 在经过点 P 和经过直线 L_2 的平面 π_2 上，平面 π_2 的方程为

$$\begin{vmatrix}x & y+1 & z-3\\ 2 & 3 & 1\\ 1 & 2 & -2\end{vmatrix}=0$$

即

$$8x-5y-z-2=0$$

故 L 的方程为$\begin{cases}12x-2y-3z-14=0\\ 8x-5y-z-2=0\end{cases}$。

【例 11】 求经过直线 $L:\dfrac{x+1}{0}=\dfrac{y+2}{2}=\dfrac{z-2}{-3}$，且与点 $A(4,1,2)$ 的距离等于 3 的平面的方程。

【解】 把 L 的方程改写为一般方程 $\begin{cases}x+1=0\\3y+2z+2=0\end{cases}$，则经过 L 的平面可用平面束方程表示为

$$\lambda(x+1)+\mu(3y+2z+2)=0$$

即

$$\lambda x+3\mu y+2\mu z+\lambda+2\mu=0$$

由点到平面的距离公式，得

$$d=\frac{|5\lambda+9\mu|}{\sqrt{\lambda^2+13\mu^2}}=3$$

从而

$$8\lambda^2+45\lambda\mu-18\mu^2=(\lambda+6\mu)(8\lambda-3\mu)=0$$

取 $\lambda=6,\mu=-1$，得 $6x-3y-2z+4=0$；取 $\lambda=3,\mu=8$，得 $3x+24y+16z+19=0$。

【例 12】 已知直线 $L_1:x-1=\dfrac{y-1}{2}=\dfrac{z-1}{\lambda}$，$L_2:x+1=y-1=z$。

① 若 $L_1\perp L_2$，求 λ。

② 若 L_1 与 L_2 相交，求 λ。

【解】 ① L_1 的方向向量为 $\boldsymbol{s}_1=(1,2,\lambda)$，$L_2$ 的方向向量为 $\boldsymbol{s}_2=(1,1,1)$，$L_1\perp L_2\Leftrightarrow\boldsymbol{s}_1\perp\boldsymbol{s}_2\Leftrightarrow\boldsymbol{s}_1\cdot\boldsymbol{s}_2=0$，于是 $1\times1+1\times2+1\cdot\lambda=0\Rightarrow\lambda=-3$。

② 点 $P(1,1,1)$ 在直线 L_1 上，点 $Q(-1,1,0)$ 在直线 L_2 上，因为 L_1 与 L_2 相交，所以 3 个向量 $\boldsymbol{s}_1,\boldsymbol{s}_2,\overrightarrow{PQ}$ 共面，从而 $(\boldsymbol{s}_1,\boldsymbol{s}_2,\overrightarrow{PQ})=0$，即

$$\begin{vmatrix}1&2&\lambda\\1&1&1\\-2&0&-1\end{vmatrix}=0$$

得 $\lambda=\dfrac{3}{2}$。

【例 13】 已知平面 π 的方程为 $2x+y+z-1=0$，直线 L 的方程为

$$\begin{cases}3x+2y+4z-11=0\\2x+y-3z-1=0\end{cases}$$

求直线 L 与平面 π 的夹角 φ。

【解】 直线 L 为两个平面 $\pi_1:3x+2y+4z-11=0$ 和 $\pi_2:2x+y-3z-1=0$ 的交线，π_1 的法向量为 $\boldsymbol{n}_1=(3,2,4)$，π_2 的法向量为 $\boldsymbol{n}_2=(2,1,-3)$，于是可取直线 L 的方向向量

$$\boldsymbol{s}=\boldsymbol{n}_1\times\boldsymbol{n}_2=\begin{vmatrix}\boldsymbol{i}&\boldsymbol{j}&\boldsymbol{k}\\3&2&4\\2&1&-3\end{vmatrix}=-10\boldsymbol{i}+17\boldsymbol{j}-\boldsymbol{k}$$

直线与平面的夹角公式为

$$\sin\varphi=\frac{|\boldsymbol{n}\cdot\boldsymbol{v}|}{|\boldsymbol{n}||\boldsymbol{v}|}=\frac{|2\times(-10)+1\times17+1\times(-1)|}{\sqrt{2^2+1+1}\times\sqrt{(-10)^2+17^2+(-1)^2}}=\frac{2\sqrt{65}}{195}$$

因为 $0\leqslant\varphi\leqslant\dfrac{\pi}{2}$，所以 $\varphi=\arcsin\dfrac{2\sqrt{65}}{195}$。

【例 14】 设平面 π 经过平面 $\pi_1:3x-4y+6=0$ 与 $\pi_2:2y+z-11=0$ 的交线，且和 π_1 垂直，求 π 的方程。

分析:所求平面经过两个已知平面的交线，可考虑用平面束方程求解。

【解】 过 π_1,π_2 的交线的平面束的方程为

$$\lambda(3x-4y+6)+\mu(2y+z-11)=0$$

即

$$3\lambda x+(-4\lambda+2\mu)y+\mu z+6\lambda-11\mu=0$$

π_1 的法向量为 $\boldsymbol{n}_1=(3,-4,0)$，设 π 的法向量为 $\boldsymbol{n}_2=(3\lambda,-4\lambda+2\mu,\mu)$。由于 $\pi_1\perp\pi$，所以 $\boldsymbol{n}_1\cdot\boldsymbol{n}_2=0$,即

$$3\cdot3\lambda+(-4)\cdot(-4\lambda+2\mu)+0\cdot\mu=0$$

得 $25\lambda-8\mu=0$。

取 $\lambda=8,\mu=25$,得平面 π 的方程

$$24x+18y+25z-227=0$$

【例 15】 已知直线 $L_1:\begin{cases}x+y-z-1=0\\2x+y-z-2=0\end{cases}$ 和 $L_2:\begin{cases}x+2y-z-2=0\\x+2y+2z+4=0\end{cases}$。

① 证明 L_1 与 L_2 是异面直线。

② 求 L_1 与 L_2 之间的距离。

【解】 ① 直线 L_1 与 L_2 的方向向量 $\boldsymbol{s}_1,\boldsymbol{s}_2$ 可分别取为

$$\boldsymbol{s}_1=\begin{vmatrix}\boldsymbol{i}&\boldsymbol{j}&\boldsymbol{k}\\1&1&-1\\2&1&-1\end{vmatrix}=-\boldsymbol{j}-\boldsymbol{k},\boldsymbol{s}_2=\begin{vmatrix}\boldsymbol{i}&\boldsymbol{j}&\boldsymbol{k}\\1&2&-1\\1&2&2\end{vmatrix}=6\boldsymbol{i}-3\boldsymbol{j}$$

在 L_1 上取一个点 $P(1,1,1)$，在 L_2 上取一个点 $Q(2,-1,-2)$。由于混合积

$$(\boldsymbol{s}_1,\boldsymbol{s}_2,\overrightarrow{PQ})=\begin{vmatrix}0&-1&-1\\6&-3&0\\1&-2&-3\end{vmatrix}=-9\neq0$$

故 L_1 与 L_2 为异面直线。

② 由于 $\boldsymbol{s}_1\times\boldsymbol{s}_2=\begin{vmatrix}\boldsymbol{i}&\boldsymbol{j}&\boldsymbol{k}\\0&-1&-1\\6&-3&0\end{vmatrix}=-3\boldsymbol{i}-6\boldsymbol{j}+6\boldsymbol{k}$,得

$$|\boldsymbol{s}_1\times\boldsymbol{s}_2|=|-3\boldsymbol{i}-6\boldsymbol{j}+6\boldsymbol{k}|=\sqrt{(-3)^2+6^2+6^2}=9$$

于是两异面直线之间的距离为

$$d=\frac{|(\boldsymbol{s}_1,\boldsymbol{s}_2,\overrightarrow{PQ})|}{|\boldsymbol{s}_1\times\boldsymbol{s}_2|}=1$$

【例 16】 试求点 $P(-1,2,0)$在平面 $\pi:x+y+3z+5=0$ 上的投影点的坐标及 P 点关于平面 π 的对称点。

【解】 所求投影点即过点 $P(-1,2,0)$且与平面 π 垂直的直线 L 与已知平面的交点。

直线 L 的方向向量 $\boldsymbol{s}$ 可取为 π 的法向量 $\boldsymbol{n}=(1,1,3)$，即取 $\boldsymbol{s}=(1,1,3)$。

于是直线 L 的参数方程为

$$x=-1+t, y=2+t, z=3t$$

代入 π 的方程，得

$$(-1+t)+(2+t)+3\cdot(3t)+5=0 \Rightarrow t=-\frac{6}{11}$$

由此求得 L 与 π 的交点为 $(x_0, y_0, z_0)=\left(-\frac{17}{11}, \frac{16}{11}, -\frac{18}{11}\right)$。

设 P 点关于平面 π 的对称点为 $Q(x_1, y_1, z_1)$，则 $\overrightarrow{PQ}/\!/\boldsymbol{n}$，且 P,Q 两点连线中点的坐标满足平面 π 的方程。由此得

$$\begin{cases}(x_1+1, y_1-2, z_1)=t(1,1,3)\\ \dfrac{x_1-1}{2}+\dfrac{y_1+2}{2}+3\cdot\dfrac{z_1}{2}+5=0\end{cases}$$

解得 $t=-\frac{12}{11}, x_1=-\frac{23}{11}, y_1=\frac{10}{11}, z_1=\frac{36}{11}$，故 P 点关于平面 π 的对称点为 $Q(x_1, y_1, z_1)=\left(-\frac{23}{11}, \frac{10}{11}, \frac{36}{11}\right)$。

【例 17】 试求点 $P(1,-4,5)$ 在直线 $L:\begin{cases}y-z+1=0\\ x+2z=0\end{cases}$ 上的投影点的坐标。

【解】 所求投影点即过点 $P(1,-4,5)$ 且与直线 L 垂直的平面 π 与 L 的交点。

平面 π 的法向量可取为直线的方向向量，即 π 的法向量为

$$\boldsymbol{n}=\begin{vmatrix}\boldsymbol{i} & \boldsymbol{j} & \boldsymbol{k}\\ 0 & 1 & -1\\ 1 & 0 & 2\end{vmatrix}=2\boldsymbol{i}-\boldsymbol{j}-\boldsymbol{k}$$

平面 π 的方程为

$$2(x-1)-(y+4)-(z-5)=0$$

即

$$2x-y-z-1=0$$

所求投影点的坐标是下面的线性方程组的解：

$$\begin{cases}y-z+1=0\\ x+2z=0\\ 2x-y-z-1=0\end{cases}$$

解此方程组，得 $x=0, y=-1, z=0$，故所求投影点为 $(0,-1,0)$。

【例 18】 求直线 $L:\frac{x-1}{1}=\frac{y}{1}=\frac{z-1}{-1}$ 在平面 $\pi: x-y+2z-1=0$ 上的投影直线 L_0 的方程。

【解】 经过 L 作平面 π_1 与 π 垂直，则 π_1 与 π 的交线就是 L 在 π 上的投影。L 的方向向量 $\boldsymbol{s}=(1,1,-1)$、π 的法向量 $\boldsymbol{n}=(1,-1,2)$ 是平面 π_1 上的两个不共线向量，点 $P_0(1,0,1)$ 是 L 上的一个定点。设 $P(x,y,z)$ 是 π_1 上任一点，则 $\overrightarrow{P_0P}, \boldsymbol{s}, \boldsymbol{n}$ 共面，即

$$\pi_1:\begin{vmatrix}x-1 & y & z-1\\ 1 & 1 & -1\\ 1 & -1 & 2\end{vmatrix}=0$$

即

$$x-3y-2z+1=0$$

所以 L 在 π 上的投影直线是 $\begin{cases}x-y+2z-1=0\\x-3y-2z+1=0\end{cases}$。

三、练习题

(一) 填空题

1. 设 $\boldsymbol{a}=(3,2,1)$, $\boldsymbol{b}=\left(2,\frac{4}{3},k\right)$,若 $\boldsymbol{a}\perp\boldsymbol{b}$, 则 $k=$________;若 $\boldsymbol{a}/\!/\boldsymbol{b}$,则 $k=$________。

2. 设 $|\boldsymbol{a}|=3$, $|\boldsymbol{b}|=4$, 且 $\boldsymbol{a}\perp\boldsymbol{b}$, 则 $|(\boldsymbol{a}+\boldsymbol{b})\times(\boldsymbol{a}-\boldsymbol{b})|=$________。

3. 设 $\boldsymbol{a}=(2,-3,1)$, $\boldsymbol{b}=(1,-2,5)$, $\boldsymbol{c}\perp\boldsymbol{a}$, $\boldsymbol{c}\perp\boldsymbol{b}$, 且 $\boldsymbol{c}\cdot(\boldsymbol{i}+2\boldsymbol{j}-7\boldsymbol{k})=10$,则 $\boldsymbol{c}=$________。

4. 设 $(\boldsymbol{a}\times\boldsymbol{b})\cdot\boldsymbol{c}=2$, 则 $[(\boldsymbol{a}+\boldsymbol{b})\times(\boldsymbol{b}+\boldsymbol{c})]\cdot(\boldsymbol{a}+\boldsymbol{c})=$________。

5. 若矢量 $(\boldsymbol{a}+3\boldsymbol{b})\perp(7\boldsymbol{a}-5\boldsymbol{b})$, $(\boldsymbol{a}-4\boldsymbol{b})\perp(7\boldsymbol{a}-2\boldsymbol{b})$,则 $\boldsymbol{a}$ 与 $\boldsymbol{b}$ 的夹角为________。

6. 与两直线 $\begin{cases}x=1\\y=-1+t\\z=2+t\end{cases}$ 及 $\frac{x+1}{1}=\frac{y+2}{2}=\frac{z-1}{1}$ 都平行, 且过原点的平面的方程为________。

7. 过点 $M(1,2,-1)$ 且与直线 $\begin{cases}x=-t+2\\y=3t-4\\z=t-1\end{cases}$ 垂直的平面方程是________。

8. 设一平面经过原点及点 $(6,-3,2)$, 且与平面 $4x-y+2z=8$ 垂直, 则此平面方程为________。

(二) 选择题

1. 已知 $|\boldsymbol{a}|=2$, $|\boldsymbol{b}|=\sqrt{2}$, 且 $\boldsymbol{a}\cdot\boldsymbol{b}=2$, 则 $|\boldsymbol{a}\times\boldsymbol{b}|=($ $)$。

(A) 2　　(B) $2\sqrt{2}$　　(C) $\frac{\sqrt{2}}{2}$　　(D) 1

2. 设有直线 $L_1:\frac{x-1}{1}=\frac{y-5}{-2}=\frac{z+8}{1}$ 与 $L_2:\begin{cases}x-y=6\\2y+z=3\end{cases}$,则 L_1 与 L_2 的夹角为( )。

(A) $\frac{\pi}{6}$　　(B) $\frac{\pi}{4}$　　(C) $\frac{\pi}{3}$　　(D) $\frac{\pi}{2}$

3. 设有直线 $L:\begin{cases}x+3y+2z+1=0\\2x-y-10z+3=0\end{cases}$ 及平面 $\pi:4x-2y+z-2=0$,则 L( )。

(A) 平行于 π　　(B) 在 π 上　　(C) 垂直于 π　　(D) 与 π 斜交

（三）解答与证明题

1. 设 $\boldsymbol{a}=(1,1,4)$，$\boldsymbol{b}=(1,-2,2)$，求 $\boldsymbol{b}$ 在 $\boldsymbol{a}$ 方向上的投影向量。

2. 求与矢量 $\boldsymbol{a}=2\boldsymbol{i}-\boldsymbol{j}+2\boldsymbol{k}$ 共线且满足 $\boldsymbol{a}\cdot\boldsymbol{x}=-18$ 的矢量 $\boldsymbol{x}$。

3. 设 $\boldsymbol{a},\boldsymbol{b},\boldsymbol{c}$ 互相垂直，且 $|\boldsymbol{a}|=1$，$|\boldsymbol{b}|=2$，$|\boldsymbol{c}|=3$。求向量 $\boldsymbol{s}=\boldsymbol{a}+\boldsymbol{b}+\boldsymbol{c}$ 的长和它分别与 $\boldsymbol{a},\boldsymbol{b},\boldsymbol{c}$ 夹角的余弦。

4. 设单位向量 $\boldsymbol{a},\boldsymbol{b},\boldsymbol{c}$ 满足 $\boldsymbol{a}+\boldsymbol{b}+\boldsymbol{c}=\boldsymbol{0}$，求 $s=\boldsymbol{a}\cdot\boldsymbol{b}+\boldsymbol{b}\cdot\boldsymbol{c}+\boldsymbol{c}\cdot\boldsymbol{a}$。

5. 设 $\boldsymbol{a},\boldsymbol{b},\boldsymbol{c}$ 为非零向量，且 $\boldsymbol{a}=\boldsymbol{b}\times\boldsymbol{c}$，$\boldsymbol{b}=\boldsymbol{c}\times\boldsymbol{a}$，$\boldsymbol{c}=\boldsymbol{a}\times\boldsymbol{b}$，求 $|\boldsymbol{a}|+|\boldsymbol{b}|+|\boldsymbol{c}|$。

6. 设 $\boldsymbol{a},\boldsymbol{b},\boldsymbol{c}$ 不共线，试证明 $\boldsymbol{a}+\boldsymbol{b}+\boldsymbol{c}=\boldsymbol{0}$ 的充分必要条件是 $\boldsymbol{a}\times\boldsymbol{b}=\boldsymbol{b}\times\boldsymbol{c}=\boldsymbol{c}\times\boldsymbol{a}$。

7. 已知 $|\boldsymbol{p}|=2\sqrt{2}$，$|\boldsymbol{q}|=3$，$\boldsymbol{p},\boldsymbol{q}$ 的夹角为 $\frac{\pi}{4}$，求以向量 $\boldsymbol{a}=5\boldsymbol{p}+2\boldsymbol{q}$，$\boldsymbol{b}=\boldsymbol{p}-3\boldsymbol{q}$ 为邻边的平行四边形的对角线的长。

8. 已知单位向量 $\overrightarrow{OA}$ 的 3 个方向角相等，点 B 与点 $M(1,-3,2)$ 关于点 $N(-1,2,1)$ 对称，求 $\overrightarrow{OA}\times\overrightarrow{OB}$。

9. 证明矢量 $\boldsymbol{c}=\dfrac{|\boldsymbol{a}|\boldsymbol{b}+|\boldsymbol{b}|\boldsymbol{a}}{|\boldsymbol{a}||\boldsymbol{b}|}$ 表示非零矢量 $\boldsymbol{a}$ 与 $\boldsymbol{b}$ 的夹角平分线的方向。

10. 一矢量与 x 轴、y 轴成等角，而与 z 轴所构成的角是它们的 2 倍，试确定该矢量的方向。

11. 求过直线 $L_1:\dfrac{x-1}{1}=\dfrac{y-2}{0}=\dfrac{z-3}{-1}$，且平行于直线 $L_2:\dfrac{x+2}{2}=\dfrac{y-1}{1}=\dfrac{z}{1}$ 的平面 π 的方程。

12. 求过两条平行直线 $L_1:\dfrac{x+3}{3}=\dfrac{y+2}{-2}=\dfrac{z}{1}$ 与 $L_2:\dfrac{x+3}{3}=\dfrac{y+4}{-2}=\dfrac{z+1}{1}$ 的平面 π 的方程。

13. 求由平面 $x+2y-2z+6=0$ 和 $4x-y+8z-8=0$ 构成的二面角的平分面方程。

14. 已知直线 L 的方程 $\begin{cases}2x-y+z+1=0\\x-3y+2z+4=0\end{cases}$，求它的标准方程和参数方程。

15. 求过点 $M(-1,-4,3)$ 并与两直线 $L_1:\begin{cases}2x-4y+z=1\\x+3y=-5\end{cases}$ 与 $L_2:\begin{cases}x=4t+2\\y=-t-1\\z=2t-3\end{cases}$ 都垂直的直线方程。

16. 求过点 $A(-1,0,4)$，平行于平面 $3x-4y+z-10=0$，且与直线 $x+1=y-3=\dfrac{z}{2}$ 相交的直线方程。

17. 判断两直线 $L_1:\dfrac{x}{2}=\dfrac{y+3}{3}=\dfrac{z}{4}$ 与 $L_2:\dfrac{x-1}{1}=\dfrac{y+2}{1}=\dfrac{z-2}{2}$ 是否共面，若是，则求两直线的交点；若不是，试求它们的最短距离。

18. 已知平面 $\pi_1:x+2y-2z-1=0$，求平行于平面 π_1 且与其相隔距离为 2 的平面方程。

19. 求直线 $L_1:\begin{cases}x+2y+5=0\\2y-z-4=0\end{cases}$ 与 $L_2:\begin{cases}y=0\\x+2z+4=0\end{cases}$ 的公垂线的方程。

20. 求通过两平面 $\pi_1:2x+y-z-2=0$，$\pi_2:3x-2y-2z+1=0$ 的交线，且与平面

$\pi_3:3x+2y+3z-6=0$ 垂直的平面方程。

21*. 已知直线 $L:\begin{cases}2y+3z-5=0\\x-2y-z+7=0\end{cases}$,求:①直线在 yOz 平面上的投影方程;②直线在 xOy 平面上的投影方程;③直线在平面 $\pi:x-y+3z+8=0$ 上的投影方程。

四、练习题答案与提示

(一) 填空题

1. $-\dfrac{26}{3},\dfrac{2}{3}$。

2. 24。

3. $\left(\dfrac{65}{12},\dfrac{15}{4},\dfrac{5}{12}\right)$。

4. 4。

5. $\langle \widehat{\boldsymbol{a},\boldsymbol{b}}\rangle=\arccos\dfrac{1}{2}=\dfrac{\pi}{3}$。

6. $x-y+z=0$。

7. $x-3y-z+4=0$。

8. $2x+2y-3z=0$。

(二) 选择题

1. (A)。

2. (C)。

3. (C)。

(三) 解答与证明题

1. 分析:$\boldsymbol{b}$ 在 $\boldsymbol{a}$ 方向上的投影为

$$\mathrm{Prj}_{\boldsymbol{a}}\boldsymbol{b}=\boldsymbol{b}\cdot\left(\frac{\boldsymbol{a}}{|\boldsymbol{a}|}\right)=\frac{1\times1+1\times(-2)+4\times2}{\sqrt{1^2+1^2+4^2}}=\frac{7}{\sqrt{18}}$$

与 $\boldsymbol{a}$ 同方向的单位向量为

$$\boldsymbol{a}^0=\frac{\boldsymbol{a}}{|\boldsymbol{a}|}=\frac{(1,1,4)}{\sqrt{1^2+1^2+4^4}}=\left(\frac{1}{\sqrt{18}},\frac{1}{\sqrt{18}},\frac{4}{\sqrt{18}}\right)$$

所以 $\boldsymbol{b}$ 在 $\boldsymbol{a}$ 方向上的投影为

$$\boldsymbol{c}=(\mathrm{Prj}_{\boldsymbol{a}}\boldsymbol{b})\boldsymbol{a}^0=\frac{7}{\sqrt{18}}\left(\frac{1}{\sqrt{18}},\frac{1}{\sqrt{18}},\frac{4}{\sqrt{18}}\right)=\left(\frac{7}{18},\frac{7}{18},\frac{14}{9}\right)$$

2. $\boldsymbol{x}=(-4,2,-4)$。

3. 分析：

$$|\boldsymbol{s}|^2=|\boldsymbol{a}+\boldsymbol{b}+\boldsymbol{c}|^2=|\boldsymbol{a}|^2+|\boldsymbol{b}|^2+|\boldsymbol{c}|^2+2\boldsymbol{ab}+2\boldsymbol{bc}+2\boldsymbol{ca}$$
$$=1+4+9=14\Rightarrow|\boldsymbol{s}|=\sqrt{14}$$

又

$$\boldsymbol{a}\cdot\boldsymbol{s}=\boldsymbol{a}\cdot(\boldsymbol{a}+\boldsymbol{b}+\boldsymbol{c})=|\boldsymbol{a}|^2=1=|\boldsymbol{a}||\boldsymbol{s}|\cos\langle\widehat{\boldsymbol{a},\boldsymbol{s}}\rangle=\sqrt{14}\cos\langle\widehat{\boldsymbol{a},\boldsymbol{s}}\rangle$$

所以

$$\cos\langle\widehat{\boldsymbol{a},\boldsymbol{s}}\rangle=\frac{\sqrt{14}}{14}$$

同理可得

$$\cos\langle\widehat{\boldsymbol{b},\boldsymbol{s}}\rangle=\frac{2\sqrt{14}}{7},\quad\cos\langle\widehat{\boldsymbol{c},\boldsymbol{s}}\rangle=\frac{9\sqrt{14}}{14}$$

4. 分析：因为$|\boldsymbol{a}+\boldsymbol{b}+\boldsymbol{c}|^2=|\boldsymbol{0}|^2=0$。所以

$$|\boldsymbol{a}|^2+|\boldsymbol{b}|^2+|\boldsymbol{c}|^2+2\boldsymbol{a}\cdot\boldsymbol{b}+2\boldsymbol{b}\cdot\boldsymbol{c}+2\boldsymbol{c}\cdot\boldsymbol{a}=0\Rightarrow \boldsymbol{s}=\boldsymbol{a}\cdot\boldsymbol{b}+\boldsymbol{b}\cdot\boldsymbol{c}+\boldsymbol{c}\cdot\boldsymbol{a}=-\frac{2}{3}$$

5. 分析：显然$\boldsymbol{a},\boldsymbol{b},\boldsymbol{c}$两两垂直

$$|\boldsymbol{a}|=|\boldsymbol{b}\times\boldsymbol{c}|=|\boldsymbol{b}||\boldsymbol{c}|\sin\langle\widehat{\boldsymbol{b},\boldsymbol{c}}\rangle=|\boldsymbol{b}||\boldsymbol{c}|$$

同理可得

$$|\boldsymbol{b}|=|\boldsymbol{c}||\boldsymbol{a}|,\quad|\boldsymbol{c}|=|\boldsymbol{a}||\boldsymbol{b}|$$

由此可推得

$$|\boldsymbol{a}|=|\boldsymbol{b}|=|\boldsymbol{c}|=1$$

于是

$$|\boldsymbol{a}|+|\boldsymbol{b}|+|\boldsymbol{c}|=3$$

6. 证明略。

7. $|\boldsymbol{a}-\boldsymbol{b}|=\sqrt{593}$。

8. $\pm\frac{\sqrt{3}}{3}(-7,-3,10)$。

9. 提示：设$\boldsymbol{a}^0,\boldsymbol{b}^0$分别表示矢量$\boldsymbol{a},\boldsymbol{b}$的同向的单位矢量，则$\boldsymbol{a}^0=\frac{\boldsymbol{a}}{|\boldsymbol{a}|},\boldsymbol{b}^0=\frac{\boldsymbol{b}}{|\boldsymbol{b}|}$。

由$\boldsymbol{a}^0,\boldsymbol{b}^0$为边所构成的平行四边形为菱形，知其对角线平分顶角，于是所求向量与$\boldsymbol{a}^0+\boldsymbol{b}^0$同向，即为$\lambda(\boldsymbol{a}^0+\boldsymbol{b}^0),\lambda>0$。

$$\boldsymbol{a}^0+\boldsymbol{b}^0=\frac{\boldsymbol{a}}{|\boldsymbol{a}|}+\frac{\boldsymbol{b}}{|\boldsymbol{b}|}=\frac{|\boldsymbol{a}|\boldsymbol{b}+|\boldsymbol{b}|\boldsymbol{a}}{|\boldsymbol{a}||\boldsymbol{b}|}$$

10. $(0,0,-1)$或$\left(\frac{\sqrt{2}}{2},\frac{\sqrt{2}}{2},0\right)$。

11. $1\cdot(x-1)-3\cdot(y-2)+1\cdot(z-3)=0$或$x-3y+z+2=0$。

12. $-4(x+3)-3(y+2)+6z=0$或$4x+3y-6z+18=0$。

13. $x-7y+14z-26=0$或$7x+5y+2z+10=0$。

14. 直线标准方程为$\frac{x-\frac{1}{5}}{1}=\frac{y-\frac{7}{5}}{-3}=\frac{z}{-5}$；参数方程为$\begin{cases}x=\frac{1}{5}+t\\ y=\frac{7}{5}-3t\\ z=-5t\end{cases}$。

15. $L:\begin{cases}x=-1-12t\\y=-4-46t\\z=3+t\end{cases}$。

16. $L:\begin{cases}x=-1+16t\\y=19t\\z=4+28t\end{cases}$。

17. 分析:直线 L_1 与 L_2 的方向向量分别为 $\boldsymbol{s}_1=(2,3,4)$,$\boldsymbol{s}_2=(1,1,2)$,并且它们分别过点 $P(0,-3,0)$,$Q(1,-2,2)$,$\overrightarrow{PQ}=(1,1,2)$。因为$(\boldsymbol{s}_1,\boldsymbol{s}_2,\overrightarrow{PQ})=\begin{vmatrix}2&3&4\\1&1&2\\1&1&2\end{vmatrix}=0$,故两直线 L_1 与 L_2 共面。

令$\dfrac{x}{2}=\dfrac{y+3}{3}=\dfrac{z}{4}=t\Rightarrow x=2t,y=-3+3t,z=4t$,代入 L_2 的方程,得

$$\frac{2t-1}{1}=\frac{(-3+3t)+2}{1}=\frac{4t-2}{2}\Rightarrow t=0\Rightarrow x=0,y=-3,z=0$$

故直线 L_1 与 L_2 的交点为$(0,-3,0)$。

18. 分析:设所求平面 π 的方程为 $x+2y-2z+D=0$,在 π_1 上取点 $M(1,0,0)$,由于点 M 到平面 π 的距离为

$$d=\frac{|1+0+0+D|}{\sqrt{1^2+2^2+(-2)^2}}=2\Rightarrow D=5 \text{ 或 } D=-7$$

于是,平面 π 的方程为

$$x+2y-2z+5=0 \text{ 或 } x+2y-2z-7=0$$

19. 分析:L_1 的方向向量为 $\boldsymbol{s}_1=(1,2,0)\times(0,2,-1)=(-2,1,2)$,$L_2$ 的方向向量为 $\boldsymbol{s}_2=(0,1,0)\times(1,0,2)=(2,0,-1)$。所以公垂线的方向向量为

$$\boldsymbol{s}=\boldsymbol{s}_1\times\boldsymbol{s}_2=(-2,1,2)\times(2,0,-1)=(-1,2,-2)$$

设过 L_1 且与 $\boldsymbol{s}$ 平行的平面为π_1,则平面 π_1 的方程为

$$x+2y+5+\lambda(2y-z-4)=0$$

π_1 的法向量为 $\boldsymbol{n}_1=\{1,2+2\lambda,-\lambda\}$,根据 $\boldsymbol{s}\perp\boldsymbol{n}_1$,得 $\lambda=-\dfrac{1}{2}$。所以 π_1 的方程为

$$2x+2y+z+14=0$$

设过 L_2 且与 $\boldsymbol{s}$ 平行的平面为π_2,类似可得 π_2 的方程为

$$2x+5y+4z+8=0$$

因此所求公垂线的方程为$\begin{cases}2x+2y+z+14=0\\2x+5y+4z+8=0\end{cases}$。

20. 分析:设所求平面的方程为

$$\lambda(2x+y-z-2)+\mu(3x-2y-2z+1)=0$$

即

$$(2\lambda+3\mu)x+(\lambda-2\mu)y+(-\lambda-2\mu)z+(-2\lambda+\mu)=0 \tag{3-1}$$

由于该平面垂直于平面 π_3，所以它们的法矢量一定互相垂直，于是

$$3(2\lambda+3\mu)+2(\lambda-2\mu)+3(-\lambda-2\mu)=0\Rightarrow 5\lambda-\mu=0$$

取 $\lambda=1,\mu=5$，代入式(3-1)，所求平面的方程为

$$17x-9y-11z+3=0$$

21*. ① 提示：首先求出过 L 且垂直于 yOz 平面的平面方程。

所求投影直线的方程为 $\begin{cases} x=0 \\ 2y+3z-5=0 \end{cases}$ 或 $\dfrac{x}{0}=\dfrac{y}{-3}=\dfrac{z-\frac{5}{3}}{2}$。

② 提示：首先求出过 L 且垂直于 xOy 平面的平面方程。

所求投影直线的方程为 $\begin{cases} z=0 \\ 3x-4y+16=0 \end{cases}$ 或 $\dfrac{x}{4}=\dfrac{y-4}{3}=\dfrac{z}{0}$。

③ 提示：投影应在 π 上及过 L 且垂直于 π 的平面 π_1 上。

所求投影直线的方程为 L'：$\begin{cases} x-y+3z+8=0 \\ x-2y-z+7=0 \end{cases}$。

第四章　向量组的线性相关性

一、内容提要

（一）向量的概念和运算

1. n 维向量

由 n 个数组成的一个有序数组 $\boldsymbol{\alpha}=(a_1,a_2,\cdots,a_n)$ 称为一个 n 维向量，其中 $a_i(i=1,2,\cdots,n)$ 称为 $\boldsymbol{\alpha}$ 的第 i 个分量。

向量 $\boldsymbol{\alpha}=(a_1,a_2,\cdots,a_n)$ 称为行向量，而 $\boldsymbol{\alpha}^{\mathrm{T}}=(a_1,a_2,\cdots,a_n)^{\mathrm{T}}$ 称为列向量。

向量的相等：若 $\boldsymbol{\alpha}=(a_1,a_2,\cdots,a_n)$，$\boldsymbol{\beta}=(b_1,b_2,\cdots,b_n)$，则

$$\boldsymbol{\alpha}=\boldsymbol{\beta}\Leftrightarrow a_i=b_i(i=1,2,\cdots,n)$$

2. 向量的线性运算

设 n 维向量 $\boldsymbol{\alpha}=(a_1,a_2,\cdots,a_n)$，$\boldsymbol{\beta}=(b_1,b_2,\cdots,b_n)$，则 $\boldsymbol{\alpha}$ 与 $\boldsymbol{\beta}$ 的和是向量

$$\boldsymbol{\alpha}+\boldsymbol{\beta}=(a_1+b_1,a_2+b_2,\cdots,a_n+b_n)$$

利用负向量的概念，定义向量的减法为

$$\boldsymbol{\alpha}-\boldsymbol{\beta}=\boldsymbol{\alpha}+(-\boldsymbol{\beta})=(a_1-b_1,a_2-b_2,\cdots,a_n-b_n)$$

设 $\boldsymbol{\alpha}=(a_1,a_2,\cdots,a_n)$ 是一个 n 维向量，k 为一个数，则数 k 与 $\boldsymbol{\alpha}$ 的乘积称为数乘向量，简称为**数乘**，记作 $k\boldsymbol{\alpha}$，并且 $k\boldsymbol{\alpha}=k(a_1,a_2,\cdots,a_n)=(ka_1,ka_2,\cdots,ka_n)$。

向量的加法运算及数乘运算统称为向量的**线性运算**，这是向量最基本的运算。

3. 向量的运算规律

设 $\boldsymbol{\alpha},\boldsymbol{\beta},\boldsymbol{\gamma}$ 都是 n 维向量，k,l 是数，则：

① 加法交换律，$\boldsymbol{\alpha}+\boldsymbol{\beta}=\boldsymbol{\beta}+\boldsymbol{\alpha}$；

② 加法结合律，$(\boldsymbol{\alpha}+\boldsymbol{\beta})+\boldsymbol{\gamma}=\boldsymbol{\alpha}+(\boldsymbol{\beta}+\boldsymbol{\gamma})$；

③ $\boldsymbol{\alpha}+\mathbf{0}=\boldsymbol{\alpha}$；

④ $\boldsymbol{\alpha}+(-\boldsymbol{\alpha})=\mathbf{0}$；

⑤ $1\times\boldsymbol{\alpha}=\boldsymbol{\alpha}$；

⑥ 数乘分配律，$k(\boldsymbol{\alpha}+\boldsymbol{\beta})=k\boldsymbol{\alpha}+k\boldsymbol{\beta}$；

⑦ 数乘分配律，$(k+l)\boldsymbol{\alpha}=k\boldsymbol{\alpha}+l\boldsymbol{\alpha}$；

⑧ 数乘向量结合律，$(kl)\boldsymbol{\alpha}=k(l\boldsymbol{\alpha})$。

（二）向量组线性相关的概念

线性组合：设有 m 个 n 维向量 $\boldsymbol{\alpha}_1,\boldsymbol{\alpha}_2,\cdots,\boldsymbol{\alpha}_m$，$k_1,k_2,\cdots,k_m$ 是一组常数，则称

$$k_1\boldsymbol{\alpha}_1+k_2\boldsymbol{\alpha}_2+\cdots+k_m\boldsymbol{\alpha}_m$$

为 $\boldsymbol{\alpha}_1,\boldsymbol{\alpha}_2,\cdots,\boldsymbol{\alpha}_m$ 的一个**线性组合**。常数 $k_1,k_2,\cdots,k_m$ 称为该线性组合的**组合系数**。

线性表出：若一个 n 维向量 $\boldsymbol{\beta}$ 可以表示成

$$\boldsymbol{\beta}=k_1\boldsymbol{\alpha}_1+k_2\boldsymbol{\alpha}_2+\cdots+k_m\boldsymbol{\alpha}_m$$

则称 $\boldsymbol{\beta}$ 是 $\boldsymbol{\alpha}_1,\boldsymbol{\alpha}_2,\cdots,\boldsymbol{\alpha}_m$ 的**线性组合**，或称 $\boldsymbol{\beta}$ 可用 $\boldsymbol{\alpha}_1,\boldsymbol{\alpha}_2,\cdots,\boldsymbol{\alpha}_m$ **线性表出**（**线性表示**）。

线性相关：设有 m 个 n 维向量 $\boldsymbol{\alpha}_1,\boldsymbol{\alpha}_2,\cdots,\boldsymbol{\alpha}_m$，若存在一组不全为零的数 $k_1,k_2,\cdots,k_m$，使得

$$k_1\boldsymbol{\alpha}_1+k_2\boldsymbol{\alpha}_2+\cdots+k_m\boldsymbol{\alpha}_m=\mathbf{0}$$

则称向量组 $\boldsymbol{\alpha}_1,\boldsymbol{\alpha}_2,\cdots,\boldsymbol{\alpha}_m$ 线性相关；否则称向量组线性无关。换言之，向量组 $\boldsymbol{\alpha}_1,\boldsymbol{\alpha}_2,\cdots,\boldsymbol{\alpha}_m$ 线性无关，当且仅当 $k_1=k_2=\cdots=k_m=0$ 时，上式才成立。

（三）向量组线性相关性的判定定理

定理 1　n 维向量 $\boldsymbol{\alpha}_1,\boldsymbol{\alpha}_2,\cdots,\boldsymbol{\alpha}_m\,(m\geqslant 2)$ 线性相关 $\Leftrightarrow$ 至少存在某个 $\boldsymbol{\alpha}_i$ 是其余向量的线性组合。

向量组 $\boldsymbol{\alpha}_1,\boldsymbol{\alpha}_2,\cdots,\boldsymbol{\alpha}_m\,(m\geqslant 2)$ 线性无关 $\Leftrightarrow$ 任意一个 $\boldsymbol{\alpha}_i$ 都不能由其余向量线性表出。

注意：① 任意一个含有零向量的向量组必为线性相关组。

② 单个向量 $\boldsymbol{\alpha}$ 线性相关 $\Leftrightarrow\boldsymbol{\alpha}=\mathbf{0}$，即单个向量 $\boldsymbol{\alpha}$ 线性无关 $\Leftrightarrow\boldsymbol{\alpha}\neq\mathbf{0}$。

③ 两个非零的 n 维向量 $\boldsymbol{\alpha},\boldsymbol{\beta}$ 线性相关，当且仅当存在不全为零的数 k,l，使得

$$k\boldsymbol{\alpha}+l\boldsymbol{\beta}=\mathbf{0}$$

定理 2　如果向量组 $\boldsymbol{\alpha}_1,\boldsymbol{\alpha}_2,\cdots,\boldsymbol{\alpha}_m$ 线性无关，而向量组 $\boldsymbol{\alpha}_1,\boldsymbol{\alpha}_2,\cdots,\boldsymbol{\alpha}_m,\boldsymbol{\beta}$ 线性相关，则 $\boldsymbol{\beta}$ 可以用 $\boldsymbol{\alpha}_1,\boldsymbol{\alpha}_2,\cdots,\boldsymbol{\alpha}_m$ 线性表出，且表示法是唯一的。

定理 3　若 $\boldsymbol{\alpha}_1,\boldsymbol{\alpha}_2,\cdots,\boldsymbol{\alpha}_r$ 线性相关，则 $\boldsymbol{\alpha}_1,\boldsymbol{\alpha}_2,\cdots,\boldsymbol{\alpha}_r,\boldsymbol{\alpha}_{r+1},\cdots,\boldsymbol{\alpha}_m$ 也线性相关。

定理 4　设有两个向量组

$$R:\boldsymbol{\alpha}_j=(a_{1j},a_{2j},\cdots,a_{nj})^{\mathrm{T}}\qquad j=1,2,\cdots,m$$

$$S:\boldsymbol{\beta}_j=(a_{p_1j},a_{p_2j},\cdots,a_{p_nj})^{\mathrm{T}}\qquad j=1,2,\cdots,m$$

其中 $p_1p_2\cdots p_n$ 是自然数 $1,2,\cdots,n$ 的某个确定的排列，则向量组 R 与向量组 S 的线性相关性相同。

定理 5　设有两个向量组，它们的前 r 个分量对应相同

$$R:\boldsymbol{\alpha}_j=(a_{1j},a_{2j},\cdots,a_{rj})^{\mathrm{T}}\qquad j=1,2,\cdots,m$$

$$S:\boldsymbol{\beta}_j=(a_{1j},a_{2j},\cdots,a_{rj},a_{r+1,j})^{\mathrm{T}}\quad j=1,2,\cdots,m$$

如果 $\boldsymbol{\beta}_1,\boldsymbol{\beta}_2,\cdots,\boldsymbol{\beta}_m$ 为线性相关组，则 $\boldsymbol{\alpha}_1,\boldsymbol{\alpha}_2,\cdots,\boldsymbol{\alpha}_m$ 必为线性相关组。

推论　r 维向量组的每个向量添上 $n-r$ 个分量，成为 n 维向量组。若 r 维向量组线性无关，则 n 维向量组也线性无关。

定理 6　向量组 $\boldsymbol{\alpha}_1,\boldsymbol{\alpha}_2,\cdots,\boldsymbol{\alpha}_m$ 线性相关的充分必要条件是它所构成的矩阵 $\mathbf{A}=(\boldsymbol{\alpha}_1,\boldsymbol{\alpha}_2,\cdots,\boldsymbol{\alpha}_m)$ 的秩小于向量的个数 m；该向量组线性无关的充分必要条件是 $\mathrm{r}(\mathbf{A})=m$。

推论 1　n 个 n 维向量线性无关的充分必要条件是它们构成的方阵的行列式不等于零。

推论 2 当 $m>n$ 时，m 个 n 维向量 $\boldsymbol{\alpha}_1,\boldsymbol{\alpha}_2,\cdots,\boldsymbol{\alpha}_m$ 一定线性相关。

推论 3 如果在 $m\times n$ 阶矩阵 $\boldsymbol{A}$ 中有一个 r 阶子式 $D\neq 0$，则含有 D 的 r 个行向量及 r 个列向量都线性无关；如果 $\boldsymbol{A}$ 中所有 r 阶子式全为零，则 $\boldsymbol{A}$ 的任意 r 个行向量及任意 r 个列向量都线性相关。

(四) 向量组的秩

1. 向量组等价

设有两个 n 维向量组 $R=\{\boldsymbol{\alpha}_1,\boldsymbol{\alpha}_2,\cdots,\boldsymbol{\alpha}_r\}$ 和 $S=\{\boldsymbol{\beta}_1,\boldsymbol{\beta}_2,\cdots,\boldsymbol{\beta}_s\}$，若向量组 R 中的每个向量 $\boldsymbol{\alpha}_i$ 都可以由向量组 S 中的向量 $\boldsymbol{\beta}_1,\boldsymbol{\beta}_2,\cdots,\boldsymbol{\beta}_s$ 线性表出，则称向量组 R 可以由向量组 S 线性表出。又若向量组 S 也可以由向量组 R 线性表出，则称这两个**向量组等价**。

等价向量组满足：

① **反身性**，R 必与 R 自身等价；

② **对称性**，若 R 与 S 等价，则 S 必与 R 等价；

③ **传递性**，若 R 与 S 等价，S 与 T 等价，则 R 必与 T 等价。

2. 向量组的极大无关组及向量组的秩

设 T 是由若干个(有限或无限多个)n 维向量组成的向量组。若存在 T 的一个部分组 $\boldsymbol{\alpha}_1,\boldsymbol{\alpha}_2,\cdots,\boldsymbol{\alpha}_r$ 满足以下条件：①$\boldsymbol{\alpha}_1,\boldsymbol{\alpha}_2,\cdots,\boldsymbol{\alpha}_r$ 线性无关；②对于任意一个向量 $\boldsymbol{\beta}\in T$，向量组 $\boldsymbol{\beta},\boldsymbol{\alpha}_1,\boldsymbol{\alpha}_2,\cdots,\boldsymbol{\alpha}_r$ 都线性相关。则称 $\boldsymbol{\alpha}_1,\boldsymbol{\alpha}_2,\cdots,\boldsymbol{\alpha}_r$ 为 T 的一个**极大线性无关向量组**，简称**极大无关组**。极大无关组所含向量的个数 r 称为**向量组 T 的秩**。

向量组 $\boldsymbol{\alpha}_1,\boldsymbol{\alpha}_2,\cdots,\boldsymbol{\alpha}_r$ 的秩记为 $\mathrm{r}(\boldsymbol{\alpha}_1,\boldsymbol{\alpha}_2,\cdots,\boldsymbol{\alpha}_r)$或秩$(\boldsymbol{\alpha}_1,\boldsymbol{\alpha}_2,\cdots,\boldsymbol{\alpha}_r)$。

只含零向量的向量组没有极大无关组，规定它的秩为 0。

向量组和它的任意一个极大无关组都是等价的向量组。

向量组 $\boldsymbol{\alpha}_1,\boldsymbol{\alpha}_2,\cdots,\boldsymbol{\alpha}_r$ 线性无关的充分必要条件是秩$(\boldsymbol{\alpha}_1,\boldsymbol{\alpha}_2,\cdots,\boldsymbol{\alpha}_r)=r$。

3. 向量组秩的性质

① 设向量组 R 的秩为 r，向量组 S 的秩为 s，若向量组 R 可由向量组 S 线性表出，则必有 $r\leqslant s$。

② 等价的向量组必有相同的秩。

③ 任意两个线性无关的等价向量组所含向量的个数相等。

④ 一个向量组的任意两个极大无关组所含向量的个数相同。

4. 矩阵的秩与向量组的秩的关系

定理 7 矩阵的秩等于它的列秩，也等于它的行秩。

定理 8 矩阵 $\boldsymbol{A}$ 经过**初等行变换**化为矩阵 $\boldsymbol{B}$，则 $\boldsymbol{A}$ 的列向量组的任一部分组与 $\boldsymbol{B}$ 的列向量组的对应的部分组有相同的线性组合关系。

根据上述结论，可以通过将所给向量组构成矩阵的方法求向量组的秩、极大无关组，并将其他向量用极大无关组线性表出。

对于所给向量组

$$\boldsymbol{\alpha}_j=(a_{1j},a_{2j},\cdots,a_{mj})^{\mathrm{T}} \quad j=1,2,\cdots,n$$

将 $\boldsymbol{\alpha}_1,\boldsymbol{\alpha}_2,\cdots,\boldsymbol{\alpha}_n$ 作为列向量构成矩阵 $\boldsymbol{A}=(\boldsymbol{\alpha}_1,\boldsymbol{\alpha}_2,\cdots,\boldsymbol{\alpha}_n)$，然后通过初等行变换将 $\boldsymbol{A}$ 化成行阶

梯形矩阵 $\boldsymbol{B}$，则：

① 秩$(\boldsymbol{\alpha}_1,\boldsymbol{\alpha}_2,\cdots,\boldsymbol{\alpha}_r)$=阶梯形矩阵 $\boldsymbol{B}$ 的非零行的行数；

② 由于矩阵 $\boldsymbol{B}$ 的列向量组与矩阵 $\boldsymbol{A}$ 的列向量组有相同的线性组合关系，因此若 $\boldsymbol{B}$ 的第 $j_1,j_2,\cdots,j_r$ 列为 $\boldsymbol{B}$ 的列向量组的极大无关组，那么 $\boldsymbol{\alpha}_{j_1},\boldsymbol{\alpha}_{j_2},\cdots,\boldsymbol{\alpha}_{j_r}$ 为 $\boldsymbol{A}$ 的列向量组的一个极大无关组；

③ 若要求将任意一个向量用极大无关组线性表出，就应将阶梯形矩阵 $\boldsymbol{B}$ 进一步化成行最简形矩阵，利用其各列的线性组合关系写出原向量之间的线性关系，将不是极大无关组的向量用极大无关组线性表出。

注意：若所给向量为行向量，为使初等行变换不改变其线性组合关系，也应将其按列向量构成矩阵，再作初等行变换。

（五）向量空间

1. 向量空间的概念

定义 设 V 是 n 维向量构成的非空集合，且满足：① 若 $\boldsymbol{\alpha},\boldsymbol{\beta}\in V$，则 $\boldsymbol{\alpha}+\boldsymbol{\beta}\in V$；② 若 $\forall\boldsymbol{\alpha}\in V$ 及 $\forall k\in\mathbf{R}$，都有 $k\boldsymbol{\alpha}\in V$。则称集合 V 是**向量空间**。

定义中的条件①称为 V 对向量的加法运算封闭，条件②称为 V 对向量的数乘运算封闭。

上述两个条件可以合并成条件：对任意向量 $\boldsymbol{\alpha},\boldsymbol{\beta}\in V$ 和任意常数 $k,l\in\mathbf{R}$，都有 $k\boldsymbol{\alpha}+l\boldsymbol{\beta}\in V$。

2. 生成空间

任给一组向量 $\boldsymbol{\alpha}_1,\boldsymbol{\alpha}_2,\cdots,\boldsymbol{\alpha}_m\in\mathbf{R}^n$，$V=\{\boldsymbol{\alpha}=k_1\boldsymbol{\alpha}_1+k_2\boldsymbol{\alpha}_2+\cdots+k_m\boldsymbol{\alpha}_m\mid\forall k_i\in\mathbf{R},j=1,2,\cdots,m\}$ 称为由向量组 $\boldsymbol{\alpha}_1,\boldsymbol{\alpha}_2,\cdots,\boldsymbol{\alpha}_m$ 生成的向量空间。

3. 基、维数和坐标

设 V 是 $\mathbf{R}^n$ 的一个子空间。若 V 中的向量组 $\boldsymbol{\alpha}_1,\boldsymbol{\alpha}_2,\cdots,\boldsymbol{\alpha}_r$ 满足：

① $\boldsymbol{\alpha}_1,\boldsymbol{\alpha}_2,\cdots,\boldsymbol{\alpha}_r$ 线性无关；

② V 中的任意一个向量 $\boldsymbol{\alpha}$ 都可由向量组 $\boldsymbol{\alpha}_1,\boldsymbol{\alpha}_2,\cdots,\boldsymbol{\alpha}_r$ 线性表出，即存在常数 $k_1,k_2,\cdots,k_r\in\mathbf{R}$ 使得 $\boldsymbol{\alpha}=k_1\boldsymbol{\alpha}_1+k_2\boldsymbol{\alpha}_2+\cdots+k_r\boldsymbol{\alpha}_r$，则称向量组 $\boldsymbol{\alpha}_1,\boldsymbol{\alpha}_2,\cdots,\boldsymbol{\alpha}_r$ 为向量空间 V 的一个**基**，其中每个 $\boldsymbol{\alpha}_i(i=1,2,\cdots,r)$ 都称为**基向量**。

基中所含向量的个数 r 称为 V 的**维数**，记为 $\dim V=r$，并称 V 为 r 维向量空间。

零空间的维数规定为 0。

设 $\boldsymbol{\alpha}_1,\boldsymbol{\alpha}_2,\cdots,\boldsymbol{\alpha}_n$ 是 n 维向量空间的一个基，向量空间 V 中的任意一个向量 $\boldsymbol{\alpha}$ 都可唯一地表示为 $\boldsymbol{\alpha}=x_1\boldsymbol{\alpha}_1+x_2\boldsymbol{\alpha}_2+\cdots+x_n\boldsymbol{\alpha}_n$，称 $\boldsymbol{\alpha}_i(i=1,2,\cdots,n)$ 的系数构成的有序数组 $x_1,x_2,\cdots,x_n$ 为向量 $\boldsymbol{\alpha}$ 关于基 $\boldsymbol{\alpha}_1,\boldsymbol{\alpha}_2,\cdots,\boldsymbol{\alpha}_n$ 的**坐标**，记为$(x_1,x_2,\cdots,x_n)^{\mathrm{T}}$。

二、典型例题

【例 1】 举例说明下列各命题是错误的。

① 若向量组 $\boldsymbol{\alpha}_1,\boldsymbol{\alpha}_2,\cdots,\boldsymbol{\alpha}_m$ 线性相关，则 $\boldsymbol{\alpha}_1$ 可由 $\boldsymbol{\alpha}_2,\boldsymbol{\alpha}_3,\cdots,\boldsymbol{\alpha}_m$ 线性表示。

② 若有不全为 0 的数 $\lambda_1,\lambda_2,\cdots,\lambda_m$，使

$$\lambda_1\boldsymbol{\alpha}_1+\lambda_2\boldsymbol{\alpha}_2+\cdots+\lambda_m\boldsymbol{\alpha}_m+\lambda_1\boldsymbol{\beta}_1+\lambda_2\boldsymbol{\beta}_2+\cdots+\lambda_m\boldsymbol{\beta}_m=\mathbf{0}$$

成立，则 $\boldsymbol{\alpha}_1,\boldsymbol{\alpha}_2,\cdots,\boldsymbol{\alpha}_m$ 线性相关，$\boldsymbol{\beta}_1,\boldsymbol{\beta}_2,\cdots,\boldsymbol{\beta}_m$ 也线性相关。

③ 若只有当 $\lambda_1,\lambda_2,\cdots,\lambda_m$ 全为0时，等式

$$\lambda_1\boldsymbol{\alpha}_1+\lambda_2\boldsymbol{\alpha}_2+\cdots+\lambda_m\boldsymbol{\alpha}_m+\lambda_1\boldsymbol{\beta}_1+\lambda_2\boldsymbol{\beta}_2+\cdots+\lambda_m\boldsymbol{\beta}_m=\mathbf{0}$$

才成立，则 $\boldsymbol{\alpha}_1,\boldsymbol{\alpha}_2,\cdots,\boldsymbol{\alpha}_m$ 线性无关，$\boldsymbol{\beta}_1,\boldsymbol{\beta}_2,\cdots,\boldsymbol{\beta}_m$ 也线性无关。

④ 若 $\boldsymbol{\alpha}_1,\boldsymbol{\alpha}_2,\cdots,\boldsymbol{\alpha}_m$ 线性相关，$\boldsymbol{\beta}_1,\boldsymbol{\beta}_2,\cdots,\boldsymbol{\beta}_m$ 也线性相关，则有不全为0的数 $\lambda_1,\lambda_2,\cdots,\lambda_m$，使

$$\lambda_1\boldsymbol{\alpha}_1+\lambda_2\boldsymbol{\alpha}_2+\cdots+\lambda_m\boldsymbol{\alpha}_m=\mathbf{0},\quad \lambda_1\boldsymbol{\beta}_1+\lambda_2\boldsymbol{\beta}_2+\cdots+\lambda_m\boldsymbol{\beta}_m=\mathbf{0}$$

同时成立。

【解】 ① 取向量 $\boldsymbol{\alpha}_1=\begin{pmatrix}1\\0\end{pmatrix},\boldsymbol{\alpha}_2=\begin{pmatrix}0\\1\end{pmatrix},\boldsymbol{\alpha}_3=\begin{pmatrix}0\\0\end{pmatrix}$，则向量组 $\boldsymbol{\alpha}_1,\boldsymbol{\alpha}_2,\boldsymbol{\alpha}_3$ 线性相关，因它们都含有零向量。但 $\boldsymbol{\alpha}_1$ 并不能由 $\boldsymbol{\alpha}_2,\boldsymbol{\alpha}_3$ 线性表出，因为 $\boldsymbol{\alpha}_2,\boldsymbol{\alpha}_3$ 的任何线性组合所得向量的第一个分量是零。

评注：向量组 $\boldsymbol{\alpha}_1,\boldsymbol{\alpha}_2,\cdots,\boldsymbol{\alpha}_m$ 线性相关的充要条件是其中至少有一个向量能由其余向量线性表出，但不是随意指定一个向量都能由其余的向量线性表出。

② 取 $\boldsymbol{\alpha}_1=\begin{pmatrix}1\\0\end{pmatrix},\boldsymbol{\alpha}_2=\begin{pmatrix}0\\1\end{pmatrix};\boldsymbol{\beta}_1=\begin{pmatrix}-1\\0\end{pmatrix},\boldsymbol{\beta}_2=\begin{pmatrix}0\\-1\end{pmatrix}$。再取 $\lambda_1=\lambda_2=1$，则有

$$\lambda_1\boldsymbol{\alpha}_1+\lambda_2\boldsymbol{\alpha}_2+\lambda_1\boldsymbol{\beta}_1+\lambda_2\boldsymbol{\beta}_2=\mathbf{0}$$

成立，但 $\boldsymbol{\alpha}_1,\boldsymbol{\alpha}_2$ 线性无关，$\boldsymbol{\beta}_1,\boldsymbol{\beta}_2$ 也性线无关。

③ 取 $\boldsymbol{\alpha}_1=\begin{pmatrix}0\\0\end{pmatrix},\boldsymbol{\alpha}_2=\begin{pmatrix}1\\0\end{pmatrix};\boldsymbol{\beta}_1=\begin{pmatrix}0\\1\end{pmatrix},\boldsymbol{\beta}_2=\begin{pmatrix}0\\0\end{pmatrix}$。此时若有

$$\lambda_1\boldsymbol{\alpha}_1+\lambda_2\boldsymbol{\alpha}_2+\lambda_1\boldsymbol{\beta}_1+\lambda_2\boldsymbol{\beta}_2=\lambda_1\begin{pmatrix}0\\1\end{pmatrix}+\lambda_2\begin{pmatrix}1\\0\end{pmatrix}=\begin{pmatrix}\lambda_1\\\lambda_2\end{pmatrix}=\mathbf{0}$$

成立，只有 $\lambda_1=\lambda_2=0$，但向量组 $\boldsymbol{\alpha}_1,\boldsymbol{\alpha}_2$ 和向量组 $\boldsymbol{\beta}_1,\boldsymbol{\beta}_2$ 都线性无关。

④ 取 $\boldsymbol{\alpha}_1=\begin{pmatrix}0\\0\end{pmatrix},\boldsymbol{\alpha}_2=\begin{pmatrix}1\\0\end{pmatrix};\boldsymbol{\beta}_1=\begin{pmatrix}0\\1\end{pmatrix},\boldsymbol{\beta}_2=\begin{pmatrix}0\\0\end{pmatrix}$。则向量组 $\boldsymbol{\alpha}_1,\boldsymbol{\alpha}_2$ 和向量组 $\boldsymbol{\beta}_1,\boldsymbol{\beta}_2$ 都线性相关。但对此两向量组不存在不全为零的数 λ_1,λ_2，使

$$\lambda_1\boldsymbol{\alpha}_1+\lambda_2\boldsymbol{\alpha}_2=\mathbf{0},\ \lambda_1\boldsymbol{\beta}_1+\lambda_2\boldsymbol{\beta}_2=\mathbf{0}$$

同时成立，因由上面第一式可得 $\begin{pmatrix}0\\0\end{pmatrix}=\lambda_1\boldsymbol{\alpha}_1+\lambda_2\boldsymbol{\alpha}_2=\begin{pmatrix}\lambda_2\\0\end{pmatrix}\Rightarrow\lambda_2=0$，同理由第二式可得 $\lambda_1=0$。

【例2】 下列4个命题是否正确？

n 维向量组 $R:\boldsymbol{\alpha}_1,\boldsymbol{\alpha}_2,\cdots,\boldsymbol{\alpha}_s\,(3\leqslant s\leqslant n)$ 线性无关的充分必要条件是：

① 存在全为零的数 $k_1,k_2,\cdots,k_s$，使

$$k_1\boldsymbol{\alpha}_1+k_2\boldsymbol{\alpha}_2+\cdots+k_s\boldsymbol{\alpha}_s=\mathbf{0}$$

② 向量组 R 中任意两个向量都线性无关；

③ 向量组 R 中存在一个向量，它不能用向量组中的其余向量线性表出；

④ 向量组 R 中任意一个向量都不能用向量组中其余向量线性表出。

【解】 ①、②、③不正确。①、②、③都是向量组 R 线性无关的必要条件，但都不是充分条件，下面给出反例。

① 取 $\boldsymbol{\alpha}_1=\begin{pmatrix}1\\0\end{pmatrix},\boldsymbol{\alpha}_2=\begin{pmatrix}0\\1\end{pmatrix},\boldsymbol{\alpha}_3=\begin{pmatrix}1\\1\end{pmatrix}$，则显然 $0\boldsymbol{\alpha}_1+0\boldsymbol{\alpha}_2+0\boldsymbol{\alpha}_3=\mathbf{0}$，但向量组 $\boldsymbol{\alpha}_1,\boldsymbol{\alpha}_2,\boldsymbol{\alpha}_3$ 线性

相关。

事实上，对于任意一个向量组 $\boldsymbol{\alpha}_1,\boldsymbol{\alpha}_2,\cdots,\boldsymbol{\alpha}_m$，只要取 $k_1=k_2=\cdots=k_m=0$，总有

$$0\boldsymbol{\alpha}_1+0\boldsymbol{\alpha}_2+\cdots+0\boldsymbol{\alpha}_m=\mathbf{0}$$

因此不能断定向量组 $\boldsymbol{\alpha}_1,\boldsymbol{\alpha}_2,\cdots,\boldsymbol{\alpha}_m$ 是线性相关还是线性无关。只有证明了除 $k_1,k_2,\cdots,k_m$ 全为零外的其他情况，也就是说 $k_1,k_2,\cdots,k_m$ 中有不为零的数，则一定有

$$k_1\boldsymbol{\alpha}_1+k_2\boldsymbol{\alpha}_2+\cdots+k_m\boldsymbol{\alpha}_m\neq\mathbf{0}$$

才能说 $\boldsymbol{\alpha}_1,\boldsymbol{\alpha}_2,\cdots,\boldsymbol{\alpha}_m$ 线性无关。

② 取 $\boldsymbol{\alpha}_1=\begin{pmatrix}1\\0\end{pmatrix},\boldsymbol{\alpha}_2=\begin{pmatrix}0\\1\end{pmatrix},\boldsymbol{\alpha}_3=\begin{pmatrix}1\\-1\end{pmatrix}$，则向量组 $\boldsymbol{\alpha}_1,\boldsymbol{\alpha}_2,\boldsymbol{\alpha}_3$ 中任意两个向量均线性无关，但向量组 $\boldsymbol{\alpha}_1,\boldsymbol{\alpha}_2,\boldsymbol{\alpha}_3$ 线性相关，因为 $\boldsymbol{\alpha}_1-\boldsymbol{\alpha}_2-\boldsymbol{\alpha}_3=\mathbf{0}$。

③ 取 $\boldsymbol{\alpha}_1=\begin{pmatrix}1\\0\end{pmatrix},\boldsymbol{\alpha}_2=\begin{pmatrix}2\\0\end{pmatrix},\boldsymbol{\alpha}_3=\begin{pmatrix}1\\1\end{pmatrix}$，因为 $2\boldsymbol{\alpha}_1-\boldsymbol{\alpha}_2=\mathbf{0}$，故向量组 $\boldsymbol{\alpha}_1,\boldsymbol{\alpha}_2,\boldsymbol{\alpha}_3$ 线性相关，但显然 $\boldsymbol{\alpha}_3$ 不能由向量组 $\boldsymbol{\alpha}_1,\boldsymbol{\alpha}_2$ 线性表示。

④ 正确。因为向量组 R 线性相关的充分必要条件是 R 中至少有一个向量可由其余向量线性表出。于是，向量组 R 线性无关的充要条件是 R 中任一个向量均不能由其余向量线性表出。

评注：对于仅由一个向量 $\boldsymbol{\alpha}$ 组成的向量组，当 $\boldsymbol{\alpha}$ 为零向量时，$\boldsymbol{\alpha}$ 线性相关；当 $\boldsymbol{\alpha}$ 为非零向量时，$\boldsymbol{\alpha}$ 线性无关。

对于只有两个向量 $\boldsymbol{\alpha},\boldsymbol{\beta}$ 组成的向量组，设

$$\boldsymbol{\alpha}=(a_1,a_2,\cdots,a_n),\boldsymbol{\beta}=(b_1,b_2,\cdots,b_n)$$

$\boldsymbol{\alpha},\boldsymbol{\beta}$ 线性相关当且仅当 $\boldsymbol{\alpha},\boldsymbol{\beta}$ 中至少有一个可由另一个线性表出，即 $\boldsymbol{\alpha}=k\boldsymbol{\beta}$ 或 $\boldsymbol{\beta}=k\boldsymbol{\alpha}$，从而有 $\boldsymbol{\alpha}$ 与 $\boldsymbol{\beta}$ 的对应分量成比例时它们线性相关，否则线性无关。

【例 3】 $s(s\geqslant2)$ 个 n 维向量组成的向量组 $\boldsymbol{\alpha}_1,\boldsymbol{\alpha}_2,\cdots,\boldsymbol{\alpha}_s$ 线性相关的充要条件是(　　)。

(A) $\boldsymbol{\alpha}_1,\boldsymbol{\alpha}_2,\cdots,\boldsymbol{\alpha}_s$ 中至少有一个是零向量

(B) $\boldsymbol{\alpha}_1,\boldsymbol{\alpha}_2,\cdots,\boldsymbol{\alpha}_s$ 中至少有两个向量成比例

(C) $\boldsymbol{\alpha}_1,\boldsymbol{\alpha}_2,\cdots,\boldsymbol{\alpha}_s$ 中至少有一个向量可以由其余向量线性表出

(D) $\boldsymbol{\alpha}_1,\boldsymbol{\alpha}_2,\cdots,\boldsymbol{\alpha}_s$ 至少有一个包含向量个数严格小于 s 的线性相关的部分组

答　应选(C)。

【解】 (A)、(B)、(D)均是充分条件，不是必要条件。例如，$\boldsymbol{\alpha}_1=(1,0)^{\mathrm{T}}$，$\boldsymbol{\alpha}_2=(0,1)^{\mathrm{T}}$，$\boldsymbol{\alpha}_3=(1,1)^{\mathrm{T}}$，由 $\boldsymbol{\alpha}_1+\boldsymbol{\alpha}_2-\boldsymbol{\alpha}_3=\mathbf{0}$ 知，$\boldsymbol{\alpha}_1,\boldsymbol{\alpha}_2,\boldsymbol{\alpha}_3$ 线性相关，但向量组中没有零向量，没有成比例向量，没有向量个数小于 3 的线性相关的部分组，即任何两个向量均不线性相关。

(C)是充分必要条件。

【例 4】 已知向量组①$\{\boldsymbol{\alpha}_1,\boldsymbol{\alpha}_2,\cdots,\boldsymbol{\alpha}_s\}$，②$\{\boldsymbol{\beta}_1,\boldsymbol{\beta}_2,\cdots,\boldsymbol{\beta}_t\}$均线性无关，且①中任一个向量 $\boldsymbol{\alpha}_i(i=1,2,\cdots,s)$不能由②线性表出，②中任一个向量 $\boldsymbol{\beta}_j(j=1,2,\cdots,t)$不能由①线性表出，问向量组$\{\boldsymbol{\alpha}_1,\boldsymbol{\alpha}_2,\cdots,\boldsymbol{\alpha}_s,\boldsymbol{\beta}_1,\boldsymbol{\beta}_2,\cdots,\boldsymbol{\beta}_t\}$是否线性无关？说明理由。

【解】 可能线性相关，也可能线性无关。举例说明如下。

例如：① $\boldsymbol{\alpha}_1=(1,0,0,0)^{\mathrm{T}},\boldsymbol{\alpha}_2=(0,1,0,0)^{\mathrm{T}}$；② $\boldsymbol{\beta}_1=(0,0,1,0)^{\mathrm{T}},\boldsymbol{\beta}_2=(0,0,0,1)^{\mathrm{T}}$。

显然，$\boldsymbol{\alpha}_1,\boldsymbol{\alpha}_2$ 线性无关，$\boldsymbol{\beta}_1,\boldsymbol{\beta}_2$ 线性无关，且 $\boldsymbol{\alpha}_i(i=1,2)$不能由②线性表出，$\boldsymbol{\beta}_j(j=1,2)$不

能由①线性表出,而向量组$\{\boldsymbol{\alpha}_1,\boldsymbol{\alpha}_2,\boldsymbol{\beta}_1,\boldsymbol{\beta}_2\}$线性无关。

例如:① $\boldsymbol{\alpha}_1=(1,0,0)^{\mathrm{T}},\boldsymbol{\alpha}_2=(1,1,0)^{\mathrm{T}}$;② $\boldsymbol{\beta}_1=(0,0,1)^{\mathrm{T}},\boldsymbol{\beta}_2=(0,1,1)^{\mathrm{T}}$。

同样,$\boldsymbol{\alpha}_1,\boldsymbol{\alpha}_2$ 线性无关,$\boldsymbol{\beta}_1,\boldsymbol{\beta}_2$ 线性无关,且 $\boldsymbol{\alpha}_i(i=1,2)$不能由②线性表出,$\boldsymbol{\beta}_j(j=1,2)$不能由①线性表出,而向量组$\{\boldsymbol{\alpha}_1,\boldsymbol{\alpha}_2,\boldsymbol{\beta}_1,\boldsymbol{\beta}_2\}$线性相关(4个三维向量必线性相关)。

【例5】 已知四维列向量组 $\boldsymbol{\alpha}_1,\boldsymbol{\alpha}_2,\boldsymbol{\alpha}_3,\boldsymbol{\alpha}_4$ 线性无关,则下列向量组中线性无关的是(　　)。

(A) $\boldsymbol{\alpha}_1-\boldsymbol{\alpha}_2,\boldsymbol{\alpha}_2-\boldsymbol{\alpha}_3,\boldsymbol{\alpha}_3-\boldsymbol{\alpha}_4,\boldsymbol{\alpha}_4-\boldsymbol{\alpha}_1$

(B) $\boldsymbol{\alpha}_1+\boldsymbol{\alpha}_2,\boldsymbol{\alpha}_2+\boldsymbol{\alpha}_3,\boldsymbol{\alpha}_3+\boldsymbol{\alpha}_4,\boldsymbol{\alpha}_4+\boldsymbol{\alpha}_1$

(C) $\boldsymbol{\alpha}_1+\boldsymbol{\alpha}_2,\boldsymbol{\alpha}_2+\boldsymbol{\alpha}_3,\boldsymbol{\alpha}_3-\boldsymbol{\alpha}_4,\boldsymbol{\alpha}_4-\boldsymbol{\alpha}_1$

(D) $\boldsymbol{\alpha}_1+\boldsymbol{\alpha}_2,\boldsymbol{\alpha}_2+\boldsymbol{\alpha}_3,\boldsymbol{\alpha}_3+\boldsymbol{\alpha}_4,\boldsymbol{\alpha}_4-\boldsymbol{\alpha}_1$

(E) $\boldsymbol{\alpha}_1+\boldsymbol{\alpha}_2,\boldsymbol{\alpha}_2-\boldsymbol{\alpha}_3,\boldsymbol{\alpha}_3-\boldsymbol{\alpha}_4,\boldsymbol{\alpha}_4+\boldsymbol{\alpha}_1,\boldsymbol{\alpha}_1+\boldsymbol{\alpha}_2-2\boldsymbol{\alpha}_3$

答 应选(D)。

【解】 首先,因为 $\boldsymbol{\alpha}_1,\boldsymbol{\alpha}_2,\boldsymbol{\alpha}_3,\boldsymbol{\alpha}_4$ 是四维列向量,而向量组(E)中向量的个数大于向量的维数,故向量组(E)必线性相关。

其次,由下列等式

$$\text{(A) }(\boldsymbol{\alpha}_1-\boldsymbol{\alpha}_2)+(\boldsymbol{\alpha}_2-\boldsymbol{\alpha}_3)+(\boldsymbol{\alpha}_3-\boldsymbol{\alpha}_4)+(\boldsymbol{\alpha}_4-\boldsymbol{\alpha}_1)=\mathbf{0}$$

$$\text{(B) }(\boldsymbol{\alpha}_1+\boldsymbol{\alpha}_2)-(\boldsymbol{\alpha}_2+\boldsymbol{\alpha}_3)+(\boldsymbol{\alpha}_3+\boldsymbol{\alpha}_4)-(\boldsymbol{\alpha}_4+\boldsymbol{\alpha}_1)=\mathbf{0}$$

$$\text{(C) }(\boldsymbol{\alpha}_1+\boldsymbol{\alpha}_2)-(\boldsymbol{\alpha}_2+\boldsymbol{\alpha}_3)+(\boldsymbol{\alpha}_3-\boldsymbol{\alpha}_4)+(\boldsymbol{\alpha}_4-\boldsymbol{\alpha}_1)=\mathbf{0}$$

知向量组(A)、(B)、(C)均线性相关,根据排除法,应选(D)。

事实上,下面的讨论也说明向量组(D)线性无关。

$$(\boldsymbol{\alpha}_1+\boldsymbol{\alpha}_2,\boldsymbol{\alpha}_2+\boldsymbol{\alpha}_3,\boldsymbol{\alpha}_3+\boldsymbol{\alpha}_4,\boldsymbol{\alpha}_4-\boldsymbol{\alpha}_1)=(\boldsymbol{\alpha}_1,\boldsymbol{\alpha}_2,\boldsymbol{\alpha}_3,\boldsymbol{\alpha}_4)\begin{pmatrix}1&0&0&-1\\1&1&0&0\\0&1&1&0\\0&0&1&1\end{pmatrix}$$

由于行列式$\begin{vmatrix}1&0&0&-1\\1&1&0&0\\0&1&1&0\\0&0&1&1\end{vmatrix}=2\neq0$,所以矩阵$\begin{pmatrix}1&0&0&-1\\1&1&0&0\\0&1&1&0\\0&0&1&1\end{pmatrix}$可逆,从而向量组(D)与向量组 $\boldsymbol{\alpha}_1,\boldsymbol{\alpha}_2,\boldsymbol{\alpha}_3,\boldsymbol{\alpha}_4$ 等价,而 $\boldsymbol{\alpha}_1,\boldsymbol{\alpha}_2,\boldsymbol{\alpha}_3,\boldsymbol{\alpha}_4$ 线性无关,故向量组(D)线性无关。

评注:本题的解法主要分3个方面,首先考虑向量组中向量的个数,其次考虑向量组中的向量间的简单线性组合,最后利用向量组之间的过渡矩阵来讨论向量组的线性相关性。

【例6】 设向量组 $\boldsymbol{\alpha}_1,\boldsymbol{\alpha}_2,\cdots,\boldsymbol{\alpha}_s$ 的秩为 r,下列说法错误的是(　　)。

(A) $\boldsymbol{\alpha}_1,\boldsymbol{\alpha}_2,\cdots,\boldsymbol{\alpha}_s$ 中至少有一个由 r 个向量组成的部分组线性无关

(B) $\boldsymbol{\alpha}_1,\boldsymbol{\alpha}_2,\cdots,\boldsymbol{\alpha}_s$ 中任意 r 个线性无关的向量组成的部分组与 $\boldsymbol{\alpha}_1,\boldsymbol{\alpha}_2,\cdots,\boldsymbol{\alpha}_s$ 是等价向量组

(C) $\boldsymbol{\alpha}_1,\boldsymbol{\alpha}_2,\cdots,\boldsymbol{\alpha}_s$ 中任意 r 个向量组成的部分组线性无关

(D) $\boldsymbol{\alpha}_1,\boldsymbol{\alpha}_2,\cdots,\boldsymbol{\alpha}_s$ 中任意 $r+1$ 个向量组成的部分组线性相关

答 应选(C)。

【解】 $\mathrm{r}(\boldsymbol{\alpha}_1,\boldsymbol{\alpha}_2,\cdots,\boldsymbol{\alpha}_s)=r$,由定义,$\boldsymbol{\alpha}_1,\boldsymbol{\alpha}_2,\cdots,\boldsymbol{\alpha}_s$ 中最大的线性无关部分组所含向量的

个数是 r，故至少有一个包含 r 个向量的部分组线性无关，(A)成立。向量组的极大无关组不一定是唯一的，任何包含 r 个向量的线性无关部分组均是极大无关组，均与原向量组等价，故(B)成立。因 $\boldsymbol{\alpha}_1,\boldsymbol{\alpha}_2,\cdots,\boldsymbol{\alpha}_s$ 中最大的线性无关组的向量个数为 r，所以任意 $r+1$ 个向量的部分组都线性相关，因此(D)成立。故由排除法知应选(C)。

$\mathrm{r}(\boldsymbol{\alpha}_1,\boldsymbol{\alpha}_2,\cdots,\boldsymbol{\alpha}_s)=r$，并非 $\boldsymbol{\alpha}_1,\boldsymbol{\alpha}_2,\cdots,\boldsymbol{\alpha}_s$ 中任意 r 个向量均线性无关，如 $\boldsymbol{\alpha}_1=(1,0)^{\mathrm{T}}$，$\boldsymbol{\alpha}_2=(2,0)^{\mathrm{T}}$，$\boldsymbol{\alpha}_3=(0,1)^{\mathrm{T}}$，有 $\mathrm{r}(\boldsymbol{\alpha}_1,\boldsymbol{\alpha}_2,\boldsymbol{\alpha}_3)=2$，但 $\boldsymbol{\alpha}_1,\boldsymbol{\alpha}_2$ 线性相关，故(C)不成立，应选(C)。

【例 7】 设向量组 $\boldsymbol{\alpha}_1,\boldsymbol{\alpha}_2,\cdots,\boldsymbol{\alpha}_n$ 线性无关，试讨论向量组 R：$\boldsymbol{\alpha}_1+\boldsymbol{\alpha}_2,\boldsymbol{\alpha}_2+\boldsymbol{\alpha}_3,\cdots,\boldsymbol{\alpha}_{n-1}+\boldsymbol{\alpha}_n,\boldsymbol{\alpha}_n+\boldsymbol{\alpha}_1$ 的线性相关性。

【解】 设有常数 $x_1,x_2,\cdots,x_n$，使

$$x_1(\boldsymbol{\alpha}_1+\boldsymbol{\alpha}_2)+x_2(\boldsymbol{\alpha}_2+\boldsymbol{\alpha}_3)+\cdots+x_{n-1}(\boldsymbol{\alpha}_{n-1}+\boldsymbol{\alpha}_n)+x_n(\boldsymbol{\alpha}_n+\boldsymbol{\alpha}_1)=\mathbf{0}$$

即

$$(x_1+x_n)\boldsymbol{\alpha}_1+(x_1+x_2)\boldsymbol{\alpha}_2+\cdots+(x_{n-2}+x_{n-1})\boldsymbol{\alpha}_{n-1}+(x_{n-1}+x_n)\boldsymbol{\alpha}_n=\mathbf{0}$$

考虑线性方程组

$$\begin{cases}x_1+x_n=0\\x_1+x_2=0\\\quad\vdots\\x_{n-2}+x_{n-1}=0\\x_{n-1}+x_n=0\end{cases}$$

此方程组的系数行列式为

$$D_n=\begin{vmatrix}1&0&0&\cdots&0&0&1\\1&1&0&\cdots&0&0&0\\0&1&1&\cdots&0&0&0\\\vdots&\vdots&\vdots&&\vdots&\vdots&\vdots\\0&0&0&\cdots&1&1&0\\0&0&0&\cdots&0&1&1\end{vmatrix}$$

将此行列式按第 1 行展开，即得

$$D_n=1+(-1)^{n+1}$$

当 n 为奇数时，$D_n=2$，该方程组只有零解 $x_1=x_2=\cdots=x_n=0$，所以向量组 R 线性无关；当 n 为偶数时，$D_n=0$，该方程组有非零解，所以向量组 R 线性相关。

【例 8】 设有向量组 $\boldsymbol{\alpha}_1=(1,1,2,3,1)^{\mathrm{T}}$，$\boldsymbol{\alpha}_2=(1,3,6,1,3)^{\mathrm{T}}$，$\boldsymbol{\alpha}_3=(3,-1,-2,15,3)^{\mathrm{T}}$，$\boldsymbol{\alpha}_4=(1,-5,-10,13,k)^{\mathrm{T}}$，试问 k 为何值时，向量组线性相关？

【解】 以 $\boldsymbol{\alpha}_1,\boldsymbol{\alpha}_2,\boldsymbol{\alpha}_3,\boldsymbol{\alpha}_4$ 为列作矩阵 $\boldsymbol{A}$，并对 $\boldsymbol{A}$ 作初等行变换，则

$$\boldsymbol{A}=\begin{pmatrix}1&1&3&1\\1&3&-1&-5\\2&6&-2&-10\\3&1&15&13\\1&3&3&k\end{pmatrix}\to\begin{pmatrix}1&1&3&1\\0&1&-2&-3\\0&0&1&2\\0&0&0&k-3\\0&0&0&0\end{pmatrix}$$

当 $k=3$ 时，则 $\mathrm{r}(\boldsymbol{A})=3$，所以向量组 $\boldsymbol{\alpha}_1,\boldsymbol{\alpha}_2,\boldsymbol{\alpha}_3,\boldsymbol{\alpha}_4$ 线性相关。

【例 9】 设 $\boldsymbol{\alpha}_1=(1,0,1,1)^{\mathrm{T}}$，$\boldsymbol{\alpha}_2=(2,1,2,1)^{\mathrm{T}}$，$\boldsymbol{\alpha}_3=(4,5,a-2,-1)^{\mathrm{T}}$，$\boldsymbol{\alpha}_4=(3,b+4,3,1)^{\mathrm{T}}$，讨论向量组 $\boldsymbol{\alpha}_1,\boldsymbol{\alpha}_2,\boldsymbol{\alpha}_3,\boldsymbol{\alpha}_4$ 的线性相关性。

【解】 设

$$x_1\boldsymbol{\alpha}_1+x_2\boldsymbol{\alpha}_2+x_3\boldsymbol{\alpha}_3+x_4\boldsymbol{\alpha}_4=\mathbf{0}$$

对上述方程组的系数矩阵作初等行变换,有

$$\mathbf{A}=\begin{pmatrix}1&2&4&3\\0&1&5&b+4\\1&2&a-2&3\\1&1&-1&1\end{pmatrix}\to\begin{pmatrix}1&1&-1&1\\1&2&4&3\\0&1&5&b+4\\1&2&a-2&3\end{pmatrix}$$

$$\to\begin{pmatrix}1&1&-1&1\\0&1&5&2\\0&1&5&b+4\\0&1&a-1&2\end{pmatrix}\to\begin{pmatrix}1&1&-1&1\\0&1&5&2\\0&0&a-6&0\\0&0&0&b+2\end{pmatrix}$$

当$a\neq6$且$b\neq-2$时,$\mathrm{r}(\mathbf{A})=4$,方程组有唯一零解,所以向量组$\boldsymbol{\alpha}_1,\boldsymbol{\alpha}_2,\boldsymbol{\alpha}_3,\boldsymbol{\alpha}_4$线性无关。

当$a=6$或$b=-2$时,$\mathrm{r}(\mathbf{A})<4$,方程组有非零解,所以向量组$\boldsymbol{\alpha}_1,\boldsymbol{\alpha}_2,\boldsymbol{\alpha}_3,\boldsymbol{\alpha}_4$线性相关。

【例10】 设向量组$\boldsymbol{\alpha}_1,\boldsymbol{\alpha}_2,\boldsymbol{\alpha}_3$线性相关,$\boldsymbol{\alpha}_2,\boldsymbol{\alpha}_3,\boldsymbol{\alpha}_4$线性无关。① $\boldsymbol{\alpha}_1$能否由$\boldsymbol{\alpha}_2,\boldsymbol{\alpha}_3$线性表出?证明你的结论。② $\boldsymbol{\alpha}_4$能否由$\boldsymbol{\alpha}_1,\boldsymbol{\alpha}_2,\boldsymbol{\alpha}_3$线性表出?证明你的结论。

【解】 ① $\boldsymbol{\alpha}_1$能由$\boldsymbol{\alpha}_2,\boldsymbol{\alpha}_3$线性表出。

【方法1】 因为已知$\boldsymbol{\alpha}_2,\boldsymbol{\alpha}_3,\boldsymbol{\alpha}_4$线性无关,所以$\boldsymbol{\alpha}_2,\boldsymbol{\alpha}_3$线性无关,而$\boldsymbol{\alpha}_1,\boldsymbol{\alpha}_2,\boldsymbol{\alpha}_3$线性相关,故$\boldsymbol{\alpha}_1$可由$\boldsymbol{\alpha}_2,\boldsymbol{\alpha}_3$唯一地线性表出。

【方法2】 因$\boldsymbol{\alpha}_1,\boldsymbol{\alpha}_2,\boldsymbol{\alpha}_3$线性相关,故存在不全为零的数$k_1,k_2,k_3$,使得

$$k_1\boldsymbol{\alpha}_1+k_2\boldsymbol{\alpha}_2+k_3\boldsymbol{\alpha}_3=\mathbf{0}$$

其中$k_1\neq0$。若$k_1=0$,则k_2,k_3不全为零,且$k_2\boldsymbol{\alpha}_2+k_3\boldsymbol{\alpha}_3=\mathbf{0}$,即$\boldsymbol{\alpha}_2,\boldsymbol{\alpha}_3$线性相关,从而$\boldsymbol{\alpha}_2,\boldsymbol{\alpha}_3,\boldsymbol{\alpha}_4$线性相关,这和已知矛盾,故$k_1\neq0$。且有

$$\boldsymbol{\alpha}_1=-\frac{k_2}{k_1}\boldsymbol{\alpha}_2-\frac{k_3}{k_1}\boldsymbol{\alpha}_3\xlongequal{\text{记为}}l_2\boldsymbol{\alpha}_2+l_3\boldsymbol{\alpha}_3 \tag{4-1}$$

② $\boldsymbol{\alpha}_4$不能由$\boldsymbol{\alpha}_1,\boldsymbol{\alpha}_2,\boldsymbol{\alpha}_3$线性表出。

用反证法。设$\boldsymbol{\alpha}_4$可由$\boldsymbol{\alpha}_1,\boldsymbol{\alpha}_2,\boldsymbol{\alpha}_3$线性表出,即$\boldsymbol{\alpha}_4=\lambda_1\boldsymbol{\alpha}_1+\lambda_2\boldsymbol{\alpha}_2+\lambda_3\boldsymbol{\alpha}_3$。由式(4-1)可知,$\boldsymbol{\alpha}_1=l_2\boldsymbol{\alpha}_2+l_3\boldsymbol{\alpha}_3$,代入得

$$\boldsymbol{\alpha}_4=\lambda_1(l_2\boldsymbol{\alpha}_2+l_3\boldsymbol{\alpha}_3)+\lambda_2\boldsymbol{\alpha}_2+\lambda_3\boldsymbol{\alpha}_3=(\lambda_1l_2+\lambda_2)\boldsymbol{\alpha}_2+(\lambda_1l_3+\lambda_3)\boldsymbol{\alpha}_3$$

即$\boldsymbol{\alpha}_4$可由$\boldsymbol{\alpha}_2,\boldsymbol{\alpha}_3$线性表出,从而$\boldsymbol{\alpha}_2,\boldsymbol{\alpha}_3,\boldsymbol{\alpha}_4$线性相关,与题干矛盾。故$\boldsymbol{\alpha}_4$不能由$\boldsymbol{\alpha}_1,\boldsymbol{\alpha}_2,\boldsymbol{\alpha}_3$线性表出。

【例11】 设向量组

$$\boldsymbol{\alpha}_1=\begin{pmatrix}1\\a_1\\\vdots\\a_1^{n-1}\end{pmatrix},\boldsymbol{\alpha}_2=\begin{pmatrix}1\\a_2\\\vdots\\a_2^{n-1}\end{pmatrix},\cdots,\boldsymbol{\alpha}_m=\begin{pmatrix}1\\a_m\\\vdots\\a_m^{n-1}\end{pmatrix}\quad m\leqslant n$$

其中$a_1,a_2,\cdots,a_m$为m个互不相等的实数,试证向量组$\boldsymbol{\alpha}_1,\boldsymbol{\alpha}_2,\cdots,\boldsymbol{\alpha}_m$线性无关。

【证明】 由于$m\leqslant n$,令向量组

$$\boldsymbol{\beta}_1=\begin{pmatrix}1\\a_1\\\vdots\\a_1^{m-1}\end{pmatrix},\boldsymbol{\beta}_2=\begin{pmatrix}1\\a_2\\\vdots\\a_2^{m-1}\end{pmatrix},\cdots,\boldsymbol{\beta}_m=\begin{pmatrix}1\\a_m\\\vdots\\a_m^{m-1}\end{pmatrix}$$

由于 $\boldsymbol{\beta}_1,\boldsymbol{\beta}_2,\cdots,\boldsymbol{\beta}_m$ 是由向量组 $\boldsymbol{\alpha}_1,\boldsymbol{\alpha}_2,\cdots,\boldsymbol{\alpha}_m$ 中每个向量去掉 $n-m$ 个分量而得到的，如果能证明向量组 $\boldsymbol{\beta}_1,\boldsymbol{\beta}_2,\cdots,\boldsymbol{\beta}_m$ 线性无关，那么 $\boldsymbol{\alpha}_1,\boldsymbol{\alpha}_2,\cdots,\boldsymbol{\alpha}_m$ 也线性无关。

设有数 $x_1,x_2,\cdots,x_m$，使得

$$x_1\boldsymbol{\beta}_1+x_2\boldsymbol{\beta}_2+\cdots+x_m\boldsymbol{\beta}_m=\boldsymbol{0}$$

该方程组的系数行列式为

$$D_m=\begin{vmatrix}1&1&\cdots&1\\a_1&a_2&\cdots&a_m\\\vdots&\vdots&&\vdots\\a_1^{m-1}&a_2^{m-1}&\cdots&a_m^{m-1}\end{vmatrix}=\prod_{1\leqslant j<i\leqslant m}(a_i-a_j)$$

由于 $a_1,a_2,\cdots,a_m$ 为互不相等的实数，所以 $D_m\neq0$，从而该齐次线性方程组只有零解 $x_1=x_2=\cdots=x_m=0$，故向量组 $\boldsymbol{\beta}_1,\boldsymbol{\beta}_2,\cdots,\boldsymbol{\beta}_m$ 线性无关，所以 $\boldsymbol{\alpha}_1,\boldsymbol{\alpha}_2,\cdots,\boldsymbol{\alpha}_m$ 也线性无关。

【例 12】 设 $\boldsymbol{A}$ 为 $n\times m$ 阶矩阵，$\boldsymbol{B}$ 为 $m\times n$ 阶矩阵，其中 $n<m$。若 $\boldsymbol{AB}=\boldsymbol{E}$，试证 $\boldsymbol{B}$ 的列向量组线性无关。

【证明 1】 将 $\boldsymbol{B}$ 按列分块为 $\boldsymbol{B}=(\boldsymbol{\beta}_1,\boldsymbol{\beta}_2,\cdots,\boldsymbol{\beta}_n)$。设有数 $x_1,x_2,\cdots,x_n$，使得

$$x_1\boldsymbol{\beta}_1+x_2\boldsymbol{\beta}_2+\cdots+x_n\boldsymbol{\beta}_n=\boldsymbol{0}$$

即

$$(\boldsymbol{\beta}_1,\boldsymbol{\beta}_2,\cdots,\boldsymbol{\beta}_n)\begin{pmatrix}x_1\\x_2\\\vdots\\x_n\end{pmatrix}=\boldsymbol{Bx}=\boldsymbol{0}$$

上式两端左乘 $\boldsymbol{A}$ 得 $\boldsymbol{ABx}=\boldsymbol{A0}$，由于 $\boldsymbol{AB}=\boldsymbol{E}$，得 $\boldsymbol{Ex}=\boldsymbol{0}$，即 $\boldsymbol{x}=\boldsymbol{0}$，亦即 $x_1=x_2=\cdots=x_n=0$，所以 $\boldsymbol{\beta}_1,\boldsymbol{\beta}_2,\cdots,\boldsymbol{\beta}_n$ 线性无关。

【证明 2】 将 $\boldsymbol{B}$ 按列分块为 $\boldsymbol{B}=(\boldsymbol{\beta}_1,\boldsymbol{\beta}_2,\cdots,\boldsymbol{\beta}_n)$。要证 $\boldsymbol{B}$ 的列向量组 $\boldsymbol{\beta}_1,\boldsymbol{\beta}_2,\cdots,\boldsymbol{\beta}_n$ 线性无关，只需证 $\mathrm{r}(\boldsymbol{B})=n$。

因为 $\mathrm{r}(\boldsymbol{B})\leqslant\min\{m,n\}$，且由 $\boldsymbol{AB}=\boldsymbol{E}$ 得 $\mathrm{r}(\boldsymbol{B})\geqslant\mathrm{r}(\boldsymbol{AB})=\mathrm{r}(\boldsymbol{E})=n$，所以 $\mathrm{r}(\boldsymbol{B})=n$。故 $\boldsymbol{\beta}_1,\boldsymbol{\beta}_2,\cdots,\boldsymbol{\beta}_n$ 线性无关。

【例 13】 证明 n 个 n 维列向量 $\boldsymbol{\alpha}_1,\boldsymbol{\alpha}_2,\cdots,\boldsymbol{\alpha}_n$ 线性无关的充分必要条件是

$$D=\begin{vmatrix}\boldsymbol{\alpha}_1^{\mathrm{T}}\boldsymbol{\alpha}_1&\boldsymbol{\alpha}_1^{\mathrm{T}}\boldsymbol{\alpha}_2&\cdots&\boldsymbol{\alpha}_1^{\mathrm{T}}\boldsymbol{\alpha}_n\\\boldsymbol{\alpha}_2^{\mathrm{T}}\boldsymbol{\alpha}_1&\boldsymbol{\alpha}_2^{\mathrm{T}}\boldsymbol{\alpha}_2&\cdots&\boldsymbol{\alpha}_2^{\mathrm{T}}\boldsymbol{\alpha}_n\\\vdots&\vdots&&\vdots\\\boldsymbol{\alpha}_n^{\mathrm{T}}\boldsymbol{\alpha}_1&\boldsymbol{\alpha}_n^{\mathrm{T}}\boldsymbol{\alpha}_2&\cdots&\boldsymbol{\alpha}_n^{\mathrm{T}}\boldsymbol{\alpha}_n\end{vmatrix}\neq0$$

其中 $\boldsymbol{\alpha}_i^{\mathrm{T}}$ 是列向量 $\boldsymbol{\alpha}_i$ 的转置，$i=1,2,\cdots,n$。

分析：$\boldsymbol{\alpha}_1,\boldsymbol{\alpha}_2,\cdots,\boldsymbol{\alpha}_n$ 线性无关 $\Leftrightarrow|\boldsymbol{\alpha}_1,\boldsymbol{\alpha}_2,\cdots,\boldsymbol{\alpha}_n|\neq0$。又

$$\begin{pmatrix} \boldsymbol{\alpha}_1^{\mathrm{T}}\boldsymbol{\alpha}_1 & \boldsymbol{\alpha}_1^{\mathrm{T}}\boldsymbol{\alpha}_2 & \cdots & \boldsymbol{\alpha}_1^{\mathrm{T}}\boldsymbol{\alpha}_n \\ \boldsymbol{\alpha}_2^{\mathrm{T}}\boldsymbol{\alpha}_1 & \boldsymbol{\alpha}_2^{\mathrm{T}}\boldsymbol{\alpha}_2 & \cdots & \boldsymbol{\alpha}_2^{\mathrm{T}}\boldsymbol{\alpha}_n \\ \vdots & \vdots & & \vdots \\ \boldsymbol{\alpha}_n^{\mathrm{T}}\boldsymbol{\alpha}_1 & \boldsymbol{\alpha}_n^{\mathrm{T}}\boldsymbol{\alpha}_2 & \cdots & \boldsymbol{\alpha}_n^{\mathrm{T}}\boldsymbol{\alpha}_n \end{pmatrix} = \begin{pmatrix} \boldsymbol{\alpha}_1^{\mathrm{T}} \\ \boldsymbol{\alpha}_2^{\mathrm{T}} \\ \vdots \\ \boldsymbol{\alpha}_n^{\mathrm{T}} \end{pmatrix} (\boldsymbol{\alpha}_1,\boldsymbol{\alpha}_2,\cdots,\boldsymbol{\alpha}_n)$$

【证明】 设 $\boldsymbol{A}=(\boldsymbol{\alpha}_1,\boldsymbol{\alpha}_2,\cdots,\boldsymbol{\alpha}_n)$，则 $\boldsymbol{\alpha}_1,\boldsymbol{\alpha}_2,\cdots,\boldsymbol{\alpha}_n$ 线性无关$\Leftrightarrow|\boldsymbol{\alpha}_1,\boldsymbol{\alpha}_2,\cdots,\boldsymbol{\alpha}_n|\neq0$。由

$$\begin{pmatrix} \boldsymbol{\alpha}_1^{\mathrm{T}}\boldsymbol{\alpha}_1 & \boldsymbol{\alpha}_1^{\mathrm{T}}\boldsymbol{\alpha}_2 & \cdots & \boldsymbol{\alpha}_1^{\mathrm{T}}\boldsymbol{\alpha}_n \\ \boldsymbol{\alpha}_2^{\mathrm{T}}\boldsymbol{\alpha}_1 & \boldsymbol{\alpha}_2^{\mathrm{T}}\boldsymbol{\alpha}_2 & \cdots & \boldsymbol{\alpha}_2^{\mathrm{T}}\boldsymbol{\alpha}_n \\ \vdots & \vdots & & \vdots \\ \boldsymbol{\alpha}_n^{\mathrm{T}}\boldsymbol{\alpha}_1 & \boldsymbol{\alpha}_n^{\mathrm{T}}\boldsymbol{\alpha}_2 & \cdots & \boldsymbol{\alpha}_n^{\mathrm{T}}\boldsymbol{\alpha}_n \end{pmatrix} = \begin{pmatrix} \boldsymbol{\alpha}_1^{\mathrm{T}} \\ \boldsymbol{\alpha}_2^{\mathrm{T}} \\ \vdots \\ \boldsymbol{\alpha}_n^{\mathrm{T}} \end{pmatrix} (\boldsymbol{\alpha}_1,\boldsymbol{\alpha}_2,\cdots,\boldsymbol{\alpha}_n)=\boldsymbol{A}^{\mathrm{T}}\boldsymbol{A}$$

从而 $D=|\boldsymbol{A}^{\mathrm{T}}\boldsymbol{A}|=|\boldsymbol{A}^{\mathrm{T}}||\boldsymbol{A}|=|\boldsymbol{A}|^2\neq0$，故 $\boldsymbol{\alpha}_1,\boldsymbol{\alpha}_2,\cdots,\boldsymbol{\alpha}_n$ 线性无关$\Leftrightarrow D\neq0$。

【例 14】 设有向量组：

① $\boldsymbol{\alpha}_1=(1,0,2)^{\mathrm{T}},\boldsymbol{\alpha}_2=(1,1,3)^{\mathrm{T}},\boldsymbol{\alpha}_3=(1,-1,a+2)^{\mathrm{T}}$；

② $\boldsymbol{\beta}_1=(1,2,a+3)^{\mathrm{T}},\boldsymbol{\beta}_2=(2,1,a+6)^{\mathrm{T}},\boldsymbol{\beta}_3=(2,1,a+4)^{\mathrm{T}}$。

试问：当 a 为何值时，向量组①与②等价？当 a 为何值时，向量组①与②不等价？

【解】 对下面的矩阵作初等行变换，有

$$(\boldsymbol{\alpha}_1,\boldsymbol{\alpha}_2,\boldsymbol{\alpha}_3 \vdots \boldsymbol{\beta}_1,\boldsymbol{\beta}_2,\boldsymbol{\beta}_3)=\left(\begin{array}{ccc:ccc} 1 & 1 & 1 & 1 & 2 & 2 \\ 0 & 1 & -1 & 2 & 1 & 1 \\ 2 & 3 & a+2 & a+3 & a+6 & a+4 \end{array}\right) \to \left(\begin{array}{ccc:ccc} 1 & 0 & 2 & -1 & 1 & 1 \\ 0 & 1 & -1 & 2 & 1 & 1 \\ 0 & 0 & a+1 & a-1 & a+1 & a-1 \end{array}\right)$$

① 当 $a\neq-1$ 时，有行列式 $|\boldsymbol{\alpha}_1\boldsymbol{\alpha}_2\boldsymbol{\alpha}_3|=a+1\neq0$，秩$(\boldsymbol{\alpha}_1,\boldsymbol{\alpha}_2,\boldsymbol{\alpha}_3)=3$，故线性方程组 $x_1\boldsymbol{\alpha}_1+x_2\boldsymbol{\alpha}_2+x_3\boldsymbol{\alpha}_3=\boldsymbol{\beta}_i(i=1,2,3)$ 均有唯一解，所以 $\boldsymbol{\beta}_1,\boldsymbol{\beta}_2,\boldsymbol{\beta}_3$ 均可由向量组①线性表出。

同样，$|\boldsymbol{\beta}_1\boldsymbol{\beta}_2\boldsymbol{\beta}_3|=6\neq0$，秩$(\boldsymbol{\beta}_1,\boldsymbol{\beta}_2,\boldsymbol{\beta}_3)=3$，故 $\boldsymbol{\alpha}_1,\boldsymbol{\alpha}_2,\boldsymbol{\alpha}_3$ 也可由向量组②线性表出。因此，向量组①与②等价。

② 当 $a=-1$ 时，有

$$(\boldsymbol{\alpha}_1,\boldsymbol{\alpha}_2,\boldsymbol{\alpha}_3 \vdots \boldsymbol{\beta}_1,\boldsymbol{\beta}_2,\boldsymbol{\beta}_3)\to\begin{pmatrix} 1 & 0 & 2 & -1 & 1 & 1 \\ 0 & 1 & -1 & 2 & 1 & 1 \\ 0 & 0 & 0 & -2 & 0 & -2 \end{pmatrix}$$

于是可知线性方程组 $x_1\boldsymbol{\alpha}_1+x_2\boldsymbol{\alpha}_2+x_3\boldsymbol{\alpha}_3=\boldsymbol{\beta}_1$ 无解，故 $\boldsymbol{\beta}_1$ 不能由 $\boldsymbol{\alpha}_1,\boldsymbol{\alpha}_2,\boldsymbol{\alpha}_3$ 线性表出。因此，向量组①与②不等价。

【例 15】 已知向量组 $\boldsymbol{\alpha}_1=(1,2,-3)^{\mathrm{T}},\boldsymbol{\alpha}_2=(3,0,1)^{\mathrm{T}},\boldsymbol{\alpha}_3=(9,6,-7)^{\mathrm{T}}$ 与向量组 $\boldsymbol{\beta}_1=(0,1,-1)^{\mathrm{T}},\boldsymbol{\beta}_2=(a,2,1)^{\mathrm{T}},\boldsymbol{\beta}_3=(b,1,0)^{\mathrm{T}}$ 具有相同的秩，且 $\boldsymbol{\beta}_3$ 可由 $\boldsymbol{\alpha}_1,\boldsymbol{\alpha}_2,\boldsymbol{\alpha}_3$ 线性表出，求 a,b 的值。

【解】 由 $|\boldsymbol{\alpha}_1\boldsymbol{\alpha}_2\boldsymbol{\alpha}_3|=\begin{vmatrix} 1 & 3 & 9 \\ 2 & 0 & 6 \\ -3 & 1 & -7 \end{vmatrix}=0$，知 $\boldsymbol{\alpha}_1,\boldsymbol{\alpha}_2,\boldsymbol{\alpha}_3$ 线性相关，但 $\boldsymbol{\alpha}_1,\boldsymbol{\alpha}_2$ 线性无关，所以秩$(\boldsymbol{\alpha}_1,\boldsymbol{\alpha}_2,\boldsymbol{\alpha}_3)=2$，推出秩$(\boldsymbol{\beta}_1,\boldsymbol{\beta}_2,\boldsymbol{\beta}_3)=2$，即 $\boldsymbol{\beta}_1,\boldsymbol{\beta}_2,\boldsymbol{\beta}_3$ 线性相关，于是

$$0=|\boldsymbol{\beta}_1\boldsymbol{\beta}_2\boldsymbol{\beta}_3|=\begin{vmatrix}0 & a & b\\ 1 & 2 & 1\\ -1 & 1 & 0\end{vmatrix}=3b-a\Rightarrow a=3b \tag{4-2}$$

其次 $\boldsymbol{\beta}_3$ 可由 $\boldsymbol{\alpha}_1,\boldsymbol{\alpha}_2,\boldsymbol{\alpha}_3$ 线性表出，$\boldsymbol{\alpha}_1,\boldsymbol{\alpha}_2$ 是 $\boldsymbol{\alpha}_1,\boldsymbol{\alpha}_2,\boldsymbol{\alpha}_3$ 的一个极大无关组，所以 $\boldsymbol{\beta}_3$ 可由 $\boldsymbol{\alpha}_1,\boldsymbol{\alpha}_2$ 线性表出，故 $\boldsymbol{\alpha}_1,\boldsymbol{\alpha}_2$，$\boldsymbol{\beta}_3$ 线性相关，从而

$$0=\begin{vmatrix}1 & 2 & b\\ 2 & 0 & 1\\ -3 & 1 & 0\end{vmatrix}=2b-10\Rightarrow b=5$$

再由式(4-2),得 $a=15$。所以 $a=15,b=5$。

【例 16】 已知向量组 $\boldsymbol{\alpha}_1,\boldsymbol{\alpha}_2,\boldsymbol{\alpha}_3,\boldsymbol{\alpha}_4$ 线性无关,且 $\boldsymbol{\alpha}_5=k_1\boldsymbol{\alpha}_1+k_2\boldsymbol{\alpha}_2+k_3\boldsymbol{\alpha}_3+k_4\boldsymbol{\alpha}_4$,其中 $k_i\neq0$ $(i=1,2,3,4)$,证明 $\boldsymbol{\alpha}_1,\boldsymbol{\alpha}_2,\boldsymbol{\alpha}_3,\boldsymbol{\alpha}_4,\boldsymbol{\alpha}_5$ 中任意 4 个向量线性无关。

【证明】 利用等价向量组等秩的概念证明。

设任取的 4 个向量为 $\boldsymbol{\alpha}_2,\boldsymbol{\alpha}_3,\boldsymbol{\alpha}_4,\boldsymbol{\alpha}_5$,由 $\boldsymbol{\alpha}_5=k_1\boldsymbol{\alpha}_1+k_2\boldsymbol{\alpha}_2+k_3\boldsymbol{\alpha}_3+k_4\boldsymbol{\alpha}_4$ 且 $k_i\neq0(i=1,2,3,4)$，易知向量组 $R_1=\{\boldsymbol{\alpha}_2,\boldsymbol{\alpha}_3,\boldsymbol{\alpha}_4,\boldsymbol{\alpha}_5\}$与向量组 $R_2=\{\boldsymbol{\alpha}_1,\boldsymbol{\alpha}_2,\boldsymbol{\alpha}_3,\boldsymbol{\alpha}_4\}$等价。

因已知向量组 $\boldsymbol{\alpha}_1,\boldsymbol{\alpha}_2,\boldsymbol{\alpha}_3,\boldsymbol{\alpha}_4$ 线性无关,故 $\mathrm{r}(R_2)=4$，由于等价向量组等秩，故 $\mathrm{r}(R_1)=4$，而 R_1 中只有 4 个向量,故 4 个向量 $\boldsymbol{\alpha}_2,\boldsymbol{\alpha}_3,\boldsymbol{\alpha}_4,\boldsymbol{\alpha}_5$ 线性无关。

同理可证：$\boldsymbol{\alpha}_1,\boldsymbol{\alpha}_3,\boldsymbol{\alpha}_4,\boldsymbol{\alpha}_5$;$\boldsymbol{\alpha}_1,\boldsymbol{\alpha}_2,\boldsymbol{\alpha}_4,\boldsymbol{\alpha}_5$;$\boldsymbol{\alpha}_1,\boldsymbol{\alpha}_2,\boldsymbol{\alpha}_3,\boldsymbol{\alpha}_5$ 线性无关。因此，$\boldsymbol{\alpha}_1,\boldsymbol{\alpha}_2,\boldsymbol{\alpha}_3,\boldsymbol{\alpha}_4,\boldsymbol{\alpha}_5$ 中任意 4 个向量线性无关。

【例 17】 设有向量组 $\boldsymbol{\alpha}_1=(1,-2,2,3)$,$\boldsymbol{\alpha}_2=(-2,4,-1,3)$,$\boldsymbol{\alpha}_3=(-1,2,0,3)$，$\boldsymbol{\alpha}_4=(0,6,2,3)$，$\boldsymbol{\alpha}_5=(2,-6,3,4)$。求向量组 $\boldsymbol{\alpha}_1,\boldsymbol{\alpha}_2,\boldsymbol{\alpha}_3,\boldsymbol{\alpha}_4,\boldsymbol{\alpha}_5$ 的秩和它的一个极大无关组,并把不属于极大无关组的向量用极大无关组线性表出。

【解】 将 $\boldsymbol{\alpha}_1,\boldsymbol{\alpha}_2,\boldsymbol{\alpha}_3,\boldsymbol{\alpha}_4,\boldsymbol{\alpha}_5$ 按列构成矩阵,有

$$\boldsymbol{A}=(\boldsymbol{\alpha}_1^{\mathrm{T}},\boldsymbol{\alpha}_2^{\mathrm{T}},\boldsymbol{\alpha}_3^{\mathrm{T}},\boldsymbol{\alpha}_4^{\mathrm{T}},\boldsymbol{\alpha}_5^{\mathrm{T}})=\begin{pmatrix}1 & -2 & -1 & 0 & 2\\ -2 & 4 & 2 & 6 & -6\\ 2 & -1 & 0 & 2 & 3\\ 3 & 3 & 3 & 3 & 4\end{pmatrix}$$

$$\to\begin{pmatrix}1 & -2 & -1 & 0 & 2\\ 0 & 0 & 0 & 6 & -2\\ 0 & 3 & 2 & 2 & -1\\ 0 & 9 & 6 & 3 & -2\end{pmatrix}\to\begin{pmatrix}1 & -2 & -1 & 0 & 2\\ 0 & 3 & 2 & 2 & -1\\ 0 & 9 & 6 & 3 & -2\\ 0 & 0 & 0 & 6 & -2\end{pmatrix}$$

$$\to\begin{pmatrix}1 & -2 & -1 & 0 & 2\\ 0 & 3 & 2 & 2 & -1\\ 0 & 0 & 0 & -3 & 1\\ 0 & 0 & 0 & 6 & -2\end{pmatrix}\to\begin{pmatrix}1 & -2 & -1 & 0 & 2\\ 0 & 3 & 2 & 2 & -1\\ 0 & 0 & 0 & -3 & 1\\ 0 & 0 & 0 & 0 & 0\end{pmatrix}$$

$$\to\begin{pmatrix}1 & -2 & -1 & 0 & 2\\ 0 & 1 & \frac{2}{3} & \frac{2}{3} & -\frac{1}{3}\\ 0 & 0 & 0 & 1 & -\frac{1}{3}\\ 0 & 0 & 0 & 0 & 0\end{pmatrix}\to\begin{pmatrix}1 & 0 & \frac{1}{3} & 0 & \frac{16}{9}\\ 0 & 1 & \frac{2}{3} & 0 & -\frac{1}{9}\\ 0 & 0 & 0 & 1 & -\frac{1}{3}\\ 0 & 0 & 0 & 0 & 0\end{pmatrix}\xlongequal{\text{记为}}\boldsymbol{B}$$

因此,$r(\boldsymbol{\alpha}_1,\boldsymbol{\alpha}_2,\boldsymbol{\alpha}_3,\boldsymbol{\alpha}_4,\boldsymbol{\alpha}_5)=3$。设 $\boldsymbol{B}=(\boldsymbol{\beta}_1,\boldsymbol{\beta}_2,\boldsymbol{\beta}_3,\boldsymbol{\beta}_4,\boldsymbol{\beta}_5)$，则易知 $\boldsymbol{\beta}_1,\boldsymbol{\beta}_2,\boldsymbol{\beta}_4$ 是 $\boldsymbol{B}$ 的列向量组的一个极大无关组,且

$$\boldsymbol{\beta}_3=\frac{1}{3}\boldsymbol{\beta}_1+\frac{2}{3}\boldsymbol{\beta}_2,\ \boldsymbol{\beta}_5=\frac{16}{9}\boldsymbol{\beta}_1-\frac{1}{9}\boldsymbol{\beta}_2-\frac{1}{3}\boldsymbol{\beta}_4$$

由于 $\boldsymbol{A}$ 的列向量组与 $\boldsymbol{B}$ 的列向量组有相同的线性组合关系,所以 $\boldsymbol{\alpha}_1,\boldsymbol{\alpha}_2,\boldsymbol{\alpha}_4$ 是向量组的一个极大无关组，且

$$\boldsymbol{\alpha}_3=\frac{1}{3}\boldsymbol{\alpha}_1+\frac{2}{3}\boldsymbol{\alpha}_2,\ \boldsymbol{\alpha}_5=\frac{16}{9}\boldsymbol{\alpha}_1-\frac{1}{9}\boldsymbol{\alpha}_2-\frac{1}{3}\boldsymbol{\alpha}_4$$

评注:若不要求将不属于极大无关组的向量用该极大无关组线性表出,则不必将 $\boldsymbol{A}$ 化成行最简形矩阵,只要将 $\boldsymbol{A}$ 化成行阶梯形矩阵就可以求出 $\boldsymbol{A}$ 的列向量组的秩及它的一个极大无关组;若只求向量组的秩,也可将所给向量组按列构成矩阵,再化成行阶梯形矩阵即可。

【例 18】 设向量 $\boldsymbol{\beta}$ 可由向量组 $\boldsymbol{\alpha}_1,\boldsymbol{\alpha}_2,\cdots,\boldsymbol{\alpha}_r$ 线性表出,但不能由向量组 $\boldsymbol{\alpha}_1,\boldsymbol{\alpha}_2,\cdots,\boldsymbol{\alpha}_{r-1}$ 线性表出。证明：$\boldsymbol{\alpha}_r$ 不能由向量组 $\boldsymbol{\alpha}_1,\boldsymbol{\alpha}_2,\cdots,\boldsymbol{\alpha}_{r-1}$ 线性表出。

【证明】 用反证法。若

$$\boldsymbol{\alpha}_r=k_1\boldsymbol{\alpha}_1+k_2\boldsymbol{\alpha}_2+\cdots+k_{r-1}\boldsymbol{\alpha}_{r-1} \tag{4-3}$$

又由已知条件，有

$$\boldsymbol{\beta}=l_1\boldsymbol{\alpha}_1+l_2\boldsymbol{\alpha}_2+\cdots+l_{r-1}\boldsymbol{\alpha}_{r-1}+l_r\boldsymbol{\alpha}_r \tag{4-4}$$

将式(4-3)代入式(4-4),整理得

$$\begin{aligned}\boldsymbol{\beta}&=l_1\boldsymbol{\alpha}_1+l_2\boldsymbol{\alpha}_2+\cdots l_{r-1}\boldsymbol{\alpha}_{r-1}+l_r(k_1\boldsymbol{\alpha}_1+k_2\boldsymbol{\alpha}_2+\cdots+k_{r-1}\boldsymbol{\alpha}_{r-1})\\&=(l_1+k_1l_r)\boldsymbol{\alpha}_1+(l_2+k_2l_r)\boldsymbol{\alpha}_2+\cdots+(l_{r-1}+k_{r-1}l_r)\boldsymbol{\alpha}_{r-1}\end{aligned}$$

这与 $\boldsymbol{\beta}$ 不能由 $\boldsymbol{\alpha}_1,\boldsymbol{\alpha}_2,\cdots,\boldsymbol{\alpha}_{r-1}$ 线性表出的假设矛盾，所以 $\boldsymbol{\alpha}_r$ 不能由向量 $\boldsymbol{\alpha}_1,\boldsymbol{\alpha}_2,\cdots,\boldsymbol{\alpha}_{r-1}$ 线性表出。

【例 19】 设有向量组 $\boldsymbol{\alpha}_1,\boldsymbol{\alpha}_2,\cdots,\boldsymbol{\alpha}_m$，且

$$\begin{aligned}\boldsymbol{\beta}_1&=\boldsymbol{\alpha}_2+\boldsymbol{\alpha}_3+\cdots+\boldsymbol{\alpha}_m\\\boldsymbol{\beta}_2&=\boldsymbol{\alpha}_1+\boldsymbol{\alpha}_3+\cdots+\boldsymbol{\alpha}_m\\&\vdots\\\boldsymbol{\beta}_m&=\boldsymbol{\alpha}_1+\boldsymbol{\alpha}_2+\cdots+\boldsymbol{\alpha}_{m-1}\end{aligned}$$

证明：秩$(\boldsymbol{\alpha}_1,\boldsymbol{\alpha}_2,\cdots,\boldsymbol{\alpha}_m)=$秩$(\boldsymbol{\beta}_1,\boldsymbol{\beta}_2,\cdots,\boldsymbol{\beta}_m)$。

【证明】 由题设可知,$\boldsymbol{\beta}_1,\boldsymbol{\beta}_2,\cdots,\boldsymbol{\beta}_m$ 可由向量组 $\boldsymbol{\alpha}_1,\boldsymbol{\alpha}_2,\cdots,\boldsymbol{\alpha}_m$ 线性表出。

将题设的 $\boldsymbol{\beta}_1,\boldsymbol{\beta}_2,\cdots,\boldsymbol{\beta}_m$ 的表示式两边相加，得

$$\boldsymbol{\beta}_1+\boldsymbol{\beta}_2+\cdots+\boldsymbol{\beta}_m=(m-1)(\boldsymbol{\alpha}_1+\boldsymbol{\alpha}_2+\cdots+\boldsymbol{\alpha}_m)$$

从而

$$\boldsymbol{\alpha}_1+\boldsymbol{\alpha}_2+\cdots+\boldsymbol{\alpha}_m=\frac{1}{m-1}(\boldsymbol{\beta}_1+\boldsymbol{\beta}_2+\cdots+\boldsymbol{\beta}_m)$$

$$\boldsymbol{\alpha}_1+\boldsymbol{\alpha}_2+\cdots+\boldsymbol{\alpha}_m=\boldsymbol{\alpha}_l+(\boldsymbol{\alpha}_1+\cdots+\boldsymbol{\alpha}_{l-1}+\boldsymbol{\alpha}_{l+1}+\cdots+\boldsymbol{\alpha}_m)=\boldsymbol{\alpha}_i+\boldsymbol{\beta}_i$$

又

$$\boldsymbol{\alpha}_i=\frac{1}{m-1}(\boldsymbol{\beta}_1+\boldsymbol{\beta}_2+\cdots+\boldsymbol{\beta}_m)-\boldsymbol{\beta}_i\quad i=1,2,\cdots,m$$

上式证明 $\boldsymbol{\alpha}_1,\boldsymbol{\alpha}_2,\cdots,\boldsymbol{\alpha}_m$ 又可由 $\boldsymbol{\beta}_1,\boldsymbol{\beta}_2,\cdots,\boldsymbol{\beta}_m$ 线性表出，故 $\boldsymbol{\alpha}_1,\boldsymbol{\alpha}_2,\cdots,\boldsymbol{\alpha}_m$ 与 $\boldsymbol{\beta}_1,\boldsymbol{\beta}_2,\cdots,\boldsymbol{\beta}_m$ 等价，从而有

$$\text{秩}(\boldsymbol{\alpha}_1,\boldsymbol{\alpha}_2,\cdots,\boldsymbol{\alpha}_m)=\text{秩}(\boldsymbol{\beta}_1,\boldsymbol{\beta}_2,\cdots,\boldsymbol{\beta}_m)$$

【例 20】 设 $\boldsymbol{\alpha}_1,\boldsymbol{\alpha}_2,\cdots,\boldsymbol{\alpha}_n$ 是一组 n 维向量,证明它们线性无关的充分必要条件是:任一 n

维向量都可以由它们线性表出。

【证明】 充分性。由于任一 n 维向量都可由 $\boldsymbol{\alpha}_1,\boldsymbol{\alpha}_2,\cdots,\boldsymbol{\alpha}_n$ 线性表出，从而 n 维单位坐标向量

$$\boldsymbol{e}_1=\begin{pmatrix}1\\0\\\vdots\\0\end{pmatrix},\boldsymbol{e}_2=\begin{pmatrix}0\\1\\\vdots\\0\end{pmatrix},\cdots,\boldsymbol{e}_n=\begin{pmatrix}0\\0\\\vdots\\1\end{pmatrix}$$

可由 $\boldsymbol{\alpha}_1,\boldsymbol{\alpha}_2,\cdots,\boldsymbol{\alpha}_n$ 线性表出，因此

$$n=\text{秩}(\boldsymbol{e}_1,\boldsymbol{e}_2,\cdots,\boldsymbol{e}_n)\leqslant\text{秩}(\boldsymbol{\alpha}_1,\boldsymbol{\alpha}_2,\cdots,\boldsymbol{\alpha}_n)\leqslant n$$

所以秩$(\boldsymbol{\alpha}_1,\boldsymbol{\alpha}_2,\cdots,\boldsymbol{\alpha}_n)=n$，即 $\boldsymbol{\alpha}_1,\boldsymbol{\alpha}_2,\cdots,\boldsymbol{\alpha}_n$ 线性无关。

必要性。设 $\boldsymbol{\alpha}$ 是任一 n 维向量，则 $n+1$ 个 n 维向量 $\boldsymbol{\alpha}_1,\boldsymbol{\alpha}_2,\cdots,\boldsymbol{\alpha}_n,\boldsymbol{\alpha}$ 必线性相关，而 $\boldsymbol{\alpha}_1,\boldsymbol{\alpha}_2,\cdots,\boldsymbol{\alpha}_n$ 线性无关，因而 $\boldsymbol{\alpha}$ 可由 $\boldsymbol{\alpha}_1,\boldsymbol{\alpha}_2,\cdots,\boldsymbol{\alpha}_n$ 线性表出。

【例 21】 设 $m\times n$ 阶矩阵 $\boldsymbol{A}$ 的秩为 n，n 维列向量 $\boldsymbol{\alpha}_1,\boldsymbol{\alpha}_2,\cdots,\boldsymbol{\alpha}_s(s\leqslant n)$ 线性无关，证明向量组 $\boldsymbol{A}\boldsymbol{\alpha}_1,\boldsymbol{A}\boldsymbol{\alpha}_2,\cdots,\boldsymbol{A}\boldsymbol{\alpha}_s$ 线性无关。

【证明】 将 $\boldsymbol{A}$ 按列分块为 $\boldsymbol{A}=(\boldsymbol{\beta}_1,\boldsymbol{\beta}_2,\cdots,\boldsymbol{\beta}_n)$，其中 $\boldsymbol{\beta}_j(j=1,2,\cdots,n)$ 是 m 维列向量，并设数组 $k_1,k_2,\cdots,k_s$，使

$$k_1\boldsymbol{A}\boldsymbol{\alpha}_1+k_2\boldsymbol{A}\boldsymbol{\alpha}_2+\cdots+k_s\boldsymbol{A}\boldsymbol{\alpha}_s=\boldsymbol{0}$$

即

$$\boldsymbol{A}(k_1\boldsymbol{\alpha}_1+k_2\boldsymbol{\alpha}_2+\cdots+k_s\boldsymbol{\alpha}_s)=\boldsymbol{0}\tag{4-5}$$

记 $\boldsymbol{\alpha}=k_1\boldsymbol{\alpha}_1+k_2\boldsymbol{\alpha}_2+\cdots+k_s\boldsymbol{\alpha}_s=(t_1,t_2,\cdots,t_n)^{\mathrm{T}}$，则式(4-5)可以写为

$$t_1\boldsymbol{\beta}_1+t_2\boldsymbol{\beta}_2+\cdots+t_n\boldsymbol{\beta}_n=\boldsymbol{0}$$

由于 $\mathrm{r}(\boldsymbol{A})=n$，故 $\boldsymbol{\beta}_1,\boldsymbol{\beta}_2,\cdots,\boldsymbol{\beta}_n$ 线性无关，所以 $t_1=t_2=\cdots=t_n=0$，亦即

$$k_1\boldsymbol{\alpha}_1+k_2\boldsymbol{\alpha}_2+\cdots+k_s\boldsymbol{\alpha}_s=\boldsymbol{0}$$

又因为向量组 $\boldsymbol{\alpha}_1,\boldsymbol{\alpha}_2,\cdots,\boldsymbol{\alpha}_s$ 线性无关，所以有 $k_1=k_2=\cdots=k_s=0$，从而向量组 $\boldsymbol{A}\boldsymbol{\alpha}_1,\boldsymbol{A}\boldsymbol{\alpha}_2,\cdots,\boldsymbol{A}\boldsymbol{\alpha}_s$ 线性无关。

【例 22】 设向量组 $A:\boldsymbol{\alpha}_1,\boldsymbol{\alpha}_2,\cdots,\boldsymbol{\alpha}_s$ 的秩为 r_1，向量组 $B:\boldsymbol{\beta}_1,\boldsymbol{\beta}_2,\cdots,\boldsymbol{\beta}_t$ 的秩为 r_2，向量组 $C:\boldsymbol{\alpha}_1,\boldsymbol{\alpha}_2,\cdots,\boldsymbol{\alpha}_s,\boldsymbol{\beta}_1,\boldsymbol{\beta}_2,\cdots,\boldsymbol{\beta}_t$ 的秩为 r_3。证明：$\max\{r_1,r_2\}\leqslant r_3\leqslant r_1+r_2$。

【证明】 因为向量组 C 是由向量组 A 和 B 构成的，因此显然有 $\max\{r_1,r_2\}\leqslant r_3$。下面证明 $r_3\leqslant r_1+r_2$。

不妨设 $\boldsymbol{\alpha}_1,\boldsymbol{\alpha}_2,\cdots,\boldsymbol{\alpha}_{r_1}$；$\boldsymbol{\beta}_1,\boldsymbol{\beta}_2,\cdots,\boldsymbol{\beta}_{r_2}$；$\boldsymbol{\gamma}_1,\boldsymbol{\gamma}_2,\cdots,\boldsymbol{\gamma}_{r_3}$ 分别是向量组 A,B 和 C 的极大无关组，则 $\boldsymbol{\alpha}_1,\boldsymbol{\alpha}_2,\cdots,\boldsymbol{\alpha}_s$ 可由它的极大无关组 $\boldsymbol{\alpha}_1,\boldsymbol{\alpha}_2,\cdots,\boldsymbol{\alpha}_{r_1}$ 线性表出；$\boldsymbol{\beta}_1,\boldsymbol{\beta}_2,\cdots,\boldsymbol{\beta}_t$ 可由它的极大无关组 $\boldsymbol{\beta}_1,\boldsymbol{\beta}_2,\cdots,\boldsymbol{\beta}_{r_2}$ 线性表出，从而向量组 $\boldsymbol{\alpha}_1,\boldsymbol{\alpha}_2,\cdots,\boldsymbol{\alpha}_s,\boldsymbol{\beta}_1,\boldsymbol{\beta}_2,\cdots,\boldsymbol{\beta}_t$ 可由 $\boldsymbol{\alpha}_1,\boldsymbol{\alpha}_2,\cdots,\boldsymbol{\alpha}_{r_1},\boldsymbol{\beta}_1,\boldsymbol{\beta}_2,\cdots,\boldsymbol{\beta}_{r_2}$ 线性表出。又 $\boldsymbol{\gamma}_1,\boldsymbol{\gamma}_2,\cdots,\boldsymbol{\gamma}_{r_3}$ 可由 $\boldsymbol{\alpha}_1,\boldsymbol{\alpha}_2,\cdots,\boldsymbol{\alpha}_s,\boldsymbol{\beta}_1,\boldsymbol{\beta}_2,\cdots,\boldsymbol{\beta}_t$ 线性表出，从而 $\boldsymbol{\gamma}_1,\boldsymbol{\gamma}_2,\cdots,\boldsymbol{\gamma}_{r_3}$ 可由 $\boldsymbol{\alpha}_1,\boldsymbol{\alpha}_2,\cdots,\boldsymbol{\alpha}_{r_1},\boldsymbol{\beta}_1,\boldsymbol{\beta}_2,\cdots,\boldsymbol{\beta}_{r_2}$ 线性表出，所以

$$\text{秩}(\boldsymbol{\gamma}_1,\boldsymbol{\gamma}_2,\cdots,\boldsymbol{\gamma}_{r_3})\leqslant\text{秩}(\boldsymbol{\alpha}_1,\boldsymbol{\alpha}_2,\cdots,\boldsymbol{\alpha}_{r_1},\boldsymbol{\beta}_1,\boldsymbol{\beta}_2,\cdots,\boldsymbol{\beta}_{r_2})\leqslant r_1+r_2$$

又由于 $\boldsymbol{\gamma}_1,\boldsymbol{\gamma}_2,\cdots,\boldsymbol{\gamma}_{r_3}$ 线性无关，则秩$(\boldsymbol{\gamma}_1,\boldsymbol{\gamma}_2,\cdots,\boldsymbol{\gamma}_{r_3})=r_3$，从而 $r_3\leqslant r_1+r_2$。

【例 23】 设向量组 $\boldsymbol{\alpha}_1,\boldsymbol{\alpha}_2,\cdots,\boldsymbol{\alpha}_s$ 的秩为 r，在其中任取 m 个向量 $\boldsymbol{\alpha}_{i_1},\boldsymbol{\alpha}_{i_2},\cdots,\boldsymbol{\alpha}_{i_m}$。证明：向量组 $\boldsymbol{\alpha}_{i_1},\boldsymbol{\alpha}_{i_2},\cdots,\boldsymbol{\alpha}_{i_m}$ 的秩大于等于 $r+m-s$。

【证明】 设在向量组 $\boldsymbol{\alpha}_1,\boldsymbol{\alpha}_2,\cdots,\boldsymbol{\alpha}_s$ 中除去 $\boldsymbol{\alpha}_{i_1},\boldsymbol{\alpha}_{i_2},\cdots,\boldsymbol{\alpha}_{i_m}$ 后剩下的向量为 $\boldsymbol{\alpha}_{j_1},\boldsymbol{\alpha}_{j_2},\cdots,\boldsymbol{\alpha}_{j_{s-m}}$。

设向量组 $\boldsymbol{\alpha}_{i_1},\boldsymbol{\alpha}_{i_2},\cdots,\boldsymbol{\alpha}_{i_m}$ 的秩为 r_1，向量组 $\boldsymbol{\alpha}_{j_1},\boldsymbol{\alpha}_{j_2},\cdots,\boldsymbol{\alpha}_{j_{s-m}}$ 的秩为 r_2，由于向量组 $\boldsymbol{\alpha}_{j_1}$，

$\boldsymbol{\alpha}_{j_2},\cdots,\boldsymbol{\alpha}_{j_{s-m}}$ 所含向量的个数为 $s-m$，所以 $r_2\leqslant s-m$。

又因为向量组 $\boldsymbol{\alpha}_1,\boldsymbol{\alpha}_2,\cdots,\boldsymbol{\alpha}_s$ 是由向量组 $\boldsymbol{\alpha}_{i_1},\boldsymbol{\alpha}_{i_2},\cdots,\boldsymbol{\alpha}_{i_m}$ 与向量组 $\boldsymbol{\alpha}_{j_1},\boldsymbol{\alpha}_{j_2},\cdots,\boldsymbol{\alpha}_{j_{s-m}}$ 构成的，所以由例22可知 $r\leqslant r_1+r_2$，而 $r_2\leqslant s-m$，故 $r\leqslant r_1+s-m$，即 $r_1\geqslant r+m-s$。

【例24】 证明：$\mathrm{r}(\boldsymbol{A}+\boldsymbol{B})\leqslant\mathrm{r}(\boldsymbol{A}|\boldsymbol{B})\leqslant\mathrm{r}(\boldsymbol{A})+\mathrm{r}(\boldsymbol{B})$。

【证明】 设 $\mathrm{r}(\boldsymbol{A})=p,\mathrm{r}(\boldsymbol{B})=q$，将 $\boldsymbol{A},\boldsymbol{B}$ 按列分块为

$$\boldsymbol{A}=(\boldsymbol{\alpha}_1,\boldsymbol{\alpha}_2,\cdots,\boldsymbol{\alpha}_s),\boldsymbol{B}=(\boldsymbol{\beta}_1,\boldsymbol{\beta}_2,\cdots,\boldsymbol{\beta}_s)$$

于是

$$(\boldsymbol{A}|\boldsymbol{B})=(\boldsymbol{\alpha}_1,\boldsymbol{\alpha}_2,\cdots,\boldsymbol{\alpha}_s,\boldsymbol{\beta}_1,\boldsymbol{\beta}_2,\cdots,\boldsymbol{\beta}_s)$$
$$\boldsymbol{A}+\boldsymbol{B}=(\boldsymbol{\alpha}_1+\boldsymbol{\beta}_1,\boldsymbol{\alpha}_2+\boldsymbol{\beta}_2,\cdots,\boldsymbol{\alpha}_s+\boldsymbol{\beta}_s)$$

因 $\boldsymbol{\alpha}_i+\boldsymbol{\beta}_i(i=1,2,\cdots,s)$ 均可由向量组 $\boldsymbol{\alpha}_1,\boldsymbol{\alpha}_2,\cdots,\boldsymbol{\alpha}_s,\boldsymbol{\beta}_1,\boldsymbol{\beta}_2,\cdots,\boldsymbol{\beta}_s$ 线性表出，故

$$\mathrm{r}(\boldsymbol{A}+\boldsymbol{B})\leqslant\mathrm{r}(\boldsymbol{A}|\boldsymbol{B})$$

又设 $\boldsymbol{A},\boldsymbol{B}$ 的列向量组的极大无关组分别为 $\boldsymbol{\alpha}_1,\boldsymbol{\alpha}_2,\cdots,\boldsymbol{\alpha}_p$ 和 $\boldsymbol{\beta}_1,\boldsymbol{\beta}_2,\cdots,\boldsymbol{\beta}_q$，将 $\boldsymbol{A}$ 的极大无关组 $\boldsymbol{\alpha}_1,\boldsymbol{\alpha}_2,\cdots,\boldsymbol{\alpha}_p$ 扩充成 $(\boldsymbol{A}|\boldsymbol{B})$ 的极大无关组，设为 $\boldsymbol{\alpha}_1,\boldsymbol{\alpha}_2,\cdots,\boldsymbol{\alpha}_p,\boldsymbol{\beta}_1,\boldsymbol{\beta}_2,\cdots,\boldsymbol{\beta}_w$，显然 $w\leqslant q$，故有

$$\mathrm{r}(\boldsymbol{A}|\boldsymbol{B})\leqslant p+w\leqslant p+q=\mathrm{r}(\boldsymbol{A})+\mathrm{r}(\boldsymbol{B})$$

【例25】 证明：$\mathrm{r}(\boldsymbol{AB})\leqslant\mathrm{r}(\boldsymbol{B})$。

【证明】 将 $\boldsymbol{B},\boldsymbol{AB}$ 按行向量分块为

$$\boldsymbol{B}=\begin{pmatrix}\boldsymbol{\beta}_1\\ \boldsymbol{\beta}_2\\ \vdots\\ \boldsymbol{\beta}_s\end{pmatrix},\boldsymbol{AB}=\boldsymbol{C}=\begin{pmatrix}\boldsymbol{\gamma}_1\\ \boldsymbol{\gamma}_2\\ \vdots\\ \boldsymbol{\gamma}_m\end{pmatrix}$$

则有

$$\boldsymbol{AB}=\begin{pmatrix}a_{11}&a_{12}&\cdots&a_{1s}\\ a_{21}&a_{22}&\cdots&a_{2s}\\ \vdots&\vdots&&\vdots\\ a_{m1}&a_{m2}&\cdots&a_{ms}\end{pmatrix}\begin{pmatrix}\boldsymbol{\beta}_1\\ \boldsymbol{\beta}_2\\ \vdots\\ \boldsymbol{\beta}_s\end{pmatrix}=\begin{pmatrix}a_{11}\boldsymbol{\beta}_1+a_{12}\boldsymbol{\beta}_2+\cdots+a_{1s}\boldsymbol{\beta}_s\\ a_{21}\boldsymbol{\beta}_1+a_{22}\boldsymbol{\beta}_2+\cdots+a_{2s}\boldsymbol{\beta}_s\\ \vdots\\ a_{m1}\boldsymbol{\beta}_1+a_{m2}\boldsymbol{\beta}_2+\cdots+a_{ms}\boldsymbol{\beta}_s\end{pmatrix}=\begin{pmatrix}\boldsymbol{\gamma}_1\\ \boldsymbol{\gamma}_2\\ \vdots\\ \boldsymbol{\gamma}_m\end{pmatrix}$$

所以 $\boldsymbol{AB}$ 的行向量 $\boldsymbol{\gamma}_1,\boldsymbol{\gamma}_2,\cdots,\boldsymbol{\gamma}_m$ 均可由 $\boldsymbol{B}$ 的行向量 $\boldsymbol{\beta}_1,\boldsymbol{\beta}_2,\cdots,\boldsymbol{\beta}_s$ 线性表出，故

$$\mathrm{r}(\boldsymbol{AB})\leqslant\mathrm{r}(\boldsymbol{B})$$

评注：类似的方程可以证明 $\mathrm{r}(\boldsymbol{AB})\leqslant\mathrm{r}(\boldsymbol{A})$。

【例26】 设 $\boldsymbol{\alpha}_1,\boldsymbol{\alpha}_2,\cdots,\boldsymbol{\alpha}_m$ 是 n 维向量组，$\boldsymbol{\beta}$ 是 n 维向量。试证明 $\boldsymbol{\beta}$ 是 $\boldsymbol{\alpha}_1,\boldsymbol{\alpha}_2,\cdots,\boldsymbol{\alpha}_m$ 的线性组合的充分必要条件是 $\mathrm{r}(\boldsymbol{\alpha}_1,\boldsymbol{\alpha}_2,\cdots,\boldsymbol{\alpha}_m,\boldsymbol{\beta})=\mathrm{r}(\boldsymbol{\alpha}_1,\boldsymbol{\alpha}_2,\cdots,\boldsymbol{\alpha}_m)$。

【证明】 必要性。设 $\boldsymbol{\beta}=k_1\boldsymbol{\alpha}_1+k_2\boldsymbol{\alpha}_2+\cdots+k_m\boldsymbol{\alpha}_m$，则向量组 $\boldsymbol{\alpha}_1,\boldsymbol{\alpha}_2,\cdots,\boldsymbol{\alpha}_m,\boldsymbol{\beta}$ 可由向量组 $\boldsymbol{\alpha}_1,\boldsymbol{\alpha}_2,\cdots,\boldsymbol{\alpha}_m$ 线性表出；$\boldsymbol{\alpha}_1,\boldsymbol{\alpha}_2,\cdots,\boldsymbol{\alpha}_m$ 作为部分组，可由向量组 $\boldsymbol{\alpha}_1,\boldsymbol{\alpha}_2,\cdots,\boldsymbol{\alpha}_m,\boldsymbol{\beta}$ 线性表出，于是两向量组等价，从而有 $\mathrm{r}(\boldsymbol{\alpha}_1,\boldsymbol{\alpha}_2,\cdots,\boldsymbol{\alpha}_m,\boldsymbol{\beta})=\mathrm{r}(\boldsymbol{\alpha}_1,\boldsymbol{\alpha}_2,\cdots,\boldsymbol{\alpha}_m)$。

充分性。设 $\mathrm{r}(\boldsymbol{\alpha}_1,\boldsymbol{\alpha}_2,\cdots,\boldsymbol{\alpha}_m,\boldsymbol{\beta})=\mathrm{r}(\boldsymbol{\alpha}_1,\boldsymbol{\alpha}_2,\cdots,\boldsymbol{\alpha}_m)$。不妨设 $\boldsymbol{\alpha}_{i_1},\boldsymbol{\alpha}_{i_2},\cdots,\boldsymbol{\alpha}_{i_s}$ 为 $\boldsymbol{\alpha}_1,\boldsymbol{\alpha}_2,\cdots,\boldsymbol{\alpha}_m$ 的极大无关组，则由 $\mathrm{r}(\boldsymbol{\alpha}_1,\boldsymbol{\alpha}_2,\cdots,\boldsymbol{\alpha}_m,\boldsymbol{\beta})=\mathrm{r}(\boldsymbol{\alpha}_1,\boldsymbol{\alpha}_2,\cdots,\boldsymbol{\alpha}_m)$ 可知，$\boldsymbol{\alpha}_{i_1},\boldsymbol{\alpha}_{i_2},\cdots,\boldsymbol{\alpha}_{i_s}$ 也是 $\boldsymbol{\alpha}_1,\boldsymbol{\alpha}_2,\cdots,\boldsymbol{\alpha}_m,\boldsymbol{\beta}$ 的极大无关组。于是 $\boldsymbol{\beta}$ 可由 $\boldsymbol{\alpha}_{i_1},\boldsymbol{\alpha}_{i_2},\cdots,\boldsymbol{\alpha}_{i_s}$ 线性表出，因而 $\boldsymbol{\beta}$ 也可由 $\boldsymbol{\alpha}_1,\boldsymbol{\alpha}_2,\cdots,\boldsymbol{\alpha}_m$ 线性表出。

【例27】 设 $\boldsymbol{A}$ 是 $n\times n$ 阶矩阵，$\boldsymbol{B}$ 是 $n\times s$ 阶矩阵，且 $\mathrm{r}(\boldsymbol{B})=n$。证明：①若 $\boldsymbol{AB}=\boldsymbol{O}$，则 $\boldsymbol{A}=\boldsymbol{O}$；②若 $\boldsymbol{AB}=\boldsymbol{B}$，则 $\boldsymbol{A}=\boldsymbol{E}$。

【证明】

①【方法 1】 因 $\boldsymbol{AB}=\boldsymbol{O}$，故 $\mathrm{r}(\boldsymbol{A})+\mathrm{r}(\boldsymbol{B})\leqslant n$，又已知 $\mathrm{r}(\boldsymbol{B})=n$，于是有 $\mathrm{r}(\boldsymbol{A})\leqslant 0$，因 $\mathrm{r}(\boldsymbol{A})\geqslant 0$，故 $\mathrm{r}(\boldsymbol{A})=0$，从而 $\boldsymbol{A}=\boldsymbol{O}$。

【方法 2】 将 $\boldsymbol{B}$ 按列分块成 $\boldsymbol{B}=(\boldsymbol{\beta}_1,\boldsymbol{\beta}_2,\cdots,\boldsymbol{\beta}_s)$。由 $\boldsymbol{AB}=\boldsymbol{O}$，得 $\boldsymbol{A\beta}_i=\boldsymbol{O}(i=1,2,\cdots,s)$，因 $\mathrm{r}(\boldsymbol{B})=n$，不妨设 $\boldsymbol{\beta}_1,\boldsymbol{\beta}_2,\cdots,\boldsymbol{\beta}_n$ 是 $\boldsymbol{B}$ 的列向量组的极大无关组，合并成矩阵，并记为 $\boldsymbol{C}=(\boldsymbol{\beta}_1,\boldsymbol{\beta}_2,\cdots,\boldsymbol{\beta}_n)$，则 $\boldsymbol{C}$ 是可逆矩阵，且有 $\boldsymbol{AC}=\boldsymbol{O}\Rightarrow\boldsymbol{ACC}^{-1}=\boldsymbol{OC}^{-1}\Leftrightarrow\boldsymbol{A}=\boldsymbol{O}$。

② $\boldsymbol{AB}=\boldsymbol{B}$，即 $\boldsymbol{AB}-\boldsymbol{B}=(\boldsymbol{A}-\boldsymbol{E})\boldsymbol{B}=\boldsymbol{O}$，由①知 $\boldsymbol{A}-\boldsymbol{E}=\boldsymbol{O}$，故 $\boldsymbol{A}=\boldsymbol{E}$。

【例 28】 设矩阵 $\boldsymbol{A}=(a_{ij})_{m\times n}$，$\boldsymbol{b}$ 是 $m\times 1$ 阶非零矩阵，令

$$V_1=\{\boldsymbol{x}=(x_1,x_2,\cdots,x_n)^{\mathrm{T}}\mid x_1,x_2,\cdots,x_n\in\mathbf{R}，满足\ \boldsymbol{Ax}=\boldsymbol{0}\}$$

$$V_2=\{\boldsymbol{x}=(x_1,x_2,\cdots,x_n)^{\mathrm{T}}\mid x_1,x_2,\cdots,x_n\in\mathbf{R}，满足\ \boldsymbol{Ax}=\boldsymbol{b}\}$$

问 V_1,V_2 是否为向量空间，为什么？

【解】 任取 V_1 中两个向量

$$\boldsymbol{\alpha}=(\alpha_1,\alpha_2,\cdots,\alpha_n)^{\mathrm{T}},\ \boldsymbol{\beta}=(\beta_1,\beta_2,\cdots,\beta_n)^{\mathrm{T}}$$

则 $\boldsymbol{A\alpha}=\boldsymbol{0},\boldsymbol{A\beta}=\boldsymbol{0}$，从而有

$$\boldsymbol{A}(\boldsymbol{\alpha}+\boldsymbol{\beta})=\boldsymbol{A\alpha}+\boldsymbol{A\beta}=\boldsymbol{0}+\boldsymbol{0}=\boldsymbol{0}$$

$$\boldsymbol{A}(k\boldsymbol{\alpha})=k\boldsymbol{A\alpha}=k\cdot\boldsymbol{0}=\boldsymbol{0}$$

所以 $\boldsymbol{\alpha}+\boldsymbol{\beta}\in V_1,k\boldsymbol{\alpha}\in V_1$，故 V_1 是向量空间。

任取 V_2 中的向量 $\boldsymbol{x}=(x_1,x_2,\cdots,x_n)^{\mathrm{T}}$，则 $\boldsymbol{Ax}=\boldsymbol{b}$，但是 $\boldsymbol{A}(2\boldsymbol{x})=2\boldsymbol{Ax}=2\boldsymbol{b}\neq\boldsymbol{b}$，从而 V_2 不是向量空间。

由例 28 可知齐次线性方程组的所有解构成向量空间，但非齐次线性方程组的所有解不构成向量空间。

【例 29】 已知三维向量空间的一组基为 $\boldsymbol{\alpha}_1=(1,1,0)^{\mathrm{T}},\boldsymbol{\alpha}_2=(1,0,1)^{\mathrm{T}},\boldsymbol{\alpha}_3=(0,1,1)^{\mathrm{T}}$，求向量 $\boldsymbol{\beta}=(2,0,0)^{\mathrm{T}}$ 在该组基下的坐标。

【解】 设 $\boldsymbol{\beta}=x_1\boldsymbol{\alpha}_1+x_2\boldsymbol{\alpha}_2+x_3\boldsymbol{\alpha}_3$，即

$$x_1\begin{pmatrix}1\\1\\0\end{pmatrix}+x_2\begin{pmatrix}1\\0\\1\end{pmatrix}+x_3\begin{pmatrix}0\\1\\1\end{pmatrix}=\begin{pmatrix}2\\0\\0\end{pmatrix}$$

即

$$\begin{cases}x_1+x_2=2\\x_1+x_3=0\\x_2+x_3=0\end{cases}$$

由此解得 $x_1=1,x_2=1,x_3=-1$，故向量 $\boldsymbol{\beta}$ 在基 $\boldsymbol{\alpha}_1,\boldsymbol{\alpha}_2,\boldsymbol{\alpha}_3$ 下的坐标为 $(1,1,-1)^{\mathrm{T}}$。

【例 30】 证明 $\boldsymbol{\alpha}_1=(1,1,0),\boldsymbol{\alpha}_2=(0,0,2),\boldsymbol{\alpha}_3=(0,3,2)$ 为 $\mathbf{R}^3$ 的一个基，并求向量 $\boldsymbol{\beta}=(5,9,-2)$ 在此基下的坐标。

【证明】 要证 $\boldsymbol{\alpha}_1,\boldsymbol{\alpha}_2,\boldsymbol{\alpha}_3$ 为 $\mathbf{R}^3$ 的一个基，只要证明 $\boldsymbol{\alpha}_1,\boldsymbol{\alpha}_2,\boldsymbol{\alpha}_3$ 线性无关。

因为

$$|\boldsymbol{\alpha}_1^{\mathrm{T}},\boldsymbol{\alpha}_2^{\mathrm{T}},\boldsymbol{\alpha}_3^{\mathrm{T}}|=\begin{vmatrix}1&0&0\\1&0&3\\0&2&2\end{vmatrix}=-6\neq 0$$

所以向量组 $\boldsymbol{\alpha}_1,\boldsymbol{\alpha}_2,\boldsymbol{\alpha}_3$ 线性无关，从而该向量组是 $\mathbf{R}^3$ 的一个基。

设 $x_1\boldsymbol{\alpha}_1+x_2\boldsymbol{\alpha}_2+x_3\boldsymbol{\alpha}_3=\boldsymbol{\beta}$,即

$$\begin{cases}x_1 = 5\\ x_1 + 3x_3 = 9\\ 2x_2+2x_3=-2\end{cases}$$

解得 $x_1=5,x_2=-\dfrac{7}{3},x_3=\dfrac{4}{3}$。于是 $\boldsymbol{\beta}$ 在此基下的坐标为$\left(5,-\dfrac{7}{3},\dfrac{4}{3}\right)$。

【例 31】 设 $\boldsymbol{\alpha}_1,\boldsymbol{\alpha}_2,\cdots,\boldsymbol{\alpha}_n$ 和 $\boldsymbol{\beta}_1,\boldsymbol{\beta}_2,\cdots,\boldsymbol{\beta}_n$ 是 n 维列向量空间 $\mathbf{R}^n$ 的两个基,证明向量集合

$$V=\{\boldsymbol{\alpha}\in\mathbf{R}^n \mid \boldsymbol{\alpha}=\sum_{i=1}^n k_i\boldsymbol{\alpha}_i=\sum_{i=1}^n k_i\boldsymbol{\beta}_i\}$$

是向量空间 $\mathbf{R}^n$ 的子空间。

【证明】 设 $\boldsymbol{\alpha},\boldsymbol{\gamma}\in V,k\in\mathbf{R}$ 为任意常数,则有常数 $k_i,l_i(i=1,2,\cdots,n)$,使得

$$\boldsymbol{\alpha}=\sum_{i=1}^n k_i\boldsymbol{\alpha}_i=\sum_{i=1}^n k_i\boldsymbol{\beta}_i,\quad \boldsymbol{\gamma}=\sum_{i=1}^n l_i\boldsymbol{\alpha}_i=\sum_{i=1}^n l_i\boldsymbol{\beta}_i$$

从而

$$\boldsymbol{\alpha}+\boldsymbol{\gamma}=\sum_{i=1}^n (k_i+l_i)\boldsymbol{\alpha}_i=\sum_{i=1}^n (k_i+l_i)\boldsymbol{\beta}_i$$

$$k\boldsymbol{\alpha}=\sum_{i=1}^n kk_i\boldsymbol{\alpha}_i=\sum_{i=1}^n kk_i\boldsymbol{\beta}_i$$

所以 $\boldsymbol{\alpha}+\boldsymbol{\gamma}\in V,k\boldsymbol{\alpha}\in V$,故 V 是一个向量空间。因为 $V\subseteq\mathbf{R}^n$,所以 V 是向量空间 $\mathbf{R}^n$ 的子空间。

三、练习题

(一) 填空题

1. 已知向量组 $\boldsymbol{\alpha}_1=(1,4,3)^{\mathrm{T}},\boldsymbol{\alpha}_2=(2,t,-1)^{\mathrm{T}},\boldsymbol{\alpha}_3=(-2,3,1)^{\mathrm{T}}$ 线性相关,则 $t=$________。

2. 若向量组 $\boldsymbol{\alpha}_1=(1,-1,2,4)^{\mathrm{T}},\boldsymbol{\alpha}_2=(0,3,1,2)^{\mathrm{T}},\boldsymbol{\alpha}_3=(3,0,7,a)^{\mathrm{T}},\boldsymbol{\alpha}_4=(1,-2,2,0)^{\mathrm{T}}$ 线性无关,则 a 的取值范围是________。

3. 设 $\boldsymbol{\alpha}_1=(1,2,1)^{\mathrm{T}},\boldsymbol{\alpha}_2=(2,3,a)^{\mathrm{T}},\boldsymbol{\alpha}_3=(1,a+2,-2)^{\mathrm{T}}$,若 $\boldsymbol{\beta}_1=(1,3,4)^{\mathrm{T}}$ 可以由向量组 $\boldsymbol{\alpha}_1,\boldsymbol{\alpha}_2,\boldsymbol{\alpha}_3$ 线性表出,$\boldsymbol{\beta}_2=(0,1,2)^{\mathrm{T}}$ 不能由 $\boldsymbol{\alpha}_1,\boldsymbol{\alpha}_2,\boldsymbol{\alpha}_3$ 线性表出,则 $a=$________。

4. 已知向量组 $\boldsymbol{\alpha}_1,\boldsymbol{\alpha}_2,\boldsymbol{\alpha}_3$ 的秩为 3,则向量组 $\boldsymbol{\alpha}_1,\boldsymbol{\alpha}_3-\boldsymbol{\alpha}_2$ 的秩为________。

5. 已知 $\boldsymbol{\alpha}_1=(1,1,a)^{\mathrm{T}},\boldsymbol{\alpha}_2=(1,a,1)^{\mathrm{T}},\boldsymbol{\alpha}_3=(a,1,1)^{\mathrm{T}},\boldsymbol{\beta}=(1,1,-2)^{\mathrm{T}}$。若 $\boldsymbol{\beta}$ 可由 $\boldsymbol{\alpha}_1,\boldsymbol{\alpha}_2,\boldsymbol{\alpha}_3$ 线性表出,但表示法不唯一,则 $a=$________。

6. 已知矩阵 $\boldsymbol{A}=(\boldsymbol{\alpha}_1,\boldsymbol{\alpha}_2,\boldsymbol{\alpha}_3,\boldsymbol{\beta}_1),\boldsymbol{B}=(\boldsymbol{\alpha}_3,\boldsymbol{\alpha}_1,\boldsymbol{\alpha}_2,\boldsymbol{\beta}_2)$都是 4 阶方阵。若$|\boldsymbol{A}|=1,|\boldsymbol{B}|=2$,则$|\boldsymbol{A}-2\boldsymbol{B}|=$________。

7. 已知 $\boldsymbol{\alpha}_1=(1,2,-1)^{\mathrm{T}},\boldsymbol{\alpha}_2=(1,-3,2)^{\mathrm{T}},\boldsymbol{\alpha}_3=(4,11,-6)^{\mathrm{T}}$,若 $\boldsymbol{A}\boldsymbol{\alpha}_1=(0,2)^{\mathrm{T}},\boldsymbol{A}\boldsymbol{\alpha}_2=(5,2)^{\mathrm{T}},\boldsymbol{A}\boldsymbol{\alpha}_3=(-3,7)^{\mathrm{T}}$,则 $\boldsymbol{A}=$________。

8. 已知 $\boldsymbol{\alpha}_1,\boldsymbol{\alpha}_2,\boldsymbol{\alpha}_3,\boldsymbol{\alpha}_4$ 是三维列向量,矩阵 $\boldsymbol{A}=(\boldsymbol{\alpha}_1,\boldsymbol{\alpha}_2,2\boldsymbol{\alpha}_3-\boldsymbol{\alpha}_4+\boldsymbol{\alpha}_2)$,$\boldsymbol{B}=(\boldsymbol{\alpha}_3,\boldsymbol{\alpha}_2,\boldsymbol{\alpha}_1)$,$\boldsymbol{C}=(\boldsymbol{\alpha}_1+2\boldsymbol{\alpha}_2,2\boldsymbol{\alpha}_2+3\boldsymbol{\alpha}_4,\boldsymbol{\alpha}_4+3\boldsymbol{\alpha}_1)$。若$|\boldsymbol{B}|=-5,|\boldsymbol{C}|=40$,则$|\boldsymbol{A}|=$________。

9. 已知 $\boldsymbol{\beta}=(0,2,-1,a)^{\mathrm{T}}$ 可由 $\boldsymbol{\alpha}_1=(1,-2,3,-4)^{\mathrm{T}},\boldsymbol{\alpha}_2=(0,1,-1,1)^{\mathrm{T}},\boldsymbol{\alpha}_3=(1,3,a,1)^{\mathrm{T}}$

线性表出,则 $a=$________。

10. 已知向量组 $\boldsymbol{\alpha}_1=(1,2,3,4)$,$\boldsymbol{\alpha}_2=(2,3,4,5)$,$\boldsymbol{\alpha}_3=(3,4,5,6)$, $\boldsymbol{\alpha}_4=(4,5,6,7)$, 则该向量组的秩为________。

11. 已知向量组 $\boldsymbol{\alpha}_1=(1,2,-1,1)$,$\boldsymbol{\alpha}_2=(2,0,t,0)$,$\boldsymbol{\alpha}_3=(0,-4,5,-2)$的秩为 2, 则 $t=$________。

12. 设向量组 $\boldsymbol{\alpha}_1=(1,-1,0)^{\mathrm{T}}$,$\boldsymbol{\alpha}_2=(4,2,a+2)^{\mathrm{T}}$,$\boldsymbol{\alpha}_3=(2,4,3)^{\mathrm{T}}$, $\boldsymbol{\alpha}_4=(1,a,1)^{\mathrm{T}}$中任意两个向量都可由向量组中另外两个向量线性表出,则 $a=$________。

13. 已知三维向量空间的一组基底为 $\boldsymbol{\alpha}_1=(1,1,0)$,$\boldsymbol{\alpha}_2=(1,0,1)$, $\boldsymbol{\alpha}_3=(0,1,1)$, 则向量 $\boldsymbol{\alpha}=(2,0,0)$在上述基底下的坐标是________。

(二) 选择题

1. n 维向量组 $\boldsymbol{\alpha}_1,\boldsymbol{\alpha}_2,\cdots,\boldsymbol{\alpha}_s(s\geqslant2)$线性无关的充分必要条件是(　　)。

(A) 存在一组不全为 0 的数 $k_1,k_2,\cdots,k_s$, 使得 $k_1\boldsymbol{\alpha}_1+k_2\boldsymbol{\alpha}_2+\cdots+k_s\boldsymbol{\alpha}_s\neq\boldsymbol{0}$

(B) $\boldsymbol{\alpha}_1,\boldsymbol{\alpha}_2,\cdots,\boldsymbol{\alpha}_s$ 中任意两个向量都线性无关

(C) $\boldsymbol{\alpha}_1,\boldsymbol{\alpha}_2,\cdots,\boldsymbol{\alpha}_s$ 中存在一个向量,它不能由其余向量线性表出

(D) $\boldsymbol{\alpha}_1,\boldsymbol{\alpha}_2,\cdots,\boldsymbol{\alpha}_s$ 中任一向量都不能由其余向量线性表出

2. 向量组 $\boldsymbol{\alpha}_1,\boldsymbol{\alpha}_2,\cdots,\boldsymbol{\alpha}_s$ 线性无关的充分必要条件是(　　)。

(A) $\boldsymbol{\alpha}_1,\boldsymbol{\alpha}_2,\cdots,\boldsymbol{\alpha}_s$ 均不为零向量

(B) $\boldsymbol{\alpha}_1,\boldsymbol{\alpha}_2,\cdots,\boldsymbol{\alpha}_s$ 中任意两个向量的分量不成比例

(C) $\boldsymbol{\alpha}_1,\boldsymbol{\alpha}_2,\cdots,\boldsymbol{\alpha}_s$ 中任意一个向量均不能由其余 $s-1$ 个向量线性表示

(D) $\boldsymbol{\alpha}_1,\boldsymbol{\alpha}_2,\cdots,\boldsymbol{\alpha}_s$ 中有一部分向量线性无关

3. 设向量 $\boldsymbol{\beta}$ 可由向量组 $\boldsymbol{\alpha}_1,\boldsymbol{\alpha}_2,\cdots,\boldsymbol{\alpha}_m$ 线性表示, 但不能由向量组(1): $\boldsymbol{\alpha}_1,\boldsymbol{\alpha}_2,\cdots,\boldsymbol{\alpha}_{m-1}$ 线性表示, 记向量组(2): $\boldsymbol{\alpha}_1,\boldsymbol{\alpha}_2,\cdots,\boldsymbol{\alpha}_{m-1},\boldsymbol{\beta}$, 则(　　)。

(A) $\boldsymbol{\alpha}_m$ 不能由(1)线性表示, 也不能由(2)线性表示

(B) $\boldsymbol{\alpha}_m$ 不能由(1)线性表示, 但可由(2)线性表示

(C) $\boldsymbol{\alpha}_m$ 可由(1)线性表示, 也可由(2)线性表示

(D) $\boldsymbol{\alpha}_m$ 可由(1)线性表示, 但不能由(2)线性表示

4. 设 $\boldsymbol{A}$ 是 n 阶矩阵, 且 $\boldsymbol{A}$ 的行列式 $|\boldsymbol{A}|=0$, 则 $\boldsymbol{A}$ 中(　　)。

(A) 必有一列元素全为 0

(B) 必有两列元素对应成比例

(C) 必有一个列向量是其余列向量的线性组合

(D) 任一列向量都是其余列向量的线性组合

5. 设 n 维列向量组 $\boldsymbol{\alpha}_1,\boldsymbol{\alpha}_2,\cdots,\boldsymbol{\alpha}_m(m<n)$线性无关, 则 n 维列向量组 $\boldsymbol{\beta}_1,\boldsymbol{\beta}_2,\cdots,\boldsymbol{\beta}_m$ 线性无关的充分必要条件为(　　)。

(A) 向量组 $\boldsymbol{\alpha}_1,\boldsymbol{\alpha}_2,\cdots,\boldsymbol{\alpha}_m$ 可由向量组 $\boldsymbol{\beta}_1,\boldsymbol{\beta}_2,\cdots,\boldsymbol{\beta}_m$ 线性表示

(B) 向量组 $\boldsymbol{\beta}_1,\boldsymbol{\beta}_2,\cdots,\boldsymbol{\beta}_m$ 可由向量组 $\boldsymbol{\alpha}_1,\boldsymbol{\alpha}_2,\cdots,\boldsymbol{\alpha}_m$ 线性表示

(C) 向量组 $\boldsymbol{\alpha}_1,\boldsymbol{\alpha}_2,\cdots,\boldsymbol{\alpha}_m$ 与向量组 $\boldsymbol{\beta}_1,\boldsymbol{\beta}_2,\cdots,\boldsymbol{\beta}_m$ 等价

(D) 矩阵 $\boldsymbol{A}=(\boldsymbol{\alpha}_1,\boldsymbol{\alpha}_2,\cdots,\boldsymbol{\alpha}_m)$与矩阵 $\boldsymbol{B}=(\boldsymbol{\beta}_1,\boldsymbol{\beta}_2,\cdots,\boldsymbol{\beta}_m)$等价

6. 设向量组 $\boldsymbol{\alpha}_1,\boldsymbol{\alpha}_2,\boldsymbol{\alpha}_3$ 线性无关, 向量 $\boldsymbol{\beta}_1$ 可由 $\boldsymbol{\alpha}_1,\boldsymbol{\alpha}_2,\boldsymbol{\alpha}_3$ 线性表示, 而向量 $\boldsymbol{\beta}_2$ 不能由 $\boldsymbol{\alpha}_1$,

$\boldsymbol{\alpha}_2,\boldsymbol{\alpha}_3$ 线性表示，则对于任意常数 k，必有(　　)。

(A) $\boldsymbol{\alpha}_1,\boldsymbol{\alpha}_2,\boldsymbol{\alpha}_3,k\boldsymbol{\beta}_1+\boldsymbol{\beta}_2$ 线性无关

(B) $\boldsymbol{\alpha}_1,\boldsymbol{\alpha}_2,\boldsymbol{\alpha}_3,k\boldsymbol{\beta}_1+\boldsymbol{\beta}_2$ 线性相关

(C) $\boldsymbol{\alpha}_1,\boldsymbol{\alpha}_2,\boldsymbol{\alpha}_3,\boldsymbol{\beta}_1+k\boldsymbol{\beta}_2$ 线性无关

(D) $\boldsymbol{\alpha}_1,\boldsymbol{\alpha}_2,\boldsymbol{\alpha}_3,\boldsymbol{\beta}_1+k\boldsymbol{\beta}_2$ 线性相关

7. 设有任意两个 n 维向量组 $\boldsymbol{\alpha}_1,\boldsymbol{\alpha}_2,\cdots,\boldsymbol{\alpha}_m$ 和 $\boldsymbol{\beta}_1,\boldsymbol{\beta}_2,\cdots,\boldsymbol{\beta}_m$，若存在两组不全为 0 的数 $\lambda_1,\lambda_2,\cdots,\lambda_m$ 和 $k_1,k_2,\cdots,k_m$，使 $(\lambda_1+k_1)\boldsymbol{\alpha}_1+\cdots+(\lambda_m+k_m)\boldsymbol{\alpha}_m+(\lambda_1-k_1)\boldsymbol{\beta}_1+\cdots+(\lambda_m-k_m)\boldsymbol{\beta}_m=\boldsymbol{0}$，则(　　)。

(A) $\boldsymbol{\alpha}_1,\boldsymbol{\alpha}_2,\cdots,\boldsymbol{\alpha}_m$ 和 $\boldsymbol{\beta}_1,\boldsymbol{\beta}_2,\cdots,\boldsymbol{\beta}_m$ 都线性相关

(B) $\boldsymbol{\alpha}_1,\boldsymbol{\alpha}_2,\cdots,\boldsymbol{\alpha}_m$ 和 $\boldsymbol{\beta}_1,\boldsymbol{\beta}_2,\cdots,\boldsymbol{\beta}_m$ 都线性无关

(C) $\boldsymbol{\alpha}_1+\boldsymbol{\beta}_1,\cdots,\boldsymbol{\alpha}_m+\boldsymbol{\beta}_m,\boldsymbol{\alpha}_1-\boldsymbol{\beta}_1,\cdots,\boldsymbol{\alpha}_m-\boldsymbol{\beta}_m$ 线性无关

(D) $\boldsymbol{\alpha}_1+\boldsymbol{\beta}_1,\cdots,\boldsymbol{\alpha}_m+\boldsymbol{\beta}_m,\boldsymbol{\alpha}_1-\boldsymbol{\beta}_1,\cdots,\boldsymbol{\alpha}_m-\boldsymbol{\beta}_m$ 线性相关

8. 设向量组 $\boldsymbol{\alpha}_1,\boldsymbol{\alpha}_2,\boldsymbol{\alpha}_3$ 线性无关，则下列向量组中，线性无关的是(　　)。

(A) $\boldsymbol{\alpha}_1+\boldsymbol{\alpha}_2,\boldsymbol{\alpha}_2+\boldsymbol{\alpha}_3,\boldsymbol{\alpha}_3-\boldsymbol{\alpha}_1$

(B) $\boldsymbol{\alpha}_1+\boldsymbol{\alpha}_2,\boldsymbol{\alpha}_2+\boldsymbol{\alpha}_3,\boldsymbol{\alpha}_1+2\boldsymbol{\alpha}_2+\boldsymbol{\alpha}_3$

(C) $\boldsymbol{\alpha}_1+2\boldsymbol{\alpha}_2,2\boldsymbol{\alpha}_2+3\boldsymbol{\alpha}_3,3\boldsymbol{\alpha}_3+\boldsymbol{\alpha}_1$

(D) $\boldsymbol{\alpha}_1+\boldsymbol{\alpha}_2+\boldsymbol{\alpha}_3,2\boldsymbol{\alpha}_1-3\boldsymbol{\alpha}_2+22\boldsymbol{\alpha}_3,3\boldsymbol{\alpha}_1+5\boldsymbol{\alpha}_2-5\boldsymbol{\alpha}_3$

9. 设 $\boldsymbol{A},\boldsymbol{B}$ 为满足 $\boldsymbol{AB}=\boldsymbol{O}$ 的任意两个非零矩阵，则必有(　　)。

(A) $\boldsymbol{A}$ 的列向量组线性相关，$\boldsymbol{B}$ 的行向量组线性相关

(B) $\boldsymbol{A}$ 的列向量组线性相关，$\boldsymbol{B}$ 的列向量组线性相关

(C) $\boldsymbol{A}$ 的行向量组线性相关，$\boldsymbol{B}$ 的行向量组线性相关

(D) $\boldsymbol{A}$ 的行向量组线性相关，$\boldsymbol{B}$ 的列向量组线性相关

10. 设 n 阶方阵 $\boldsymbol{A}$ 的秩 $r<n$，则在 $\boldsymbol{A}$ 的 n 个行向量中(　　)。

(A) 必有 r 个行向量线性无关

(B) 任意 r 个行向量均可构成极大无关组

(C) 任意 r 个行向量均线性无关

(D) 任一行向量均可由其余 r 个行向量线性表示

11. 设有向量组 $\boldsymbol{\alpha}_1=(1,-1,2,4),\boldsymbol{\alpha}_2=(0,3,1,2),\boldsymbol{\alpha}_3=(3,0,7,14),\boldsymbol{\alpha}_4=(1,-2,2,0),\boldsymbol{\alpha}_5=(2,1,5,10)$，则该向量组的极大无关组是(　　)。

(A) $\boldsymbol{\alpha}_1,\boldsymbol{\alpha}_2,\boldsymbol{\alpha}_3$　　(B) $\boldsymbol{\alpha}_1,\boldsymbol{\alpha}_2,\boldsymbol{\alpha}_4$

(C) $\boldsymbol{\alpha}_1,\boldsymbol{\alpha}_2,\boldsymbol{\alpha}_5$　　(D) $\boldsymbol{\alpha}_1,\boldsymbol{\alpha}_2,\boldsymbol{\alpha}_4,\boldsymbol{\alpha}_5$

12. 设 n 维向量组 $\boldsymbol{\alpha}_1,\boldsymbol{\alpha}_2,\boldsymbol{\alpha}_3,\boldsymbol{\alpha}_4,\boldsymbol{\alpha}_5$ 的秩为 3，且满足 $\boldsymbol{\alpha}_1+2\boldsymbol{\alpha}_3-3\boldsymbol{\alpha}_5=\boldsymbol{0},\boldsymbol{\alpha}_2=2\boldsymbol{\alpha}_4$，则该向量组的极大无关组是(　　)。

(A) $\boldsymbol{\alpha}_1,\boldsymbol{\alpha}_3,\boldsymbol{\alpha}_5$　　(B) $\boldsymbol{\alpha}_1,\boldsymbol{\alpha}_2,\boldsymbol{\alpha}_3$

(C) $\boldsymbol{\alpha}_2,\boldsymbol{\alpha}_4,\boldsymbol{\alpha}_5$　　(D) $\boldsymbol{\alpha}_1,\boldsymbol{\alpha}_2,\boldsymbol{\alpha}_4$

13. 若 $\boldsymbol{\alpha}_1=(-1,1,a,4)^{\mathrm{T}},\boldsymbol{\alpha}_2=(-2,1,5,a)^{\mathrm{T}},\boldsymbol{\alpha}_3=(a,2,10,1)^{\mathrm{T}}$，且已知 $\boldsymbol{\alpha}_1,\boldsymbol{\alpha}_2,\boldsymbol{\alpha}_3$ 线性无关，则 a 的取值为(　　)。

(A) $a\neq5$　　(B) $a\neq4$

(C) $a\neq-3$　　(D) $a\neq-4$ 且 $a\neq-3$

14. 设向量组 $\boldsymbol{\alpha},\boldsymbol{\beta},\boldsymbol{\gamma}$ 以及常数 k,l,m，满足 $k\boldsymbol{\alpha}+l\boldsymbol{\beta}+m\boldsymbol{\gamma}=\boldsymbol{0}$，且 $km\neq0$，则有(　　)。

(A) $\boldsymbol{\alpha},\boldsymbol{\beta}$ 与 $\boldsymbol{\alpha},\boldsymbol{\gamma}$ 等价　　(B) $\boldsymbol{\alpha},\boldsymbol{\beta}$ 与 $\boldsymbol{\beta},\boldsymbol{\gamma}$ 等价

(C) $\boldsymbol{\alpha},\boldsymbol{\gamma}$ 与 $\boldsymbol{\beta},\boldsymbol{\gamma}$ 等价　　(D) $\boldsymbol{\alpha}$ 与 $\boldsymbol{\gamma}$ 等价

(三) 解答与证明题

1. 设向量组 $\boldsymbol{\alpha}_1=(a,b,1),\boldsymbol{\alpha}_2=(1,a,c),\boldsymbol{\alpha}_3=(c,1,b)$。试确定 a,b,c 的值，使 $\boldsymbol{\alpha}_1+2\boldsymbol{\alpha}_2-3\boldsymbol{\alpha}_3=\mathbf{0}$。

2. 试讨论下列向量组的线性相关性：

① $\boldsymbol{\alpha}_1-\boldsymbol{\alpha}_2,\boldsymbol{\alpha}_2-\boldsymbol{\alpha}_3,\boldsymbol{\alpha}_3-\boldsymbol{\alpha}_1$；

② $\boldsymbol{\beta}_1=\boldsymbol{\alpha}_1+\boldsymbol{\alpha}_2+\boldsymbol{\alpha}_3,\boldsymbol{\beta}_2=\boldsymbol{\alpha}_1+\boldsymbol{\alpha}_2,\boldsymbol{\beta}_3=\boldsymbol{\alpha}_2+\boldsymbol{\alpha}_3,\boldsymbol{\beta}_4=\boldsymbol{\alpha}_3+\boldsymbol{\alpha}_1$；

③ $\boldsymbol{\gamma}_1=\boldsymbol{\alpha}_1+\boldsymbol{\alpha}_2,\boldsymbol{\gamma}_2=\boldsymbol{\alpha}_2+2\boldsymbol{\alpha}_3,\boldsymbol{\gamma}_3=3\boldsymbol{\alpha}_1+\boldsymbol{\alpha}_3$，其中 $\boldsymbol{\alpha}_1,\boldsymbol{\alpha}_2,\boldsymbol{\alpha}_3$ 线性无关。

3. 设向量组 $\boldsymbol{\alpha}_1,\boldsymbol{\alpha}_2,\boldsymbol{\alpha}_3,\boldsymbol{\alpha}_4$ 线性无关，试判别下列向量组是否线性相关：

① $\boldsymbol{\xi}_1=\boldsymbol{\alpha}_1+\boldsymbol{\alpha}_4,\boldsymbol{\xi}_2=\boldsymbol{\alpha}_1+\boldsymbol{\alpha}_2,\boldsymbol{\xi}_3=\boldsymbol{\alpha}_1+\boldsymbol{\alpha}_2+\boldsymbol{\alpha}_3$；

② $\boldsymbol{\eta}_1=\boldsymbol{\alpha}_1-\boldsymbol{\alpha}_2+\boldsymbol{\alpha}_3-\boldsymbol{\alpha}_4,\boldsymbol{\eta}_2=\boldsymbol{\alpha}_1+2\boldsymbol{\alpha}_2+3\boldsymbol{\alpha}_3+\boldsymbol{\alpha}_4$，$\boldsymbol{\eta}_3=3\boldsymbol{\alpha}_1+3\boldsymbol{\alpha}_2+7\boldsymbol{\alpha}_3+\boldsymbol{\alpha}_4$。

4. 下列向量 $\boldsymbol{\beta}$ 可否表示为 $\boldsymbol{\alpha}_1,\boldsymbol{\alpha}_2,\boldsymbol{\alpha}_3$ 的线性组合？如可表示，求线性组合表达式，并说明表达式是否唯一？

① $\boldsymbol{\alpha}_1=(1,1,1),\boldsymbol{\alpha}_2=(1,-1,1),\boldsymbol{\alpha}_3=(1,1,-1);\boldsymbol{\beta}=(1,2,3)$。

② $\boldsymbol{\alpha}_1=(1,1,1),\boldsymbol{\alpha}_2=(1,2,0),\boldsymbol{\alpha}_3=(0,1,-1);\boldsymbol{\beta}=(3,4,2)$。

③ $\boldsymbol{\alpha}_1=(1,1,1,1),\boldsymbol{\alpha}_2=(2,1,3,1),\boldsymbol{\alpha}_3=(3,1,5,1);\boldsymbol{\beta}=(1,0,3,0)$。

5. 判别向量组 $\boldsymbol{\alpha}_1=(1,0,2,3)^{\mathrm{T}},\boldsymbol{\alpha}_2=(1,1,3,5)^{\mathrm{T}},\boldsymbol{\alpha}_3=(1,-1,a+2,1)^{\mathrm{T}}$，$\boldsymbol{\alpha}_4=(1,2,4,a+9)^{\mathrm{T}}$ 的线性相关性。

6. 已知 $\boldsymbol{\alpha}_1=(1,-1,1)^{\mathrm{T}},\boldsymbol{\alpha}_2=(1,t,-1)^{\mathrm{T}},\boldsymbol{\alpha}_3=(t,1,2)^{\mathrm{T}},\boldsymbol{\beta}=(4,t^2,-4)^{\mathrm{T}}$，若 $\boldsymbol{\beta}$ 可由 $\boldsymbol{\alpha}_1,\boldsymbol{\alpha}_2,\boldsymbol{\alpha}_3$ 线性表出且表示法不唯一，求 t 及 $\boldsymbol{\beta}$ 的表达式。

7. 设 $\boldsymbol{b}_1=\boldsymbol{a}_1,\boldsymbol{b}_2=\boldsymbol{a}_1+\boldsymbol{a}_2,\cdots,\boldsymbol{b}_r=\boldsymbol{a}_1+\boldsymbol{a}_2+\cdots+\boldsymbol{a}_r$，且向量组 $\boldsymbol{a}_1,\boldsymbol{a}_2,\cdots,\boldsymbol{a}_r$ 线性无关，证明向量组 $\boldsymbol{b}_1,\boldsymbol{b}_2,\cdots,\boldsymbol{b}_r$ 线性无关。

8. 设 $\boldsymbol{A}$ 是 n 阶方阵，若存在正整数 k，使线性方程组 $\boldsymbol{A}^k\boldsymbol{x}=\mathbf{0}$ 有解，即向量 $\boldsymbol{\alpha}$，且 $\boldsymbol{A}^{k-1}\boldsymbol{\alpha}\neq\mathbf{0}$。证明：向量组 $\boldsymbol{\alpha},\boldsymbol{A\alpha},\cdots,\boldsymbol{A}^{k-1}\boldsymbol{\alpha}$ 是线性无关的。

9. 设 $\boldsymbol{A}$ 是 n 阶方阵，$\boldsymbol{\alpha}_1,\boldsymbol{\alpha}_2,\boldsymbol{\alpha}_3$ 是 n 维列向量，且 $\boldsymbol{\alpha}_1\neq\mathbf{0}$，$\boldsymbol{A\alpha}_1=k\boldsymbol{\alpha}_1,\boldsymbol{A\alpha}_2=l\boldsymbol{\alpha}_1+k\boldsymbol{\alpha}_2$，$\boldsymbol{A\alpha}_3=l\boldsymbol{\alpha}_2+k\boldsymbol{\alpha}_3,l\neq0$。证明 $\boldsymbol{\alpha}_1,\boldsymbol{\alpha}_2,\boldsymbol{\alpha}_3$ 线性无关。

10. 求向量组 $\boldsymbol{\alpha}_1=(1,1,4,2)^{\mathrm{T}},\boldsymbol{\alpha}_2=(1,-1,-2,4)^{\mathrm{T}},\boldsymbol{\alpha}_3=(-3,2,3,-11)^{\mathrm{T}}$，$\boldsymbol{\alpha}_4=(1,3,10,0)^{\mathrm{T}}$ 的一个极大无关组。

11. 设向量组 $(a,3,1)^{\mathrm{T}},(2,b,3)^{\mathrm{T}},(1,2,1)^{\mathrm{T}},(2,3,1)^{\mathrm{T}}$ 的秩为 2，求 a,b 的值。

12. 已知向量组

$$\boldsymbol{\alpha}_1=\begin{pmatrix}1\\0\\-1\end{pmatrix},\boldsymbol{\alpha}_2=\begin{pmatrix}2\\1\\1\end{pmatrix},\boldsymbol{\alpha}_3=\begin{pmatrix}1\\1\\1\end{pmatrix};\boldsymbol{\beta}_1=\begin{pmatrix}-1\\0\\0\end{pmatrix},\boldsymbol{\beta}_2=\begin{pmatrix}-3\\-1\\-2\end{pmatrix},\boldsymbol{\beta}_3=\begin{pmatrix}-1\\0\\-1\end{pmatrix}$$

① 证明 $\boldsymbol{\alpha}_1,\boldsymbol{\alpha}_2,\boldsymbol{\alpha}_3$ 和 $\boldsymbol{\beta}_1,\boldsymbol{\beta}_2,\boldsymbol{\beta}_3$ 分别线性无关。

② 设 $\boldsymbol{A}=(\boldsymbol{\alpha}_1,\boldsymbol{\alpha}_2,\boldsymbol{\alpha}_3)$，$\boldsymbol{B}=(\boldsymbol{\beta}_1,\boldsymbol{\beta}_2,\boldsymbol{\beta}_3)$。若有 $\boldsymbol{A}=\boldsymbol{BC}$，问 $\boldsymbol{C}$ 是否可逆？若可逆，求出 $\boldsymbol{C}^{-1}$。

13. 已知向量组 $\boldsymbol{\alpha}_1=(1,-1,1,-1)^{\mathrm{T}},\boldsymbol{\alpha}_2=(3,1,1,3)^{\mathrm{T}};\boldsymbol{\beta}_1=(2,0,1,1)^{\mathrm{T}},\boldsymbol{\beta}_2=(1,1,0,2)^{\mathrm{T}},\boldsymbol{\beta}_3=(3,-1,2,0)^{\mathrm{T}}$。证明向量组 $\boldsymbol{\alpha}_1,\boldsymbol{\alpha}_2$ 与 $\boldsymbol{\beta}_1,\boldsymbol{\beta}_2,\boldsymbol{\beta}_3$ 等价。

14. 已知向量组 $\boldsymbol{\alpha}_1=(0,1,1)^{\mathrm{T}}, \boldsymbol{\alpha}_2=(1,1,0)^{\mathrm{T}}; \boldsymbol{\beta}_1=(-1,0,1)^{\mathrm{T}}, \boldsymbol{\beta}_2=(1,2,1)^{\mathrm{T}}, \boldsymbol{\beta}_3=(3,2,-1)^{\mathrm{T}}$。证明向量组 $\boldsymbol{\alpha}_1,\boldsymbol{\alpha}_2$ 与 $\boldsymbol{\beta}_1,\boldsymbol{\beta}_2,\boldsymbol{\beta}_3$ 等价。

15. 设4维向量组 $\boldsymbol{\alpha}_1=(1+a,1,1,1)^{\mathrm{T}}, \boldsymbol{\alpha}_2=(2,2+a,2,2)^{\mathrm{T}}, \boldsymbol{\alpha}_3=(3,3,3+a,3)^{\mathrm{T}}, \boldsymbol{\alpha}_4=(4,4,4,4+a)^{\mathrm{T}}$,问 a 为何值时,$\boldsymbol{\alpha}_1,\boldsymbol{\alpha}_2,\boldsymbol{\alpha}_3,\boldsymbol{\alpha}_4$ 线性相关?当 $\boldsymbol{\alpha}_1,\boldsymbol{\alpha}_2,\boldsymbol{\alpha}_3,\boldsymbol{\alpha}_4$ 线性相关时,求其一个极大无关组,并将其余向量用该极大无关组线性表出。

16. 已知向量组Ⅰ:$\boldsymbol{\alpha}_1,\boldsymbol{\alpha}_2,\boldsymbol{\alpha}_3$;Ⅱ:$\boldsymbol{\alpha}_1,\boldsymbol{\alpha}_2,\boldsymbol{\alpha}_3,\boldsymbol{\alpha}_4$;Ⅲ:$\boldsymbol{\alpha}_1,\boldsymbol{\alpha}_2,\boldsymbol{\alpha}_3,\boldsymbol{\alpha}_5$。如果它们的秩分别为 r(Ⅰ)=r(Ⅱ)=3,r(Ⅲ)=4,求秩 $\mathrm{r}(\boldsymbol{\alpha}_1,\boldsymbol{\alpha}_2,\boldsymbol{\alpha}_3,\boldsymbol{\alpha}_4+\boldsymbol{\alpha}_5)$。

17. 设 $\boldsymbol{\beta}_1=\boldsymbol{\alpha}_1+\boldsymbol{\alpha}_2, \boldsymbol{\beta}_2=\boldsymbol{\alpha}_2+\boldsymbol{\alpha}_3, \boldsymbol{\beta}_3=\boldsymbol{\alpha}_3+\boldsymbol{\alpha}_1$,试证明两个向量组 $\boldsymbol{\alpha}_1,\boldsymbol{\alpha}_2,\boldsymbol{\alpha}_3$ 与 $\boldsymbol{\beta}_1,\boldsymbol{\beta}_2,\boldsymbol{\beta}_3$ 具有相同的秩。

18. 设 $\boldsymbol{\alpha},\boldsymbol{\beta}$ 是3维列向量,矩阵 $\boldsymbol{A}=\boldsymbol{\alpha}\boldsymbol{\alpha}^{\mathrm{T}}+\boldsymbol{\beta}\boldsymbol{\beta}^{\mathrm{T}}$,其中 $\boldsymbol{\alpha}^{\mathrm{T}},\boldsymbol{\beta}^{\mathrm{T}}$ 分别是 $\boldsymbol{\alpha},\boldsymbol{\beta}$ 的转置。证明:

① $\mathrm{r}(\boldsymbol{A})\leqslant 2$;

② 若 $\boldsymbol{\alpha},\boldsymbol{\beta}$ 线性相关,则 $\mathrm{r}(\boldsymbol{A})<2$。

19. 已知 $\boldsymbol{A}$ 是 $m\times n$ 阶矩阵,$\boldsymbol{B}$ 是 $n\times p$ 阶矩阵,$\mathrm{r}(\boldsymbol{B})=n, \boldsymbol{AB}=\boldsymbol{O}$,证明 $\boldsymbol{A}=\boldsymbol{O}$。

20. 已知 $\boldsymbol{\alpha}_1=(1,1,1,1)^{\mathrm{T}}, \boldsymbol{\alpha}_2=(1,1,-1,-1)^{\mathrm{T}}, \boldsymbol{\alpha}_3=(1,-1,1,-1)^{\mathrm{T}}, \boldsymbol{\alpha}_4=(1,-1,-1,1)^{\mathrm{T}}$ 是 $\mathbf{R}^4$ 的一组基,求 $\boldsymbol{\beta}=(1,2,1,1)$ 在这组基下的坐标。

四、练习题答案与提示

(一) 填空题

1. -3。
2. $a\neq 14$。
3. -1。
4. 2。
5. -2。
6. 21。
7. $\begin{pmatrix} 2 & -1 & 0 \\ 1 & 3 & 5 \end{pmatrix}$。
8. 8。
9. 2。
10. 2。
11. 3。
12. 1。
13. $(1,1,-1)$。

(二) 选择题

1. (D)。
2. (C)。
3. (B)。

4.（C）。

5.（D）。

6.（A）。

7.（D）。

8.（C）。

9.（A）。

10.（A）。

11.（B）。

12.（B）。

13.（A）。

14.（B）。

（三）解答与证明题

1. $a=b=c=1$。

2. 分析：① 由于$(\boldsymbol{\alpha}_1-\boldsymbol{\alpha}_2)+(\boldsymbol{\alpha}_2-\boldsymbol{\alpha}_3)+(\boldsymbol{\alpha}_3-\boldsymbol{\alpha}_1)=\mathbf{0}$，所以 $\boldsymbol{\alpha}_1-\boldsymbol{\alpha}_2,\boldsymbol{\alpha}_2-\boldsymbol{\alpha}_3,\boldsymbol{\alpha}_3-\boldsymbol{\alpha}_1$ 线性无关。

② 由于 $\boldsymbol{\beta}_1=\frac{1}{2}(\boldsymbol{\beta}_2+\boldsymbol{\beta}_3+\boldsymbol{\beta}_4)$，即 $\boldsymbol{\beta}_1$ 是 $\boldsymbol{\beta}_2,\boldsymbol{\beta}_3,\boldsymbol{\beta}_4$ 的线性组合，所以 $\boldsymbol{\beta}_1,\boldsymbol{\beta}_2,\boldsymbol{\beta}_3,\boldsymbol{\beta}_4$ 线性相关。

③ 设 $k_1\boldsymbol{\gamma}_1+k_2\boldsymbol{\gamma}_2+k_3\boldsymbol{\gamma}_3=\mathbf{0}$，即

$$k_1(\boldsymbol{\alpha}_1+\boldsymbol{\alpha}_2)+k_2(\boldsymbol{\alpha}_2+2\boldsymbol{\alpha}_3)+k_3(3\boldsymbol{\alpha}_1+\boldsymbol{\alpha}_3)=(k_1+3k_3)\boldsymbol{\alpha}_1+(k_1+k_2)\boldsymbol{\alpha}_2+(2k_2+k_3)\boldsymbol{\alpha}_3=\mathbf{0}$$

由于 $\boldsymbol{\alpha}_1,\boldsymbol{\alpha}_2,\boldsymbol{\alpha}_3$ 线性无关，所以

$$\begin{cases}k_1+3k_3=0\\k_1+k_2=0\\2k_2+k_3=0\end{cases}\Rightarrow k_1=k_2=k_3=0\Rightarrow\boldsymbol{\gamma}_1,\boldsymbol{\gamma}_2,\boldsymbol{\gamma}_3\text{ 线性无关}$$

3. ① $\boldsymbol{\xi}_1,\boldsymbol{\xi}_2,\boldsymbol{\xi}_3$ 线性无关。

② $\boldsymbol{\eta}_1,\boldsymbol{\eta}_2,\boldsymbol{\eta}_3$ 线性无关。

4. 分析：① $\boldsymbol{\beta}$ 可表示为 $\boldsymbol{\alpha}_1,\boldsymbol{\alpha}_2,\boldsymbol{\alpha}_3$ 的线性组合，且表达式唯一，$\boldsymbol{\beta}=\frac{5}{2}\boldsymbol{\alpha}_1-\frac{1}{2}\boldsymbol{\alpha}_2-\boldsymbol{\alpha}_3$。

② $\boldsymbol{\beta}$ 可表示为 $\boldsymbol{\alpha}_1,\boldsymbol{\alpha}_2,\boldsymbol{\alpha}_3$ 的线性组合，且 $\boldsymbol{\beta}=(2+c)\boldsymbol{\alpha}_1+(1-c)\boldsymbol{\alpha}_2-c\boldsymbol{\alpha}_3,c\in\mathbf{R}$，不唯一。

③ $\boldsymbol{\beta}$ 不能表示为 $\boldsymbol{\alpha}_1,\boldsymbol{\alpha}_2,\boldsymbol{\alpha}_3$ 的线性组合。

5. 当 $a=-1$ 或 $a=-2$ 时，向量组线性相关，否则线性无关。

6. $t=4$；$\boldsymbol{\beta}=-3k\boldsymbol{\alpha}_1+(4-k)\boldsymbol{\alpha}_2+k\boldsymbol{\alpha}_3$。

7. 证明略。

8. 分析：用反证法。如果 $\boldsymbol{\alpha},\boldsymbol{A}\boldsymbol{\alpha},\cdots,\boldsymbol{A}^{k-1}\boldsymbol{\alpha}$ 线性相关，则存在不全为 0 的数 $l_1,l_2,\cdots,l_k$，使

$$l_1\boldsymbol{\alpha}+l_2\boldsymbol{A}\boldsymbol{\alpha}+\cdots+l_k\boldsymbol{A}^{k-1}\boldsymbol{\alpha}=\mathbf{0}$$

设 $l_1,l_2,\cdots,l_k$ 中第一个不为 0 的数是 l_i，则

$$l_i\boldsymbol{A}^{i-1}\boldsymbol{\alpha}+l_{i+1}\boldsymbol{A}^{i}\boldsymbol{\alpha}+\cdots+l_k\boldsymbol{A}^{k-1}\boldsymbol{\alpha}=\mathbf{0}\tag{4-6}$$

用 $\boldsymbol{A}^{k-i}$左乘式(4-6)，利用 $\boldsymbol{A}^{k}\boldsymbol{\alpha}=\boldsymbol{A}^{k+1}\boldsymbol{\alpha}=\cdots=\mathbf{0}$，得 $l_i\boldsymbol{A}^{k-1}\boldsymbol{\alpha}=\mathbf{0}$，由于 $l_i\neq0$，所以 $\boldsymbol{A}^{k-1}\boldsymbol{\alpha}=\mathbf{0}$，与已知矛盾。

9. 分析:若 $k_1\boldsymbol{\alpha}_1+k_2\boldsymbol{\alpha}_2+k_3\boldsymbol{\alpha}_3=\mathbf{0}$，用 $\boldsymbol{A}-k\boldsymbol{E}$ 左乘，有 $k_1(\boldsymbol{A}-k\boldsymbol{E})\boldsymbol{\alpha}_1+k_2(\boldsymbol{A}-k\boldsymbol{E})\boldsymbol{\alpha}_2+k_3(\boldsymbol{A}-k\boldsymbol{E})\boldsymbol{\alpha}_3=\mathbf{0}\Rightarrow k_2l\boldsymbol{\alpha}_1+k_3l\boldsymbol{\alpha}_2=\mathbf{0}\Leftrightarrow k_2\boldsymbol{\alpha}_1+k_3\boldsymbol{\alpha}_2=\mathbf{0}$。再用 $\boldsymbol{A}-k\boldsymbol{E}$ 左乘，可得 $k_3\boldsymbol{\alpha}_1=\mathbf{0}$。由于 $k_3\boldsymbol{\alpha}_1\neq\mathbf{0}$，故必有 $k_3=0$,依次往上代入得 $k_2=k_1=0$，所以 $\boldsymbol{\alpha}_1,\boldsymbol{\alpha}_2,\boldsymbol{\alpha}_3$ 线性无关。

10. 一个极大无关组为 $\boldsymbol{\alpha}_1,\boldsymbol{\alpha}_2$。

11. $a=2,b=5$。

12. ① 证明略。

② $\boldsymbol{C}$ 可逆，$\boldsymbol{C}^{-1}=\boldsymbol{A}^{-1}\boldsymbol{B}=\begin{pmatrix}0&1&1\\-1&-3&-2\\1&2&2\end{pmatrix}$。

13. 提示：令 $\boldsymbol{A}=(\boldsymbol{\alpha}_1,\boldsymbol{\alpha}_2)$,$\boldsymbol{B}=(\boldsymbol{\beta}_1,\boldsymbol{\beta}_2,\boldsymbol{\beta}_3)$,$\boldsymbol{C}=(\boldsymbol{\alpha}_1,\boldsymbol{\alpha}_2,\boldsymbol{\beta}_1,\boldsymbol{\beta}_2,\boldsymbol{\beta}_3)$。证明 $\mathrm{r}(\boldsymbol{A})=\mathrm{r}(\boldsymbol{B})=\mathrm{r}(\boldsymbol{C})$或证明两个向量组可以互相表示。

14. 提示：方法同题 13。

15. 分析:作矩阵 $\boldsymbol{A}=(\boldsymbol{\alpha}_1,\boldsymbol{\alpha}_2,\boldsymbol{\alpha}_3,\boldsymbol{\alpha}_4)$，对 $\boldsymbol{A}$ 进行初等行变换，有

$$\boldsymbol{A}=\begin{pmatrix}1+a&2&3&4\\1&2+a&3&4\\1&2&3+a&4\\1&2&3&4+a\end{pmatrix}\to\begin{pmatrix}1+a&2&3&4\\-a&a&0&0\\-a&0&a&0\\-a&0&0&a\end{pmatrix}=\boldsymbol{B}$$

当 $a=0$ 时，$\mathrm{r}(\boldsymbol{A})=1$，因而 $\boldsymbol{\alpha}_1,\boldsymbol{\alpha}_2,\boldsymbol{\alpha}_3,\boldsymbol{\alpha}_4$ 线性相关。此时 $\boldsymbol{\alpha}_1$ 是向量组 $\boldsymbol{\alpha}_1,\boldsymbol{\alpha}_2,\boldsymbol{\alpha}_3,\boldsymbol{\alpha}_4$ 的一个极大无关组，且 $\boldsymbol{\alpha}_2=2\boldsymbol{\alpha}_1,\boldsymbol{\alpha}_3=3\boldsymbol{\alpha}_1,\boldsymbol{\alpha}_4=4\boldsymbol{\alpha}_1$。

当 $a\neq0$ 时，对矩阵 $\boldsymbol{B}$ 进行初等行变换，有

$$\boldsymbol{B}\to\begin{pmatrix}1+a&2&3&4\\-1&1&0&0\\-1&0&1&0\\-1&0&0&1\end{pmatrix}\to\begin{pmatrix}10+a&0&0&0\\-1&1&0&0\\-1&0&1&0\\-1&0&0&1\end{pmatrix}=\boldsymbol{C}=(\boldsymbol{\gamma}_1,\boldsymbol{\gamma}_2,\boldsymbol{\gamma}_3,\boldsymbol{\gamma}_4)$$

如果 $a\neq-10$,则 $\mathrm{r}(\boldsymbol{C})=4$,$\boldsymbol{\alpha}_1,\boldsymbol{\alpha}_2,\boldsymbol{\alpha}_3,\boldsymbol{\alpha}_4$ 线性无关。

如果 $a=-10$，则 $\mathrm{r}(\boldsymbol{C})=3$,从而 $\mathrm{r}(\boldsymbol{A})=3$,$\boldsymbol{\alpha}_1,\boldsymbol{\alpha}_2,\boldsymbol{\alpha}_3,\boldsymbol{\alpha}_4$ 线性相关。

由于 $\boldsymbol{\gamma}_2,\boldsymbol{\gamma}_3,\boldsymbol{\gamma}_4$ 是 $\boldsymbol{\gamma}_1,\boldsymbol{\gamma}_2,\boldsymbol{\gamma}_3,\boldsymbol{\gamma}_4$ 的一个极大无关组，且 $\boldsymbol{\gamma}_1=-\boldsymbol{\gamma}_2-\boldsymbol{\gamma}_3-\boldsymbol{\gamma}_4$，所以 $\boldsymbol{\alpha}_2,\boldsymbol{\alpha}_3,\boldsymbol{\alpha}_4$ 是 $\boldsymbol{\alpha}_1,\boldsymbol{\alpha}_2,\boldsymbol{\alpha}_3,\boldsymbol{\alpha}_4$ 的一个极大无关组，且 $\boldsymbol{\alpha}_1=-\boldsymbol{\alpha}_2-\boldsymbol{\alpha}_3-\boldsymbol{\alpha}_4$。

16. $\mathrm{r}(\boldsymbol{\alpha}_1,\boldsymbol{\alpha}_2,\boldsymbol{\alpha}_3,\boldsymbol{\alpha}_4+\boldsymbol{\alpha}_5)=4$。

17. 证明略。

18. 分析：① 利用 $\mathrm{r}(\boldsymbol{A}+\boldsymbol{B})\leqslant\mathrm{r}(\boldsymbol{A})+\mathrm{r}(\boldsymbol{B})$和 $\mathrm{r}(\boldsymbol{AB})\leqslant\min\{\mathrm{r}(\boldsymbol{A}),\mathrm{r}(\boldsymbol{B})\}$，有

$$\mathrm{r}(\boldsymbol{A})=\mathrm{r}(\boldsymbol{\alpha\alpha}^{\mathrm{T}}+\boldsymbol{\beta\beta}^{\mathrm{T}})\leqslant\mathrm{r}(\boldsymbol{\alpha\alpha}^{\mathrm{T}})+\mathrm{r}(\boldsymbol{\beta\beta}^{\mathrm{T}})\leqslant\mathrm{r}(\boldsymbol{\alpha})+\mathrm{r}(\boldsymbol{\beta})\leqslant2$$

又 $\boldsymbol{\alpha},\boldsymbol{\beta}$ 是 3 维列向量，所以 $\mathrm{r}(\boldsymbol{\alpha})\leqslant1,\mathrm{r}(\boldsymbol{\beta})\leqslant1$,故 $\mathrm{r}(\boldsymbol{A})\leqslant2$。

② 当 $\boldsymbol{\alpha},\boldsymbol{\beta}$ 线性相关时，不妨设 $\boldsymbol{\beta}=k\boldsymbol{\alpha}$，则

$$\mathrm{r}(\boldsymbol{A})=\mathrm{r}(\boldsymbol{\alpha\alpha}^{\mathrm{T}}+\boldsymbol{\beta\beta}^{\mathrm{T}})=\mathrm{r}[(1+k^2)\boldsymbol{\alpha\alpha}^{\mathrm{T}}]\leqslant1<2$$

19. 分析：由 $\mathrm{r}(\boldsymbol{B})=n$，知 $\boldsymbol{B}$ 的列向量中有 n 个是线性无关的，设为 $\boldsymbol{\beta}_1,\boldsymbol{\beta}_2,\cdots,\boldsymbol{\beta}_n$。令 $\boldsymbol{B}_1=(\boldsymbol{\beta}_1,\boldsymbol{\beta}_2,\cdots,\boldsymbol{\beta}_n)$，它是 n 阶方阵，其秩是 n，因此 $\boldsymbol{B}_1$ 可逆，于是有

$$\boldsymbol{AB}=\boldsymbol{O}\Rightarrow\boldsymbol{AB}_1=\boldsymbol{O}\Rightarrow\boldsymbol{AB}_1\boldsymbol{B}_1^{-1}=\boldsymbol{OB}_1^{-1}=\boldsymbol{O}\Rightarrow\boldsymbol{A}=\boldsymbol{O}$$

20. $\boldsymbol{\beta}$ 在基 $\boldsymbol{\alpha}_1,\boldsymbol{\alpha}_2,\boldsymbol{\alpha}_3,\boldsymbol{\alpha}_4$ 下的坐标为$\left(\frac{5}{4},\frac{1}{4},-\frac{1}{4},-\frac{1}{4}\right)$。

第五章　线性方程组

一、内容提要

（一）齐次线性方程组

1. 齐次线性方程组的概念

设有 m 个方程的 n 元齐次线性方程组为

$$\begin{cases} a_{11}x_1 + a_{12}x_2 + \cdots + a_{1n}x_n = 0 \\ a_{21}x_1 + a_{22}x_2 + \cdots + a_{2n}x_n = 0 \\ \qquad\qquad \vdots \\ a_{m1}x_1 + a_{m2}x_2 + \cdots + a_{mn}x_n = 0 \end{cases} \tag{5-1}$$

设

$$\boldsymbol{A} = \begin{pmatrix} a_{11} & a_{12} & \cdots & a_{1n} \\ a_{21} & a_{22} & \cdots & a_{2n} \\ \vdots & \vdots & & \vdots \\ a_{m1} & a_{m2} & \cdots & a_{mn} \end{pmatrix}, \quad \boldsymbol{x} = \begin{pmatrix} x_1 \\ x_2 \\ \vdots \\ x_n \end{pmatrix}, \quad \boldsymbol{0} = \begin{pmatrix} 0 \\ 0 \\ \vdots \\ 0 \end{pmatrix}$$

则齐次线性方程组(5-1)可以简写成矩阵形式，即 $\boldsymbol{Ax}=\boldsymbol{0}$，称 $\boldsymbol{A}$ 为**系数矩阵**，$\boldsymbol{x}$ 为 n **维未知列向量**，$\boldsymbol{0}$ 为 m **维零列向量**。

若把 $\boldsymbol{A}$ 看作由列向量组构成的矩阵，设 $\boldsymbol{A}=(\boldsymbol{\alpha}_1,\boldsymbol{\alpha}_2,\cdots,\boldsymbol{\alpha}_n)$，则方程组(5-1)的向量形式为

$$x_1\boldsymbol{\alpha}_1 + x_2\boldsymbol{\alpha}_2 + \cdots + x_n\boldsymbol{\alpha}_n = \boldsymbol{0}$$

2. 解的性质

性质 1　若 $\boldsymbol{\xi}_1,\boldsymbol{\xi}_2$ 是齐次线性方程组 $\boldsymbol{Ax}=\boldsymbol{0}$ 的解，则 $\boldsymbol{\xi}_1+\boldsymbol{\xi}_2$ 也是 $\boldsymbol{Ax}=\boldsymbol{0}$ 的解。

性质 2　若 $\boldsymbol{\xi}$ 是齐次线性方程组 $\boldsymbol{Ax}=\boldsymbol{0}$ 的解，k 为任意实数，则 $k\boldsymbol{\xi}$ 也是 $\boldsymbol{Ax}=\boldsymbol{0}$ 的解。

3. 有解条件

当 $\mathrm{r}(\boldsymbol{A})=n$ 时，向量组 $\boldsymbol{\alpha}_1,\boldsymbol{\alpha}_2,\cdots,\boldsymbol{\alpha}_n$ 线性无关，方程组(5-1)有唯一的零解。

当 $\mathrm{r}(\boldsymbol{A})=r<n$ 时，向量组 $\boldsymbol{\alpha}_1,\boldsymbol{\alpha}_2,\cdots,\boldsymbol{\alpha}_n$ 线性相关，方程组(5-1)有非零解，且有 $n-r$ 个线性无关解。

4. 求解方法

高斯消元法　将 $\boldsymbol{Ax}=\boldsymbol{0}$ 的系数矩阵 $\boldsymbol{A}$ 化为行最简形矩阵 $\boldsymbol{B}$。由于初等行变换不改变方

程组的解，所以 $\boldsymbol{Ax}=\boldsymbol{0}$ 和 $\boldsymbol{Bx}=\boldsymbol{0}$ 同解，只需解 $\boldsymbol{Bx}=\boldsymbol{0}$ 即可。设 $\mathrm{r}(\boldsymbol{A})=r$，且

$$\boldsymbol{A}\xrightarrow{\text{初等行变换}}\boldsymbol{B}=\begin{pmatrix}1&0&\cdots&0&b_{11}&\cdots&b_{1,n-r}\\0&1&\cdots&0&b_{21}&\cdots&b_{2,n-r}\\\vdots&\vdots&&\vdots&\vdots&&\vdots\\0&0&\cdots&1&b_{r1}&\cdots&b_{r,n-r}\\0&0&\cdots&0&0&\cdots&0\\\vdots&\vdots&&\vdots&\vdots&&\vdots\\0&0&\cdots&0&0&\cdots&0\end{pmatrix}$$

以 $\boldsymbol{B}$ 为系数矩阵的线性方程组可写为

$$\begin{cases}x_1=-b_{11}x_{r+1}-b_{12}x_{r+2}-\cdots-b_{1,n-r}x_n\\x_2=-b_{21}x_{r+1}-b_{22}x_{r+2}-\cdots-b_{2,n-r}x_n\\\qquad\vdots\\x_r=-b_{r1}x_{r+1}-b_{r2}x_{r+2}-\cdots-b_{r,n-r}x_n\end{cases}$$

上述方程组有 $n-r$ 个自由未知量 $x_{r+1},x_{r+2},\cdots,x_n$，令这些自由未知量取任意的常数，回代求得独立未知量 $x_1,x_2,\cdots,x_r$，即得 $\boldsymbol{Ax}=\boldsymbol{0}$ 的解。

注意：对于矩阵 $\boldsymbol{A}$，若是求其秩，只需将其化为行阶梯形即可；若是解线性方程组，最好将其化为行最简形。

5. 解空间的概念、基础解系和解的结构

解空间：由齐次线性方程组解的性质可知，由方程组的全部向量所组成的集合

$$S=\{\boldsymbol{x}\mid\boldsymbol{Ax}=\boldsymbol{0}\}$$

构成向量空间，称为方程组 $\boldsymbol{Ax}=\boldsymbol{0}$ 的解空间。

基础解系：设 $\boldsymbol{\xi}_1,\boldsymbol{\xi}_2,\cdots,\boldsymbol{\xi}_{n-r}$ 是方程组 $\boldsymbol{Ax}=\boldsymbol{0}$ 的解，且满足①$\boldsymbol{\xi}_1,\boldsymbol{\xi}_2,\cdots,\boldsymbol{\xi}_{n-r}$ 线性无关，②方程组的任一个解向量均可由 $\boldsymbol{\xi}_1,\boldsymbol{\xi}_2,\cdots,\boldsymbol{\xi}_{n-r}$ 线性表出，则称向量组 $\boldsymbol{\xi}_1,\boldsymbol{\xi}_2,\cdots,\boldsymbol{\xi}_{n-r}$ 是方程组 $\boldsymbol{Ax}=\boldsymbol{0}$ 的一个基础解系。

通解：设向量组 $\boldsymbol{\xi}_1,\boldsymbol{\xi}_2,\cdots,\boldsymbol{\xi}_{n-r}$ 是方程组 $\boldsymbol{Ax}=\boldsymbol{0}$ 的一个基础解系，则 $k_1\boldsymbol{\xi}_1+k_2\boldsymbol{\xi}_2+\cdots+k_{n-r}\boldsymbol{\xi}_{n-r}$ 是方程组 $\boldsymbol{Ax}=\boldsymbol{0}$ 的通解，其中 $k_1,k_2,\cdots,k_{n-r}$ 是任意常数。

(二) 非齐次线性方程组

1. 非齐次线性方程组的概念

设有 m 个方程的 n 元非齐次线性方程组为

$$\begin{cases}a_{11}x_1+a_{12}x_2+\cdots+a_{1n}x_n=b_1\\a_{21}x_1+a_{22}x_2+\cdots+a_{2n}x_n=b_2\\\qquad\vdots\\a_{m1}x_1+a_{m2}x_2+\cdots+a_{mn}x_n=b_m\end{cases}\tag{5-2}$$

设

$$\boldsymbol{A}=\begin{pmatrix}a_{11}&a_{12}&\cdots&a_{1n}\\a_{21}&a_{22}&\cdots&a_{2n}\\\vdots&\vdots&&\vdots\\a_{m1}&a_{m2}&\cdots&a_{mn}\end{pmatrix},\quad\boldsymbol{x}=\begin{pmatrix}x_1\\x_2\\\vdots\\x_n\end{pmatrix},\quad\boldsymbol{b}=\begin{pmatrix}b_1\\b_2\\\vdots\\b_m\end{pmatrix}\neq\boldsymbol{0}$$

则线性方程组(5-2)可以简写成矩阵形式,即 $\boldsymbol{Ax}=\boldsymbol{b}$。

若把 $\boldsymbol{A}$ 看作由列向量组构成的矩阵，设 $\boldsymbol{A}=(\boldsymbol{\alpha}_1,\boldsymbol{\alpha}_2,\cdots,\boldsymbol{\alpha}_n)$，则(5-2)的向量形式为

$$x_1\boldsymbol{\alpha}_1+x_2\boldsymbol{\alpha}_2+\cdots+x_n\boldsymbol{\alpha}_n=\boldsymbol{b}$$

$\boldsymbol{A}$ 称为方程组的系数矩阵，$\boldsymbol{B}=(\boldsymbol{A}\,\vdots\,\boldsymbol{b})$称为方程组的增广矩阵。

在方程组(5-2)中令 $\boldsymbol{b}=\boldsymbol{0}$ 得到的齐次线性方程组 $\boldsymbol{Ax}=\boldsymbol{0}$ 称为与方程组 $\boldsymbol{Ax}=\boldsymbol{b}$ 对应的齐次线性方程组，或称为方程组 $\boldsymbol{Ax}=\boldsymbol{b}$ 的导出组。

2. 解的性质

性质 3　若 $\boldsymbol{\eta}_1,\boldsymbol{\eta}_2$ 是方程组 $\boldsymbol{Ax}=\boldsymbol{b}$ 的解，则 $\boldsymbol{\eta}_1-\boldsymbol{\eta}_2$ 是其对应的齐次线性方程组 $\boldsymbol{Ax}=\boldsymbol{0}$ 的解。

性质 4　若 $\boldsymbol{\eta}$ 是方程组 $\boldsymbol{Ax}=\boldsymbol{b}$ 的解，$\boldsymbol{\xi}$ 是其对应的齐次线性方程组 $\boldsymbol{Ax}=\boldsymbol{0}$ 的解，则 $\boldsymbol{\eta}+\boldsymbol{\xi}$ 是方程组 $\boldsymbol{Ax}=\boldsymbol{b}$ 的解。

3. 有解条件

定理　非齐次线性方程组 $\boldsymbol{Ax}=\boldsymbol{b}$ 有解的充分必要条件是 $\mathrm{r}(\boldsymbol{A})=\mathrm{r}(\boldsymbol{B})$。

非齐次线性方程组 $\boldsymbol{Ax}=\boldsymbol{b}$ 解的情形归结如下。

① 若 $\mathrm{r}(\boldsymbol{A})\neq\mathrm{r}(\boldsymbol{B})$，则方程组 $\boldsymbol{Ax}=\boldsymbol{b}$ 无解。

② 若 $\mathrm{r}(\boldsymbol{A})=\mathrm{r}(\boldsymbol{B})=r$，方程组 $\boldsymbol{Ax}=\boldsymbol{b}$ 有解。

a. 当 $r=n$ 时，方程组 $\boldsymbol{Ax}=\boldsymbol{b}$ 有唯一解。

b. 当 $r<n$ 时，方程组 $\boldsymbol{Ax}=\boldsymbol{b}$ 有无穷多解。

4. 非齐次线性方程组 $\boldsymbol{Ax}=\boldsymbol{b}$ 解的结构

设 $\boldsymbol{\xi}_1,\boldsymbol{\xi}_2,\cdots,\boldsymbol{\xi}_{n-r}$是 $\boldsymbol{Ax}=\boldsymbol{b}$ 对应的齐次线性方程组 $\boldsymbol{Ax}=\boldsymbol{0}$ 的基础解系，$\boldsymbol{\eta}^*$ 是非齐次线性方程组 $\boldsymbol{Ax}=\boldsymbol{b}$ 的任一特解，则方程组 $\boldsymbol{Ax}=\boldsymbol{b}$ 的通解为

$$\boldsymbol{x}=k_1\boldsymbol{\xi}_1+k_2\boldsymbol{\xi}_2+\cdots+k_{n-r}\boldsymbol{\xi}_{n-r}+\boldsymbol{\eta}^*$$

其中 $k_1,k_2,\cdots,k_{n-r}$是任意常数。

二、典型例题

【例 1】　求线性方程组

$$\begin{cases}2x_1-4x_2+2x_3+7x_4=0\\3x_1-6x_2+4x_3+3x_4=0\\5x_1-10x_2+4x_3+25x_4=0\end{cases}$$

的基础解系和通解。

【解】　对系数矩阵作初等行变换,化为行最简形,则

$$\boldsymbol{A}=\begin{pmatrix}2&-4&2&7\\3&-6&4&3\\5&-10&4&25\end{pmatrix}\xrightarrow{r_1-r_2}\begin{pmatrix}-1&2&-2&4\\3&-6&4&3\\5&-10&4&25\end{pmatrix}$$

$$\xrightarrow[r_2+5r_1]{r_2+3r_1}\begin{pmatrix}-1&2&-2&4\\0&0&-2&15\\0&0&-6&45\end{pmatrix}\xrightarrow{r_3-3r_2}\begin{pmatrix}-1&2&-2&4\\0&0&-2&15\\0&0&0&0\end{pmatrix}$$

$$\xrightarrow[\left(-\frac{1}{2}\right)r_2]{-r_1}\begin{pmatrix}1&-2&2&-4\\0&0&1&-\frac{15}{2}\\0&0&0&0\end{pmatrix}\xrightarrow{r_1-2r_2}\begin{pmatrix}1&-2&0&11\\0&0&1&-\frac{15}{2}\\0&0&0&0\end{pmatrix}$$

由于 $r(\boldsymbol{A})=2<4$，所以方程组有无穷多解，其同解方程组为

$$\begin{cases} x_1-2x_2 \quad +11x_4=0 \\ \qquad\qquad x_3-\dfrac{15}{2}x_4=0 \end{cases}$$

或改写成

$$\begin{cases} x_1=2x_2-11x_4 \\ x_3=\qquad \dfrac{15}{2}x_4 \end{cases}$$

分别令 $\begin{pmatrix} x_2 \\ x_4 \end{pmatrix}=\begin{pmatrix} 1 \\ 0 \end{pmatrix},\begin{pmatrix} 0 \\ 2 \end{pmatrix}$，得线性方程组的基础解系

$$\boldsymbol{\xi}_1=\begin{pmatrix} 2 \\ 1 \\ 0 \\ 0 \end{pmatrix},\quad \boldsymbol{\xi}_2=\begin{pmatrix} -22 \\ 0 \\ 15 \\ 2 \end{pmatrix}$$

方程组的通解是 $\boldsymbol{x}=k_1\boldsymbol{\xi}_1+k_2\boldsymbol{\xi}_2$，其中 k_1,k_2 是任意常数。

【例 2】 设四元线性方程组(Ⅰ)为

$$\begin{cases} x_1+x_2 \qquad =0 \\ \qquad x_2-x_4=0 \end{cases}$$

又已知某齐次线性方程组(Ⅱ)的通解为

$$k_1(0,1,1,0)^{\mathrm{T}}+k_2(-1,2,2,1)^{\mathrm{T}}$$

① 求线性方程组(Ⅰ)的基础解系。

② 问线性方程组(Ⅰ)和(Ⅱ)是否有非零公共解？若有，则求出所有的非零公共解；若没有，则说明理由。

【解】 ① 线性方程组(Ⅰ)的系数矩阵为

$$\boldsymbol{A}=\begin{pmatrix} 1 & 1 & 0 & 0 \\ 0 & 1 & 0 & -1 \end{pmatrix}\to\begin{pmatrix} 1 & 0 & 0 & 1 \\ 0 & 1 & 0 & -1 \end{pmatrix}$$

因为 $r(\boldsymbol{A})=2$，小于未知量个数4，所以它的基础解系含有两个线性无关的解向量，该方程组的同解方程组为

$$\begin{cases} x_1=-x_4 \\ x_2=x_4 \end{cases}$$

分别令 $\begin{pmatrix} x_3 \\ x_4 \end{pmatrix}=\begin{pmatrix} 1 \\ 0 \end{pmatrix},\begin{pmatrix} 0 \\ 1 \end{pmatrix}$，得到方程组(Ⅰ)的一个基础解系为

$$\boldsymbol{\xi}_1=\begin{pmatrix} 0 \\ 0 \\ 1 \\ 0 \end{pmatrix},\quad \boldsymbol{\xi}_2=\begin{pmatrix} -1 \\ 1 \\ 0 \\ 1 \end{pmatrix}$$

② 若方程组(Ⅰ)和(Ⅱ)有非零公共解，那么两个方程组通解的交集中有非零向量，于是存在不全为零的常数 k_3,k_4，使得

$$k_1\begin{pmatrix}0\\1\\1\\0\end{pmatrix}+k_2\begin{pmatrix}-1\\2\\2\\1\end{pmatrix}=k_3\begin{pmatrix}0\\0\\1\\0\end{pmatrix}+k_4\begin{pmatrix}-1\\1\\0\\1\end{pmatrix}$$

整理得

$$\begin{cases}-k_2=-k_4\\k_1+2k_2=k_4\\k_1+2k_2=k_3\\k_2=k_4\end{cases}\Rightarrow k_1=-k_2,k_2=k_3=k_4$$

令 $k_1=-k,k_2=k_3=k_4=k$，则 $-k\begin{pmatrix}0\\1\\1\\0\end{pmatrix}+k\begin{pmatrix}-1\\2\\2\\1\end{pmatrix}=k\begin{pmatrix}-1\\1\\1\\1\end{pmatrix}$是(Ⅰ)和(Ⅱ)的公共解，当$k\neq0$时，即得(Ⅰ)和(Ⅱ)的所有非零公共解。

评注：将(Ⅱ)的通解代入方程组(Ⅰ)，得到关于 k_1,k_2 的线性方程组，该方程组的非零解也就是方程组(Ⅰ)和(Ⅱ)的非零公共解。

【例 3】 设 $\boldsymbol{\alpha}_1,\boldsymbol{\alpha}_2,\cdots,\boldsymbol{\alpha}_t$ 是齐次线性方程组 $\boldsymbol{Ax}=\boldsymbol{0}$ 的一个基础解系，向量 $\boldsymbol{\beta}$ 不是方程组 $\boldsymbol{Ax}=\boldsymbol{0}$ 的解，即 $\boldsymbol{A\beta}\neq\boldsymbol{0}$。证明：向量组 $\boldsymbol{\beta},\boldsymbol{\beta}+\boldsymbol{\alpha}_1,\boldsymbol{\beta}+\boldsymbol{\alpha}_2,\cdots,\boldsymbol{\beta}+\boldsymbol{\alpha}_t$ 线性无关。

【证明】 设有数 $k,k_1,k_2,\cdots,k_t$，使得

$$k\boldsymbol{\beta}+k_1(\boldsymbol{\beta}+\boldsymbol{\alpha}_1)+k_2(\boldsymbol{\beta}+\boldsymbol{\alpha}_2)+\cdots+k_t(\boldsymbol{\beta}+\boldsymbol{\alpha}_t)=\boldsymbol{0}$$

即

$$\left(k+\sum_{i=1}^{t}k_i\right)\boldsymbol{\beta}+k_1\boldsymbol{\alpha}_1+k_2\boldsymbol{\alpha}_2+\cdots+k_t\boldsymbol{\alpha}_t=\boldsymbol{0} \tag{5-3}$$

式(5-3)两边同时左乘 $\boldsymbol{A}$，得

$$\left(k+\sum_{i=1}^{t}k_i\right)\boldsymbol{A\beta}+k_1\boldsymbol{A\alpha}_1+k_2\boldsymbol{A\alpha}_2+\cdots+k_t\boldsymbol{A\alpha}_t=\boldsymbol{0}$$

因为 $\boldsymbol{A\beta}\neq\boldsymbol{0}$，而 $\boldsymbol{A\alpha}_i=\boldsymbol{0}(i=1,2,\cdots,t)$，所以有

$$k+\sum_{i=1}^{t}k_i=0$$

从而式(5-3)变为

$$k_1\boldsymbol{\alpha}_1+k_2\boldsymbol{\alpha}_2+\cdots+k_t\boldsymbol{\alpha}_t=\boldsymbol{0}$$

由于 $\boldsymbol{\alpha}_1,\boldsymbol{\alpha}_2,\cdots,\boldsymbol{\alpha}_t$ 是方程组 $\boldsymbol{Ax}=\boldsymbol{0}$ 的一个基础解系，所以线性无关，从而 $k_1=k_2=\cdots=k_t=0$ $\Rightarrow k=0$，因此向量组 $\boldsymbol{\beta},\boldsymbol{\beta}+\boldsymbol{\alpha}_1,\boldsymbol{\beta}+\boldsymbol{\alpha}_2,\cdots,\boldsymbol{\beta}+\boldsymbol{\alpha}_t$ 线性无关。

【例 4】 设齐次线性方程组

$$\begin{cases}a_{11}x_1+a_{12}x_2+\cdots+a_{1n}x_n=0\\a_{21}x_1+a_{22}x_2+\cdots+a_{2n}x_n=0\\\qquad\vdots\\a_{n1}x_1+a_{n2}x_2+\cdots+a_{nn}x_n=0\end{cases}$$

的系数矩阵 $\boldsymbol{A}=(a_{ij})_{n\times n}$的秩为 $n-1$。求证：此方程组的全部解为

$$\boldsymbol{x}=k(A_{i1},A_{i2},\cdots,A_{in})^{\mathrm{T}}$$

其中 $A_{ij}(1\leqslant j\leqslant n)$ 为 $\boldsymbol{A}$ 的元素 a_{ij} 的代数余子式，且至少有一个 $A_{ij}\neq0$，k 为任意常数。

【证明】 由于齐次线性方程组的系数矩阵 $\boldsymbol{A}=(a_{ij})_{n\times n}$ 的秩为 $n-1$，故该 n 元齐次线性方程组存在基础解系，且其基础解系由一个解向量组成，而由 $\mathrm{r}(\boldsymbol{A})=n-1$ 又可知，$\boldsymbol{A}$ 必存在一个 $n-1$ 阶子式不为零，也即 $\boldsymbol{A}$ 存在一个元素 a_{ij}，其余子式 $M_{ij}\neq0$，从而 $A_{ij}=(-1)^{i+j}M_{ij}\neq0$。令

$$\boldsymbol{\eta}_1=(A_{i1},A_{i2},\cdots,A_{in})^{\mathrm{T}}$$

则 $\boldsymbol{\eta}_1\neq\boldsymbol{0}$，且 $\boldsymbol{\eta}_1$ 为方程组的一个解。

将 $\boldsymbol{\eta}_1$ 代入方程组的第 i 个方程左边，可得

$$a_{i1}A_{i1}+a_{i2}A_{i2}+\cdots+a_{in}A_{in}=\det\boldsymbol{A}$$

而 $\mathrm{r}(\boldsymbol{A})=n-1$，所以 $\det\boldsymbol{A}=0$，即有

$$a_{i1}A_{i1}+a_{i2}A_{i2}+\cdots+a_{in}A_{in}=0$$

当 $k\neq i$ 时，也有

$$a_{k1}A_{i1}+a_{k2}A_{i2}+\cdots+a_{kn}A_{in}=0$$

这就证明了 $\boldsymbol{\eta}_1$ 为方程组的一个基础解系。从而方程组的全部解为

$$\boldsymbol{x}=k(A_{i1},A_{i2},\cdots,A_{in})^{\mathrm{T}}$$

其中 k 为任意常数。

【例5】 设 $\boldsymbol{\xi}_1=(1,-2,3,1)^{\mathrm{T}}$，$\boldsymbol{\xi}_2=(2,0,5,-2)^{\mathrm{T}}$ 是齐次线性方程组 $\boldsymbol{A}_{3\times4}\boldsymbol{x}=\boldsymbol{0}$ 的基础解系，则下列向量中是 $\boldsymbol{A}_{3\times4}\boldsymbol{x}=\boldsymbol{0}$ 的解向量的是(　　)。

(A) $\boldsymbol{\alpha}_1=(1,-2,3,2)^{\mathrm{T}}$　　(B) $\boldsymbol{\alpha}_2=(0,0,5,-2)^{\mathrm{T}}$

(C) $\boldsymbol{\alpha}_3=(-1,-6,-1,7)^{\mathrm{T}}$　　(D) $\boldsymbol{\alpha}_4=(1,6,1,6)^{\mathrm{T}}$

分析:向量是齐次线性方程组的解⇔向量可由基础解系线性表出。

【解】 若向量 $\boldsymbol{\alpha}$ 是齐次线性方程组的解，则 $\boldsymbol{\alpha}$ 应可由其基础解系线性表出，将 $\boldsymbol{\xi}_1,\boldsymbol{\xi}_2,\boldsymbol{\alpha}_1,\boldsymbol{\alpha}_2,\boldsymbol{\alpha}_3,\boldsymbol{\alpha}_4$ 合并成矩阵 $\boldsymbol{A}=(\boldsymbol{\xi}_1,\boldsymbol{\xi}_2,\boldsymbol{\alpha}_1,\boldsymbol{\alpha}_2,\boldsymbol{\alpha}_3,\boldsymbol{\alpha}_4)$，并对其作初等行变换，得

$$\boldsymbol{A}=(\boldsymbol{\xi}_1,\boldsymbol{\xi}_2,\boldsymbol{\alpha}_1,\boldsymbol{\alpha}_2,\boldsymbol{\alpha}_3,\boldsymbol{\alpha}_4)$$

$$\begin{array}{c} \begin{array}{cccccc}\boldsymbol{\xi}_1 & \boldsymbol{\xi}_2 & \boldsymbol{\alpha}_1 & \boldsymbol{\alpha}_2 & \boldsymbol{\alpha}_3 & \boldsymbol{\alpha}_4\end{array} \\ =\begin{pmatrix}1 & 2 & 1 & 0 & -1 & 1\\ -2 & 0 & -2 & 0 & -6 & 6\\ 3 & 5 & 3 & 5 & -1 & 1\\ 1 & -2 & 2 & -2 & 7 & 6\end{pmatrix}\end{array}$$

$$\rightarrow\begin{pmatrix}1 & 2 & 1 & 0 & -1 & 1\\ 0 & 4 & 0 & 0 & -8 & 8\\ 0 & -1 & 0 & 5 & 2 & -2\\ 0 & -4 & 1 & -2 & 8 & 5\end{pmatrix}$$

$$\begin{array}{c} \begin{array}{cccccc}\boldsymbol{\xi}_1' & \boldsymbol{\xi}_2' & \boldsymbol{\alpha}_1' & \boldsymbol{\alpha}_2' & \boldsymbol{\alpha}_3' & \boldsymbol{\alpha}_4'\end{array} \\ \rightarrow\begin{pmatrix}1 & 0 & 1 & 0 & 3 & -3\\ 0 & 1 & 0 & 0 & -2 & 2\\ 0 & 0 & 0 & 1 & 0 & 0\\ 0 & 0 & 1 & -2 & 0 & 13\end{pmatrix}\xlongequal{\text{记为}}\boldsymbol{B}\end{array}$$

由阶梯形矩阵 $\boldsymbol{B}$ 可知，$\boldsymbol{\alpha}_3'$可由 ξ_1',ξ_2'线性表出，故只有 $\boldsymbol{\alpha}_3$ 是线性方程组 $\boldsymbol{A}_{3\times 4}\boldsymbol{x}=\boldsymbol{0}$ 的解。故应选(C)。

【例 6】 设有两个齐次线性方程组

$$\begin{cases} a_{11}x_1+a_{12}x_2+\cdots+a_{1n}x_n=0 \\ a_{21}x_1+a_{22}x_2+\cdots+a_{2n}x_n=0 \\ \qquad\vdots \\ a_{m1}x_1+a_{m2}x_2+\cdots+a_{mn}x_n=0 \end{cases} \tag{5-4}$$

和

$$\begin{cases} b_{11}x_1+b_{12}x_2+\cdots+b_{1n}x_n=0 \\ b_{21}x_1+b_{22}x_2+\cdots+b_{2n}x_n=0 \\ \qquad\vdots \\ b_{s1}x_1+b_{s2}x_2+\cdots+b_{sn}x_n=0 \end{cases} \tag{5-5}$$

如果这两个方程组的系数矩阵 $\boldsymbol{A}$ 和 $\boldsymbol{B}$ 的秩都小于$\frac{n}{2}$，试证明这两个方程组必有公共的非零解。

分析:方程组(5-4) 和(5-5)是否有非零的公共解，归结为将方程组(5-4) 和(5-5)合并后得到的齐次线性方程组是否有非零解。

【证明】 将方程组(5-4)和(5-5)合并得到的新方程组为

$$\begin{cases} a_{11}x_1+a_{12}x_2+\cdots+a_{1n}x_n=0 \\ a_{21}x_1+a_{22}x_2+\cdots+a_{2n}x_n=0 \\ \qquad\vdots \\ a_{m1}x_1+a_{m2}x_2+\cdots+a_{mn}x_n=0 \\ b_{11}x_1+b_{12}x_2+\cdots+b_{1n}x_n=0 \\ b_{21}x_1+b_{22}x_2+\cdots+b_{2n}x_n=0 \\ \qquad\vdots \\ b_{s1}x_1+b_{s2}x_2+\cdots+b_{sn}x_n=0 \end{cases} \tag{5-6}$$

方程组(5-6)的系数矩阵为 $\boldsymbol{C}=\begin{pmatrix}\boldsymbol{A}\\ \boldsymbol{B}\end{pmatrix}$。由于 $\mathrm{r}(\boldsymbol{A})<\frac{n}{2},\mathrm{r}(\boldsymbol{B})<\frac{n}{2}$,有

$$\mathrm{r}(\boldsymbol{C})<\mathrm{r}(\boldsymbol{A})+\mathrm{r}(\boldsymbol{B})<\frac{n}{2}+\frac{n}{2}=n$$

因此方程组(5-6)有非零解，故方程组(5-4) 和(5-5)有非零的公共解。

【例 7】 设齐次线性方程组

$$\begin{cases} a_{11}x_1+a_{12}x_2+\cdots+a_{1n}x_n=0 \\ a_{21}x_1+a_{22}x_2+\cdots+a_{2n}x_n=0 \\ \qquad\vdots \\ a_{m1}x_1+a_{m2}x_2+\cdots+a_{mn}x_n=0 \end{cases} \tag{5-7}$$

的解都是方程组

$$b_1x_1+b_2x_2+\cdots+b_nx_n=0$$

的解。试证明向量 $\boldsymbol{\beta}=(b_1,b_2,\cdots,b_n)$可由向量组

$$\boldsymbol{\alpha}_1=(a_{11},a_{12},\cdots,a_{1n})$$
$$\boldsymbol{\alpha}_2=(a_{21},a_{22},\cdots,a_{2n})$$
$$\vdots$$
$$\boldsymbol{\alpha}_m=(a_{m1},a_{m2},\cdots,a_{mn})$$

线性表出。

【证明】 由于方程组(5-7)的解都是方程组 $b_1x_1+b_2x_2+\cdots+b_nx_n=0$ 的解，所以方程组(5-7)与方程组

$$\begin{cases}a_{11}x_1+a_{12}x_2+\cdots+a_{1n}x_n=0\\a_{21}x_1+a_{22}x_2+\cdots+a_{2n}x_n=0\\\quad\vdots\\a_{m1}x_1+a_{m2}x_2+\cdots+a_{mn}x_n=0\\b_1x_1+b_2x_2+\cdots+b_nx_n=0\end{cases}\tag{5-8}$$

同解。设矩阵

$$\boldsymbol{A}=\begin{pmatrix}\boldsymbol{\alpha}_1\\\boldsymbol{\alpha}_2\\\vdots\\\boldsymbol{\alpha}_m\end{pmatrix},\quad \boldsymbol{B}=\begin{pmatrix}\boldsymbol{\alpha}_1\\\vdots\\\boldsymbol{\alpha}_m\\\boldsymbol{\beta}\end{pmatrix}$$

由于方程组(5-7)与(5-8)同解，所以它们的解空间的维数相同，即

$$n-\mathrm{r}(\boldsymbol{A})=n-\mathrm{r}(\boldsymbol{B})\Rightarrow\mathrm{r}(\boldsymbol{A})=\mathrm{r}(\boldsymbol{B})$$

设 $\mathrm{r}(\boldsymbol{A})=\mathrm{r}(\boldsymbol{B})=r$，且 $\boldsymbol{\alpha}_{i_1},\boldsymbol{\alpha}_{i_2},\cdots,\boldsymbol{\alpha}_{i_r}$ 是 $\boldsymbol{A}$ 的行向量组的一个极大无关组，则由 $\mathrm{r}(\boldsymbol{B})=r$，可知向量组 $\boldsymbol{\alpha}_{i_1},\boldsymbol{\alpha}_{i_2},\cdots,\boldsymbol{\alpha}_{i_r},\boldsymbol{\beta}$ 线性相关，而 $\boldsymbol{\alpha}_{i_1},\boldsymbol{\alpha}_{i_2},\cdots,\boldsymbol{\alpha}_{i_r}$ 线性无关，故向量 $\boldsymbol{\beta}$ 可由向量组 $\boldsymbol{\alpha}_{i_1},\boldsymbol{\alpha}_{i_2},\cdots,\boldsymbol{\alpha}_{i_r}$ 线性表出，因而 $\boldsymbol{\beta}$ 可由向量组 $\boldsymbol{\alpha}_1,\boldsymbol{\alpha}_2,\cdots,\boldsymbol{\alpha}_n$ 线性表出。

【例 8】 设

$$\boldsymbol{\alpha}_i=(a_{i1},a_{i2},\cdots,a_{in})^{\mathrm{T}}\quad(i=1,2,\cdots,r;r<n)$$

是 n 维实向量，且 $\boldsymbol{\alpha}_1,\boldsymbol{\alpha}_2,\cdots,\boldsymbol{\alpha}_r$ 线性无关，已知 $\boldsymbol{\beta}=(b_1,b_2,\cdots,b_n)^{\mathrm{T}}$ 是线性方程组

$$\begin{cases}a_{11}x_1+a_{12}x_2+\cdots+a_{1n}x_n=0\\a_{21}x_1+a_{22}x_2+\cdots+a_{2n}x_n=0\\\quad\vdots\\a_{r1}x_1+a_{r2}x_2+\cdots+a_{rn}x_n=0\end{cases}$$

的非零解向量，试判断向量组 $\boldsymbol{\alpha}_1,\boldsymbol{\alpha}_2,\cdots,\boldsymbol{\alpha}_r,\boldsymbol{\beta}$ 的线性相关性。

分析：由于 $\boldsymbol{\beta}$ 是非零向量，从而有 $\boldsymbol{\beta}^{\mathrm{T}}\boldsymbol{\beta}=b_1^2+b_2^2+\cdots+b_n^2\neq0$，又由于 $\boldsymbol{\beta}$ 是已给方程组的解向量，所以 $\boldsymbol{\beta}$ 满足方程组中的每一个方程，因此，$\boldsymbol{\alpha}_i^{\mathrm{T}}\boldsymbol{\beta}=\boldsymbol{0}$，即 $\boldsymbol{\beta}^{\mathrm{T}}\boldsymbol{\alpha}_i=\boldsymbol{0}$，$i=1,2,\cdots,r$。为了判断 $\boldsymbol{\alpha}_1,\boldsymbol{\alpha}_2,\cdots,\boldsymbol{\alpha}_r,\boldsymbol{\beta}$ 的线性相关性，设 $k_1\boldsymbol{\alpha}_1+k_2\boldsymbol{\alpha}_2+\cdots+k_r\boldsymbol{\alpha}_r+k\boldsymbol{\beta}=\boldsymbol{0}$，讨论 $k_1,k_2,\cdots,k_r,k$ 是否可能不全为零。

【解】 设

$$k_1\boldsymbol{\alpha}_1+k_2\boldsymbol{\alpha}_2+\cdots+k_r\boldsymbol{\alpha}_r+k\boldsymbol{\beta}=\boldsymbol{0}\tag{5-9}$$

以 $\boldsymbol{\beta}^{\mathrm{T}}$ 左乘式(5-9)两端得

$$k_1\boldsymbol{\beta}^{\mathrm{T}}\boldsymbol{\alpha}_1+k_2\boldsymbol{\beta}^{\mathrm{T}}\boldsymbol{\alpha}_2+\cdots+k_r\boldsymbol{\beta}^{\mathrm{T}}\boldsymbol{\alpha}_r+k\boldsymbol{\beta}^{\mathrm{T}}\boldsymbol{\beta}=\boldsymbol{0}\tag{5-10}$$

由于 $\boldsymbol{\beta}$ 是已给方程组的非零解向量，故 $\boldsymbol{\beta}^{\mathrm{T}}\boldsymbol{\beta}\neq 0$，且 $\boldsymbol{\alpha}_i^{\mathrm{T}}\boldsymbol{\beta}=\mathbf{0}$，即 $\boldsymbol{\beta}^{\mathrm{T}}\boldsymbol{\alpha}_i=\mathbf{0}$，代入式(5-10)得 $k\boldsymbol{\beta}^{\mathrm{T}}\boldsymbol{\beta}=0$，故 $k=0$。代入式(5-9)得

$$k_1\boldsymbol{\alpha}_1+k_2\boldsymbol{\alpha}_2+\cdots+k_r\boldsymbol{\alpha}_r=\mathbf{0}$$

因为 $\boldsymbol{\alpha}_1,\boldsymbol{\alpha}_2,\cdots,\boldsymbol{\alpha}_r$ 线性无关，故 $k_1=k_2=\cdots=k_r=0$，于是 $\boldsymbol{\alpha}_1,\boldsymbol{\alpha}_2,\cdots,\boldsymbol{\alpha}_r,\boldsymbol{\beta}$ 线性无关。

【例 9】 设 $\boldsymbol{A}$ 为 n 阶方阵，证明 $\mathrm{r}(\boldsymbol{A}^n)=\mathrm{r}(\boldsymbol{A}^{n+1})$。

【证明】 先证明方程组 $\boldsymbol{A}^n\boldsymbol{x}=\mathbf{0}$ 与 $\boldsymbol{A}^{n+1}\boldsymbol{x}=\mathbf{0}$ 同解。

设 $\boldsymbol{x}$ 是 n 维列向量，若 $\boldsymbol{A}^n\boldsymbol{x}=\mathbf{0}$，则必有 $\boldsymbol{A}^{n+1}\boldsymbol{x}=\mathbf{0}$，即 $\boldsymbol{A}^n\boldsymbol{x}=\mathbf{0}$ 的解是 $\boldsymbol{A}^{n+1}\boldsymbol{x}=\mathbf{0}$ 的解。

显然 $\boldsymbol{A}^{n+1}\boldsymbol{x}=\mathbf{0}$ 和 $\boldsymbol{A}^n\boldsymbol{x}=\mathbf{0}$ 都有零解，设 $\boldsymbol{x}$ 是 $\boldsymbol{A}^{n+1}\boldsymbol{x}=\mathbf{0}$ 的非零解，若 $\boldsymbol{A}^n\boldsymbol{x}\neq\mathbf{0}$，对于向量组

$$\boldsymbol{x},\boldsymbol{A}\boldsymbol{x},\cdots,\boldsymbol{A}^n\boldsymbol{x}$$

设有常数 $k_0,k_1,\cdots,k_n$，使

$$k_0\boldsymbol{x}+k_1\boldsymbol{A}\boldsymbol{x}+\cdots+k_n\boldsymbol{A}^n\boldsymbol{x}=\mathbf{0} \tag{5-11}$$

用 $\boldsymbol{A}^n$ 左乘式(5-11)两端，则有

$$k_0\boldsymbol{A}^n\boldsymbol{x}+k_1\boldsymbol{A}^{n+1}\boldsymbol{x}+\cdots+k_n\boldsymbol{A}^{2n}\boldsymbol{x}=\mathbf{0}$$

即 $k_0\boldsymbol{A}^n\boldsymbol{x}=\mathbf{0}$，由于 $\boldsymbol{A}^n\boldsymbol{x}\neq\mathbf{0}$，因此 $k_0=0$。

类似可证 $k_1=k_2=\cdots=k_n=0$，所以这 $n+1$ 个 n 维向量线性无关，这不可能，从而有 $\boldsymbol{A}^n\boldsymbol{x}=\mathbf{0}$。

综上可知，$\boldsymbol{A}^n\boldsymbol{x}=\mathbf{0}$ 与 $\boldsymbol{A}^{n+1}\boldsymbol{x}=\mathbf{0}$ 同解，从而有 $\mathrm{r}(\boldsymbol{A}^n)=\mathrm{r}(\boldsymbol{A}^{n+1})$。

【例 10】 设 n 个未知量、$n-1$ 个方程的齐次线性方程组的系数矩阵为

$$\boldsymbol{A}=\begin{pmatrix} a_{11} & a_{12} & \cdots & a_{1n} \\ a_{21} & a_{22} & \cdots & a_{2n} \\ \vdots & \vdots & & \vdots \\ a_{n-1,1} & a_{n-1,2} & \cdots & a_{n-1,n} \end{pmatrix}$$

证明：① $\boldsymbol{A}$ 中按次序分别划去第 1 列，第 2 列，…，第 n 列，得到的一组 $n-1$ 阶子式分别记为 $A_1,A_2,\cdots,A_n$，则 $(A_1,-A_2,A_3,\cdots,(-1)^{n-1}A_n)$ 是方程组的解；② 若 $(A_1,-A_2,A_3,\cdots,(-1)^{n-1}A_n)\neq\mathbf{0}$，则 $k(A_1,-A_2,A_3,\cdots,(-1)^{n-1}A_n)$ 是方程组的通解。

【证明】 ① 在 $\boldsymbol{A}$ 中任意添加一行(放在第 1 行)，得

$$\boldsymbol{B}=\begin{pmatrix} a_1 & a_2 & \cdots & a_n \\ a_{11} & a_{12} & \cdots & a_{1n} \\ a_{21} & a_{22} & \cdots & a_{2n} \\ \vdots & \vdots & & \vdots \\ a_{n-1,1} & a_{n-1,2} & \cdots & a_{n-1,n} \end{pmatrix}$$

则 $\boldsymbol{A}$ 中划去第 i 列得到的子式 A_i 是 $\boldsymbol{B}$ 中第 1 行元素 a_i 的余子式，而 $(-1)^{1+i}A_i$ 是元素 a_i 的代数余子式，将 $(A_1,-A_2,A_3,\cdots,(-1)^{n-1}A_n)$ 代入方程组的第 i 个方程，即 $\boldsymbol{B}$ 的第 1 行元素的代数余子式和 $\boldsymbol{B}$ 的第 $i+1(i=1,2,\cdots,n-1)$ 行对应元素的乘积之和，其值为零，则

$$a_{i1}A_1-a_{i2}A_2+a_{i3}A_3+\cdots+a_{in}(-1)^{n-1}A_n=\begin{vmatrix} a_{i1} & a_{i2} & \cdots & a_{in} \\ a_{11} & a_{12} & \cdots & a_{1n} \\ a_{21} & a_{22} & \cdots & a_{2n} \\ \vdots & \vdots & & \vdots \\ a_{n-1,1} & a_{n-1,2} & \cdots & a_{n-1,n} \end{vmatrix}=0 \quad (i=1,2,\cdots,n-1)$$

故$(A_1,-A_2,A_3,\cdots,(-1)^{n-1}A_n)$是方程组的解。

② 若$(A_1,-A_2,A_3,\cdots,(-1)^{n-1}A_n)\neq\mathbf{0}$，则$\mathrm{r}(\boldsymbol{A})=n-1$,故原方程组的基础解系由一个非零解向量组成，故$k(A_1,-A_2,A_3,\cdots,(-1)^{n-1}A_n)$是方程组的通解。

【例 11】 设n阶方阵$\boldsymbol{A}$不可逆，已知元素a_{kl}的代数余子式$A_{kl}\neq0$，求$\boldsymbol{Ax}=\mathbf{0}$的通解。

【解】 $\boldsymbol{A}$不可逆，故$|\boldsymbol{A}|=0$，从而$\boldsymbol{Ax}=\mathbf{0}$有非零解。

由$A_{kl}\neq0$可知，$\mathrm{r}(\boldsymbol{A})=n-1$，从而方程组$\boldsymbol{Ax}=\mathbf{0}$的基础解系由一个非零解向量组成,且

$$\boldsymbol{AA}^*=|\boldsymbol{A}|\boldsymbol{E}=\boldsymbol{O}$$

故$\boldsymbol{A}^*$的列向量是$\boldsymbol{Ax}=\mathbf{0}$的解向量，其中

$$(A_{k1},A_{k2},\cdots,A_{kl},\cdots,A_{kn})^{\mathrm{T}}\neq\mathbf{0}$$

因此，$\boldsymbol{Ax}=\mathbf{0}$的通解为$c(A_{k1},A_{k2},\cdots,A_{kl},\cdots,A_{kn})^{\mathrm{T}}$,其中$c$是任意常数。

【例 12】 设$\boldsymbol{A}=(a_{ij})_{n\times n}$，且$\sum_{j=1}^{n}a_{ij}=0,i=1,2,\cdots,n$。证明:$\boldsymbol{A}$的第1行元素的代数余子式全相等。

【证明】 由$\sum_{j=1}^{n}a_{ij}=0(i=1,2,\cdots,n)$知$|\boldsymbol{A}|=0$，且$\boldsymbol{Ax}=\mathbf{0}$有解向量$\boldsymbol{\xi}=(1,1,\cdots,1)^{\mathrm{T}}$。又由于$\boldsymbol{AA}^*=|\boldsymbol{A}|\boldsymbol{E}=\boldsymbol{O}$，即$\boldsymbol{A}^*$的第1列$(A_{11},A_{12},\cdots,A_{1n})^{\mathrm{T}}$是$\boldsymbol{Ax}=\mathbf{0}$的解向量。

若有$A_{1j}\neq0$，则$\mathrm{r}(\boldsymbol{A})=n-1$，$(A_{11},A_{12},\cdots,A_{1n})^{\mathrm{T}}$是$\boldsymbol{Ax}=\mathbf{0}$的非零解，$\boldsymbol{Ax}=\mathbf{0}$的通解是$k(1,1,\cdots,1)^{\mathrm{T}}$，故有$A_{11}=A_{12}=\cdots=A_{1n}$。

若$A_{1j}=0,j=1,2,\cdots,n$，则$\boldsymbol{A}$的第1行元素的代数余子式全为零。

综上可知，$\boldsymbol{A}$的第1行元素的代数余子式全相等。

【例 13】 判断下列命题的正误，试说明理由。

① 若齐次线性方程组$\boldsymbol{Ax}=\mathbf{0}$有无穷多解，则非齐次线性方程组$\boldsymbol{Ax}=\boldsymbol{b}$有解。

② 非齐次线性方程组$\boldsymbol{Ax}=\boldsymbol{b}$的解集构成一个解空间。

③ 设$\boldsymbol{A}=(a_{ij})_{m\times n}$,$\mathrm{r}(\boldsymbol{A})=m$，则非齐次线性方程组$\boldsymbol{Ax}=\boldsymbol{b}$有解。

④ 若非齐次线性方程组$\boldsymbol{Ax}=\boldsymbol{b}$有两个不同的解，则$\boldsymbol{Ax}=\mathbf{0}$有无穷多解。

【解】 ① 不正确。非齐次线性方程组$\boldsymbol{Ax}=\boldsymbol{b}$可能无解，如取$\boldsymbol{A}=\begin{pmatrix}1&1\\2&2\end{pmatrix}$，则方程组$\boldsymbol{Ax}=\mathbf{0}$有无穷多解，但非齐次线性方程组$\begin{pmatrix}1&1\\2&2\end{pmatrix}\begin{pmatrix}x_1\\x_2\end{pmatrix}=\begin{pmatrix}0\\1\end{pmatrix}$显然无解。

② 不正确。设$\boldsymbol{\eta}$是$\boldsymbol{Ax}=\boldsymbol{b}$的一个解，则$\boldsymbol{A\eta}=\boldsymbol{b}$，但$\boldsymbol{A}(2\boldsymbol{\eta})=2\boldsymbol{A\eta}=2\boldsymbol{b}\neq\boldsymbol{b}$,$2\boldsymbol{\eta}$不是$\boldsymbol{Ax}=\boldsymbol{b}$的解，因而在非齐次线性方程组$\boldsymbol{Ax}=\boldsymbol{b}$有解的情况下，其解集不构成一个向量空间。

③ 正确。由于$\boldsymbol{Ax}=\boldsymbol{b}$的增广矩阵$\boldsymbol{B}$是$m\times(n+1)$阶矩阵，从而有$\mathrm{r}(\boldsymbol{B})\leqslant m$，又由于$\mathrm{r}(\boldsymbol{B})\geqslant\mathrm{r}(\boldsymbol{A})=m\Rightarrow\mathrm{r}(\boldsymbol{B})=\mathrm{r}(\boldsymbol{A})=m$，因而$\boldsymbol{Ax}=\boldsymbol{b}$有解。

④ 正确。设$\boldsymbol{\eta}_1,\boldsymbol{\eta}_2$是$\boldsymbol{Ax}=\boldsymbol{b}$的两个不同解，则$\boldsymbol{\eta}_1-\boldsymbol{\eta}_2$是$\boldsymbol{Ax}=\mathbf{0}$的非零解，所以对于任意实数，$k$,$k(\boldsymbol{\eta}_1-\boldsymbol{\eta}_2)$都是$\boldsymbol{Ax}=\mathbf{0}$的解，即$\boldsymbol{Ax}=\mathbf{0}$有无穷多解。

【例 14】 设齐次线性方程组为

$$\begin{cases}ax_1+bx_2+bx_3+\cdots+bx_n=0\\bx_1+ax_2+bx_3+\cdots+bx_n=0\\\quad\vdots\\bx_1+bx_2+bx_3+\cdots+ax_n=0\end{cases}$$

其中 $a\neq 0, b\neq 0, n\geqslant 2$。试讨论 a,b 为何值时，方程组仅有零解？有无穷多组解？在有无穷多组解时，求出其通解，并用基础解系表示通解。

【解】 方程组的系数行列式

$$|\boldsymbol{A}|=\begin{vmatrix} a & b & b & \cdots & b \\ b & a & b & \cdots & b \\ b & b & a & \cdots & b \\ \vdots & \vdots & \vdots & & \vdots \\ b & b & b & \cdots & a \end{vmatrix}=[a+(n-1)b](a-b)^{n-1}$$

① 当 $a\neq b$ 且 $a\neq(1-n)b$ 时，方程组仅有零解。

② 当 $a=b$ 时，对系数矩阵 $\boldsymbol{A}$ 作初等行变换，有

$$\boldsymbol{A}=\begin{pmatrix} a & a & a & \cdots & a \\ a & a & a & \cdots & a \\ a & a & a & \cdots & a \\ \vdots & \vdots & \vdots & & \vdots \\ a & a & a & \cdots & a \end{pmatrix}\rightarrow\begin{pmatrix} 1 & 1 & 1 & \cdots & 1 \\ 0 & 0 & 0 & \cdots & 0 \\ 0 & 0 & 0 & \cdots & 0 \\ \vdots & \vdots & \vdots & & \vdots \\ 0 & 0 & 0 & \cdots & 0 \end{pmatrix}$$

原方程组的同解方程为

$$x_1+x_2+\cdots+x_n=0$$

其基础解系为

$$\boldsymbol{\xi}_1=(-1,1,0,\cdots,0)^{\mathrm{T}},\boldsymbol{\xi}_2=(-1,0,1,\cdots,0)^{\mathrm{T}},\cdots,\boldsymbol{\xi}_{n-1}=(-1,0,0,\cdots,1)^{\mathrm{T}}$$

通解为

$$\boldsymbol{x}=k_1\boldsymbol{\xi}_1+k_2\boldsymbol{\xi}_2+\cdots+k_{n-1}\boldsymbol{\xi}_{n-1}$$

其中 $k_1,k_2,\cdots,k_{n-1}$ 为任意常数。

③ 当 $a=(1-n)b$ 时，对系数矩阵 $\boldsymbol{A}$ 作初等行变换，有

$$\boldsymbol{A}=\begin{pmatrix} (1-n)b & b & b & \cdots & b \\ b & (1-n)b & b & \cdots & b \\ b & b & (1-n)b & \cdots & b \\ \vdots & \vdots & \vdots & & \vdots \\ b & b & b & \cdots & (1-n)b \end{pmatrix}$$

$$\rightarrow\begin{pmatrix} 1-n & 1 & 1 & \cdots & 1 \\ 1 & 1-n & 1 & \cdots & 1 \\ 1 & 1 & 1-n & \cdots & 1 \\ \vdots & \vdots & \vdots & & \vdots \\ 1 & 1 & 1 & \cdots & 1-n \end{pmatrix}\rightarrow\begin{pmatrix} 1 & 0 & 0 & \cdots & 0 & -1 \\ 0 & 1 & 0 & \cdots & 0 & -1 \\ 0 & 0 & 1 & \cdots & 0 & -1 \\ \vdots & \vdots & \vdots & & \vdots & \vdots \\ 0 & 0 & 0 & \cdots & 1 & -1 \\ 0 & 0 & 0 & \cdots & 0 & 0 \end{pmatrix}$$

原方程组的同解方程组为

$$\begin{cases} x_1=x_n \\ x_2=x_n \\ \quad\vdots \\ x_{n-1}=x_n \end{cases}$$

其基础解系为$\boldsymbol{\xi}=(1,1,\cdots,1)^{\mathrm{T}}$,通解为$\boldsymbol{x}=c\boldsymbol{\xi}$,$c$为任意常数。

【例 15】 解线性方程组$\begin{cases}x_1+x_2+2x_3+x_4=3\\x_1+2x_2+x_3-x_4=2\\2x_1+x_2+5x_3+4x_4=7\end{cases}$。

【解】 对线性方程组的增广矩阵进行初等行变换,有

$$\overline{\boldsymbol{A}}=(\boldsymbol{A},\boldsymbol{b})=\begin{pmatrix}1&1&2&1&3\\1&2&1&-1&2\\2&1&5&4&7\end{pmatrix}\to\begin{pmatrix}1&1&2&1&3\\0&1&-1&-2&-1\\0&-1&1&2&1\end{pmatrix}$$

$$\to\begin{pmatrix}1&0&3&3&4\\0&1&-1&-2&-1\\0&0&0&0&0\end{pmatrix}\tag{5-12}$$

因为$\mathrm{r}(\boldsymbol{A})=\mathrm{r}(\overline{\boldsymbol{A}})=2$,所以方程组有无穷多解。由式(5-12)得同解方程组

$$\begin{cases}x_1=-3x_3-3x_4+4\\x_2=x_3+x_4-1\end{cases}$$

方程组的通解为

$$\begin{pmatrix}x_1\\x_2\\x_3\\x_4\end{pmatrix}=k_1\begin{pmatrix}-3\\1\\1\\0\end{pmatrix}+k_2\begin{pmatrix}-3\\2\\0\\1\end{pmatrix}+\begin{pmatrix}4\\-1\\0\\0\end{pmatrix}$$

其中k_1,k_2为任意常数。

【例 16】 已知线性方程组

$$\begin{cases}x_1+x_2+x_3+x_4+x_5=1\\3x_1+2x_2+x_3+x_4-3x_5=a\\x_2+2x_3+2x_4+6x_5=3\\5x_1+4x_2+3x_3+3x_4-x_5=b\end{cases}$$

讨论参数a,b取何值时,方程组无解?a,b取何值时,方程组有解?有解时,求出方程组的全部解。

【解】 将方程组的增广矩阵$(\boldsymbol{A}\,\vdots\,\boldsymbol{b})$作初等行变换

$$(\boldsymbol{A}\,\vdots\,\boldsymbol{b})=\left(\begin{array}{ccccc:c}1&1&1&1&1&1\\3&2&1&1&-3&a\\0&1&2&2&6&3\\5&4&3&3&-1&b\end{array}\right)\to\left(\begin{array}{ccccc:c}1&1&1&1&1&1\\0&-1&-2&-2&-6&a-3\\0&1&2&2&6&3\\0&-1&-2&-2&-6&b-5\end{array}\right)$$

$$\to\left(\begin{array}{ccccc:c}1&1&1&1&1&1\\0&1&2&2&6&3\\0&0&0&0&0&a\\0&0&0&0&0&b-2\end{array}\right)\to\left(\begin{array}{ccccc:c}1&0&-1&-1&-5&-2\\0&1&2&2&6&3\\0&0&0&0&0&a\\0&0&0&0&0&b-2\end{array}\right)$$

① 当$a\neq0$或$b\neq2$时,$\mathrm{r}(\boldsymbol{A})=2\neq\mathrm{r}(\boldsymbol{A}\,\vdots\,\boldsymbol{b})=3$,方程组无解。

② 当$a=0$且$b=2$时,$\mathrm{r}(\boldsymbol{A})=2=\mathrm{r}(\boldsymbol{A}\,\vdots\,\boldsymbol{b})$,方程组有无穷多解。

令自由未知量分别取值为$\begin{pmatrix}x_3\\x_4\\x_5\end{pmatrix}=\begin{pmatrix}1\\0\\0\end{pmatrix},\begin{pmatrix}0\\1\\0\end{pmatrix},\begin{pmatrix}0\\0\\1\end{pmatrix}$，则对应齐次线性方程组的基础解系为

$$\boldsymbol{\xi}_1=(1,-2,1,0,0)^{\mathrm{T}},\quad \boldsymbol{\xi}_2=(1,-2,0,1,0)^{\mathrm{T}},\quad \boldsymbol{\xi}_3=(5,-6,0,0,1)^{\mathrm{T}}$$

令自由未知量 $x_3=x_4=x_5=0$，得齐次线性方程组的一个特解 $\boldsymbol{\eta}=(-2,3,0,0,0)^{\mathrm{T}}$。因此，方程组的通解为

$$\boldsymbol{x}=k_1\boldsymbol{\xi}_1+k_2\boldsymbol{\xi}_2+k_3\boldsymbol{\xi}_3+\boldsymbol{\eta}$$

其中 k_1,k_2,k_3 为任意常数。

【例 17】 设 $\boldsymbol{A}=(a_{ij})_{3\times3}$是实正交矩阵，且 $a_{11}=1,\boldsymbol{b}=(1,0,0)^{\mathrm{T}}$，则线性方程组 $\boldsymbol{Ax}=\boldsymbol{b}$ 的解是________。

【答】 $(1,0,0)^{\mathrm{T}}$。

分析：根据正交矩阵的性质，其列(行)向量均为单位向量，已知 $a_{11}=1$，故必有 $a_{12}=a_{13}=0$，$a_{21}=a_{31}=0$，即

$$\boldsymbol{A}=\begin{pmatrix}1&0&0\\0&a_{22}&a_{23}\\0&a_{32}&a_{33}\end{pmatrix}$$

又由正交矩阵$|\boldsymbol{A}|=1$ 或$|\boldsymbol{A}|=-1$，知方程组

$$\begin{pmatrix}1&0&0\\0&a_{22}&a_{23}\\0&a_{32}&a_{33}\end{pmatrix}\begin{pmatrix}x_1\\x_2\\x_3\end{pmatrix}=\begin{pmatrix}1\\0\\0\end{pmatrix}$$

有唯一的解$(1,0,0)^{\mathrm{T}}$。

【例 18】 当 λ 取何值时，线性方程组

$$\begin{cases}(\lambda+3)x_1+x_2+x_3=\lambda\\ \lambda x_1+(\lambda-1)x_2+x_3=\lambda\\ 3(\lambda+1)x_1+\lambda x_2+(\lambda+3)x_3=3\end{cases}$$

有唯一解？无解？有无穷多解？当方程组有无穷多解时，求出它的全部解。

分析：若用初等行变换将增广矩阵化为阶梯形，则比较困难。由于方程的个数和未知量的个数相等，可先计算方程组的系数行列式，然后再讨论。

【解】 方程组的系数行列式为

$$D=\begin{vmatrix}\lambda+3&1&2\\\lambda&\lambda-1&1\\3(\lambda+1)&\lambda&\lambda+3\end{vmatrix}=\lambda^2(\lambda-1)$$

① 当 $\lambda\neq0$ 且 $\lambda\neq1$ 时，由克拉默法则可知，方程组有唯一解。

② 当 $\lambda=0$ 时，方程组的增广矩阵为

$$\boldsymbol{B}=\begin{pmatrix}3&1&2&0\\0&-1&1&0\\3&0&3&3\end{pmatrix}\rightarrow\begin{pmatrix}3&1&2&0\\0&-1&1&0\\0&0&0&3\end{pmatrix}$$

因为 $\mathrm{r}(\boldsymbol{A})=2,\mathrm{r}(\boldsymbol{B})=3$，所以方程组无解。

③ 当 $\lambda=1$ 时，方程组的增广矩阵为

$$B=\begin{pmatrix}4&1&2&1\\1&0&1&1\\6&1&4&3\end{pmatrix}\to\begin{pmatrix}1&0&1&1\\0&1&-2&-3\\0&0&0&0\end{pmatrix}$$

因为 $r(A)=r(B)=2$,所以方程组有无穷多解，其同解方程组为

$$\begin{cases}x_1=1-\quad x_3\\x_2=-3+2x_3\\x_3=\quad\quad x_3\end{cases}$$

故此时方程组有无穷多解，令 $x_3=k$，得方程组的通解为

$$x=k\begin{pmatrix}-1\\2\\1\end{pmatrix}+\begin{pmatrix}1\\-3\\0\end{pmatrix}$$

其中 k 为任意常数。

【例 19】 ① 已知 $\boldsymbol{\alpha}_1,\boldsymbol{\alpha}_2,\cdots,\boldsymbol{\alpha}_s$ 是齐次线性方程组 $\boldsymbol{Ax}=\boldsymbol{0}$ 的解向量，问 $\boldsymbol{\alpha}=k_1\boldsymbol{\alpha}_1+k_2\boldsymbol{\alpha}_2+\cdots+k_s\boldsymbol{\alpha}_s$ 是否是方程组 $\boldsymbol{Ax}=\boldsymbol{0}$ 的解向量，说明理由。

② 已知 $\boldsymbol{\beta}_1,\boldsymbol{\beta}_2,\cdots,\boldsymbol{\beta}_t$ 是齐次线性方程组 $\boldsymbol{Ax}=\boldsymbol{b}(\boldsymbol{b}\neq\boldsymbol{0})$ 的解向量，问 $\boldsymbol{\beta}=\lambda_1\boldsymbol{\beta}_1+\lambda_2\boldsymbol{\beta}_2+\cdots+\lambda_t\boldsymbol{\beta}_t$ 是否是方程组 $\boldsymbol{Ax}=\boldsymbol{b}$ 的解向量，说明理由。

【解】 ① 是。因为 $\boldsymbol{A\alpha}_i=\boldsymbol{0}(i=1,2,\cdots,s)$，故有

$$\begin{aligned}\boldsymbol{A\alpha}&=\boldsymbol{A}(k_1\boldsymbol{\alpha}_1+k_2\boldsymbol{\alpha}_2+\cdots+k_s\boldsymbol{\alpha}_s)\\&=k_1\boldsymbol{A\alpha}_1+k_2\boldsymbol{A\alpha}_2+\cdots+k_s\boldsymbol{A\alpha}_s=\boldsymbol{0}\end{aligned}$$

故 $\boldsymbol{\alpha}=k_1\boldsymbol{\alpha}_1+k_2\boldsymbol{\alpha}_2+\cdots+k_s\boldsymbol{\alpha}_s$ 是方程组 $\boldsymbol{Ax}=\boldsymbol{0}$ 的解向量。

② 当 $\lambda_1+\lambda_2+\cdots+\lambda_t=1$ 时,$\boldsymbol{\beta}$ 是方程组 $\boldsymbol{Ax}=\boldsymbol{b}$ 的解向量，否则不是。

因为 $\boldsymbol{A\beta}_i=\boldsymbol{b}(i=1,2,\cdots,t)$,故

$$\begin{aligned}\boldsymbol{A\beta}&=\boldsymbol{A}(\lambda_1\boldsymbol{\beta}_1+\lambda_2\boldsymbol{\beta}_2+\cdots+\lambda_t\boldsymbol{\beta}_t)\\&=\lambda_1\boldsymbol{A\beta}_1+\lambda_2\boldsymbol{A\beta}_2+\cdots+\lambda_t\boldsymbol{A\beta}_t=(\lambda_1+\lambda_2+\cdots+\lambda_t)\boldsymbol{b}\end{aligned}$$

当 $\lambda_1+\lambda_2+\cdots+\lambda_t=1$ 时，$\boldsymbol{A\beta}=\boldsymbol{b}$，$\boldsymbol{\beta}$ 是方程组 $\boldsymbol{Ax}=\boldsymbol{b}$ 的解向量。

当 $\lambda_1+\lambda_2+\cdots+\lambda_t\neq1$ 时，$\boldsymbol{A\beta}\neq\boldsymbol{b}$，$\boldsymbol{\beta}$ 不是方程组 $\boldsymbol{Ax}=\boldsymbol{b}$ 的解向量。

【例 20】 若非齐次线性方程组 $\boldsymbol{A}_{n\times(n-1)}\boldsymbol{x}=\boldsymbol{b}$ 有解，则方程组的增广矩阵 $\boldsymbol{B}=(\boldsymbol{A}\,\vdots\,\boldsymbol{b})$的行列式$|\boldsymbol{B}|=0$,反之是否成立?

【证明】 $\boldsymbol{Ax}=\boldsymbol{b}$ 有解，则 $r(\boldsymbol{A})=r(\boldsymbol{B})\leqslant n-1\Rightarrow|\boldsymbol{B}|=0$。

反之不一定成立。当$|\boldsymbol{B}|=0$ 时，若 $r(\boldsymbol{A})=n-1$，则 $r(\boldsymbol{B})=r(\boldsymbol{A})=n-1$，方程组有唯一解。若 $r(\boldsymbol{A})=r<n-1$,可能有 $r(\boldsymbol{A})=r(\boldsymbol{B})=r$,方程组有无穷多解，也可能有 $r(\boldsymbol{A})=r<r(\boldsymbol{B})$,此时方程组无解。

【例 21】 设四元非齐次线性方程组 $\boldsymbol{Ax}=\boldsymbol{b}$ 满足 $r(\boldsymbol{A})=r(\overline{\boldsymbol{A}})=3$,$\overline{\boldsymbol{A}}$为增广矩阵。又设 $\boldsymbol{\alpha}_1$，$\boldsymbol{\alpha}_2,\boldsymbol{\alpha}_3$ 为其 3 个解，且已知 $\boldsymbol{\alpha}_1=(4,1,0,2)^{\mathrm{T}}$,$\boldsymbol{\alpha}_2+\boldsymbol{\alpha}_3=(1,0,1,2)^{\mathrm{T}}$，求出该方程组的全部解。

分析:由于四元方程组 $\boldsymbol{Ax}=\boldsymbol{b}$ 满足 $r(\boldsymbol{A})=r(\overline{\boldsymbol{A}})=3$,故该方程组有无穷多个解，且其全部解可以表示为 $\boldsymbol{x}=k\boldsymbol{\xi}+\boldsymbol{\eta}^*$，其中 $\boldsymbol{\xi}$ 是导出组 $\boldsymbol{Ax}=\boldsymbol{0}$ 的一个基础解系，$\boldsymbol{\eta}^*$ 是 $\boldsymbol{Ax}=\boldsymbol{b}$ 的一个特解。

【解】 由于四元非齐次线性方程组 $\boldsymbol{Ax}=\boldsymbol{b}$ 满足 $r(\boldsymbol{A})=r(\overline{\boldsymbol{A}})=3<4$,故该方程组有无穷多个解，并且其全部解可以表示为 $\boldsymbol{x}=k\boldsymbol{\xi}+\boldsymbol{\eta}^*$。由于 $\boldsymbol{\alpha}_1=(4,1,0,2)^{\mathrm{T}}$ 为其一个解，故取

$\boldsymbol{\eta}^*=\boldsymbol{\alpha}_1=(4,1,0,2)^{\mathrm{T}}$。又$\frac{1}{2}(\boldsymbol{\alpha}_2+\boldsymbol{\alpha}_3)$也是该方程组的一个解，从而由解的性质可知，可取基础解系为

$$\boldsymbol{\xi}=\boldsymbol{\alpha}_1-\frac{1}{2}(\boldsymbol{\alpha}_2+\boldsymbol{\alpha}_3)=(4,1,0,2)^{\mathrm{T}}-\frac{1}{2}(1,0,1,2)^{\mathrm{T}}=\left(\frac{7}{2},1,-\frac{1}{2},1\right)^{\mathrm{T}}\neq\boldsymbol{0}$$

于是原方程组的通解为

$$\boldsymbol{x}=k\boldsymbol{\xi}+\boldsymbol{\eta}^*=k\left(\frac{7}{2},1,-\frac{1}{2},1\right)^{\mathrm{T}}+(4,1,0,2)^{\mathrm{T}}$$

其中k为任意常数。

【例 22】 已知 4 阶方阵$\boldsymbol{A}=(\boldsymbol{\alpha}_1,\boldsymbol{\alpha}_2,\boldsymbol{\alpha}_3,\boldsymbol{\alpha}_4)$，$\boldsymbol{\alpha}_1,\boldsymbol{\alpha}_2,\boldsymbol{\alpha}_3,\boldsymbol{\alpha}_4$均为四维列向量，其中$\boldsymbol{\alpha}_2,\boldsymbol{\alpha}_3,\boldsymbol{\alpha}_4$线性无关，$\boldsymbol{\alpha}_1=2\boldsymbol{\alpha}_2-\boldsymbol{\alpha}_3$，如果$\boldsymbol{b}=\boldsymbol{\alpha}_1+\boldsymbol{\alpha}_2+\boldsymbol{\alpha}_3+\boldsymbol{\alpha}_4$，求线性方程组$\boldsymbol{Ax}=\boldsymbol{b}$的通解。

【解】 由于$\boldsymbol{\alpha}_2,\boldsymbol{\alpha}_3,\boldsymbol{\alpha}_4$线性无关及$\boldsymbol{\alpha}_1=2\boldsymbol{\alpha}_2-\boldsymbol{\alpha}_3$，因此$\mathrm{r}(\boldsymbol{A})=3$，可知原方程组的导出组$\boldsymbol{Ax}=\boldsymbol{0}$的基础解系只含一个解向量。由于$\boldsymbol{\alpha}_1=2\boldsymbol{\alpha}_2-\boldsymbol{\alpha}_3$，得

$$\boldsymbol{\alpha}_1-2\boldsymbol{\alpha}_2+\boldsymbol{\alpha}_3+0\cdot\boldsymbol{\alpha}_4=\boldsymbol{0}$$

所以$\boldsymbol{\xi}=(1,-2,1,0)^{\mathrm{T}}$是$\boldsymbol{Ax}=\boldsymbol{0}$的一个解。因而$\boldsymbol{Ax}=\boldsymbol{0}$的通解为$k(1,-2,1,0)^{\mathrm{T}}$，$k$为任意常数。又由于

$$\boldsymbol{b}=\boldsymbol{\alpha}_1+\boldsymbol{\alpha}_2+\boldsymbol{\alpha}_3+\boldsymbol{\alpha}_4$$

所以$(1,1,1,1)^{\mathrm{T}}$是方程组$\boldsymbol{Ax}=\boldsymbol{b}$的一个特解，于是$\boldsymbol{Ax}=\boldsymbol{b}$的通解为

$$\boldsymbol{x}=k(1,-2,1,0)^{\mathrm{T}}+(1,1,1,1)^{\mathrm{T}}$$

其中k为任意常数。

【例 23】 设$\boldsymbol{\alpha}_1=(1,0,2,3)^{\mathrm{T}}$，$\boldsymbol{\alpha}_2=(1,1,3,5)^{\mathrm{T}}$，$\boldsymbol{\alpha}_3=(1,-1,a+2,1)^{\mathrm{T}}$，$\boldsymbol{\alpha}_4=(1,2,4,a+8)^{\mathrm{T}}$，$\boldsymbol{\beta}=(1,1,b+3,5)^{\mathrm{T}}$。

① a,b为何值时，$\boldsymbol{\beta}$不能表示为$\boldsymbol{\alpha}_1,\boldsymbol{\alpha}_2,\boldsymbol{\alpha}_3,\boldsymbol{\alpha}_4$的线性组合。

② a,b为何值时，$\boldsymbol{\beta}$可以表示为$\boldsymbol{\alpha}_1,\boldsymbol{\alpha}_2,\boldsymbol{\alpha}_3,\boldsymbol{\alpha}_4$的线性组合，且表示法唯一，写出表示式。

分析：$\boldsymbol{\beta}$能否表示为$\boldsymbol{\alpha}_1,\boldsymbol{\alpha}_2,\boldsymbol{\alpha}_3,\boldsymbol{\alpha}_4$的线性组合，实际上就是方程组$x_1\boldsymbol{\alpha}_1+x_2\boldsymbol{\alpha}_2+x_3\boldsymbol{\alpha}_3+x_4\boldsymbol{\alpha}_4=\boldsymbol{\beta}$是否有解。

【解】 设方程组

$$x_1\boldsymbol{\alpha}_1+x_2\boldsymbol{\alpha}_2+x_3\boldsymbol{\alpha}_3+x_4\boldsymbol{\alpha}_4=\boldsymbol{\beta}$$

其增广矩阵为

$$\overline{\boldsymbol{A}}=(\boldsymbol{\alpha}_1,\boldsymbol{\alpha}_2,\boldsymbol{\alpha}_3,\boldsymbol{\alpha}_4\,\vdots\,\boldsymbol{\beta})=\left(\begin{array}{cccc:c}1&1&1&1&1\\0&1&-1&2&1\\2&3&a+2&4&b+3\\3&5&1&a+8&5\end{array}\right)\rightarrow\left(\begin{array}{cccc:c}1&1&1&1&1\\0&1&-1&2&1\\0&0&a+1&0&b\\0&0&0&a+1&0\end{array}\right)$$

① 当$a=-1,b\neq0$时，因为$\mathrm{r}(\boldsymbol{A})=2,\mathrm{r}(\boldsymbol{B})=3$，所以方程组无解，即$\boldsymbol{\beta}$不能由$\boldsymbol{\alpha}_1,\boldsymbol{\alpha}_2,\boldsymbol{\alpha}_3,\boldsymbol{\alpha}_4$线性表出。

② 当$a\neq-1$，b为任何值时，因$\mathrm{r}(\boldsymbol{A})=\mathrm{r}(\boldsymbol{B})=4$，所以方程组有唯一解，即$\boldsymbol{\beta}$可由$\boldsymbol{\alpha}_1,\boldsymbol{\alpha}_2,\boldsymbol{\alpha}_3,\boldsymbol{\alpha}_4$唯一地线性表出。此时同解方程组为

$$\begin{pmatrix}1&1&1&1\\0&1&-1&2\\0&0&a+1&0\\0&0&0&a+1\end{pmatrix}\begin{pmatrix}x_1\\x_2\\x_3\\x_4\end{pmatrix}=\begin{pmatrix}1\\1\\b\\0\end{pmatrix}$$

解得

$$x_1=-\frac{2b}{a+1},\ x_2=1+\frac{b}{a+1},\ x_3=\frac{b}{a+1},x_4=0$$

所以$\boldsymbol{\beta}$的唯一线性表示式为

$$\boldsymbol{\beta}=-\frac{2b}{a+1}\boldsymbol{\alpha}_1+\frac{a+b+1}{a+1}\boldsymbol{\alpha}_2+\frac{b}{a+1}\boldsymbol{\alpha}_3+0\cdot\boldsymbol{\alpha}_4$$

【例 24】 已知平面上3条不同直线的方程分别为

$$l_1:ax+2by+3c=0$$
$$l_2:bx+2cy+3a=0$$
$$l_3:cx+2ay+3b=0$$

试证明这3条直线交于一点的充分必要条件是$a+b+c=0$。

【证明】 必要性。若3条直线交于一点，则线性方程组

$$\begin{cases}ax+2by=-3c\\bx+2cy=-3a\\cx+2ay=-3b\end{cases}\tag{5-13}$$

有唯一解，故其系数矩阵和增广矩阵的秩均为2，即$\mathrm{r}(\mathbf{A})=\mathrm{r}(\overline{\mathbf{A}})=2$,于是$|\overline{\mathbf{A}}|=0$,故有

$$|\overline{\mathbf{A}}|=\begin{vmatrix}a&2b&-3c\\b&2c&-3a\\c&2a&-3b\end{vmatrix}=3(a+b+c)[(a-b)^2+(b-c)^2+(c-a)^2]$$

由于l_1,l_2,l_3是3条不同的直线，所以$a=b=c$不成立，由此可推出$a+b+c=0$。

充分性。若$a+b+c=0$,则$|\overline{\mathbf{A}}|=0$，故$\mathrm{r}(\overline{\mathbf{A}})<3$。

由于$\begin{vmatrix}a&2b\\b&2c\end{vmatrix}=2(ac-b^2)=-2[a(a+b)+b^2]=-2[(a+\frac{1}{2}b)^2+\frac{3}{4}b^2]\neq0$(否则$a=b=c=0$),知$\mathrm{r}(\mathbf{A})=2$，于是$\mathrm{r}(\mathbf{A})=\mathrm{r}(\overline{\mathbf{A}})=2$。所以方程组(5-13)有唯一解，即3条直线$l_1,l_2,l_3$交于一点。

三、练习题

(一) 填空题

1. 已知方程组$\begin{pmatrix}1&2&1\\2&3&a+2\\1&a&-2\end{pmatrix}\begin{pmatrix}x_1\\x_2\\x_3\end{pmatrix}=\begin{pmatrix}1\\3\\0\end{pmatrix}$无解,则$a=$________。

2. 设方程组$\begin{pmatrix}a&1&1\\1&a&1\\1&1&a\end{pmatrix}\begin{pmatrix}x_1\\x_2\\x_3\end{pmatrix}=\begin{pmatrix}1\\1\\-2\end{pmatrix}$有无穷多个解，则$a=$________。

3. 设$\boldsymbol{A}$为3阶方阵，且$\mathrm{r}(\mathbf{A})=1$,又$\boldsymbol{B}=\begin{pmatrix}1&-1&0\\2&1&1\\3&0&k\end{pmatrix}$,满足$\boldsymbol{AB}=\boldsymbol{O}$，则$k=$________。

4. 设 n 阶矩阵 $\boldsymbol{A}$ 的各行元素之和均为零，且 $\boldsymbol{A}$ 的秩为 $n-1$，则线性方程组 $\boldsymbol{Ax}=\boldsymbol{0}$ 的通解为________。

5. 若线性方程组

$$\begin{cases} x_1+x_2 = -a_1 \\ x_2+x_3 = a_2 \\ x_3+x_4 = -a_3 \\ x_1 + x_4 = a_4 \end{cases}$$

有解，则常数 a_1,a_2,a_3,a_4 应满足条件________。

6. 设

$$\boldsymbol{A}=\begin{pmatrix} 1 & 1 & 1 & \cdots & 1 \\ a_1 & a_2 & a_3 & \cdots & a_n \\ a_1^2 & a_2^2 & a_3^2 & \cdots & a_n^2 \\ \vdots & \vdots & \vdots & & \vdots \\ a_1^{n-1} & a_2^{n-1} & a_3^{n-1} & \cdots & a_n^{n-1} \end{pmatrix},\quad \boldsymbol{x}=\begin{pmatrix} x_1 \\ x_2 \\ x_3 \\ \vdots \\ x_n \end{pmatrix},\quad \boldsymbol{b}=\begin{pmatrix} 1 \\ 1 \\ 1 \\ \vdots \\ 1 \end{pmatrix}$$

其中 $a_i\neq a_j(i\neq j;i,j=1,2,\cdots,n)$，则线性方程组 $\boldsymbol{A}^{\mathrm{T}}\boldsymbol{x}=\boldsymbol{b}$ 的解是 $\boldsymbol{x}=$________。

7. 已知 $\boldsymbol{\alpha}_1,\boldsymbol{\alpha}_2$ 是线性方程组 $\begin{cases} x_1-x_2-ax_3=3 \\ 2x_1-3x_3=1 \\ -2x_1+ax_2+10x_3=4 \end{cases}$ 的两个不同的解向量，则 $a=$________。

8. 设 $\boldsymbol{A}$ 是秩为 3 的 5×4 阶矩阵，$\boldsymbol{\alpha}_1,\boldsymbol{\alpha}_2,\boldsymbol{\alpha}_3$ 是非齐次线性方程组 $\boldsymbol{Ax}=\boldsymbol{b}$ 的 3 个不同的解，若 $\boldsymbol{\alpha}_1+\boldsymbol{\alpha}_2+2\boldsymbol{\alpha}_3=(2,0,0,0)^{\mathrm{T}}$，$3\boldsymbol{\alpha}_1+\boldsymbol{\alpha}_2=(2,4,6,8)^{\mathrm{T}}$，则方程组 $\boldsymbol{Ax}=\boldsymbol{b}$ 的通解是________。

9. 设 $\boldsymbol{A}$ 是 n 阶方阵，如果每个 n 维列向量都是齐次线性方程组 $\boldsymbol{Ax}=\boldsymbol{0}$ 的解，则 $\mathrm{r}(\boldsymbol{A})=$________。

10*. 设 $\boldsymbol{A}$ 是 n 阶方阵，如果 $\mathrm{r}(\boldsymbol{A})=n-1$，且代数余子式 $A_{11}\neq0$，则 $\boldsymbol{Ax}=\boldsymbol{0}$ 的通解是________，$\boldsymbol{A}^*\boldsymbol{x}=\boldsymbol{0}$ 的通解是________。

11. 四元方程组 $\boldsymbol{Ax}=\boldsymbol{b}$ 的 3 个解是 $\boldsymbol{\alpha}_1,\boldsymbol{\alpha}_2,\boldsymbol{\alpha}_3$，其中 $\boldsymbol{\alpha}_1=(1,1,1,1)^{\mathrm{T}}$，$\boldsymbol{\alpha}_2+\boldsymbol{\alpha}_3=(2,3,4,5)^{\mathrm{T}}$，如果 $\mathrm{r}(\boldsymbol{A})=3$，则方程组 $\boldsymbol{Ax}=\boldsymbol{b}$ 的通解是________。

12. 设 $\boldsymbol{A}$ 是 3 阶非零矩阵，$\boldsymbol{B}=\begin{pmatrix} 1 & 2 & -2 \\ 4 & t & 3 \\ 3 & -1 & 1 \end{pmatrix}$，且 $\boldsymbol{AB}=\boldsymbol{O}$，则 $\boldsymbol{Ax}=\boldsymbol{0}$ 的通解是________。

13. 设 $\boldsymbol{A}=\begin{pmatrix} 1 & 2 & 3 \\ 4 & 5 & 6 \\ 7 & 8 & 9 \end{pmatrix}$，$\boldsymbol{A}^*$ 是 $\boldsymbol{A}$ 的伴随矩阵，则 $\boldsymbol{A}^*\boldsymbol{x}=\boldsymbol{0}$ 的通解是________。

14. 已知 $\boldsymbol{\alpha}$ 是齐次线性方程组 $\boldsymbol{Ax}=\boldsymbol{0}$ 的基础解系，其中 $\boldsymbol{A}=\begin{pmatrix} 1 & 2 & 1 \\ 1 & 3 & a \\ a & 1 & -1 \\ 2 & 6 & 0 \end{pmatrix}$，则 $a=$________。

(二) 选择题

1. 要使 $\boldsymbol{\xi}_1=(1,0,2)^{\mathrm{T}}$,$\boldsymbol{\xi}_2=(0,1,-1)^{\mathrm{T}}$ 都是线性方程组 $\boldsymbol{Ax}=\boldsymbol{0}$ 的解,只要系数矩阵 $\boldsymbol{A}$ 为(　　)。

(A) $(-2\quad 1\quad 1)$

(B) $\begin{pmatrix} 2 & 0 & -1 \\ 0 & 1 & 1 \end{pmatrix}$

(C) $\begin{pmatrix} -1 & 0 & 2 \\ 0 & 1 & -1 \end{pmatrix}$

(D) $\begin{pmatrix} 0 & 1 & -1 \\ 4 & -2 & -2 \\ 0 & 1 & 1 \end{pmatrix}$

2. 设线性方程组 $\begin{cases} ax_1+2x_2+3x_3=8 \\ 2ax_1+2x_2+3x_3=10 \\ x_1+x_2+bx_3=5 \end{cases}$ 有唯一解,则 a,b 满足的条件是(　　)。

(A) $a\neq 0$,$b\neq 0$

(B) $a\neq \dfrac{3}{2}$,$b\neq 0$

(C) $a\neq \dfrac{3}{2}$,$b\neq \dfrac{3}{2}$

(D) $a\neq 0$,$b\neq \dfrac{3}{2}$

3. 设线性方程组为 $\begin{cases} x_1+x_2+x_3=0 \\ ax_1+bx_2+cx_3=0 \\ bcx_1+cax_2+abx_3=0 \end{cases}$,若此方程组有非零解,则 a,b,c 满足的条件是(　　)。

(A) $a=b=c$

(B) $a=b$ 或 $b=c$ 或 $c=a$

(C) a,b,c 互不相等

(D) $a\neq b$ 或 $b\neq c$ 或 $c\neq a$

4. 设线性方程组为 $\begin{cases} x_1+2x_2+3x_3+3x_4+7x_5=4 \\ 3x_1+x_2-x_3-x_4-9x_5=p-3 \\ 5x_1+3x_2+x_3+x_4-7x_5=q-3 \\ x_2+2x_3+2x_4+6x_5=3 \end{cases}$,如果此方程组有解,则常数 p,q 应满足的条件是(　　)。

(A) $p=0$ 或 $q=2$

(B) $p=0$ 且 $q=2$

(C) $p=0$ 且 $q\neq 2$

(D) $p\neq 0$ 且 $q\neq 2$

5. 已知 $\boldsymbol{\beta}_1$,$\boldsymbol{\beta}_2$ 是非齐次线性方程组 $\boldsymbol{Ax}=\boldsymbol{b}$ 的两个不同的解,$\boldsymbol{\alpha}_1$,$\boldsymbol{\alpha}_2$ 是对应的齐次线性方程组 $\boldsymbol{Ax}=\boldsymbol{0}$ 的基础解系,k_1,k_2 为任意常数,则方程组 $\boldsymbol{Ax}=\boldsymbol{b}$ 的通解必是(　　)。

(A) $k_1\boldsymbol{\alpha}_1+k_2(\boldsymbol{\alpha}_1+\boldsymbol{\alpha}_2)+\dfrac{\boldsymbol{\beta}_1-\boldsymbol{\beta}_2}{2}$

(B) $k_1\boldsymbol{\alpha}_1+k_2(\boldsymbol{\alpha}_1-\boldsymbol{\alpha}_2)+\dfrac{\boldsymbol{\beta}_1+\boldsymbol{\beta}_2}{2}$

(C) $k_1\boldsymbol{\alpha}_1+k_2(\boldsymbol{\beta}_1+\boldsymbol{\beta}_2)+\dfrac{\boldsymbol{\beta}_1-\boldsymbol{\beta}_2}{2}$

(D) $k_1\boldsymbol{\alpha}_1+k_2(\boldsymbol{\beta}_1-\boldsymbol{\beta}_2)+\dfrac{\boldsymbol{\beta}_1+\boldsymbol{\beta}_2}{2}$

6. 非齐次线性方程组 $\boldsymbol{Ax}=\boldsymbol{b}$ 中未知量的个数为 n,方程的个数为 m,系数矩阵 $\boldsymbol{A}$ 的秩为 r,则(　　)。

(A) $r=m$ 时,方程组 $\boldsymbol{Ax}=\boldsymbol{b}$ 有解

(B) $r=n$ 时,方程组 $\boldsymbol{Ax}=\boldsymbol{b}$ 有唯一解

(C) $m=n$ 时,方程组 $\boldsymbol{Ax}=\boldsymbol{b}$ 有唯一解

(D) $r<n$ 时，方程组 $\boldsymbol{Ax}=\boldsymbol{b}$ 有无穷多解

7. 齐次线性方程组 $\begin{cases}\lambda x_1+x_2+\lambda^2x_3=0\\ x_1+\lambda x_2+x_3=0\\ x_1+x_2+\lambda x_3=0\end{cases}$ 的系数矩阵记为 $\boldsymbol{A}$，若存在 3 阶矩阵 $\boldsymbol{B}\neq\boldsymbol{O}$,使得 $\boldsymbol{AB}=\boldsymbol{O}$，则(　　)。

(A) $\lambda=-2$ 且 $|\boldsymbol{B}|=0$　　(B) $\lambda=-2$ 且 $|\boldsymbol{B}|\neq0$

(C) $\lambda=1$ 且 $|\boldsymbol{B}|=0$　　(D) $\lambda=1$ 且 $|\boldsymbol{B}|\neq0$

8. 对于 n 元方程组,下列命题正确的是(　　)。

(A) 如果 $\boldsymbol{Ax}=\boldsymbol{0}$ 只有零解，则 $\boldsymbol{Ax}=\boldsymbol{b}$ 有唯一解

(B) 如果 $\boldsymbol{Ax}=\boldsymbol{0}$ 有非零解，则 $\boldsymbol{Ax}=\boldsymbol{b}$ 有无穷多解

(C) 如果 $\boldsymbol{Ax}=\boldsymbol{b}$ 有两个不同的解，则 $\boldsymbol{Ax}=\boldsymbol{0}$ 有无穷多解

(D) $\boldsymbol{Ax}=\boldsymbol{b}$ 有唯一解的充分必要条件是 $\mathrm{r}(\boldsymbol{A})=n$

9. 已知 $\boldsymbol{\eta}_1,\boldsymbol{\eta}_2,\boldsymbol{\eta}_3,\boldsymbol{\eta}_4$ 是 $\boldsymbol{Ax}=\boldsymbol{0}$ 的基础解系，则此方程组的基础解系还可选用(　　)。

(A) $\boldsymbol{\eta}_1+\boldsymbol{\eta}_2,\boldsymbol{\eta}_2+\boldsymbol{\eta}_3,\boldsymbol{\eta}_3+\boldsymbol{\eta}_4,\boldsymbol{\eta}_4+\boldsymbol{\eta}_1$

(B) $\boldsymbol{\eta}_1,\boldsymbol{\eta}_2,\boldsymbol{\eta}_3,\boldsymbol{\eta}_4$ 的等价向量组 $\boldsymbol{\alpha}_1,\boldsymbol{\alpha}_2,\boldsymbol{\alpha}_3,\boldsymbol{\alpha}_4$

(C) $\boldsymbol{\eta}_1,\boldsymbol{\eta}_2,\boldsymbol{\eta}_3,\boldsymbol{\eta}_4$ 的等秩向量组 $\boldsymbol{\alpha}_1,\boldsymbol{\alpha}_2,\boldsymbol{\alpha}_3,\boldsymbol{\alpha}_4$

(D) $\boldsymbol{\eta}_1+\boldsymbol{\eta}_2,\boldsymbol{\eta}_2+\boldsymbol{\eta}_3,\boldsymbol{\eta}_3-\boldsymbol{\eta}_4,\boldsymbol{\eta}_4-\boldsymbol{\eta}_1$

10. 设 $\boldsymbol{A}$ 是秩为 $n-1$ 的 n 阶方阵，$\boldsymbol{\alpha}_1$ 与 $\boldsymbol{\alpha}_2$ 是方程组 $\boldsymbol{Ax}=\boldsymbol{0}$ 的两个不同的解向量，则 $\boldsymbol{Ax}=\boldsymbol{0}$ 的通解必定是(　　)。

(A) $\boldsymbol{\alpha}_1+\boldsymbol{\alpha}_2$　　(B) $k\boldsymbol{\alpha}_1$

(C) $k(\boldsymbol{\alpha}_1+\boldsymbol{\alpha}_2)$($k$ 为任意常数)　　(D) $k(\boldsymbol{\alpha}_1-\boldsymbol{\alpha}_2)$($k$ 为任意常数)

11. 设 $\boldsymbol{\alpha}_1,\boldsymbol{\alpha}_2,\boldsymbol{\alpha}_3$ 是四元非齐次线性方程组 $\boldsymbol{Ax}=\boldsymbol{b}$ 的 3 个解向量，且 $\mathrm{r}(\boldsymbol{A})=3$，$\boldsymbol{\alpha}_1=(1,2,3,4)^{\mathrm{T}}$，$\boldsymbol{\alpha}_2+\boldsymbol{\alpha}_3=(0,1,2,3)^{\mathrm{T}}$,$k$ 表示任意常数，则线性方程组 $\boldsymbol{Ax}=\boldsymbol{b}$ 的通解为(　　)。

(A) $(1,2,3,4)^{\mathrm{T}}+k(1,1,1,1)^{\mathrm{T}}$　　(B) $(1,2,3,4)^{\mathrm{T}}+k(0,1,2,3)^{\mathrm{T}}$

(C) $(1,2,3,4)^{\mathrm{T}}+k(2,3,4,5)^{\mathrm{T}}$　　(D) $(1,2,3,4)^{\mathrm{T}}+k(3,4,5,6)^{\mathrm{T}}$

12. 设 n 阶矩阵 $\boldsymbol{A}$ 的伴随矩阵 $\boldsymbol{A}^*\neq\boldsymbol{O}$，若 $\boldsymbol{\xi}_1,\boldsymbol{\xi}_2,\boldsymbol{\xi}_3,\boldsymbol{\xi}_4$ 是非齐次线性方程组 $\boldsymbol{Ax}=\boldsymbol{b}$ 的互不相等的解，则对应的齐次线性方程组 $\boldsymbol{Ax}=\boldsymbol{0}$ 的基础解系(　　)。

(A) 不存在

(B) 仅含一个非零解向量

(C) 含有两个线性无关的解向量

(D) 含有 3 个线性无关的解向量

13. 设 $\boldsymbol{\alpha}_1,\boldsymbol{\alpha}_2,\boldsymbol{\alpha}_3,\boldsymbol{\alpha}_4$ 是五维非零列向量，矩阵 $\boldsymbol{A}=(\boldsymbol{\alpha}_1,\boldsymbol{\alpha}_2,\boldsymbol{\alpha}_3,\boldsymbol{\alpha}_4)$,若 $\boldsymbol{\xi}_1=(3,2,2,2)^{\mathrm{T}}$，$\boldsymbol{\xi}_2=(1,2,2,6)^{\mathrm{T}}$ 是齐次线性方程组 $\boldsymbol{Ax}=\boldsymbol{0}$ 的 1 个基础解系，则在下列结论中,正确结论的个数是(　　)。

① $\boldsymbol{\alpha}_1,\boldsymbol{\alpha}_2,\boldsymbol{\alpha}_3$ 线性相关。

② $\boldsymbol{\alpha}_3,\boldsymbol{\alpha}_4$ 线性无关。

③ $\boldsymbol{\alpha}_1$ 可由 $\boldsymbol{\alpha}_3,\boldsymbol{\alpha}_4$ 线性表示。

④ $\boldsymbol{\alpha}_2$ 可由 $\boldsymbol{\alpha}_1,\boldsymbol{\alpha}_3$ 线性表示。

(A) 1 个　　(B) 2 个

(C) 3 个　　(D) 4 个

14. 设线性方程组

$$\begin{cases} a_{11}x_1+a_{12}x_2+\cdots+a_{1n}x_n=b_1 \\ a_{21}x_1+a_{22}x_2+\cdots+a_{2n}x_n=b_2 \\ \qquad\vdots \\ a_{n1}x_1+a_{n2}x_2+\cdots+a_{nn}x_n=b_n \end{cases}$$

其系数行列式记为$|\boldsymbol{A}|$，则下列命题正确的是(　　)。

(A) 若方程组无解，则必有$|\boldsymbol{A}|=0$

(B) 若方程组有解，则必有$|\boldsymbol{A}|=0$

(C) 若$|\boldsymbol{A}|=0$，则方程组必无解

(D) 若$|\boldsymbol{A}|=0$，则方程组必有解

15. 设n元齐次线性方程组$\boldsymbol{Ax}=\boldsymbol{0}$的系数矩阵$\boldsymbol{A}$的秩为$r$，则$\boldsymbol{Ax}=\boldsymbol{0}$有非零解的充分必要条件是(　　)。

(A) $r=n$　　(B) $r\geqslant n$

(C) $r<n$　　(D) $r>n$

16. 设$\boldsymbol{A}$是$m\times n$阶矩阵，齐次线性方程组$\boldsymbol{Ax}=\boldsymbol{0}$仅有零解的充分必要条件是(　　)。

(A) $\boldsymbol{A}$的列向量组线性无关　　(B) $\boldsymbol{A}$的列向量组线性相关

(C) $\boldsymbol{A}$的行向量组线性无关　　(D) $\boldsymbol{A}$的行向量组线性相关

17. 设$\boldsymbol{A},\boldsymbol{B}$为满足$\boldsymbol{AB}=\boldsymbol{O}$的两个非零矩阵，则必有(　　)。

(A) $\boldsymbol{A}$的列向量组线性相关，$\boldsymbol{B}$的行向量组线性相关

(B) $\boldsymbol{A}$的列向量组线性相关，$\boldsymbol{B}$的列向量组线性相关

(C) $\boldsymbol{A}$的行向量组线性相关，$\boldsymbol{B}$的行向量组线性相关

(D) $\boldsymbol{A}$的行向量组线性相关，$\boldsymbol{B}$的列向量组线性相关

18. 设$\boldsymbol{\alpha}_1=(a_1,a_2,a_3)^{\mathrm{T}},\boldsymbol{\alpha}_2=(b_1,b_2,b_3)^{\mathrm{T}},\boldsymbol{\alpha}_3=(c_1,c_2,c_3)^{\mathrm{T}},\boldsymbol{\alpha}_4=(d_1,d_2,d_3)^{\mathrm{T}}$，则3个平面

$$a_1x+b_1y+c_1z=d_1$$
$$a_2x+b_2y+c_2z=d_2$$
$$a_3x+b_3y+c_3z=d_3$$

相交于一条直线的充分必要条件是(　　)。

(A) $\mathrm{r}(\boldsymbol{\alpha}_1,\boldsymbol{\alpha}_2,\boldsymbol{\alpha}_3)=1,\mathrm{r}(\boldsymbol{\alpha}_1,\boldsymbol{\alpha}_2,\boldsymbol{\alpha}_3,\boldsymbol{\alpha}_4)=2$

(B) $\mathrm{r}(\boldsymbol{\alpha}_1,\boldsymbol{\alpha}_2,\boldsymbol{\alpha}_3)=\mathrm{r}(\boldsymbol{\alpha}_1,\boldsymbol{\alpha}_2,\boldsymbol{\alpha}_3,\boldsymbol{\alpha}_4)=2$

(C) $\mathrm{r}(\boldsymbol{\alpha}_1,\boldsymbol{\alpha}_2,\boldsymbol{\alpha}_3)=2,\mathrm{r}(\boldsymbol{\alpha}_1,\boldsymbol{\alpha}_2,\boldsymbol{\alpha}_3,\boldsymbol{\alpha}_4)=3$

(D) $\mathrm{r}(\boldsymbol{\alpha}_1,\boldsymbol{\alpha}_2,\boldsymbol{\alpha}_3)=\mathrm{r}(\boldsymbol{\alpha}_1,\boldsymbol{\alpha}_2,\boldsymbol{\alpha}_3,\boldsymbol{\alpha}_4)=3$

(三) 解答与证明题

1. 解齐次线性方程组。

$$\begin{cases} x_1-x_2-x_3+x_4=0 \\ x_1-x_2+x_3-3x_4=0 \\ x_1-x_2-2x_3+3x_4=0 \end{cases}$$

2. 解线性方程组。

$$\begin{cases} x_1+3x_2-2x_3=4 \\ 3x_1+2x_2-5x_3=11 \\ 2x_1+x_2+x_3=3 \\ -2x_1+x_2+3x_3=-7 \end{cases}$$

3. 求下列线性方程组的一个基础解系,并写出它的全部解。

$$\begin{cases} x_1+2x_2+3x_3+3x_4+7x_5=0 \\ 3x_1+2x_2+x_3+x_4-3x_5=0 \\ x_2+2x_3+2x_4+6x_5=0 \\ 5x_1+4x_2+3x_3+3x_4-x_5=0 \end{cases}$$

4. 用基础解系表出下列线性方程组的全部解。

$$\begin{cases} 2x_1+x_2-x_3+x_4=1 \\ x_1+2x_2+x_3-x_4=2 \\ x_1+x_2+2x_3+x_4=3 \end{cases}$$

5. 求下列齐次线性方程组的基础解系。

$$\begin{cases} x_1+x_2+4x_4=0 \\ x_1+2x_2+x_3+tx_4=0 \\ 2x_1+tx_2+x_3+7x_4=0 \end{cases}$$

6. 设有线性方程组

$$\begin{cases} x_1+x_2+kx_3=4 \\ -x_1+kx_2+x_3=k^2 \\ x_1-x_2+2x_3=-4 \end{cases}$$

问 k 取何值时，此方程组:①有唯一解；②无解；③有无穷多个解,并在有无穷多个解时求出其通解。

7. 已知非齐次线性方程组

$$\begin{cases} x_1+x_2+x_3+x_4=-1 \\ 4x_1+3x_2+5x_3-x_4=-1 \\ ax_1+x_2+3x_3+bx_4=1 \end{cases}$$

有 3 个线性无关的解。

① 证明方程组的系数矩阵 $\boldsymbol{A}$ 的秩 $\mathrm{r}(\boldsymbol{A})=2$。

② 求 a,b 的值及方程组的通解。

8. 写出一个以 $\boldsymbol{\eta}=k_1(2,-3,0,1)^{\mathrm{T}}+k_2(1,3,1,0)^{\mathrm{T}}$ 为通解的齐次线性方程组。

9. 设 $\boldsymbol{A}=\begin{pmatrix} 2 & -2 & 1 & 3 \\ 9 & -5 & 2 & 8 \end{pmatrix}$，求一个 4×2 阶矩阵 $\boldsymbol{B}$，使 $\boldsymbol{AB}=\boldsymbol{O}$，且 $\mathrm{r}(\boldsymbol{B})=2$。

10. 设齐次线性方程组

$$\begin{cases} a_{11}x_1+a_{12}x_2+\cdots+a_{1n}x_n=0 \\ a_{21}x_1+a_{22}x_2+\cdots+a_{2n}x_n=0 \\ \quad\vdots \\ a_{m1}x_1+a_{m2}x_2+\cdots+a_{mn}x_n=0 \end{cases} \tag{5-14}$$

的解都满足方程 $b_1x_1+b_2x_2+\cdots+b_nx_n=0$。如记 $\boldsymbol{\alpha}_i=(a_{i1},a_{i2},\cdots,a_{in})(i=1,2,\cdots,m)$;$\boldsymbol{\beta}=(b_1,b_2,\cdots,b_n)$。试证向量 $\boldsymbol{\beta}$ 可以由向量组 $\boldsymbol{\alpha}_1,\boldsymbol{\alpha}_2,\cdots,\boldsymbol{\alpha}_m$ 线性表出。

11. 设任意 n 维列向量都是齐次线性方程组

$$\begin{cases}a_{11}x_1+a_{12}x_2+\cdots+a_{1n}x_n=0\\a_{21}x_1+a_{22}x_2+\cdots+a_{2n}x_n=0\\\qquad\vdots\\a_{n1}x_1+a_{n2}x_2+\cdots+a_{nn}x_n=0\end{cases}$$

的解向量,试证方程组的所有系数 $a_{ij}=0,\forall i,j$。

12. 已知 $\boldsymbol{\xi}_1=(-9,1,2,11)^{\mathrm{T}},\boldsymbol{\xi}_2=(1,-5,13,0)^{\mathrm{T}},\boldsymbol{\xi}_3=(-7,-9,24,11)^{\mathrm{T}}$ 是方程组

$$\begin{cases}2x_1+a_2x_2+3x_3+a_4x_4=d_1\\3x_1+b_2x_2+2x_3+b_4x_4=4\\9x_1+\ 4x_2+\ x_3+c_4x_4=d_3\end{cases}$$

的3个解,求此方程组的通解。

13. 设 $\boldsymbol{A}=\begin{pmatrix}1&-1&-1\\-1&1&1\\0&-4&-2\end{pmatrix},\boldsymbol{\xi}_1=\begin{pmatrix}-1\\1\\-2\end{pmatrix}$。

① 求满足 $\boldsymbol{A}\boldsymbol{\xi}_2=\boldsymbol{\xi}_1,\boldsymbol{A}^2\boldsymbol{\xi}_3=\boldsymbol{\xi}_1$ 的所有向量 $\boldsymbol{\xi}_2,\boldsymbol{\xi}_3$。

② 对①中任意向量 $\boldsymbol{\xi}_2,\boldsymbol{\xi}_3$,证明 $\boldsymbol{\xi}_1,\boldsymbol{\xi}_2,\boldsymbol{\xi}_3$ 线性无关。

14. 设矩阵 $\boldsymbol{A}=(\boldsymbol{a}_1,\boldsymbol{a}_2,\boldsymbol{a}_3,\boldsymbol{a}_4)$,其中 $\boldsymbol{a}_2,\boldsymbol{a}_3,\boldsymbol{a}_4$ 线性无关,$\boldsymbol{a}_1=2\boldsymbol{a}_2-\boldsymbol{a}_3$,向量 $\boldsymbol{b}=\boldsymbol{a}_1+\boldsymbol{a}_2+\boldsymbol{a}_3+\boldsymbol{a}_4$,求方程 $\boldsymbol{A}\boldsymbol{x}=\boldsymbol{b}$ 的通解。

15. 已知向量组 $\boldsymbol{\alpha}_1=(1,4,0,2)^{\mathrm{T}},\boldsymbol{\alpha}_2=(2,7,1,3)^{\mathrm{T}},\boldsymbol{\alpha}_3=(0,1,-1,a)^{\mathrm{T}},\boldsymbol{\beta}=(3,10,b,4)^{\mathrm{T}}$,问:

① a,b 取何值时,$\boldsymbol{\beta}$ 不能由 $\boldsymbol{\alpha}_1,\boldsymbol{\alpha}_2,\boldsymbol{\alpha}_3$ 线性表出?

② a,b 取何值时,$\boldsymbol{\beta}$ 可由 $\boldsymbol{\alpha}_1,\boldsymbol{\alpha}_2,\boldsymbol{\alpha}_3$ 线性表出?并写出此表达式。

16. 设 $\boldsymbol{A}$ 是 $m\times n$ 阶矩阵,$\boldsymbol{B}$ 是 $n\times s$ 阶矩阵,证明 $\mathrm{r}(\boldsymbol{AB})\leqslant\mathrm{r}(\boldsymbol{B})$。

17. 设 $\boldsymbol{A}$ 是 n 阶矩阵,证明 $\mathrm{r}(\boldsymbol{A}^*)=\begin{cases}n,若\ \mathrm{r}(\boldsymbol{A})=n\\1,若\ \mathrm{r}(\boldsymbol{A})=n-1\\0,若\ \mathrm{r}(\boldsymbol{A})\leqslant n-2\end{cases}$。

18. 设 $\boldsymbol{\eta}^*$ 是非齐次线性方程组 $\boldsymbol{A}\boldsymbol{x}=\boldsymbol{b}$ 的一个解,$\boldsymbol{\xi}_1,\boldsymbol{\xi}_2,\cdots,\boldsymbol{\xi}_{n-r}$ 是对应的齐次线性方程组的一个基础解系,证明:

① $\boldsymbol{\eta}^*,\boldsymbol{\xi}_1,\boldsymbol{\xi}_2,\cdots,\boldsymbol{\xi}_{n-r}$ 线性无关;

② $\boldsymbol{\eta}^*,\boldsymbol{\eta}^*+\boldsymbol{\xi}_1,\boldsymbol{\eta}^*+\boldsymbol{\xi}_2,\cdots,\boldsymbol{\eta}^*+\boldsymbol{\xi}_{n-r}$ 线性无关。

19. 设 $\boldsymbol{\eta}_1,\boldsymbol{\eta}_2,\cdots,\boldsymbol{\eta}_s$ 是非齐次线性方程组 $\boldsymbol{A}\boldsymbol{x}=\boldsymbol{b}$ 的 s 个解,$k_1,k_2,\cdots,k_s$ 为实数,且满足 $k_1+k_2+\cdots+k_s=1$。证明 $\boldsymbol{x}=k_1\boldsymbol{\eta}_1+k_2\boldsymbol{\eta}_2+\cdots+k_s\boldsymbol{\eta}_s$ 也是 $\boldsymbol{A}\boldsymbol{x}=\boldsymbol{b}$ 的解。

20. 设非齐次线性方程组 $\boldsymbol{A}\boldsymbol{x}=\boldsymbol{b}$ 的系数矩阵的秩为 r,$\boldsymbol{\eta}_1,\boldsymbol{\eta}_2,\cdots,\boldsymbol{\eta}_{n-r+1}$ 是它的 $n-r+1$ 个线性无关的解(由题19知它确有 $n-r+1$ 个线性无关的解)。试证它的任一解可表示为

$$\boldsymbol{x}=k_1\boldsymbol{\eta}_1+k_2\boldsymbol{\eta}_2+\cdots+k_{n-r+1}\boldsymbol{\eta}_{n-r+1}$$

其中 $k_1+k_2+\cdots+k_{n-r+1}=1$。

四、练习题答案与提示

（一）填空题

1. -1。
2. -2。
3. 1。
4. $k(1,1,\cdots,1)^{\mathrm{T}}$。
5. $a_1+a_2+a_3+a_4=0$。
6. $(1,0,0,\cdots,0)^{\mathrm{T}}$。
7. -2。
8. $\left(\frac{1}{2},0,0,0\right)^{\mathrm{T}}+k(0,2,3,4)^{\mathrm{T}}$。
9. 0。

10*. $\boldsymbol{Ax}=\boldsymbol{0}$ 的通解为 $k(A_{11},A_{12},\cdots,A_{1n})^{\mathrm{T}}$。

$\boldsymbol{A}^*\boldsymbol{x}=\boldsymbol{0}$ 的通解为 $k_2\boldsymbol{\beta}_2+k_3\boldsymbol{\beta}_3+\cdots+k_n\boldsymbol{\beta}_n$，其中 $\boldsymbol{A}=(\boldsymbol{\beta}_1,\boldsymbol{\beta}_2,\boldsymbol{\beta}_3,\cdots,\boldsymbol{\beta}_n)$。

分析：对 $\boldsymbol{Ax}=\boldsymbol{0}$，从 $\mathrm{r}(\boldsymbol{A})=n-1$ 知基础解系由 1 个解向量构成，因为 $\boldsymbol{AA}^*=|\boldsymbol{A}|\boldsymbol{E}=\boldsymbol{O}$，$\boldsymbol{A}^*$ 的每一列都是 $\boldsymbol{Ax}=\boldsymbol{0}$ 的解。现已知 $A_{11}\neq0$，故$(A_{11},A_{12},\cdots,A_{1n})^{\mathrm{T}}$ 是 $\boldsymbol{Ax}=\boldsymbol{0}$ 的非零解，即基础解系，所以 $\boldsymbol{Ax}=\boldsymbol{0}$ 的通解为 $k(A_{11},A_{12},\cdots,A_{1n})^{\mathrm{T}}$。

对 $\boldsymbol{A}^*\boldsymbol{x}=\boldsymbol{0}$，从 $\mathrm{r}(\boldsymbol{A})=n-1$ 知 $\mathrm{r}(\boldsymbol{A}^*)=1$，那么 $\boldsymbol{A}^*\boldsymbol{x}=\boldsymbol{0}$ 的基础解系由 $n-1$ 个解向量构成，从 $\boldsymbol{A}^*\boldsymbol{A}=\boldsymbol{O}$ 知 $\boldsymbol{A}$ 的每一列都是 $\boldsymbol{A}^*\boldsymbol{x}=\boldsymbol{0}$ 的解，由于代数余子式 $A_{11}\neq0$，知 $n-1$ 维向量 $(a_{22},a_{32},\cdots,a_{n2})^{\mathrm{T}},(a_{23},a_{33},\cdots,a_{n3})^{\mathrm{T}},\cdots,(a_{2n},a_{3n},\cdots,a_{nn})^{\mathrm{T}}$ 线性无关，那么 n 维向量$(a_{12},a_{22},a_{32},\cdots,a_{n2})^{\mathrm{T}},(a_{13},a_{23},a_{33},\cdots,a_{n3})^{\mathrm{T}},\cdots,(a_{1n},a_{2n},a_{3n},\cdots,a_{nn})^{\mathrm{T}}$ 线性无关，这 n 维向量即为 $\boldsymbol{A}^*\boldsymbol{x}=\boldsymbol{0}$ 的基础解系。

11. $k(0,1,2,3)^{\mathrm{T}}+(1,1,1,1)^{\mathrm{T}}$。
12. $k(1,4,3)^{\mathrm{T}}+l(-2,3,1)^{\mathrm{T}}$。
13. $k(1,4,7)^{\mathrm{T}}+l(2,5,8)$。
14. 0。

（二）选择题

1. (A)。
2. (D)。
3. (B)。
4. (B)。
5. (B)。
6. (A)。
7. (C)。
8. (C)。

9.(B)。

10.(D)。

11.(C)。

12.(B)。

13.(D)。

14.(A)。

15.(C)。

16.(A)。

17.(A)。

18.(B)。

分析：若3个平面相交于一条直线，则3个平面方程所组成的线性方程组

$$x\boldsymbol{\alpha}_1+y\boldsymbol{\alpha}_2+z\boldsymbol{\alpha}_3=\boldsymbol{\alpha}_4$$

有解，故 $\mathrm{r}(\boldsymbol{\alpha}_1,\boldsymbol{\alpha}_2,\boldsymbol{\alpha}_3)=\mathrm{r}(\boldsymbol{\alpha}_1,\boldsymbol{\alpha}_2,\boldsymbol{\alpha}_3,\boldsymbol{\alpha}_4)$，并且其全部解为

$$\begin{pmatrix}x\\y\\z\end{pmatrix}=k\begin{pmatrix}x_1\\y_1\\z_1\end{pmatrix}+\begin{pmatrix}x_0\\y_0\\z_0\end{pmatrix}$$

其中 k 为任意常数。由此可知，其导出组 $x\boldsymbol{\alpha}_1+y\boldsymbol{\alpha}_2+z\boldsymbol{\alpha}_3=\mathbf{0}$ 的基础解系所含解向量的个数为1，即 $n-\mathrm{r}(\boldsymbol{\alpha}_1,\boldsymbol{\alpha}_2,\boldsymbol{\alpha}_3)=1$，其中 n 为未知量个数。所以 $\mathrm{r}(\boldsymbol{\alpha}_1,\boldsymbol{\alpha}_2,\boldsymbol{\alpha}_3)=3-1=2$，因此 $\mathrm{r}(\boldsymbol{\alpha}_1,\boldsymbol{\alpha}_2,\boldsymbol{\alpha}_3)=\mathrm{r}(\boldsymbol{\alpha}_1,\boldsymbol{\alpha}_2,\boldsymbol{\alpha}_3,\boldsymbol{\alpha}_4)=2$。故应选(B)。

(三) 解答与证明题

1. 通解为 $\begin{pmatrix}x_1\\x_2\\x_3\\x_4\end{pmatrix}=k_1\begin{pmatrix}1\\1\\0\\0\end{pmatrix}+k_2\begin{pmatrix}1\\0\\2\\1\end{pmatrix}(k_1,k_2\in\mathbf{R})$。

2. $x_1=2,x_2=0,x_3=-1$。

3. 通解为 $\boldsymbol{x}=k_1\begin{pmatrix}1\\-2\\1\\0\\0\end{pmatrix}+k_2\begin{pmatrix}1\\-2\\0\\1\\0\end{pmatrix}+k_3\begin{pmatrix}5\\-6\\0\\0\\1\end{pmatrix},k_1,k_2,k_3\in\mathbf{R}$。

4. 通解为 $\boldsymbol{\xi}=k\boldsymbol{\xi}_1+\boldsymbol{\eta}^*=k(-3,3,-1,2)^{\mathrm{T}}+(1,0,1,0)^{\mathrm{T}},k\in\mathbf{R}$。

5. 基础解系为 $\boldsymbol{\eta}_1=(1,-1,1,0)^{\mathrm{T}},\boldsymbol{\eta}_2=(-5,1,0,1)^{\mathrm{T}}$。

6. ① 当 $k\neq4$ 且 $k\neq-1$ 时，$\mathrm{r}(\mathbf{A})=\mathrm{r}(\overline{\mathbf{A}})=3$，方程组有唯一解。

② 当 $k=-1$ 时，$\mathrm{r}(\mathbf{A})=2,\mathrm{r}(\overline{\mathbf{A}})=3$，方程组无解。

③ 当 $k=4$ 时，$\mathrm{r}(\mathbf{A})=\mathrm{r}(\overline{\mathbf{A}})=2<3$，方程组有无穷多个解。其解为

$$\begin{pmatrix}x_1\\x_2\\x_3\end{pmatrix}=k\begin{pmatrix}-3\\-1\\1\end{pmatrix}+\begin{pmatrix}0\\4\\0\end{pmatrix},k\in\mathbf{R}$$

7. 分析：① 设 $\boldsymbol{\alpha}_1,\boldsymbol{\alpha}_2,\boldsymbol{\alpha}_3$ 是方程组 $\boldsymbol{Ax}=\boldsymbol{b}$ 的 3 个线性无关的解，那么 $\boldsymbol{\alpha}_1-\boldsymbol{\alpha}_2,\boldsymbol{\alpha}_1-\boldsymbol{\alpha}_3$ 是导出组 $\boldsymbol{Ax}=\boldsymbol{0}$ 的 2 个线性无关的解。于是 $n-\mathrm{r}(\boldsymbol{A})\geqslant 2\Rightarrow \mathrm{r}(\boldsymbol{A})\leqslant 4-2=2$。

又 $\boldsymbol{A}$ 中存在非零的 2 阶子式 $\begin{vmatrix}1 & 1\\4 & 3\end{vmatrix}=-1\neq 0\Rightarrow \mathrm{r}(\boldsymbol{A})\geqslant 2$，从而 $\mathrm{r}(\boldsymbol{A})=2$。

② $a=2,b=-3$。通解为 $\boldsymbol{\eta}=(2,-3,0,0)^{\mathrm{T}}+k_1(-2,1,1,0)^{\mathrm{T}}+k_2(4,-5,0,1)^{\mathrm{T}}$，其中 k_1,k_2 为任意常数。

8. $\begin{cases}x_1=\ \ 2x_4+\ x_3\\x_2=-3x_4+3x_3\end{cases}$ 或 $\begin{cases}x_1-\ x_3-2x_4=0\\x_2-3x_3+3x_4=0\end{cases}$。

9. $\boldsymbol{B}=\begin{pmatrix}1 & -1\\5 & 11\\8 & 0\\0 & 8\end{pmatrix}$（注意，$\boldsymbol{B}$ 不唯一）。

10. 提示：作线性方程组

$$\begin{cases}a_{11}x_1+a_{12}x_2+\cdots+a_{1n}x_n=0\\a_{21}x_1+a_{22}x_2+\cdots+a_{2n}x_n=0\\\qquad\vdots\\a_{m1}x_1+a_{m2}x_2+\cdots+a_{mn}x_n=0\\b_1x_1+\ b_2x_2+\cdots+\ b_nx_n=0\end{cases}\tag{5-15}$$

显然，方程组(5-15)的解必为方程组(5-14)的解；由题设可知，方程组(5-14)的解必为方程组(5-15)的解。所以方程组(5-14)和(5-15)是同解方程组。于是，两方程组的系数矩阵具有相同的秩，即

$$\mathrm{r}(\boldsymbol{\alpha}_1,\boldsymbol{\alpha}_2,\cdots,\boldsymbol{\alpha}_m)=\mathrm{r}(\boldsymbol{\alpha}_1,\boldsymbol{\alpha}_2,\cdots,\boldsymbol{\alpha}_m,\boldsymbol{\beta})$$

由此易证，向量 $\boldsymbol{\beta}$ 可以由向量组 $\boldsymbol{\alpha}_1,\boldsymbol{\alpha}_2,\cdots,\boldsymbol{\alpha}_m$ 线性表出。

11. 分析：n 维向量 $\boldsymbol{e}_1=(1,0,\cdots,0)^{\mathrm{T}},\boldsymbol{e}_2=(0,1,\cdots,0)^{\mathrm{T}},\cdots,\ \boldsymbol{e}_n=(0,0,\cdots,1)^{\mathrm{T}}$ 都是方程组的解，所以基础解系中含有 n 个线性无关的向量，于是系数矩阵 $\boldsymbol{A}$ 的秩 $\mathrm{r}(\boldsymbol{A})=n-n=0\Rightarrow \boldsymbol{A}=\boldsymbol{O}$，从而方程组的所有系数 $a_{ij}=0,\forall\, i,j$。

12. 分析：$\boldsymbol{A}$ 是 3×4 阶矩阵，$\mathrm{r}(\boldsymbol{A})\leqslant 3$，由于 $\boldsymbol{A}$ 中第 2,3 行不成比例，故 $\mathrm{r}(\boldsymbol{A})\geqslant 2$，又因

$$\boldsymbol{\eta}_1=\boldsymbol{\xi}_1-\boldsymbol{\xi}_2=(-10,6,-11,11)^{\mathrm{T}},\ \boldsymbol{\eta}_2=\boldsymbol{\xi}_2-\boldsymbol{\xi}_3=(8,4,-11,-11)^{\mathrm{T}}$$

是 $\boldsymbol{Ax}=\boldsymbol{0}$ 的 2 个线性无关的解，于是 $4-\mathrm{r}(\boldsymbol{A})\geqslant 2$，因此 $\mathrm{r}(\boldsymbol{A})=2$，所以 $\boldsymbol{x}=k_1\boldsymbol{\eta}_1+k_2\boldsymbol{\eta}_2+\boldsymbol{\xi}_1$ 是通解。

13. ① $\boldsymbol{\xi}_2=(0,0,1)^{\mathrm{T}}+k(1,-1,2)^{\mathrm{T}}=(k,-k,2k+1)^{\mathrm{T}},k\in\mathbf{R}$。$\boldsymbol{\xi}_3=\left(-\dfrac{1}{2},0,0\right)^{\mathrm{T}}+t_1(-1,1,0)^{\mathrm{T}}+t_2(0,0,1)^{\mathrm{T}}=\left(-\dfrac{1}{2}-t_1,t_1,t_2\right)^{\mathrm{T}}$，其中 t_1,t_2 为任意常数。

② 因为

$$|\boldsymbol{\xi}_1,\boldsymbol{\xi}_2,\boldsymbol{\xi}_3|=\begin{vmatrix}-1 & k & -\dfrac{1}{2}-t_1\\1 & -k & t_1\\-2 & 2k+1 & t_2\end{vmatrix}=\begin{vmatrix}0 & 0 & -\dfrac{1}{2}\\1 & -k & t_1\\-2 & 2k+1 & t_2\end{vmatrix}$$

$$=-\frac{1}{2}\begin{vmatrix}1 & -k\\-2 & 2k+1\end{vmatrix}=-\frac{1}{2}\neq 0$$

所以 $\boldsymbol{\xi}_1,\boldsymbol{\xi}_2,\boldsymbol{\xi}_3$ 必线性无关。

14. 分析：因为 $\boldsymbol{a}_2,\boldsymbol{a}_3,\boldsymbol{a}_4$ 线性无关，且 $\boldsymbol{a}_1=2\boldsymbol{a}_2-\boldsymbol{a}_3$，所以 $\mathrm{r}(\boldsymbol{A})=3$，从而 $\boldsymbol{Ax}=\boldsymbol{0}$ 的基础解系含 $4-3=1$ 个解向量。又由 $\boldsymbol{a}_1-2\boldsymbol{a}_2+\boldsymbol{a}_3=\boldsymbol{0}$，得 $\boldsymbol{Ax}=\boldsymbol{0}$ 的一个基础解系 $(1,-2,1,0)^{\mathrm{T}}$。

又由 $\boldsymbol{b}=\boldsymbol{a}_1+\boldsymbol{a}_2+\boldsymbol{a}_3+\boldsymbol{a}_4$，得 $\boldsymbol{Ax}=\boldsymbol{b}$ 的一个特解 $(1,1,1,1)^{\mathrm{T}}$，故 $\boldsymbol{Ax}=\boldsymbol{b}$ 的通解为

$$\boldsymbol{x}=(1,1,1,1)^{\mathrm{T}}+k(1,-2,1,0)^{\mathrm{T}},\ k\in\mathbf{R}$$

15. ① 当 $b\neq 2$ 时，$\boldsymbol{\beta}$ 不能由 $\boldsymbol{\alpha}_1,\boldsymbol{\alpha}_2,\boldsymbol{\alpha}_3$ 线性表出。

② 当 $b=2$，$a\neq 1$ 时，$\boldsymbol{\beta}$ 可由 $\boldsymbol{\alpha}_1,\boldsymbol{\alpha}_2,\boldsymbol{\alpha}_3$ 唯一地线性表示为 $\boldsymbol{\beta}=-\boldsymbol{\alpha}_1+2\boldsymbol{\alpha}_2$。

当 $b=2$，$a=1$ 时，$\boldsymbol{\beta}$ 可由 $\boldsymbol{\alpha}_1,\boldsymbol{\alpha}_2,\boldsymbol{\alpha}_3$ 线性表出，表达式为

$$\boldsymbol{\beta}=-(1+2k)\boldsymbol{\alpha}_1+(k+2)\boldsymbol{\alpha}_2+k\boldsymbol{\alpha}_3,\ k\in\mathbf{R}$$

16. 分析：构造两个齐次线性方程组

$$\boldsymbol{ABx}=\boldsymbol{0}$$

$$\boldsymbol{Bx}=\boldsymbol{0}$$

记 $\boldsymbol{ABx}=\boldsymbol{0}$ 的所有解向量的集合为 S_1，$\boldsymbol{Bx}=\boldsymbol{0}$ 的所有解向量的集合为 S_2。由于 $\boldsymbol{Bx}=\boldsymbol{0}$ 的解都是 $\boldsymbol{ABx}=\boldsymbol{0}$ 的解，由此可推出 $\mathrm{r}(S_1)\geqslant\mathrm{r}(S_2)$，所以有

$$\mathrm{r}(\boldsymbol{AB})=n-\mathrm{r}(S_1),\mathrm{r}(\boldsymbol{B})=n-\mathrm{r}(S_2)\Rightarrow\mathrm{r}(\boldsymbol{AB})\leqslant\mathrm{r}(\boldsymbol{B})$$

17. 分析：若 $\mathrm{r}(\boldsymbol{A})=n$，则 $|\boldsymbol{A}|\neq 0$，$\boldsymbol{A}$ 可逆，于是 $\boldsymbol{A}^*=|\boldsymbol{A}|\boldsymbol{A}^{-1}$ 可逆，故 $\mathrm{r}(\boldsymbol{A}^*)=n$。

若 $\mathrm{r}(\boldsymbol{A}^*)\leqslant n-2$，则 $|\boldsymbol{A}|$ 中所有 $n-1$ 阶行列式全为 0，于是 $\boldsymbol{A}^*=\boldsymbol{O}\Rightarrow\mathrm{r}(\boldsymbol{A}^*)=0$。

若 $\mathrm{r}(\boldsymbol{A}^*)=n-1$，则 $|\boldsymbol{A}|$ 中存在 $n-1$ 阶子式不为 0，因此 $\boldsymbol{A}^*\neq\boldsymbol{O}\Rightarrow\mathrm{r}(\boldsymbol{A}^*)\geqslant 1$，又因

$$\boldsymbol{AA}^*=|\boldsymbol{A}|\boldsymbol{E}=\boldsymbol{O}$$

有 $\mathrm{r}(A)+\mathrm{r}(A^*)\leqslant n$，即 $\mathrm{r}(A^*)\leqslant n-\mathrm{r}(\boldsymbol{A})=1$，从而 $\mathrm{r}(\boldsymbol{A}^*)=1$。

18. 证明略。

19. 证明略。

20. 分析：令 $\boldsymbol{\xi}_j=\boldsymbol{\eta}_{j+1}-\boldsymbol{\eta}_1\ (j=1,2,\cdots,n-r)$，则有

$$\boldsymbol{A\xi}_j=\boldsymbol{A\eta}_{j+1}-\boldsymbol{A\eta}_1=\boldsymbol{b}-\boldsymbol{b}=\boldsymbol{0}$$

即 $\boldsymbol{\xi}_1,\boldsymbol{\xi}_2,\cdots,\boldsymbol{\xi}_{n-r}$ 是 $\boldsymbol{Ax}=\boldsymbol{0}$ 的解。设有 $x_1,x_2,\cdots,x_{n-r}$，使得

$$x_1\boldsymbol{\xi}_1+x_2\boldsymbol{\xi}_2+\cdots+x_{n-r}\boldsymbol{\xi}_{n-r}=\boldsymbol{0}$$

即

$$-(x_1+x_2+\cdots+x_{n-r})\boldsymbol{\eta}_1+x_1\boldsymbol{\eta}_2+\cdots+x_{n-r}\boldsymbol{\eta}_{n-r+1}=\boldsymbol{0}$$

由于 $\boldsymbol{\eta}_1,\boldsymbol{\eta}_2,\cdots,\boldsymbol{\eta}_{n-r+1}$ 线性无关，易推知 $x_1=x_2=\cdots=x_{n-r}=0$，从而 $\boldsymbol{\xi}_1,\boldsymbol{\xi}_2,\cdots,\boldsymbol{\xi}_{n-r}$ 线性无关。

又由 $\mathrm{r}(\boldsymbol{A})=r$，知 $\boldsymbol{\xi}_1,\boldsymbol{\xi}_2,\cdots,\boldsymbol{\xi}_{n-r}$ 是 $\boldsymbol{Ax}=\boldsymbol{0}$ 的一个基础解系。于是 $\boldsymbol{Ax}=\boldsymbol{b}$ 的任一解可表示为

$$\begin{aligned}\boldsymbol{x}&=\boldsymbol{\eta}_1+t_1\boldsymbol{\xi}_1+t_2\boldsymbol{\xi}_2+\cdots+t_{n-r}\boldsymbol{\xi}_{n-r}\\&=(1-t_1-t_2-\cdots-t_{n-r})\boldsymbol{\eta}_1+t_2\boldsymbol{\eta}_2+\cdots+t_{n-r}\boldsymbol{\eta}_{n-r+1}\\&=k_1\boldsymbol{\eta}_1+k_1\boldsymbol{\eta}_2+\cdots+k_{n-r+1}\boldsymbol{\eta}_{n-r+1}\end{aligned}$$

其中 $k_1=1-t_1-t_2-\cdots-t_{n-r}$，$k_2=t_1,\cdots,k_{n-r+1}=t_{n-r}$，且有 $k_1+k_2+\cdots+k_{n-r+1}=1$。

第六章　特征值与特征向量

一、内容提要

（一）概念

1. 特征值与特征向量

设 $\boldsymbol{A}$ 为方阵，如果有数 λ 及非零向量 $\boldsymbol{\alpha}$，满足 $\boldsymbol{A\alpha}=\lambda\boldsymbol{\alpha}$，则称 λ 为 $\boldsymbol{A}$ 的特征值，称 $\boldsymbol{\alpha}$ 为 $\boldsymbol{A}$ 的属于(或对应于)特征值 λ 的特征向量(注意是非零向量)。

2. 相似矩阵

设 $\boldsymbol{A},\boldsymbol{B}$ 为方阵，如果有可逆方阵 $\boldsymbol{P}$，满足 $\boldsymbol{B}=\boldsymbol{P}^{-1}\boldsymbol{AP}$，则称 $\boldsymbol{B}$ 是 $\boldsymbol{A}$ 的相似矩阵，或称 $\boldsymbol{A}$ 与 $\boldsymbol{B}$ 相似。

（二）性质

1. 特征值与特征向量的性质

① $\boldsymbol{A}$ 与 $\boldsymbol{A}^{\mathrm{T}}$ 有相同的特征多项式，从而有相同的特征值。

② $\boldsymbol{A}$ 的属于不同特征值的特征向量是线性无关的。

③ 设 n 阶矩阵 $\boldsymbol{A}=(a_{ij})$ 的 n 个特征值为 $\lambda_1,\lambda_2,\cdots,\lambda_n$，则 $|\boldsymbol{A}|=\lambda_1\lambda_2\cdots\lambda_n$，$\lambda_1+\lambda_2+\cdots+\lambda_n=a_{11}+a_{22}+\cdots+a_{nn}$。

④ 若 λ 是 $\boldsymbol{A}$ 的特征值，则 $f(\lambda)$ 是 $f(\boldsymbol{A})$ 的特征值，当 $\boldsymbol{A}$ 可逆时，$\dfrac{1}{\lambda}$是 $\boldsymbol{A}^{-1}$ 的特征值。

2. 相似矩阵的性质

① 矩阵的相似是一种等价关系，即矩阵的相似关系具有反身性、对称性与传递性。

② 若 $\boldsymbol{A}$ 与 $\boldsymbol{B}$ 相似，则 $\boldsymbol{A}$ 与 $\boldsymbol{B}$ 有相同的特征多项式，从而 $\boldsymbol{A}$ 与 $\boldsymbol{B}$ 有相同的特征值与行列式。

③ 若 $\boldsymbol{A}$ 与 $\boldsymbol{B}$ 相似，则 $f(\boldsymbol{A})$ 与 $f(\boldsymbol{B})$ 相似，当 $\boldsymbol{A}$ 可逆时(此时 $\boldsymbol{B}$ 也可逆)，$\boldsymbol{A}^{-1}$ 与 $\boldsymbol{B}^{-1}$ 相似。

3. 方阵可对角化的充要条件

① n 阶方阵 $\boldsymbol{A}$ 可对角化的充要条件是 $\boldsymbol{A}$ 有 n 个线性无关的特征向量。

② n 阶方阵 $\boldsymbol{A}$ 可对角化的充要条件是对应于 $\boldsymbol{A}$ 的任意特征值 λ(设 λ 的重数为 k)，$\boldsymbol{A}$ 有 k 个线性无关的特征向量，即 $\mathrm{r}(\lambda\boldsymbol{E}-\boldsymbol{A})=n-k$。

(三) 方法

① 求特征值与特征向量。

特征方程 $|\lambda\boldsymbol{E}-\boldsymbol{A}|=0$ 的根即为 $\boldsymbol{A}$ 的特征值,齐次线性方程组 $(\lambda\boldsymbol{E}-\boldsymbol{A})\boldsymbol{x}=\boldsymbol{0}$ 的非零解即为 $\boldsymbol{A}$ 的属于特征值 λ 的特征向量。

② 设 $\boldsymbol{A}$ 为 n 阶矩阵,求可逆矩阵 $\boldsymbol{P}$,使 $\boldsymbol{P}^{-1}\boldsymbol{A}\boldsymbol{P}=\boldsymbol{\Lambda}$ 为对角矩阵($\boldsymbol{\Lambda}$ 称为 $\boldsymbol{A}$ 的相似标准形)。

第 1 步:求出 $\boldsymbol{A}$ 的所有两两不同的特征值 $\lambda_1,\lambda_2,\cdots,\lambda_r$,设 λ_i 的重数为 $k_i(i=1,2,\cdots,r)$,注意 $k_1+k_2+\cdots+k_r=n$。

第 2 步:求出 $\boldsymbol{A}$ 的属于 λ_i 的线性无关的特征向量 $\boldsymbol{p}_{i1},\boldsymbol{p}_{i2},\cdots,\boldsymbol{p}_{ik_i},i=1,2,\cdots,r$。

第 3 步:令 $\boldsymbol{P}=(\boldsymbol{p}_{11},\cdots,\boldsymbol{p}_{1k_1},\boldsymbol{p}_{21},\cdots,\boldsymbol{p}_{2k_2},\cdots,\boldsymbol{p}_{r1},\cdots,\boldsymbol{p}_{rk_r})$,则 $\boldsymbol{P}^{-1}\boldsymbol{A}\boldsymbol{P}=\boldsymbol{\Lambda}$,$\boldsymbol{\Lambda}$ 的第 k 个对角元素为 $\boldsymbol{P}$ 的第 k 列所对应的特征值($k=1,2,\cdots,n$)。

二、典型例题

【例 1】 设 $\boldsymbol{A}=\begin{pmatrix}1&1&0\\1&0&1\\0&1&1\end{pmatrix}$,则 $\boldsymbol{A}$ 的全部特征值是________。

【答】 1,−1,2。

分析:

$$|\lambda\boldsymbol{E}-\boldsymbol{A}|=\begin{vmatrix}\lambda-1&-1&0\\-1&\lambda&-1\\0&-1&\lambda-1\end{vmatrix}\xlongequal[1c_3+c_1]{1c_2+c_1}\begin{vmatrix}\lambda-2&-1&0\\\lambda-2&\lambda&-1\\\lambda-2&-1&\lambda-1\end{vmatrix}=(\lambda-2)(\lambda+1)(\lambda-1)$$

【例 2】 设 $n(n\geqslant 2)$ 阶矩阵 $\boldsymbol{A}$ 的元素全是 1,则 $\boldsymbol{A}$ 的 n 个特征值是________。

【答】 n 与 0($n-1$ 重)。

分析:设 $\boldsymbol{\alpha}=(1,1,\cdots,1)^{\mathrm{T}}$,则 $\boldsymbol{A}\boldsymbol{\alpha}=n\boldsymbol{\alpha}$,即 $\boldsymbol{A}$ 有特征值 n;又 $\mathrm{r}(\boldsymbol{A})=1$,所以 $|\boldsymbol{A}|=0$,因此 $\boldsymbol{A}$ 有特征值 0,因为 $\boldsymbol{A}\boldsymbol{x}=\boldsymbol{0}$ 的基础解系含有 $n-\mathrm{r}(\boldsymbol{A})=n-1$ 个向量,所以对应特征值 0,$\boldsymbol{A}$ 有 $n-1$ 个线性无关的特征向量,故特征值 0 的重数至少为 $n-1$,而已求出 $\boldsymbol{A}$ 的另一个特征值为 n,由此可知特征值 0 的重数为 $n-1$。

【例 3】 设 $\boldsymbol{A}$ 是 n 阶矩阵,$\boldsymbol{A}$ 的行列式 $|\boldsymbol{A}|\neq 0$,$\boldsymbol{A}^*$ 是 $\boldsymbol{A}$ 的伴随矩阵。若 $\boldsymbol{A}$ 有特征值 λ,则 $(\boldsymbol{A}^*)^2$ 必有特征值________。

【答】 $\dfrac{|\boldsymbol{A}|^2}{\lambda^2}$。

分析:$\boldsymbol{A}^*=|\boldsymbol{A}|\boldsymbol{A}^{-1}$ 的特征值为 $\dfrac{|\boldsymbol{A}|}{\lambda}$,故 $(\boldsymbol{A}^*)^2$ 有特征值 $\dfrac{|\boldsymbol{A}|^2}{\lambda^2}$。

【例 4】 已知矩阵 $\boldsymbol{A}=\begin{pmatrix}4&6&0\\-3&-5&0\\-3&-6&1\end{pmatrix}$ 的一个特征向量为 $\boldsymbol{\xi}=\begin{pmatrix}-1\\1\\k\end{pmatrix}$,则 $k=$________。

【答】 1。

分析:由 $\boldsymbol{A}\boldsymbol{\xi}=\lambda\boldsymbol{\xi}$,即 $\begin{pmatrix}4&6&0\\-3&-5&0\\-3&-6&1\end{pmatrix}\begin{pmatrix}-1\\1\\k\end{pmatrix}=\lambda\begin{pmatrix}-1\\1\\k\end{pmatrix}$,得 $\begin{pmatrix}2\\-2\\k-3\end{pmatrix}=\begin{pmatrix}-\lambda\\\lambda\\k\lambda\end{pmatrix}$,因此 $\lambda=-2$,

$k-3=-2k$，即 $k=1$。

【例 5】 若 3 阶矩阵 $\boldsymbol{A}$ 满足 $|\boldsymbol{E}-\boldsymbol{A}|=0$，$|2\boldsymbol{E}-\boldsymbol{A}|=0$，$|3\boldsymbol{E}-\boldsymbol{A}|=0$，则 $|4\boldsymbol{E}-\boldsymbol{A}|=$ ________。

【答】 6。

分析：由已知条件可知 $\boldsymbol{A}$ 的特征值为 1，2，3，故 $4\boldsymbol{E}-\boldsymbol{A}$ 的特征值为 3，2，1，$|4\boldsymbol{E}-\boldsymbol{A}|=3\times 2\times 1=6$。

【例 6】 设 $\lambda=2$ 是可逆矩阵 $\boldsymbol{A}$ 的一个特征值，则 $\left(\frac{1}{3}\boldsymbol{A}^2\right)^{-1}$ 必有一个特征值为（　　）。

(A) $\frac{4}{3}$　　(B) $\frac{3}{4}$　　(C) $\frac{1}{2}$　　(D) $\frac{1}{4}$

【答】 应选（B）。

分析：$\boldsymbol{B}=\frac{1}{3}\boldsymbol{A}^2$ 有特征值 $\frac{2^2}{3}=\frac{4}{3}$，故 $\boldsymbol{B}^{-1}$ 有特征值 $\frac{3}{4}$。

【例 7】 设 $n(n\geqslant 2)$ 阶矩阵 $\boldsymbol{A}$ 的行列式 $|\boldsymbol{A}|=a\neq 0$，λ 是 $\boldsymbol{A}$ 的一个特征值，$\boldsymbol{A}^*$ 是 $\boldsymbol{A}$ 的伴随矩阵，则 $(\boldsymbol{A}^*)^*$ 必有一个特征值（　　）。

(A) $\lambda^{-1}a^{n-1}$　　(B) $\lambda^{-1}a^{n-2}$　　(C) λa^{n-2}　　(D) λa^{n-1}

【答】 应选（C）。

分析：由 $|\boldsymbol{A}|\neq 0$ 可知 $\lambda\neq 0$，设 $\boldsymbol{B}=\boldsymbol{A}^*=|\boldsymbol{A}|\boldsymbol{A}^{-1}$，则 $|\boldsymbol{B}|=|\boldsymbol{A}|^{n-1}=a^{n-1}$，且 $\boldsymbol{B}$ 有特征值 $\frac{|\boldsymbol{A}|}{\lambda}=\frac{a}{\lambda}$，故 $\boldsymbol{B}^*=|\boldsymbol{B}|\boldsymbol{B}^{-1}$ 有特征值 $\frac{|\boldsymbol{B}|\lambda}{a}=\lambda a^{n-2}$。

【例 8】 下列矩阵中不能相似于对角矩阵的是（　　）。

(A) $\begin{pmatrix}1&1&0\\0&2&1\\0&0&3\end{pmatrix}$　　(B) $\begin{pmatrix}1&0&1\\0&1&0\\0&0&2\end{pmatrix}$

(C) $\begin{pmatrix}1&0&1\\0&1&0\\0&0&1\end{pmatrix}$　　(D) $\begin{pmatrix}1&0&0\\0&1&1\\0&0&2\end{pmatrix}$

【答】 应选（C）。

分析：

(A) 中矩阵的特征值两两不同，所以可对角化；

(B) 中矩阵有 2 重特征值 $\lambda=1$，且 $\mathrm{r}(\boldsymbol{E}-\boldsymbol{A})=1$，矩阵对应 $\lambda=1$ 有两个线性无关的特征向量，所以可对角化；

(C) 中矩阵有 3 重特征值 $\lambda=1$，且 $\mathrm{r}(\boldsymbol{E}-\boldsymbol{A})=1$，矩阵对应 $\lambda=1$ 只有两个线性无关的特征向量，所以不能对角化；

(D) 中矩阵有 2 重特征值 $\lambda=1$，且 $\mathrm{r}(\boldsymbol{E}-\boldsymbol{A})=1$，矩阵对应 $\lambda=1$ 有两个线性无关的特征向量，所以可对角化。

【例 9】 设 $\boldsymbol{A}$ 是 3 阶矩阵，$\boldsymbol{\alpha}_1,\boldsymbol{\alpha}_2,\boldsymbol{\alpha}_3$ 是线性无关的三维列向量，$\boldsymbol{P}$ 是 3 阶可逆矩阵，$\boldsymbol{P}^{-1}\boldsymbol{A}\boldsymbol{P}=\begin{pmatrix}-1&0&0\\0&2&0\\0&0&2\end{pmatrix}$，且 $\boldsymbol{A}\boldsymbol{\alpha}_1=-\boldsymbol{\alpha}_1$，$\boldsymbol{A}\boldsymbol{\alpha}_2=2\boldsymbol{\alpha}_2$，$\boldsymbol{A}\boldsymbol{\alpha}_3=2\boldsymbol{\alpha}_3$，则 $\boldsymbol{P}$ 可取为（　　）。

(A) $(\boldsymbol{\alpha}_1,\boldsymbol{\alpha}_2,\boldsymbol{\alpha}_1+\boldsymbol{\alpha}_3)$　　(B) $(\boldsymbol{\alpha}_1,-\boldsymbol{\alpha}_2,\boldsymbol{\alpha}_2+3\boldsymbol{\alpha}_3)$

(C) $(\boldsymbol{\alpha}_2,\boldsymbol{\alpha}_3,\boldsymbol{\alpha}_1)$　　(D) $(\boldsymbol{\alpha}_1+\boldsymbol{\alpha}_2,\boldsymbol{\alpha}_2,\boldsymbol{\alpha}_3)$

【答】 应选 (B)。

分析:$\boldsymbol{P}$ 的第 1 列应为 $\boldsymbol{A}$ 的属于特征值-1 的特征向量,故(C)、(D)都不正确,$\boldsymbol{P}$ 的第 2 列与第 3 列应为 $\boldsymbol{A}$ 的属于特征值 2 的线性无关的特征向量,故(A)不正确。

【例 10】 设矩阵

$$\boldsymbol{A}=\begin{pmatrix}-1 & 2 & 2\\ 2 & -1 & -2\\ 2 & -2 & -1\end{pmatrix}$$

求 $\boldsymbol{A}$ 的特征值。

【解】 解 $\boldsymbol{A}$ 的特征方程可得

$$|\lambda\boldsymbol{E}-\boldsymbol{A}|=\begin{vmatrix}\lambda+1 & -2 & -2\\ -2 & \lambda+1 & 2\\ -2 & 2 & \lambda+1\end{vmatrix}\xlongequal{1c_2+c_1}\begin{vmatrix}\lambda-1 & -2 & -2\\ \lambda-1 & \lambda+1 & 2\\ 0 & 2 & \lambda+1\end{vmatrix}$$

$$\xlongequal{(-1)r_1+r_2}\begin{vmatrix}\lambda-1 & -2 & -2\\ 0 & \lambda+3 & 4\\ 0 & 2 & \lambda+1\end{vmatrix}=(\lambda-1)\begin{vmatrix}\lambda+3 & 4\\ 2 & \lambda+1\end{vmatrix}$$

$$=(\lambda-1)^2(\lambda+5)=0$$

$\boldsymbol{A}$ 的全部特征值为 $\lambda_1=\lambda_2=1,\lambda_3=-5$。

【例 11】 已知 $\boldsymbol{AP}=\boldsymbol{PB}$,其中 $\boldsymbol{B}=\begin{pmatrix}1 & 0 & 0\\ 0 & 0 & 0\\ 0 & 0 & -1\end{pmatrix}$,$\boldsymbol{P}=\begin{pmatrix}1 & 0 & 0\\ 2 & -1 & 0\\ 2 & 1 & 1\end{pmatrix}$,求 $\boldsymbol{A}$ 及 $\boldsymbol{A}^5$。

【解】 经计算,得

$$\boldsymbol{P}^{-1}=\begin{pmatrix}1 & 0 & 0\\ 2 & -1 & 0\\ -4 & 1 & 1\end{pmatrix},\ \boldsymbol{A}=\boldsymbol{PBP}^{-1}=\begin{pmatrix}1 & 0 & 0\\ 2 & 0 & 0\\ 6 & -1 & -1\end{pmatrix},\boldsymbol{B}^5=\begin{pmatrix}1 & 0 & 0\\ 0 & 0 & 0\\ 0 & 0 & -1\end{pmatrix}=\boldsymbol{B}$$

$$\boldsymbol{A}^5=(\boldsymbol{PBP}^{-1})^5=\boldsymbol{PB}^5\boldsymbol{P}^{-1}=\boldsymbol{PBP}^{-1}=\boldsymbol{A}=\begin{pmatrix}1 & 0 & 0\\ 2 & 0 & 0\\ 6 & -1 & -1\end{pmatrix}$$

【例 12】 设 3 阶矩阵 $\boldsymbol{A}$ 的特征值为 $\lambda_1=1,\lambda_2=2,\lambda_3=3$,对应的特征向量依次为 $\boldsymbol{\xi}_1=(1,1,1)^{\mathrm{T}},\boldsymbol{\xi}_2=(1,2,4)^{\mathrm{T}},\boldsymbol{\xi}_3=(1,3,9)^{\mathrm{T}}$,又 $\boldsymbol{\beta}=(1,1,3)^{\mathrm{T}}$。

① 将 $\boldsymbol{\beta}$ 用 $\boldsymbol{\xi}_1,\boldsymbol{\xi}_2,\boldsymbol{\xi}_3$ 线性表出。

② 求 $\boldsymbol{A}^n\boldsymbol{\beta}$($n$ 为正整数)。

【解】 ① 设 $\boldsymbol{\beta}=x_1\boldsymbol{\xi}_1+x_2\boldsymbol{\xi}_2+x_3\boldsymbol{\xi}_3=(\boldsymbol{\xi}_1,\boldsymbol{\xi}_2,\boldsymbol{\xi}_3)\begin{pmatrix}x_1\\ x_2\\ x_3\end{pmatrix}$,即

$$\begin{pmatrix}1 & 1 & 1\\ 1 & 2 & 3\\ 1 & 4 & 9\end{pmatrix}\begin{pmatrix}x_1\\ x_2\\ x_3\end{pmatrix}=\begin{pmatrix}1\\ 1\\ 3\end{pmatrix}$$

$$\begin{pmatrix}x_1\\x_2\\x_3\end{pmatrix}=\begin{pmatrix}1&1&1\\1&2&3\\1&4&9\end{pmatrix}^{-1}\begin{pmatrix}1\\1\\3\end{pmatrix}=\begin{pmatrix}3&-\frac{5}{2}&\frac{1}{2}\\-3&4&-1\\1&-\frac{3}{2}&\frac{1}{2}\end{pmatrix}\begin{pmatrix}1\\1\\3\end{pmatrix}=\begin{pmatrix}2\\-2\\1\end{pmatrix}$$

即 $x_1=2,x_2=-2,x_3=1,\boldsymbol{\beta}=2\boldsymbol{\xi}_1-2\boldsymbol{\xi}_2+\boldsymbol{\xi}_3$。

② 已知 $\boldsymbol{A}\boldsymbol{\xi}_1=\boldsymbol{\xi}_1,\boldsymbol{A}\boldsymbol{\xi}_2=2\boldsymbol{\xi}_2,\boldsymbol{A}\boldsymbol{\xi}_3=3\boldsymbol{\xi}_3$，所以

$$\boldsymbol{A}^n\boldsymbol{\xi}_1=\boldsymbol{\xi}_1,\boldsymbol{A}^n\boldsymbol{\xi}_2=2^n\boldsymbol{\xi}_2,\boldsymbol{A}^n\boldsymbol{\xi}_3=3^n\boldsymbol{\xi}_3$$

$$\boldsymbol{A}^n\boldsymbol{\beta}=\boldsymbol{A}^n(2\boldsymbol{\xi}_1-2\boldsymbol{\xi}_2+\boldsymbol{\xi}_3)=2\boldsymbol{A}^n\boldsymbol{\xi}_1-2\boldsymbol{A}^n\boldsymbol{\xi}_2+\boldsymbol{A}^n\boldsymbol{\xi}_3=2\boldsymbol{\xi}_1-2^{n+1}\boldsymbol{\xi}_2+3^n\boldsymbol{\xi}_3$$

【例 13】 设向量 $\boldsymbol{\alpha}=(a_1,a_2,\cdots,a_n)^{\mathrm{T}},\boldsymbol{\beta}=(b_1,b_2,\cdots,b_n)^{\mathrm{T}}$ 都是非零向量，其中 $n\geqslant 2$，且满足 $\boldsymbol{\alpha}^{\mathrm{T}}\boldsymbol{\beta}\neq 0$。记 n 阶矩阵 $\boldsymbol{A}=\boldsymbol{\alpha}\boldsymbol{\beta}^{\mathrm{T}}$，求：

① $\boldsymbol{A}^2$；

② $\boldsymbol{A}$ 的特征值和特征向量。

【解】 ① 已知 $\boldsymbol{\alpha}^{\mathrm{T}}\boldsymbol{\beta}=\boldsymbol{\beta}^{\mathrm{T}}\boldsymbol{\alpha}=a_1b_1+a_2b_2+\cdots+a_nb_n\neq 0$，于是

$$\boldsymbol{A}=\boldsymbol{\alpha}\boldsymbol{\beta}^{\mathrm{T}}=\begin{pmatrix}a_1b_1&a_1b_2&\cdots&a_1b_n\\a_2b_1&a_2b_2&\cdots&a_2b_n\\\vdots&\vdots&&\vdots\\a_nb_1&a_nb_2&\cdots&a_nb_n\end{pmatrix}$$

$$\boldsymbol{A}^2=(\boldsymbol{\alpha}\boldsymbol{\beta}^{\mathrm{T}})(\boldsymbol{\alpha}\boldsymbol{\beta}^{\mathrm{T}})=\boldsymbol{\alpha}(\boldsymbol{\beta}^{\mathrm{T}}\boldsymbol{\alpha})\boldsymbol{\beta}^{\mathrm{T}}=(a_1b_1+a_2b_2+\cdots+a_nb_n)\boldsymbol{A}$$

② 因为 $n(n\geqslant 2)$ 阶矩阵 $\boldsymbol{A}$ 的秩 $\mathrm{r}(\boldsymbol{A})=1$，所以 $|\boldsymbol{A}|=0$，即 $\boldsymbol{A}$ 有特征值 0。设 0 作为特征值的重数为 k，因为方程组 $\boldsymbol{A}\boldsymbol{x}=\boldsymbol{0}$ 的基础解系含有 $n-\mathrm{r}(\boldsymbol{A})=n-1$ 个向量，因此 $k\geqslant n-1$，而 $\mathrm{tr}\,\boldsymbol{A}=\boldsymbol{\alpha}^{\mathrm{T}}\boldsymbol{\beta}\neq 0$，所以 0 是 $\boldsymbol{A}$ 的 $n-1$ 重特征值，$\boldsymbol{A}$ 的另一个非零特征值为 $\boldsymbol{\alpha}^{\mathrm{T}}\boldsymbol{\beta}=a_1b_1+a_2b_2+\cdots+a_nb_n$。

因为 $\boldsymbol{A}\boldsymbol{\alpha}=(\boldsymbol{\alpha}\boldsymbol{\beta}^{\mathrm{T}})\boldsymbol{\alpha}=\boldsymbol{\alpha}(\boldsymbol{\beta}^{\mathrm{T}}\boldsymbol{\alpha})=(a_1b_1+a_2b_2+\cdots+a_nb_n)\boldsymbol{\alpha}$，所以 $\boldsymbol{A}$ 的对应于非零特征值 $\boldsymbol{\alpha}^{\mathrm{T}}\boldsymbol{\beta}=a_1b_1+a_2b_2+\cdots+a_nb_n$ 的特征向量为 $\boldsymbol{\alpha}$。

不妨设 $b_1\neq 0$，$\boldsymbol{A}\boldsymbol{x}=\boldsymbol{0}$ 即 $b_1x_1+b_2x_2+\cdots+b_nx_n=0$，其通解为

$$\boldsymbol{x}=k_1\begin{pmatrix}-b_2\\b_1\\0\\\vdots\\0\end{pmatrix}+k_2\begin{pmatrix}-b_3\\0\\b_1\\\vdots\\0\end{pmatrix}+\cdots+k_{n-1}\begin{pmatrix}-b_n\\0\\0\\\vdots\\b_1\end{pmatrix}$$

故 $\boldsymbol{A}$ 的对应于特征值 0 的特征向量为 $k_1\boldsymbol{\xi}_1+k_2\boldsymbol{\xi}_2+\cdots+k_{n-1}\boldsymbol{\xi}_{n-1}$，其中 $k_1,k_2,\cdots,k_{n-1}$ 不全为零，$\boldsymbol{\xi}_1=(-b_2,b_1,0,\cdots,0)^{\mathrm{T}},\boldsymbol{\xi}_2=(-b_3,0,b_1,\cdots,0)^{\mathrm{T}},\cdots,\boldsymbol{\xi}_{n-1}=(-b_n,0,\cdots,b_1)^{\mathrm{T}}$。

【例 14】 设矩阵 $\boldsymbol{A}=\begin{pmatrix}3&2&-2\\-k&-1&k\\4&2&-3\end{pmatrix}$，当 k 为何值时，存在可逆矩阵 $\boldsymbol{P}$，使 $\boldsymbol{P}^{-1}\boldsymbol{A}\boldsymbol{P}$ 为对角矩阵，并求出 $\boldsymbol{P}$ 和相应的对角矩阵。

【解】

$$|\lambda \boldsymbol{E}-\boldsymbol{A}|=\begin{vmatrix}\lambda-3 & -2 & 2\\ k & \lambda+1 & -k\\ -4 & -2 & \lambda+3\end{vmatrix}\xlongequal{(-1)r_3+r_1}\begin{vmatrix}\lambda+1 & 0 & -(\lambda+1)\\ k & \lambda+1 & -k\\ -4 & -2 & \lambda+3\end{vmatrix}$$

$$=(\lambda+1)\begin{vmatrix}1 & 0 & -1\\ k & \lambda+1 & -k\\ -4 & -2 & \lambda+3\end{vmatrix}=(\lambda+1)^2(\lambda-1)$$

$\boldsymbol{A}$ 的特征值为 $\lambda_1=1,\lambda_2=\lambda_3=-1$。

$\boldsymbol{A}$ 可对角化的充要条件是对应于2重特征值 -1,$\boldsymbol{A}$ 有2个线性无关的特征向量,故 $\mathrm{r}(-\boldsymbol{E}-\boldsymbol{A})=1$,而 $-\boldsymbol{E}-\boldsymbol{A}=\begin{pmatrix}-4 & -2 & 2\\ k & 0 & -k\\ -4 & -2 & 2\end{pmatrix}$,因此 $k=0$。

解方程组 $(-\boldsymbol{E}-\boldsymbol{A})\boldsymbol{x}=\boldsymbol{0}$,即 $\begin{pmatrix}-4 & -2 & 2\\ 0 & 0 & 0\\ -4 & -2 & 2\end{pmatrix}\begin{pmatrix}x_1\\ x_2\\ x_3\end{pmatrix}=\begin{pmatrix}0\\ 0\\ 0\end{pmatrix}$,求得 $\boldsymbol{A}$ 的对应于 $\lambda_2=\lambda_3=-1$ 的线性无关的特征向量为 $\boldsymbol{\xi}_1=(-1,2,0)^{\mathrm{T}},\boldsymbol{\xi}_2=(1,0,2)^{\mathrm{T}}$。

解方程组 $(\boldsymbol{E}-\boldsymbol{A})\boldsymbol{x}=\boldsymbol{0}$,即 $\begin{pmatrix}-2 & -2 & 2\\ 0 & 2 & 0\\ -4 & -2 & 4\end{pmatrix}\begin{pmatrix}x_1\\ x_2\\ x_3\end{pmatrix}=\begin{pmatrix}0\\ 0\\ 0\end{pmatrix}$,求得 $\boldsymbol{A}$ 的对应于 $\lambda_1=1$ 的特征向量为 $\boldsymbol{\xi}_3=(1,0,1)^{\mathrm{T}}$。

取 $\boldsymbol{P}=(\boldsymbol{\xi}_1,\boldsymbol{\xi}_2,\boldsymbol{\xi}_3)=\begin{pmatrix}-1 & 1 & 1\\ 2 & 0 & 0\\ 0 & 2 & 1\end{pmatrix}$,则 $\boldsymbol{P}^{-1}\boldsymbol{A}\boldsymbol{P}=\begin{pmatrix}-1 & 0 & 0\\ 0 & -1 & 0\\ 0 & 0 & 1\end{pmatrix}$。

【例15】 已知 $\boldsymbol{\xi}=\begin{pmatrix}1\\ 1\\ -1\end{pmatrix}$ 是矩阵 $\boldsymbol{A}=\begin{pmatrix}2 & -1 & 2\\ 5 & a & 3\\ -1 & b & -2\end{pmatrix}$ 的一个特征向量。

① 确定常数 a,b 及 $\boldsymbol{\xi}$ 所对应的特征值。

② $\boldsymbol{A}$ 能否相似于对角矩阵?请说明理由。

【解】 ① 设 $\boldsymbol{\xi}$ 所对应的特征值为 λ,则 $\boldsymbol{A}\boldsymbol{\xi}=\lambda\boldsymbol{\xi}$ 即

$$\begin{pmatrix}2 & -1 & 2\\ 5 & a & 3\\ -1 & b & -2\end{pmatrix}\begin{pmatrix}1\\ 1\\ -1\end{pmatrix}=\begin{pmatrix}-1\\ a+2\\ b+1\end{pmatrix}=\lambda\begin{pmatrix}1\\ 1\\ -1\end{pmatrix}$$

因此 $a=-3,b=0,\lambda=-1$。

② $\boldsymbol{A}$ 不能相似于对角矩阵。

$$|\lambda \boldsymbol{E}-\boldsymbol{A}|=\begin{vmatrix}\lambda-2 & 1 & -2\\ -5 & \lambda+3 & -3\\ 1 & 0 & \lambda+2\end{vmatrix}\xlongequal[(-1)c_3+c_1]{1c_2+c_1}\begin{vmatrix}\lambda+1 & 1 & -2\\ \lambda+1 & \lambda+3 & -3\\ -(\lambda+1) & 0 & \lambda+2\end{vmatrix}=(\lambda+1)^3$$

故 $\boldsymbol{A}$ 有3重特征值 $\lambda_1=\lambda_2=\lambda_3=-1$。

$$-\boldsymbol{E}-\boldsymbol{A}=\begin{pmatrix}-3 & 1 & -2\\ -5 & 2 & -3\\ 1 & 0 & 1\end{pmatrix}\xrightarrow{(\text{行变换})}\begin{pmatrix}1 & 0 & 1\\ 0 & 1 & 1\\ 0 & 0 & 0\end{pmatrix}$$

$r(-E-A)=2$，$(-E-A)x=0$ 的基础解系只有 1 个向量，这说明对应这个 3 重特征值，A 没有 3 个线性无关的特征向量，因此 A 不能相似于对角矩阵。

【例 16】 已知 $A=\begin{pmatrix}4&6&0\\-3&-5&0\\-3&-6&1\end{pmatrix}$，求 A^{100}。

【解】

$$|\lambda E-A|=\begin{vmatrix}\lambda-4&-6&0\\3&\lambda+5&0\\3&6&\lambda-1\end{vmatrix}=(\lambda+2)(\lambda-1)^2$$，A 的特征值为 $\lambda_1=-2,\lambda_2=\lambda_3=1$。

解方程组 $(-2E-A)x=0$，即 $\begin{pmatrix}-6&-6&0\\3&3&0\\3&6&-3\end{pmatrix}\begin{pmatrix}x_1\\x_2\\x_3\end{pmatrix}=\begin{pmatrix}0\\0\\0\end{pmatrix}$，求得 A 对应 $\lambda_1=-2$ 的特征向量为 $\xi_1=(-1,1,1)^T$；解方程组 $(E-A)x=0$，即 $\begin{pmatrix}-3&-6&0\\3&6&0\\3&6&0\end{pmatrix}\begin{pmatrix}x_1\\x_2\\x_3\end{pmatrix}=\begin{pmatrix}0\\0\\0\end{pmatrix}$，求得 A 对应 $\lambda_2=\lambda_3=1$ 的线性无关的特征向量分别为 $\xi_2=(-2,1,0)^T$，$\xi_3=(0,0,1)^T$。

令 $P=(\xi_1,\xi_2,\xi_3)=\begin{pmatrix}-1&-2&0\\1&1&0\\1&0&1\end{pmatrix}$，则 $P^{-1}AP=\begin{pmatrix}-2&0&0\\0&1&0\\0&0&1\end{pmatrix}$，$A=P\begin{pmatrix}-2&0&0\\0&1&0\\0&0&1\end{pmatrix}P^{-1}$，经计算得 $P^{-1}=\begin{pmatrix}1&2&0\\-1&-1&0\\-1&-2&1\end{pmatrix}$，$A^{100}=P\begin{pmatrix}2^{100}&0&0\\0&1&0\\0&0&1\end{pmatrix}P^{-1}=\begin{pmatrix}2-2^{100}&2-2^{101}&0\\2^{100}-1&2^{101}-1&0\\2^{100}-1&2^{101}-2&1\end{pmatrix}$。

【例 17】 设数列 $\{u_n\}$，$\{v_n\}$ 满足

$$\begin{cases}u_n=2u_{n-1}-3v_{n-1}\\v_n=\dfrac{1}{2}u_{n-1}-\dfrac{1}{2}v_{n-1}\end{cases}$$

且 $u_0=1,v_0=0$，求 $\{u_n\}$ 的通项表达式及 $\lim\limits_{n\to\infty}u_n$。

【解】 将所给关系式写成矩阵形式，则

$$\begin{pmatrix}u_n\\v_n\end{pmatrix}=A\begin{pmatrix}u_{n-1}\\v_{n-1}\end{pmatrix}$$

其中 $A=\begin{pmatrix}2&-3\\\frac{1}{2}&-\frac{1}{2}\end{pmatrix}$。于是 $\begin{pmatrix}u_n\\v_n\end{pmatrix}=A\begin{pmatrix}u_{n-1}\\v_{n-1}\end{pmatrix}=A^2\begin{pmatrix}u_{n-2}\\v_{n-2}\end{pmatrix}=\cdots=A^n\begin{pmatrix}u_0\\v_0\end{pmatrix}$。可求得 A 的特征值为 $\lambda_1=1,\lambda_2=\frac{1}{2}$，对应的特征向量分别为

$$p_1=\begin{pmatrix}3\\1\end{pmatrix},p_2=\begin{pmatrix}2\\1\end{pmatrix}$$

令 $P=(p_1,p_2)=\begin{pmatrix}3&2\\1&1\end{pmatrix}$，则 $P^{-1}AP=\Lambda=\begin{pmatrix}1&0\\0&\frac{1}{2}\end{pmatrix}$，经计算得 $P^{-1}=\begin{pmatrix}1&-2\\-1&3\end{pmatrix}$，从而

$$A^n=P\Lambda^nP^{-1}=\begin{pmatrix}3-\left(\frac{1}{2}\right)^{n-1} & 3\left(\frac{1}{2}\right)^{n-1}-6\\ 1-\left(\frac{1}{2}\right)^{n} & 3\left(\frac{1}{2}\right)^{n}-2\end{pmatrix}$$

故有

$$\begin{pmatrix}u_n\\ v_n\end{pmatrix}=A^n\begin{pmatrix}u_0\\ v_0\end{pmatrix}=\begin{pmatrix}3-\left(\frac{1}{2}\right)^{n-1} & 3\left(\frac{1}{2}\right)^{n-1}-6\\ 1-\left(\frac{1}{2}\right)^{n} & 3\left(\frac{1}{2}\right)^{n}-2\end{pmatrix}\begin{pmatrix}1\\ 0\end{pmatrix}=\begin{pmatrix}3-\left(\frac{1}{2}\right)^{n-1}\\ 1-\left(\frac{1}{2}\right)^{n}\end{pmatrix}$$

所以 $u_n=3-\left(\frac{1}{2}\right)^{n-1}$，且 $\lim\limits_{n\to\infty}u_n=3$。

【例 18】 设 $A=\begin{pmatrix}1 & -3 & 3\\ 3 & -5 & 3\\ 6 & -6 & 4\end{pmatrix}$，$\varphi(A)=A^{10}-6A^9+5A^8$，$\varphi(A)$ 可否对角化？若可对角化，求出可逆矩阵 P，使 $P^{-1}\varphi(A)P$ 为对角阵。

【解】

$$|\lambda E-A|=\begin{vmatrix}\lambda-1 & 3 & -3\\ -3 & \lambda+5 & -3\\ -6 & 6 & \lambda-4\end{vmatrix}\xlongequal{(-1)c_3+c_1}\begin{vmatrix}\lambda+2 & 3 & -3\\ 0 & \lambda+5 & -3\\ -(\lambda+2) & 6 & \lambda-4\end{vmatrix}=(\lambda+2)^2(\lambda-4)$$

A 的特征值为 $\lambda_1=\lambda_2=-2$，$\lambda_3=4$。

解方程组 $(-2E-A)x=0$，即 $\begin{pmatrix}-3 & 3 & -3\\ -3 & 3 & -3\\ -6 & 6 & -6\end{pmatrix}\begin{pmatrix}x_1\\ x_2\\ x_3\end{pmatrix}=\begin{pmatrix}0\\ 0\\ 0\end{pmatrix}$，求得 A 的对应于 $\lambda_1=\lambda_2=-2$ 的线性无关的特征向量为 $\xi_1=(1,1,0)^T$，$\xi_2=(-1,0,1)^T$。

解方程组 $(4E-A)x=0$，即 $\begin{pmatrix}3 & 3 & -3\\ -3 & 9 & -3\\ -6 & 6 & 0\end{pmatrix}\begin{pmatrix}x_1\\ x_2\\ x_3\end{pmatrix}=\begin{pmatrix}0\\ 0\\ 0\end{pmatrix}$，求得 A 的对应于 $\lambda_3=4$ 的特征向量为 $\xi_3=(1,1,2)^T$。

令 $P=(\xi_1,\xi_2,\xi_3)=\begin{pmatrix}1 & -1 & 1\\ 1 & 0 & 1\\ 0 & 1 & 2\end{pmatrix}$，则 $P^{-1}AP=\begin{pmatrix}-2 & 0 & 0\\ 0 & -2 & 0\\ 0 & 0 & 4\end{pmatrix}=\Lambda$，故

$$\begin{aligned}P^{-1}\varphi(A)P&=P^{-1}(A^{10}-6A^9+5A^8)P=\varphi(P^{-1}AP)=\varphi(\Lambda)\\ &=\begin{pmatrix}\varphi(-2) & 0 & 0\\ 0 & \varphi(-2) & 0\\ 0 & 0 & \varphi(4)\end{pmatrix}\\ &=\begin{pmatrix}21\times 2^8 & 0 & 0\\ 0 & 21\times 2^8 & 0\\ 0 & 0 & -3\times 4^8\end{pmatrix}\end{aligned}$$

其中 $\varphi(x)=x^{10}-6x^9+5x^8$。

【例 19】 设 A 为 3 阶矩阵，$\lambda_1,\lambda_2,\lambda_3$ 是 A 的 3 个两两不同的特征值，对应的特征向量分别为 $\alpha_1,\alpha_2,\alpha_3$，令 $\beta=\alpha_1+\alpha_2+\alpha_3$。

① 证明 $\boldsymbol{\beta},\boldsymbol{A\beta},\boldsymbol{A}^2\boldsymbol{\beta}$ 线性无关。

② 若 $\boldsymbol{A}^3\boldsymbol{\beta}=\boldsymbol{A\beta}$，求 $\mathrm{r}(\boldsymbol{A}-\boldsymbol{E})$ 及行列式 $|\boldsymbol{A}+2\boldsymbol{E}|$。

①**【证明】** 因为 $\lambda_1,\lambda_2,\lambda_3$ 是 $\boldsymbol{A}$ 的 3 个两两不同的特征值，所以 $\boldsymbol{\alpha}_1,\boldsymbol{\alpha}_2,\boldsymbol{\alpha}_3$ 线性无关。

$$\boldsymbol{A\beta}=\boldsymbol{A\alpha}_1+\boldsymbol{A\alpha}_2+\boldsymbol{A\alpha}_3=\lambda_1\boldsymbol{\alpha}_1+\lambda_2\boldsymbol{\alpha}_2+\lambda_3\boldsymbol{\alpha}_3$$

$$\boldsymbol{A}^2\boldsymbol{\beta}=\boldsymbol{A}(\lambda_1\boldsymbol{\alpha}_1+\lambda_2\boldsymbol{\alpha}_2+\lambda_3\boldsymbol{\alpha}_3)=\lambda_1^2\boldsymbol{\alpha}_1+\lambda_2^2\boldsymbol{\alpha}_2+\lambda_3^2\boldsymbol{\alpha}_3$$

$$(\boldsymbol{\beta},\boldsymbol{A\beta},\boldsymbol{A}^2\boldsymbol{\beta})=(\boldsymbol{\alpha}_1,\boldsymbol{\alpha}_2,\boldsymbol{\alpha}_3)\begin{pmatrix}1 & \lambda_1 & \lambda_1^2\\ 1 & \lambda_2 & \lambda_2^2\\ 1 & \lambda_3 & \lambda_3^2\end{pmatrix}$$

因为 $\lambda_1,\lambda_2,\lambda_3$ 两两不同，所以 $\begin{vmatrix}1 & \lambda_1 & \lambda_1^2\\ 1 & \lambda_2 & \lambda_2^2\\ 1 & \lambda_3 & \lambda_3^2\end{vmatrix}\neq 0$，于是 $\boldsymbol{\beta},\boldsymbol{A\beta},\boldsymbol{A}^2\boldsymbol{\beta}$ 线性无关。

②**【解】** 由 $\boldsymbol{A}^3\boldsymbol{\beta}=\boldsymbol{A\beta}$ 可得 $\lambda_1^3\boldsymbol{\alpha}_1+\lambda_2^3\boldsymbol{\alpha}_2+\lambda_3^3\boldsymbol{\alpha}_3=\lambda_1\boldsymbol{\alpha}_1+\lambda_2\boldsymbol{\alpha}_2+\lambda_3\boldsymbol{\alpha}_3$，而 $\boldsymbol{\alpha}_1,\boldsymbol{\alpha}_2,\boldsymbol{\alpha}_3$ 线性无关，所以 $\lambda_i^3-\lambda_i=0,i=1,2,3$，这说明 $\boldsymbol{A}$ 的特征值为 $\lambda^3-\lambda=0$ 的根，即 $-1,0,1$。对应于特征值 1，$(\boldsymbol{E}-\boldsymbol{A})\boldsymbol{x}=\boldsymbol{0}$ 的基础解系只有 1 个向量，所以 $\mathrm{r}(\boldsymbol{A}-\boldsymbol{E})=2$，$\boldsymbol{A}+2\boldsymbol{E}$ 的特征值为 1,2,3，所以 $|\boldsymbol{A}+2\boldsymbol{E}|=6$。

【例 20】 设 $\boldsymbol{A},\boldsymbol{B}$ 均为 n 阶方阵，证明 $\boldsymbol{AB}$ 与 $\boldsymbol{BA}$ 有相同的特征值。

【证明】 设 $(\boldsymbol{AB})\boldsymbol{x}=\lambda\boldsymbol{x},\boldsymbol{x}\neq\boldsymbol{0}$。用 $\boldsymbol{B}$ 左乘前式得 $(\boldsymbol{BA})(\boldsymbol{Bx})=\lambda(\boldsymbol{Bx})$。分两种情况讨论。

① 若 $\lambda\neq 0$，则 $\boldsymbol{Bx}\neq\boldsymbol{0}$〔若 $\boldsymbol{Bx}=\boldsymbol{0}$，则有 $\boldsymbol{0}=\boldsymbol{A}(\boldsymbol{Bx})=(\boldsymbol{AB})\boldsymbol{x}=\lambda\boldsymbol{x}$，这与 $\lambda\neq 0$ 和 $\boldsymbol{x}\neq\boldsymbol{0}$ 矛盾〕，可见 λ 也是 $\boldsymbol{BA}$ 的特征值，对应的特征向量为 $\boldsymbol{Bx}$。

② 若 $\lambda=0$，即 $\boldsymbol{AB}$ 有零特征值，则有

$$|\boldsymbol{BA}-0\boldsymbol{E}|=|\boldsymbol{BA}|=|\boldsymbol{B}|\cdot|\boldsymbol{A}|=|\boldsymbol{A}|\cdot|\boldsymbol{B}|=|\boldsymbol{AB}-0\boldsymbol{E}|=0$$

即 0 也是 $\boldsymbol{BA}$ 的特征值，故 $\boldsymbol{AB}$ 的特征值都是 $\boldsymbol{BA}$ 的特征值。

同理可证 $\boldsymbol{BA}$ 的特征值也都是 $\boldsymbol{AB}$ 的特征值，所以 $\boldsymbol{AB}$ 与 $\boldsymbol{BA}$ 有相同的特征值。

【例 21】 设 n 阶矩阵 $\boldsymbol{A},\boldsymbol{B}$ 满足 $\mathrm{r}(\boldsymbol{A})+\mathrm{r}(\boldsymbol{B})<n$，证明 $\boldsymbol{A}$ 与 $\boldsymbol{B}$ 有公共的特征值，且对应公共的特征值，$\boldsymbol{A}$ 与 $\boldsymbol{B}$ 有公共的特征向量。

【证明】 由 $\mathrm{r}(\boldsymbol{A})+\mathrm{r}(\boldsymbol{B})<n$，知 $\mathrm{r}(\boldsymbol{A})<n,\mathrm{r}(\boldsymbol{B})<n$，于是 $|\boldsymbol{A}|=0,|\boldsymbol{B}|=0$，可见 0 是 $\boldsymbol{A}$ 与 $\boldsymbol{B}$ 的公共的特征值。

因为矩阵 $\begin{pmatrix}\boldsymbol{A}\\ \boldsymbol{B}\end{pmatrix}$ 的行向量组可由矩阵 $\boldsymbol{A}$ 与矩阵 $\boldsymbol{B}$ 的行向量组表示，所以

$$\mathrm{r}\begin{pmatrix}\boldsymbol{A}\\ \boldsymbol{B}\end{pmatrix}\leqslant\mathrm{r}(\boldsymbol{A})+\mathrm{r}(\boldsymbol{B})<n$$

从而方程组 $\begin{pmatrix}\boldsymbol{A}\\ \boldsymbol{B}\end{pmatrix}\boldsymbol{x}=\boldsymbol{0}$ 有非零解，即 $\boldsymbol{Ax}=\boldsymbol{0}$ 与 $\boldsymbol{Bx}=\boldsymbol{0}$ 有公共非零解，故 $\boldsymbol{A}$ 与 $\boldsymbol{B}$ 有对应于公共特征值 0 的公共的特征向量。

三、练习题

(一) 填空题

1. 设 n 阶方阵 $\boldsymbol{A}$ 的每一行元素之和都为 a,则 $\boldsymbol{A}$ 必有一个特征值为________。

2. 若 4 阶矩阵 $\boldsymbol{B}$ 与 $\boldsymbol{A}$ 相似,且 $\boldsymbol{A}$ 的特征值为 $\frac{1}{2},\frac{1}{3},\frac{1}{4},\frac{1}{5}$,则 $|\boldsymbol{B}^{-1}-\boldsymbol{E}|=$________,$\operatorname{tr}(\boldsymbol{B}^{-1}-\boldsymbol{E})=$________。

3. 设 n 阶矩阵 $\boldsymbol{A}$ 与 $\boldsymbol{B}$ 相似,$|\boldsymbol{B}|=4$,$\boldsymbol{A}^*$ 为 $\boldsymbol{A}$ 的伴随矩阵,$\boldsymbol{E}$ 为 n 阶单位矩阵。若 $\boldsymbol{B}$ 有特征值 4,则 $3\boldsymbol{A}^*-2\boldsymbol{E}$ 必有特征值________。

4. 已知 $\boldsymbol{\xi}=(1,k,1)^{\mathrm{T}}$ 是 $\boldsymbol{A}=\begin{pmatrix}2&1&1\\1&2&1\\1&1&2\end{pmatrix}$ 的逆矩阵 $\boldsymbol{A}^{-1}$ 的特征向量,则 $k=$________。

5. 若 $\begin{pmatrix}1&0&2\\2&5&0\\0&1&x\end{pmatrix}$ 的特征值 λ 对应的特征向量为 $\begin{pmatrix}1\\y\\1\end{pmatrix}$,则 $\lambda=$________,$x=$________,$y=$________。

6. 若 3 阶矩阵 $\boldsymbol{A}$ 与 $\begin{pmatrix}1&0&0\\0&3&0\\0&0&2\end{pmatrix}$ 相似,则 $\mathrm{r}(\boldsymbol{A}-\boldsymbol{E})=$________。

7. 已知 3 阶矩阵 $\boldsymbol{A}$ 的特征值为 1,2,3,则 $|\boldsymbol{A}^*|=$________。

8. 设 $\boldsymbol{A}$ 是 $n(n\geqslant 2)$ 阶矩阵,$2,4,\cdots,2n$ 是 $\boldsymbol{A}$ 的 n 个特征值,$\boldsymbol{E}$ 是 n 阶单位矩阵,则 $|\boldsymbol{A}-3\boldsymbol{E}|=$________。

9. 已知 3 阶矩阵 $\boldsymbol{A}$ 与 $\begin{pmatrix}4&0&0\\0&3&0\\0&0&6\end{pmatrix}$ 相似,则 $|\boldsymbol{A}^2-\boldsymbol{E}|=$________。

(二) 选择题

1. 设 λ_1,λ_2 是 n 阶矩阵 $\boldsymbol{A}$ 的特征值,$\boldsymbol{\alpha}_1,\boldsymbol{\alpha}_2$ 分别是 $\boldsymbol{A}$ 对应于 λ_1,λ_2 的特征向量,则(　　)。

(A) 当 $\lambda_1=\lambda_2$ 时 $\boldsymbol{\alpha}_1$ 与 $\boldsymbol{\alpha}_2$ 必成比例

(B) 当 $\lambda_1=\lambda_2$ 时 $\boldsymbol{\alpha}_1$ 与 $\boldsymbol{\alpha}_2$ 必不成比例

(C) 当 $\lambda_1\neq\lambda_2$ 时 $\boldsymbol{\alpha}_1$ 与 $\boldsymbol{\alpha}_2$ 必成比例

(D) 当 $\lambda_1\neq\lambda_2$ 时 $\boldsymbol{\alpha}_1$ 与 $\boldsymbol{\alpha}_2$ 必不成比例

2. 设矩阵 $\boldsymbol{A}=\begin{pmatrix}0&0&1\\a&1&b\\1&0&0\end{pmatrix}$ 有 3 个线性无关的特征向量,则 a 和 b 应满足的条件为(　　)。

(A) $a=b=1$　　(B) $a=b=-1$　　(C) $a-b\neq 0$　　(D) $a+b=0$

3. 设 3 阶矩阵 $\boldsymbol{A}$ 的特征值为 $\lambda_1=1,\lambda_2=0,\lambda_3=-1$,对应的特征向量分别是 $\boldsymbol{\xi}_1,\boldsymbol{\xi}_2,\boldsymbol{\xi}_3$,记

$\boldsymbol{P}=(\xi_1,\xi_2,\xi_3)$，则 $\boldsymbol{P}^{-1}\boldsymbol{AP}$ 为(　　)。

(A) $\begin{pmatrix}1&0&0\\0&1&0\\0&0&0\end{pmatrix}$　　(B) $\begin{pmatrix}1&0&0\\0&-1&0\\0&0&0\end{pmatrix}$

(C) $\begin{pmatrix}-1&0&0\\0&0&0\\0&0&1\end{pmatrix}$　　(D) $\begin{pmatrix}1&0&0\\0&0&0\\0&0&-1\end{pmatrix}$

4. 设 λ 是 n 阶可逆矩阵 $\boldsymbol{A}$ 的特征值，$\boldsymbol{\alpha}\neq\boldsymbol{0}$ 是 $\boldsymbol{A}$ 的对应于 λ 的特征向量，$\boldsymbol{P}$ 是 n 阶可逆矩阵，则 $\boldsymbol{P}^{-1}\boldsymbol{A}^{-1}\boldsymbol{P}$ 的对应于特征值 $\dfrac{1}{\lambda}$ 的特征向量是(　　)。

(A) $\boldsymbol{P}^{-1}\boldsymbol{\alpha}$　　(B) $\boldsymbol{P\alpha}$　　(C) $\boldsymbol{P}^{\mathrm{T}}\boldsymbol{\alpha}$　　(D) $(\boldsymbol{P}^{\mathrm{T}})^{-1}\boldsymbol{\alpha}$

5. 设 λ 是非奇异矩阵 $\boldsymbol{A}$ 的一个特征值，则 $\boldsymbol{A}^{-1}+\boldsymbol{A}^*$ 必有一个特征值为(　　)。

(A) $\lambda(1+|\boldsymbol{A}|)$　　(B) $\lambda^{-1}(1+|\boldsymbol{A}|)$

(C) $\lambda(1+|\boldsymbol{A}|)^{-1}$　　(D) $\lambda^{-1}(1+|\boldsymbol{A}|)^{-1}$

6. 设 $\boldsymbol{\alpha},\boldsymbol{\beta}$ 分别是矩阵 $\boldsymbol{A}$ 的属于特征值 λ 和 μ 的特征向量，则(　　)。

(A) 若 $\boldsymbol{\alpha}$ 与 $\boldsymbol{\beta}$ 线性相关，则 $\lambda\neq\mu$

(B) 若 $\boldsymbol{\alpha}$ 与 $\boldsymbol{\beta}$ 线性无关，则 $\lambda\neq\mu$

(C) 若 $\boldsymbol{\alpha}$ 与 $\boldsymbol{\beta}$ 线性相关，则 $\lambda=\mu$

(D) 若 $\boldsymbol{\alpha}$ 与 $\boldsymbol{\beta}$ 线性无关，则 $\lambda=\mu$

7. 若 $\boldsymbol{A}$ 与 $\boldsymbol{B}$ 相似，则有(　　)。

(A) $\lambda\boldsymbol{E}-\boldsymbol{A}=\lambda\boldsymbol{E}-\boldsymbol{B}$

(B) $|\lambda\boldsymbol{E}-\boldsymbol{A}|=|\lambda\boldsymbol{E}-\boldsymbol{B}|$

(C) 对应相同的特征值，矩阵 $\boldsymbol{A}$ 与 $\boldsymbol{B}$ 有相同的特征向量

(D) $\boldsymbol{A}$ 与 $\boldsymbol{B}$ 均与同一个对角矩阵相似

8. 设 $\boldsymbol{A}$ 为 n 阶实方阵，则 $\boldsymbol{A}$ 可以对角化的充分必要条件是(　　)。

(A) $\boldsymbol{A}$ 有 n 个实特征值

(B) $\boldsymbol{A}$ 有 n 个不同的特征值

(C) $\boldsymbol{A}$ 有 n 个不同的特征向量

(D) $\boldsymbol{A}$ 的每个特征值的重数与 $\boldsymbol{A}$ 的属于该特征值的线性无关特征向量的个数相等

(三) 解答与证明题

1. 设 3 阶矩阵 $\boldsymbol{A}$ 的特征值为 1,2,3，试求下列行列式的值。

① $|\boldsymbol{A}^2+\boldsymbol{A}+\boldsymbol{E}|$；　② $|\boldsymbol{A}^{-1}+\boldsymbol{A}^*|$；　③ $\left|\left(\dfrac{1}{2}\boldsymbol{A}\right)^{-1}+2\boldsymbol{A}\right|$。

2. 设 3 阶矩阵 $\boldsymbol{A}$ 的特征值为 $\lambda_1=-1,\lambda_2=1,\lambda_3=2$，对应的特征向量依次为 $\boldsymbol{p}_1=(3,-3,1)^{\mathrm{T}}$，$\boldsymbol{p}_2=(1,-2,1)^{\mathrm{T}}$，$\boldsymbol{p}_3=(5,-8,3)^{\mathrm{T}}$，求 $\boldsymbol{A}^{\mathrm{T}}$ 的特征向量。

3. 设矩阵 $\boldsymbol{A}=\begin{pmatrix}a&-1&c\\5&b&3\\1-c&0&-a\end{pmatrix}$，$|\boldsymbol{A}|=-1$，又 $\boldsymbol{A}^*$ 有一个特征值 λ_0，$\boldsymbol{A}^*$ 对应于特征值 λ_0 的一个特征向量为 $\boldsymbol{\xi}=(-1,-1,1)^{\mathrm{T}}$，求 a,b,c 及 λ_0 的值。

4. 设矩阵 $\boldsymbol{A}=\boldsymbol{P\Lambda P}^{-1}$,求证 $\boldsymbol{A}^m=\boldsymbol{P\Lambda}^m\boldsymbol{P}^{-1}$(其中 m 为正整数)。如果 $\boldsymbol{A}=\begin{bmatrix}1 & 4\\ 2 & 3\end{bmatrix}$,试计算 $\boldsymbol{A}^m$ 和$(\boldsymbol{A}-\boldsymbol{A}^{-1})^m$。

5. 已知 3 阶矩阵 $\boldsymbol{A}$ 的 3 个特征值为 $\lambda_1=1,\lambda_2=2,\lambda_3=3$,以及分别属于它们的特征向量为 $\boldsymbol{p}_1=(1,1,1)^{\mathrm{T}},\boldsymbol{p}_2=(1,2,3)^{\mathrm{T}},\boldsymbol{p}_3=(1,3,6)^{\mathrm{T}}$。求:①矩阵 $\boldsymbol{A}$;②$\boldsymbol{A}^{\mathrm{T}}$ 的特征值及相应的特征向量。

6. 设 $\boldsymbol{A}$ 为 n 阶可逆矩阵,且各行元素之和为 a。

① 证明 a 为 $\boldsymbol{A}^{\mathrm{T}}$ 的一个特征值。

② 试求矩阵 $2\boldsymbol{A}^{-1}-\boldsymbol{A}^2$ 的各行元素之和。

7. 设 λ 是可逆矩阵 $\boldsymbol{A}$ 的一个特征值。证明 $\lambda\neq0$,且 $\frac{1}{\lambda}$ 是 $\boldsymbol{A}^{-1}$ 的一个特征值,$\frac{|\boldsymbol{A}|}{\lambda}$ 是 $\boldsymbol{A}^*$ 的一个特征值。

8. 设 n 阶矩阵 $\boldsymbol{A}$ 满足条件 $\boldsymbol{AA}^{\mathrm{T}}=4\boldsymbol{E}$,且 $|\boldsymbol{A}|<0$,$|2\boldsymbol{E}+\boldsymbol{A}|=0$。求证 2^{n-1} 是 $\boldsymbol{A}^*$ 的一个特征值。

9. 设 $\boldsymbol{A}$ 是 n 阶非零矩阵,若存在正整数 k,使得 $\boldsymbol{A}^k$ 为零矩阵,求证 $\boldsymbol{A}$ 不能相似于对角矩阵。

四、练习题答案与提示

(一) 填空题

1. a。

2. 24,10。

3. $\lambda=1$。

4. 1 或 -2。

分析:$\boldsymbol{\xi}$ 也是 $\boldsymbol{A}$ 的特征向量,设 $\boldsymbol{A\xi}=\lambda\boldsymbol{\xi}$(由 $\boldsymbol{A}$ 可逆知 $\lambda\neq0$),即 $\begin{pmatrix}2&1&1\\1&2&1\\1&1&2\end{pmatrix}\begin{pmatrix}1\\k\\1\end{pmatrix}=\lambda\begin{pmatrix}1\\k\\1\end{pmatrix}$,得 $\begin{pmatrix}k+3\\2k+2\\k+3\end{pmatrix}=\begin{pmatrix}\lambda\\k\lambda\\\lambda\end{pmatrix}$,则 $\lambda=k+3,k(k+3)=2k+2$,得$(k+2)(k-1)=0$。

5. $\lambda=3,x=4,y=-1$。

分析:由 $\begin{pmatrix}1&0&2\\2&5&0\\0&1&x\end{pmatrix}\begin{pmatrix}1\\y\\1\end{pmatrix}=\lambda\begin{pmatrix}1\\y\\1\end{pmatrix}$,得 $\begin{pmatrix}3\\5y+2\\x+y\end{pmatrix}=\begin{pmatrix}\lambda\\y\lambda\\\lambda\end{pmatrix}$,因此 $\lambda=3,3y=5y+2,x+y=3$,即 $\lambda=3,x=4,y=-1$。

6. 2。

分析:$\boldsymbol{A}-\boldsymbol{E}$ 与 $\begin{pmatrix}1&0&0\\0&3&0\\0&0&2\end{pmatrix}-\boldsymbol{E}=\begin{pmatrix}0&0&0\\0&2&0\\0&0&1\end{pmatrix}$ 相似,故 $\mathrm{r}(\boldsymbol{A}-\boldsymbol{E})=2$(注意:相似的矩阵秩相同)。

7. 36。

分析：$|\boldsymbol{A}|=1\times2\times3=6$，故$\boldsymbol{A}^*=|\boldsymbol{A}|\boldsymbol{A}^{-1}=6\boldsymbol{A}^{-1}$的特征值为6，3，2，于是$|\boldsymbol{A}^*|=6\times3\times2=36$。

8. $-(2n-3)!!$。

分析：$\boldsymbol{A}-3\boldsymbol{E}$的特征值为$-1,1,3,5,\cdots,2n-3$，故$|\boldsymbol{A}-3\boldsymbol{E}|=-(2n-3)!!$。

9. 4 200。

分析：$\boldsymbol{A}$的特征值为4，3，6，故$\boldsymbol{A}^2-\boldsymbol{E}$的特征值为15，8，35，$|\boldsymbol{A}^2-\boldsymbol{E}|=15\times8\times35=4\,200$。

（二）选择题

1.（D）。

分析：$\boldsymbol{A}$的属于不同特征值的特征向量是线性无关的，故当$\lambda_1\neq\lambda_2$时，$\boldsymbol{\alpha}_1$与$\boldsymbol{\alpha}_2$线性无关，因此$\boldsymbol{\alpha}_1$与$\boldsymbol{\alpha}_2$不成比例。

2.（D）。

分析：$|\lambda\boldsymbol{E}-\boldsymbol{A}|=\begin{vmatrix}\lambda & 0 & -1\\ -a & \lambda-1 & -b\\ -1 & 0 & \lambda\end{vmatrix}\xlongequal{\text{按}c_2\text{展开}}(\lambda-1)^2(\lambda+1)$，已知对应2重特征值$\lambda=1$，$\boldsymbol{A}$有2个线性无关的特征向量，故$\mathrm{r}(\boldsymbol{E}-\boldsymbol{A})=1$，$\boldsymbol{E}-\boldsymbol{A}=\begin{pmatrix}1 & 0 & -1\\ -a & 0 & -b\\ -1 & 0 & 1\end{pmatrix}\xrightarrow{\text{（行变换）}}\begin{pmatrix}1 & 0 & -1\\ 0 & 0 & a+b\\ 0 & 0 & 0\end{pmatrix}$，所以$a+b=0$。

3.（D）。

4.（A）。

分析：已知$\boldsymbol{A\alpha}=\lambda\boldsymbol{\alpha}\,(\lambda\neq0)$，所以$\boldsymbol{A}^{-1}\boldsymbol{\alpha}=\dfrac{1}{\lambda}\boldsymbol{\alpha}$，于是$(\boldsymbol{P}^{-1}\boldsymbol{A}^{-1}\boldsymbol{P})(\boldsymbol{P}^{-1}\boldsymbol{\alpha})=\boldsymbol{P}^{-1}\boldsymbol{A}^{-1}\boldsymbol{\alpha}=\dfrac{1}{\lambda}\boldsymbol{P}^{-1}\boldsymbol{\alpha}$。

5.（B）。

分析：由$\boldsymbol{A}$是非奇异矩阵，即$|\boldsymbol{A}|\neq0$，可知$\lambda\neq0$，$\boldsymbol{A}^{-1}+\boldsymbol{A}^*=(1+|\boldsymbol{A}|)\boldsymbol{A}^{-1}$，故$\boldsymbol{A}^{-1}+\boldsymbol{A}^*$有特征值$\dfrac{|\boldsymbol{A}|+1}{\lambda}$。

6.（C）。

分析：$\boldsymbol{A}$的属于不同特征值的特征向量是线性无关的，故当$\boldsymbol{\alpha}$与$\boldsymbol{\beta}$线性相关时，必有$\lambda=\mu$。

7.（B）。

分析：由相似矩阵的性质可知(B)是正确的。

已知存在可逆的$\boldsymbol{P}$，使$\boldsymbol{B}=\boldsymbol{P}^{-1}\boldsymbol{AP}$，故$\lambda\boldsymbol{E}-\boldsymbol{B}=\boldsymbol{P}^{-1}(\lambda\boldsymbol{E}-\boldsymbol{A})\boldsymbol{P}$。(A)中等式不一定成立，(A)不正确；$\boldsymbol{A}$，$\boldsymbol{B}$有可能都无法对角化，故(D)也不正确；设$\boldsymbol{A\alpha}=\lambda\boldsymbol{\alpha}$，则$\boldsymbol{B}(\boldsymbol{P}^{-1}\boldsymbol{\alpha})=(\boldsymbol{P}^{-1}\boldsymbol{AP})(\boldsymbol{P}^{-1}\boldsymbol{\alpha})=\lambda(\boldsymbol{P}^{-1}\boldsymbol{\alpha})$，即对于相同的特征值$\lambda$，若$\boldsymbol{\alpha}$是$\boldsymbol{A}$的特征向量，则$\boldsymbol{P}^{-1}\boldsymbol{\alpha}$是$\boldsymbol{B}$的特征向量，这说明(C)不正确。

8.（D）。

分析：$\boldsymbol{A}$可以对角化的充分必要条件是有n个线性无关的特征向量。如果$\boldsymbol{A}$的每个特征值的重数都与$\boldsymbol{A}$的属于该特征值的线性无关的特征向量的个数相等，则$\boldsymbol{A}$有n个线性无关的特征向量(注意 $\boldsymbol{A}$ 的所有特征值的重数之和为 n),于是 $\boldsymbol{A}$ 可以对角化。反之,若 $\boldsymbol{A}$ 可以对角化,则 $\boldsymbol{A}$ 有 n 个线性无关的特征向量,因而每个特征值对应的线性无关的特征向量的个数恰好等于该特征值的重数(注意每个特征值对应的线性无关的特征向量的个数是不可能大于该特征值的重数的)。

(三) 解答与证明题

1. ① 273;② $\dfrac{343}{6}$;③ $\dfrac{400}{3}$。

2. $\boldsymbol{A}^{\mathrm{T}}$ 的对应于特征值 $\lambda_1=-1,\lambda_2=1,\lambda_3=2$ 的特征向量分别为 $k_1(1,1,1)^{\mathrm{T}}(k_1\neq0)$,$k_2(1,4,9)^{\mathrm{T}}(k_2\neq0)$ 和 $k_3(1,2,3)^{\mathrm{T}}(k_3\neq0)$。

分析:令 $\boldsymbol{P}=(\boldsymbol{p}_1,\boldsymbol{p}_2,\boldsymbol{p}_3)=\begin{pmatrix}3&1&5\\-3&-2&-8\\1&1&3\end{pmatrix}$,则 $\boldsymbol{P}^{-1}\boldsymbol{AP}=\begin{pmatrix}-1&0&0\\0&1&0\\0&0&2\end{pmatrix}$,等式两端取转置,得 $\boldsymbol{P}^{\mathrm{T}}\boldsymbol{A}^{\mathrm{T}}(\boldsymbol{P}^{-1})^{\mathrm{T}}=\begin{pmatrix}-1&0&0\\0&1&0\\0&0&2\end{pmatrix}$,令 $\boldsymbol{Q}=(\boldsymbol{P}^{-1})^{\mathrm{T}}$,则 $\boldsymbol{Q}^{-1}\boldsymbol{A}^{\mathrm{T}}\boldsymbol{Q}=\begin{pmatrix}-1&0&0\\0&1&0\\0&0&2\end{pmatrix}$,$\boldsymbol{Q}=(\boldsymbol{P}^{-1})^{\mathrm{T}}=$

$(\boldsymbol{P}^{\mathrm{T}})^{-1}=\begin{pmatrix}3&-3&1\\1&-2&1\\5&-8&3\end{pmatrix}^{-1}=\begin{pmatrix}1&\frac{1}{2}&-\frac{1}{2}\\1&2&-1\\1&\frac{9}{2}&-\frac{3}{2}\end{pmatrix}$,$\boldsymbol{Q}$ 的第 1,2,3 列分别为 $\boldsymbol{A}^{\mathrm{T}}$ 的对应 $\lambda_1,\lambda_2,\lambda_3$ 的特征向量。

3. $a=c=2,b=-3,\lambda_0=1$。

分析:由 $\boldsymbol{AA}^*=|\boldsymbol{A}|\boldsymbol{E}=-\boldsymbol{E}$ 可得 $\boldsymbol{A}^*=-\boldsymbol{A}^{-1}$。已知 $\boldsymbol{A}^*\boldsymbol{\xi}=\lambda_0\boldsymbol{\xi}$,即 $-\boldsymbol{A}^{-1}\boldsymbol{\xi}=\lambda_0\boldsymbol{\xi}$,于是 $-\boldsymbol{\xi}=\lambda_0\boldsymbol{A\xi}$,因为 $|\boldsymbol{A}^*|=|-\boldsymbol{A}^{-1}|=(-1)^3|\boldsymbol{A}^{-1}|=(-1)^3\dfrac{1}{|\boldsymbol{A}|}=1\neq0$,所以 $\lambda_0\neq0$,$\boldsymbol{A\xi}=-\dfrac{1}{\lambda_0}\boldsymbol{\xi}$,即得

$$\begin{pmatrix}a&-1&c\\5&b&3\\1-c&0&-a\end{pmatrix}\begin{pmatrix}-1\\-1\\1\end{pmatrix}=\begin{pmatrix}c+1-a\\-2-b\\c-1-a\end{pmatrix}=-\frac{1}{\lambda_0}\begin{pmatrix}-1\\-1\\1\end{pmatrix}$$

由 $c+1-a=-(c-1-a)=\dfrac{1}{\lambda_0}$,得 $a=c,\lambda_0=1$。由 $c+1-a=1=-2-b$,得 $b=-3$。再由

$|\boldsymbol{A}|=\begin{vmatrix}a&-1&a\\5&-3&3\\1-a&0&-a\end{vmatrix}=a-3=-1$,得 $a=c=2$。

4. 分析:$\boldsymbol{A}$ 的特征值为 $\lambda_1=-1,\lambda_2=5$,对应的特征向量分别为 $\boldsymbol{\xi}_1=(-2,1)^{\mathrm{T}},\boldsymbol{\xi}_2=(1,1)^{\mathrm{T}}$,即 $\boldsymbol{P}^{-1}\boldsymbol{AP}=\begin{pmatrix}-1&0\\0&5\end{pmatrix}$,$\boldsymbol{P}=\begin{pmatrix}-2&1\\1&1\end{pmatrix}$,$\boldsymbol{A}=\boldsymbol{P\Lambda P}^{-1}$,$\boldsymbol{\Lambda}=\begin{pmatrix}-1&0\\0&5\end{pmatrix}$,$\boldsymbol{P}^{-1}=\dfrac{1}{3}\begin{pmatrix}-1&1\\1&2\end{pmatrix}$,$\boldsymbol{A}^{-1}=\boldsymbol{P\Lambda}^{-1}\boldsymbol{P}^{-1}$,

$\boldsymbol{A}^m=\boldsymbol{P\Lambda}^m\boldsymbol{P}^{-1}=\dfrac{1}{3}\begin{pmatrix}-2&1\\1&1\end{pmatrix}\begin{pmatrix}(-1)^m&0\\0&5^m\end{pmatrix}\begin{pmatrix}-1&1\\1&2\end{pmatrix}=\dfrac{1}{3}\begin{pmatrix}5^m+2(-1)^m&2\times5^m-2(-1)^m\\5^m-(-1)^m&2\times5^m+(-1)^m\end{pmatrix}$

$(m=1,2,3,\cdots)$。

$$(\boldsymbol{A}-\boldsymbol{A}^{-1})^m=\boldsymbol{P}(\boldsymbol{\Lambda}-\boldsymbol{\Lambda}^{-1})^m\boldsymbol{P}^{-1}=\frac{1}{3}\begin{pmatrix}-2&1\\1&1\end{pmatrix}\begin{pmatrix}0&0\\0&\left(\frac{24}{5}\right)^m\end{pmatrix}\begin{pmatrix}-1&1\\1&2\end{pmatrix}=\frac{1}{3}\left(\frac{24}{5}\right)^m\begin{bmatrix}1&2\\1&2\end{bmatrix}$$

$(m=1,2,3,\cdots)$。

5. ① $\boldsymbol{A}=\begin{pmatrix}1&1&1\\1&2&3\\1&3&6\end{pmatrix}\begin{pmatrix}1&0&0\\0&2&0\\0&0&3\end{pmatrix}\begin{pmatrix}1&1&1\\1&2&3\\1&3&6\end{pmatrix}^{-1}=\begin{pmatrix}0&1&0\\0&-1&2\\3&-9&7\end{pmatrix}$。

② $\boldsymbol{A}^{\mathrm{T}}$ 与 $\boldsymbol{A}$ 有相同的特征值，也为 $\lambda_1=1,\lambda_2=2,\lambda_3=3$。

$\boldsymbol{A}^{\mathrm{T}}$ 的属于 3 个特征值的特征向量分别为 $k_1(3,-3,1)^{\mathrm{T}},k_2(-3,5,-2)^{\mathrm{T}},k_3(1,-2,1)^{\mathrm{T}}$，$(k_1k_2k_3\neq0)$。

6. 分析：① 由于 $\boldsymbol{A\alpha}=a\boldsymbol{\alpha}$，其中 $\boldsymbol{\alpha}=(1,1,\cdots,1)^{\mathrm{T}}$，所以 a 是 $\boldsymbol{A}$ 的一个特征值，由于 $\boldsymbol{A}^{\mathrm{T}}$ 和 $\boldsymbol{A}$ 有相同的特征值，所以 a 也是 $\boldsymbol{A}^{\mathrm{T}}$ 的一个特征值。

② $(2\boldsymbol{A}^{-1}-\boldsymbol{A}^2)\boldsymbol{\alpha}=2\boldsymbol{A}^{-1}\boldsymbol{\alpha}-\boldsymbol{A}^2\boldsymbol{\alpha}=\left(\frac{2}{a}-a^2\right)\boldsymbol{\alpha}$，即 $2\boldsymbol{A}^{-1}-\boldsymbol{A}^2$ 的各行元素之和为 $\frac{2}{a}-a^2$。

7. 分析：因为 $\boldsymbol{A}$ 可逆，所以 $|\boldsymbol{A}|\neq0$，而 $|\boldsymbol{A}|$ 等于 $\boldsymbol{A}$ 的全体特征值的乘积，所以 $\lambda\neq0$。

设 $\boldsymbol{\alpha}$ 是 $\boldsymbol{A}$ 的对应 λ 的特征向量，则 $\boldsymbol{A\alpha}=\lambda\boldsymbol{\alpha}$，等式两边同时左乘 $\boldsymbol{A}^{-1}$，得 $\boldsymbol{A}^{-1}(\boldsymbol{A\alpha})=\boldsymbol{A}^{-1}(\lambda\boldsymbol{\alpha})$，即 $\boldsymbol{\alpha}=\lambda\boldsymbol{A}^{-1}\boldsymbol{\alpha}$，$\boldsymbol{A}^{-1}\boldsymbol{\alpha}=\frac{1}{\lambda}\boldsymbol{\alpha}$，故 $\frac{1}{\lambda}$ 是 $\boldsymbol{A}^{-1}$ 的一个特征值。

由 $\boldsymbol{AA}^*=|\boldsymbol{A}|\boldsymbol{E}$ 得 $\boldsymbol{A}^*=|\boldsymbol{A}|\boldsymbol{A}^{-1}$，于是 $\boldsymbol{A}^*\boldsymbol{\alpha}=|\boldsymbol{A}|\boldsymbol{A}^{-1}\boldsymbol{\alpha}=\frac{|\boldsymbol{A}|}{\lambda}\boldsymbol{\alpha}$，故 $\frac{|\boldsymbol{A}|}{\lambda}$ 是 $\boldsymbol{A}^*$ 的一个特征值。

8. 分析：因为 $\boldsymbol{AA}^{\mathrm{T}}=4\boldsymbol{E}$，所以 $|\boldsymbol{AA}^{\mathrm{T}}|=|4\boldsymbol{E}|=4^n$，即 $|\boldsymbol{A}|^2=4^n$，又 $|\boldsymbol{A}|<0$，所以 $|\boldsymbol{A}|=-2^n$。由 $|2\boldsymbol{E}+\boldsymbol{A}|=0$ 可得 $|-2\boldsymbol{E}-\boldsymbol{A}|=0$，所以 $\lambda=-2$ 是 $\boldsymbol{A}$ 的特征值，从而 $\frac{1}{\lambda}=-\frac{1}{2}$ 是 $\boldsymbol{A}^{-1}$ 的特征值，而 $\boldsymbol{A}^*=|\boldsymbol{A}|\boldsymbol{A}^{-1}$，所以 $\frac{|\boldsymbol{A}|}{\lambda}=(-\frac{1}{2})\times(-2^n)=2^{n-1}$ 是 $\boldsymbol{A}^*$ 的特征值。

9. 分析：用反证法。如果 $\boldsymbol{A}$ 相似于对角矩阵，即存在可逆矩阵 $\boldsymbol{P}$，使得 $\boldsymbol{P}^{-1}\boldsymbol{AP}=\mathrm{diag}(\lambda_1,\lambda_2,\cdots,\lambda_n)$，其中 $\lambda_1,\lambda_2,\cdots,\lambda_n$ 为 $\boldsymbol{A}$ 的特征值，则

$$\boldsymbol{P}^{-1}\boldsymbol{A}^k\boldsymbol{P}=(\boldsymbol{P}^{-1}\boldsymbol{AP})^k=\mathrm{diag}(\lambda_1^k,\lambda_2^k,\cdots,\lambda_n^k)=\boldsymbol{O}$$

于是 $\lambda_1^k=\lambda_2^k=\cdots=\lambda_n^k=0$，从而 $\lambda_1=\lambda_2=\cdots=\lambda_n=0$，故 $\boldsymbol{P}^{-1}\boldsymbol{AP}=\boldsymbol{O},\boldsymbol{A}=\boldsymbol{O}$，与已知矛盾。

第七章　二次型

一、内容提要

（一）概念

1. 标准正交基

两两正交的非零向量组称为正交向量组；两两正交的单位向量组称为标准正交向量组（或规范正交向量组）；$\mathbf{R}^n$ 中的 n 个两两正交的单位向量 $\boldsymbol{e}_1,\boldsymbol{e}_2,\cdots,\boldsymbol{e}_n$ 称为 $\mathbf{R}^n$ 的一组标准正交基（或规范正交基）。

2. 正交矩阵

如果实方阵 $\boldsymbol{A}$ 满足 $\boldsymbol{A}^{\mathrm{T}}\boldsymbol{A}=\boldsymbol{E}$，则称 $\boldsymbol{A}$ 是正交矩阵，若 $\boldsymbol{A}$ 是正交矩阵，则称线性变换 $\boldsymbol{y}=\boldsymbol{A}\boldsymbol{x}$ 为正交变换。

3. 二次型及其矩阵

含有 n 个变量 $x_1,x_2,\cdots,x_n$ 的实系数二次齐次式 $f=a_{11}x_1^2+a_{22}x_2^2+\cdots+a_{nn}x_n^2+2\sum\limits_{1\leqslant i<j\leqslant n}a_{ij}x_ix_j$ 称为实二次型，令 $a_{ji}=a_{ij}$，$1\leqslant i<j\leqslant n$，可将其表示为矩阵形式 $f=\boldsymbol{x}^{\mathrm{T}}\boldsymbol{A}\boldsymbol{x}$，其中

$$\boldsymbol{x}=(x_1,x_2,\cdots,x_n)^{\mathrm{T}},\boldsymbol{A}=\begin{pmatrix}a_{11} & a_{12} & \cdots & a_{1n}\\ a_{21} & a_{22} & \cdots & a_{2n}\\ \vdots & \vdots & & \vdots\\ a_{n1} & a_{n2} & \cdots & a_{nn}\end{pmatrix}$$

$\boldsymbol{A}$ 为实对称矩阵。$\boldsymbol{A}$ 称为二次型 f 的矩阵，$\boldsymbol{A}$ 的秩 $\mathrm{r}(\boldsymbol{A})$ 称为二次型 f 的秩。

只含平方项的二次型称为二次型的标准形；只含平方项，且平方项系数为 1，0，−1 的二次型称为二次型的规范形。

4. 合同矩阵

设 $\boldsymbol{A},\boldsymbol{B}$ 为 n 阶矩阵，如果存在 n 阶可逆矩阵 $\boldsymbol{P}$，满足 $\boldsymbol{B}=\boldsymbol{P}^{\mathrm{T}}\boldsymbol{A}\boldsymbol{P}$，则称矩阵 $\boldsymbol{A}$ 与矩阵 $\boldsymbol{B}$ 合同。矩阵的合同是一种等价关系，即矩阵的合同关系具有反身性、对称性与传递性。

5. 二次型的正、负惯性指数与符号差

设 n 元实二次型 $f=\boldsymbol{x}^{\mathrm{T}}\boldsymbol{A}\boldsymbol{x}$ 的规范形为

$$f=z_1^2+\cdots+z_p^2-z_{p+1}^2-\cdots-z_r^2\quad(\mathrm{r}(\boldsymbol{A})=r)$$

称 p 为二次型 f(或矩阵 $\boldsymbol{A}$)的正惯性指数，称 $r-p$ 为 f(或矩阵 $\boldsymbol{A}$)的负惯性指数，$p-(r-p)=$

$2p-r$ 称为 f(或矩阵 $\boldsymbol{A}$)的符号差。

6. 实对称阵的合同规范形

给定 n 元实二次型 $f=\boldsymbol{x}^{\mathrm{T}}\boldsymbol{A}\boldsymbol{x}$,设 $\boldsymbol{A}$ 的秩为 r,$\boldsymbol{A}$ 的正惯性指数为 p,则 $f=\boldsymbol{x}^{\mathrm{T}}\boldsymbol{A}\boldsymbol{x}$ 的规范形为 $f=z_1^2+\cdots+z_p^2-z_{p+1}^2-\cdots-z_r^2$,在变量 $z_1,z_2,\cdots,z_n$ 的表示下 f 的矩阵为 $\widetilde{\boldsymbol{\Lambda}}=\mathrm{diag}(1,\cdots,1,-1,\cdots,-1,0,\cdots,0)$(其中 $1,-1,0$ 的个数分别为 $p,r-p,n-r$),称 $\widetilde{\boldsymbol{\Lambda}}$ 为矩阵 $\boldsymbol{A}$ 的合同规范形。

7. 有定二次型

设实二次型 $f=\boldsymbol{x}^{\mathrm{T}}\boldsymbol{A}\boldsymbol{x}$。如果对任意 $\boldsymbol{x}\neq\boldsymbol{0}$,都有 $\boldsymbol{x}^{\mathrm{T}}\boldsymbol{A}\boldsymbol{x}>0$,则称 f 为正定二次型,称 $\boldsymbol{A}$ 为正定矩阵;如果对任意 $\boldsymbol{x}\neq\boldsymbol{0}$,都有 $\boldsymbol{x}^{\mathrm{T}}\boldsymbol{A}\boldsymbol{x}\geqslant 0$,则称 f 为半正定二次型,称 $\boldsymbol{A}$ 为半正定矩阵;如果对任意 $\boldsymbol{x}\neq\boldsymbol{0}$,都有 $\boldsymbol{x}^{\mathrm{T}}\boldsymbol{A}\boldsymbol{x}<0$,则称 f 为负定二次型,称 $\boldsymbol{A}$ 为负定矩阵($\boldsymbol{A}$ 为负定矩阵等价于 $-\boldsymbol{A}$ 为正定矩阵);如果对任意 $\boldsymbol{x}\neq\boldsymbol{0}$,都有 $\boldsymbol{x}^{\mathrm{T}}\boldsymbol{A}\boldsymbol{x}\leqslant 0$,则称 f 为半负定二次型,称 $\boldsymbol{A}$ 为半负定矩阵($\boldsymbol{A}$ 为半负定矩阵等价于 $-\boldsymbol{A}$ 为半正定矩阵)。

(二) 性质

1. 柯西-施瓦茨(Cauchy-schwarz)不等式

设 $\boldsymbol{\alpha},\boldsymbol{\beta}\in\mathbf{R}^n$,则 $(\boldsymbol{\alpha},\boldsymbol{\beta})^2\leqslant(\boldsymbol{\alpha},\boldsymbol{\alpha})(\boldsymbol{\beta},\boldsymbol{\beta})$,等号当且仅当 $\boldsymbol{\alpha}$ 与 $\boldsymbol{\beta}$ 线性相关时成立。

2. 正交矩阵的性质

① 如果 $\boldsymbol{A}$ 是正交矩阵,则 $|\boldsymbol{A}|=1$ 或 $|\boldsymbol{A}|=-1$。

② $\boldsymbol{A}$ 是正交矩阵 $\Leftrightarrow\boldsymbol{A}^{\mathrm{T}}$ 是正交矩阵 $\Leftrightarrow\boldsymbol{A}^{\mathrm{T}}=\boldsymbol{A}^{-1}$。

③ 如果 $\boldsymbol{A},\boldsymbol{B}$ 都是正交矩阵,则 $\boldsymbol{AB}$ 也是正交矩阵。

④ n 阶矩阵 $\boldsymbol{A}$ 是正交矩阵 $\Leftrightarrow\boldsymbol{A}$ 的行向量组是 $\mathbf{R}^n$ 的标准正交基 $\Leftrightarrow\boldsymbol{A}$ 的列向量组是 $\mathbf{R}^n$ 的标准正交基。

3. 实对称矩阵的性质

① 若 $\boldsymbol{A}$ 为实对称矩阵,则 $\boldsymbol{A}$ 的特征值都为实数。

② 若 $\boldsymbol{A}$ 为实对称矩阵,则 $\boldsymbol{A}$ 的属于不同特征值的特征向量是正交的。

③ 若 $\boldsymbol{A}$ 为实对称矩阵,则存在正交矩阵 $\boldsymbol{O}$,使 $\boldsymbol{O}^{-1}\boldsymbol{AO}=\boldsymbol{O}^{\mathrm{T}}\boldsymbol{AO}$ 为对角矩阵。

4. 惯性定理

设 n 元实二次型 $f=\boldsymbol{x}^{\mathrm{T}}\boldsymbol{A}\boldsymbol{x}$ 的秩为 r〔即 $\mathrm{r}(\boldsymbol{A})=r$〕,若有两个可逆线性变换 $\boldsymbol{x}=\boldsymbol{C}\boldsymbol{y}$ 与 $\boldsymbol{x}=\boldsymbol{P}\boldsymbol{z}$,分别将 f 化为规范形

$$f=y_1^2+\cdots+y_p^2-y_{p+1}^2-\cdots-y_r^2$$

与

$$f=z_1^2+\cdots+z_q^2-z_{q+1}^2-\cdots-z_r^2$$

则 $p=q$。

惯性定理表明实对称矩阵 $\boldsymbol{A}$ 的正惯性指数是唯一确定的,从而二次型 $f=\boldsymbol{x}^{\mathrm{T}}\boldsymbol{A}\boldsymbol{x}$ 的规范形也是唯一确定的,完全由 $\boldsymbol{A}$ 的秩与 $\boldsymbol{A}$ 的正惯性指数确定。

5. 矩阵合同的充要条件

实对称矩阵 $\boldsymbol{A}$ 与 $\boldsymbol{B}$ 合同的充要条件是 $\boldsymbol{A}$ 与 $\boldsymbol{B}$ 有相同的秩与正惯性指数。

6. 实二次型(或实对称矩阵)正定的充要条件

① 实二次型 $f=\boldsymbol{x}^{\mathrm{T}}\boldsymbol{A}\boldsymbol{x}$ 正定的充要条件是 f 的标准形中的系数全为正数。

② 实对称矩阵 $\boldsymbol{A}$ 正定的充要条件是 $\boldsymbol{A}$ 的特征值全为正数。

③ 实对称矩阵 $\boldsymbol{A}$ 正定的充要条件是 $\boldsymbol{A}$ 的合同规范形为单位矩阵。

④ 实对称矩阵 $\boldsymbol{A}$ 正定的充要条件是 $\boldsymbol{A}$ 的所有顺序主子式全为正数。

7. 实二次型(或实对称矩阵)半正定的充要条件

① 实二次型 $f=\boldsymbol{x}^{\mathrm{T}}\boldsymbol{A}\boldsymbol{x}$ 半正定的充要条件是 f 的标准形中的系数全为非负数。

② 实对称矩阵 $\boldsymbol{A}$ 半正定的充要条件是 $\boldsymbol{A}$ 的特征值全为非负数。

③ 实对称矩阵 $\boldsymbol{A}$ 半正定的充要条件是 $\boldsymbol{A}$ 的所有主子式全为非负数(注意是主子式,不是顺序主子式)。

(三) 方法

1. 向量组的正交规范化

已知线性无关的向量组 $\boldsymbol{\alpha}_1,\boldsymbol{\alpha}_2,\cdots,\boldsymbol{\alpha}_m$,求与之等价的标准正交向量组 $\boldsymbol{e}_1,\boldsymbol{e}_2,\cdots,\boldsymbol{e}_m$,这个过程称为向量组 $\boldsymbol{\alpha}_1,\boldsymbol{\alpha}_2,\cdots,\boldsymbol{\alpha}_m$ 的正交规范化,分以下两步来完成。

第 1 步:令 $\boldsymbol{\beta}_1=\boldsymbol{\alpha}_1,\boldsymbol{\beta}_2=\boldsymbol{\alpha}_2-\dfrac{(\boldsymbol{\alpha}_2,\boldsymbol{\beta}_1)}{(\boldsymbol{\beta}_1,\boldsymbol{\beta}_1)}\boldsymbol{\beta}_1,\boldsymbol{\beta}_3=\boldsymbol{\alpha}_3-\dfrac{(\boldsymbol{\alpha}_3,\boldsymbol{\beta}_1)}{(\boldsymbol{\beta}_1,\boldsymbol{\beta}_1)}\boldsymbol{\beta}_1-\dfrac{(\boldsymbol{\alpha}_3,\boldsymbol{\beta}_2)}{(\boldsymbol{\beta}_2,\boldsymbol{\beta}_2)}\boldsymbol{\beta}_2,\cdots,\boldsymbol{\beta}_m=\boldsymbol{\alpha}_m-\dfrac{(\boldsymbol{\alpha}_m,\boldsymbol{\beta}_1)}{(\boldsymbol{\beta}_1,\boldsymbol{\beta}_1)}\boldsymbol{\beta}_1-\dfrac{(\boldsymbol{\alpha}_m,\boldsymbol{\beta}_2)}{(\boldsymbol{\beta}_2,\boldsymbol{\beta}_2)}\boldsymbol{\beta}_2-\cdots-\dfrac{(\boldsymbol{\alpha}_m,\boldsymbol{\beta}_{m-1})}{(\boldsymbol{\beta}_{m-1},\boldsymbol{\beta}_{m-1})}\boldsymbol{\beta}_{m-1}$,则 $\boldsymbol{\beta}_1,\boldsymbol{\beta}_2,\cdots,\boldsymbol{\beta}_m$ 是正交向量组且与 $\boldsymbol{\alpha}_1,\boldsymbol{\alpha}_2,\cdots,\boldsymbol{\alpha}_m$ 等价〔这个过程称为施密特(Schimidt)正交化〕。

第 2 步:令 $\boldsymbol{e}_i=\dfrac{\boldsymbol{\beta}_i}{\|\boldsymbol{\beta}_i\|},i=1,2,\cdots,m$,则 $\boldsymbol{e}_1,\boldsymbol{e}_2,\cdots,\boldsymbol{e}_m$ 是标准正交向量组且与 $\boldsymbol{\alpha}_1,\boldsymbol{\alpha}_2,\cdots,\boldsymbol{\alpha}_m$ 等价(这个过程称为单位化)。

2. 将实对称矩阵正交相似于对角形

设 $\boldsymbol{A}$ 为 n 阶实对称矩阵,可按如下步骤求正交矩阵 $\boldsymbol{O}$,使 $\boldsymbol{O}^{-1}\boldsymbol{A}\boldsymbol{O}=\boldsymbol{O}^{\mathrm{T}}\boldsymbol{A}\boldsymbol{O}$ 为对角矩阵。

第 1 步:求出 $\boldsymbol{A}$ 的所有两两不同的特征值 $\lambda_1,\lambda_2,\cdots,\lambda_r$,设 λ_i 的重数为 $k_i(i=1,2,\cdots,r)$,注意 $k_1+k_2+\cdots+k_r=n$。

第 2 步:求出方程组 $(\lambda_i\boldsymbol{E}-\boldsymbol{A})\boldsymbol{x}=\boldsymbol{0}$ 的基础解系 $\boldsymbol{\xi}_{i1},\boldsymbol{\xi}_{i2},\cdots,\boldsymbol{\xi}_{ik_i}$,并将 $\boldsymbol{\xi}_{i1},\boldsymbol{\xi}_{i2},\cdots,\boldsymbol{\xi}_{ik_i}$ 正交规范化,得 $\boldsymbol{p}_{i1},\boldsymbol{p}_{i2},\cdots,\boldsymbol{p}_{ik_i}(i=1,2,\cdots,r)$。

第 3 步:令 $\boldsymbol{O}=(\boldsymbol{p}_{11},\cdots,\boldsymbol{p}_{1k_1},\boldsymbol{p}_{21},\cdots,\boldsymbol{p}_{2k_2},\cdots,\boldsymbol{p}_{r1},\cdots,\boldsymbol{p}_{rk_r})$,则 $\boldsymbol{O}^{-1}\boldsymbol{A}\boldsymbol{O}=\boldsymbol{O}^{\mathrm{T}}\boldsymbol{A}\boldsymbol{O}=\boldsymbol{\Lambda},\boldsymbol{\Lambda}$ 的第 k 个对角元素为 $\boldsymbol{O}$ 的第 k 列所对应的特征值$(k=1,2,\cdots,n)$。

3. 用正交变换化实二次型为标准形

设实二次型 $f=\boldsymbol{x}^{\mathrm{T}}\boldsymbol{A}\boldsymbol{x},\boldsymbol{A}$ 为 n 阶实对称矩阵,可按如下步骤化 f 为标准形。

第 1 步:先求出正交矩阵 $\boldsymbol{O}$,使 $\boldsymbol{O}^{-1}\boldsymbol{A}\boldsymbol{O}=\boldsymbol{O}^{\mathrm{T}}\boldsymbol{A}\boldsymbol{O}=\mathrm{diag}(\lambda_1,\lambda_2,\cdots,\lambda_n)$ 为对角矩阵,其中 $\lambda_1,\lambda_2,\cdots,\lambda_n$ 为 $\boldsymbol{A}$ 的 n 个特征值。

第 2 步:作正交变换 $\boldsymbol{x}=\boldsymbol{O}\boldsymbol{y}$,其中 $\boldsymbol{y}=(y_1,y_2,\cdots,y_n)^{\mathrm{T}}$,则在变量 $y_1,y_2,\cdots,y_n$ 下

$$f=\boldsymbol{x}^{\mathrm{T}}\boldsymbol{A}\boldsymbol{x}=(\boldsymbol{O}\boldsymbol{y})^{\mathrm{T}}\boldsymbol{A}(\boldsymbol{O}\boldsymbol{y})=\boldsymbol{y}^{\mathrm{T}}(\boldsymbol{O}^{\mathrm{T}}\boldsymbol{A}\boldsymbol{O})\boldsymbol{y}=\lambda_1y_1^2+\lambda_2y_2^2+\cdots+\lambda_ny_n^2$$

为标准形。

4. 用配方法化实二次型为标准形

设实二次型 $f=\boldsymbol{x}^{\mathrm{T}}\boldsymbol{A}\boldsymbol{x},\boldsymbol{A}=(a_{ij})$ 为 n 阶实对称矩阵，可按如下步骤化 f 为标准形。

第 1 步：观察 f，若 f 中不出现平方项，即 $a_{11}=a_{22}=\cdots=a_{nn}=0$。此时必有某个 $a_{ij}\neq0$ $(i<j)$，即 f 中会出现交叉乘积项 x_ix_j。令 $x_i=y_i+y_j,x_j=y_i-y_j$，其余 $x_k=y_k(k\neq i,k\neq j)$，则在变量 $y_1,y_2,\cdots,y_n$ 下，f 中会出现平方项。

第 2 步：观察 f，若 f 中含有平方项，则依次看 f 中是否出现 $x_1^2,x_2^2,\cdots,x_n^2$。假设第一个出现的平方项为 x_k^2，即 $a_{11}=a_{22}=\cdots=a_{k-1,k-1}=0,a_{kk}\neq0$。此时将 f 中所有含 x_k 的项归并到一起，进行配方后可得

$$f=a_{kk}\left(x_k+\sum_{j\neq k}\frac{a_{kj}x_j}{a_{kk}}\right)^2+g$$

其中 g 是不含 x_k 的 $n-1$ 元二次型，对 g 继续实施第 1 步和第 2 步，如此操作若干次之后，可将 f 化为标准形。

二、典型例题

【例 1】 二次型 $f(x_1,x_2,x_3)=(x_1,x_2,x_3)\begin{pmatrix}1&2&3\\4&5&6\\7&8&9\end{pmatrix}\begin{pmatrix}x_1\\x_2\\x_3\end{pmatrix}$ 的矩阵是__________。

【答】 $\begin{pmatrix}1&3&5\\3&5&7\\5&7&9\end{pmatrix}$。

分析：表示式中的矩阵不是二次型的矩阵，二次型的矩阵是与 f 对应的对称矩阵。由于

$$\begin{aligned}f(x_1,x_2,x_3)&=x_1^2+5x_2^2+9x_3^2+6x_1x_2+10x_1x_3+14x_2x_3\\&=(x_1,x_2,x_3)\begin{pmatrix}1&3&5\\3&5&7\\5&7&9\end{pmatrix}\begin{pmatrix}x_1\\x_2\\x_3\end{pmatrix}\end{aligned}$$

因此所给二次型的矩阵为 $\begin{pmatrix}1&3&5\\3&5&7\\5&7&9\end{pmatrix}$。

【例 2】 二次型 $f(x_1,x_2,x_3,x_4)=x_1^2-2x_2^2+x_3^2-5x_4^2+2x_2x_3$ 的秩是__________。

【答】 4。

分析：二次型的矩阵的秩即二次型的秩。二次型的矩阵为

$$\begin{pmatrix}1&0&0&0\\0&-2&1&0\\0&1&1&0\\0&0&0&-5\end{pmatrix}\rightarrow\begin{pmatrix}1&0&0&0\\0&1&1&0\\0&-2&1&0\\0&0&0&-5\end{pmatrix}\rightarrow\begin{pmatrix}1&0&0&0\\0&1&1&0\\0&0&3&0\\0&0&0&-5\end{pmatrix}\text{（作初等行变换）}$$

因此二次型的秩为 4。

【例 3】 设二次型 $f(x_1,x_2,\cdots,x_n)=\boldsymbol{x}^{\mathrm{T}}\boldsymbol{A}\boldsymbol{x}(n\geqslant3)$ 经正交变换化为标准形 $2y_1^2+9y_2^2$，则 $\boldsymbol{A}$ 的最小特征值为__________。

【答】 0。

分析：二次型经正交变换化成标准形后，标准形中各项的系数即二次型矩阵的特征值，又因为 $n\geqslant 3$，可知 $\boldsymbol{A}$ 的最小特征值为 0。

【例 4】 以 $\boldsymbol{\alpha}=\frac{1}{3}(2,-1,2)$ 为第 1 行的正交矩阵 $\boldsymbol{O}=$__________。

【答】 $\boldsymbol{O}=\begin{pmatrix}\frac{2}{3} & -\frac{1}{3} & \frac{2}{3}\\ \frac{1}{\sqrt{5}} & \frac{2}{\sqrt{5}} & 0\\ -\frac{4}{\sqrt{45}} & \frac{2}{\sqrt{45}} & \frac{5}{\sqrt{45}}\end{pmatrix}$(答案不唯一)。

分析：由方程 $2x_1-x_2+2x_3=0$ 得 $x_2=2x_1+2x_3$，方程 $2x_1-x_2+2x_3=0$ 的通解为 $\begin{pmatrix}x_1\\x_2\\x_3\end{pmatrix}=\begin{pmatrix}x_1\\2x_1+2x_3\\x_3\end{pmatrix}=x_1\begin{pmatrix}1\\2\\0\end{pmatrix}+x_3\begin{pmatrix}0\\2\\1\end{pmatrix}$，方程 $2x_1-x_2+2x_3=0$ 的基础解系为 $\boldsymbol{\xi}_1=(1,2,0)^{\mathrm{T}}$，$\boldsymbol{\xi}_2=(0,2,1)^{\mathrm{T}}$。

将 $\boldsymbol{\xi}_1,\boldsymbol{\xi}_2$ 正交规范化，令

$$\boldsymbol{\beta}_1=\boldsymbol{\xi}_1=(1,2,0)^{\mathrm{T}},\boldsymbol{\beta}_2=\boldsymbol{\xi}_2-\frac{(\boldsymbol{\xi}_2,\boldsymbol{\beta}_1)}{(\boldsymbol{\beta}_1,\boldsymbol{\beta}_1)}\boldsymbol{\beta}_1=\begin{pmatrix}0\\2\\1\end{pmatrix}-\frac{4}{5}\begin{pmatrix}1\\2\\0\end{pmatrix}=\frac{1}{5}\begin{pmatrix}4\\2\\5\end{pmatrix}$$

取 $\boldsymbol{e}_1=\frac{\boldsymbol{\beta}_1}{\|\boldsymbol{\beta}_1\|}=\frac{1}{\sqrt{5}}(1,2,0)^{\mathrm{T}}$，$\boldsymbol{e}_2=\frac{\boldsymbol{\beta}_2}{\|\boldsymbol{\beta}_2\|}=\frac{1}{\sqrt{45}}(-4,2,5)^{\mathrm{T}}$，$\boldsymbol{e}_1,\boldsymbol{e}_2$ 即 $\boldsymbol{O}$ 的第 2、3 行的行向量。

【例 5】 已知实二次型 f 的矩阵为 $\boldsymbol{A}=\begin{pmatrix}2 & 1 & 0\\1 & 1 & -2\\0 & -2 & k\end{pmatrix}$，该二次型的规范形为 $f=z_1^2+z_2^2+z_3^2$，则 k 的取值范围是__________。

【答】 $k>8$。

分析：由 f 的规范形可知 $\boldsymbol{A}$ 正定，故 $\boldsymbol{A}$ 的顺序主子式都大于零，由 $|\boldsymbol{A}|=\begin{vmatrix}2 & 1 & 0\\1 & 1 & -2\\0 & -2 & k\end{vmatrix}=k-8>0$，得 $k>8$。

【例 6】 二次型 $f(x_1,x_2,x_3)=-4x_1x_2+2x_1x_3+2x_2x_3$ 的符号差为____________。

【答】 1。

分析：f 中无平方项，令 $x_1=y_1+y_2,x_2=y_1-y_2,x_3=y_3$，得 $f=-4y_1^2+4y_2^2+4y_1y_3$，f 中有平方项 y_1^2，再将 f 中所有含 y_1 的项合在一起配方，得 $f=-(2y_1-y_3)^2+4y_2^2+y_3^3$，可见 f 的正惯性指数为 2，负惯性指数为 1，符号差为 1。

【例 7】 设 $\boldsymbol{A},\boldsymbol{B}$ 都是 n 阶矩阵，且 $\boldsymbol{A}$ 与 $\boldsymbol{B}$ 相似，$\boldsymbol{E}$ 是 n 阶单位矩阵，则(　　)。

(A) 存在正交矩阵 $\boldsymbol{Q}$，使得 $\boldsymbol{Q}^{-1}\boldsymbol{A}\boldsymbol{Q}=\boldsymbol{B}$

(B) $\boldsymbol{A}$ 与 $\boldsymbol{B}$ 有相同的特征值和特征向量

(C) $\boldsymbol{A}$ 与 $\boldsymbol{B}$ 都相似于一个对角矩阵

(D) 对任意常数 t，$\boldsymbol{A}-t\boldsymbol{E}$ 与 $\boldsymbol{B}-t\boldsymbol{E}$ 相似

【答】 应选(D)。

分析：已知 $\boldsymbol{A}$ 与 $\boldsymbol{B}$ 相似，即存在可逆的 $\boldsymbol{P}$，使 $\boldsymbol{B}=\boldsymbol{P}^{-1}\boldsymbol{A}\boldsymbol{P}$，则 $\boldsymbol{B}-t\boldsymbol{E}=\boldsymbol{P}^{-1}(\boldsymbol{A}-t\boldsymbol{E})\boldsymbol{P}$，(D)是正确的；$\boldsymbol{B}=\boldsymbol{P}^{-1}\boldsymbol{A}\boldsymbol{P}$，$\boldsymbol{P}$ 只是可逆，未必是正交矩阵，(A)不正确；$\boldsymbol{A}$ 与 $\boldsymbol{B}$ 的特征值相同，但对同一特征值，$\boldsymbol{A}$ 与 $\boldsymbol{B}$ 的特征向量未必相同，(B)不正确；$\boldsymbol{A}$，$\boldsymbol{B}$ 可能都不相似于对角阵，(C)不正确。

【例 8】 下列矩阵中，与 3 阶单位矩阵合同的是(　　)。

(A) $\begin{pmatrix}3&0&1\\0&2&1\\1&1&1\end{pmatrix}$　　(B) $\begin{pmatrix}3&2&0\\2&4&0\\0&0&0\end{pmatrix}$

(C) $\begin{pmatrix}2&0&0\\0&1&-2\\0&-2&4\end{pmatrix}$　　(D) $\begin{pmatrix}1&3&1\\0&2&0\\3&1&-1\end{pmatrix}$

【答】 应选(A)。

分析：(A)、(B)、(C)都是实对称矩阵，实对称矩阵 $\boldsymbol{A}$ 与单位矩阵 $\boldsymbol{E}$ 合同的充分必要条件是 $\boldsymbol{A}$ 正定，即 $\boldsymbol{A}$ 的顺序主子式全为正，经验证，(A)是正确的；(D)中的矩阵不是对称阵，经计算可知其行列式为负，所以它不可能与单位矩阵合同(若 $\boldsymbol{A}$ 与单位矩阵合同，即有可逆的 $\boldsymbol{P}$，使 $\boldsymbol{A}=\boldsymbol{P}^{\mathrm{T}}\boldsymbol{P}$，于是 $|\boldsymbol{A}|=|\boldsymbol{P}|^{2}>0$)，(D)不正确。

【例 9】 设 3 阶对角矩阵

$$\boldsymbol{A}=\begin{pmatrix}a_1^2&&\\&a_2^2&\\&&-a_3^2\end{pmatrix},\ \boldsymbol{B}=\begin{pmatrix}1&&\\&1&\\&&-1\end{pmatrix}$$

其中 a_1,a_2,a_3 都不等于零，问 $\boldsymbol{A}$ 与 $\boldsymbol{B}$ 是否合同？

【解】 设

$$\boldsymbol{C}=\begin{pmatrix}\frac{1}{a_1}&&\\&\frac{1}{a_2}&\\&&\frac{1}{a_3}\end{pmatrix}$$

则有

$$\boldsymbol{C}^{\mathrm{T}}\boldsymbol{A}\boldsymbol{C}=\begin{pmatrix}\frac{1}{a_1}&&\\&\frac{1}{a_2}&\\&&\frac{1}{a_3}\end{pmatrix}\begin{pmatrix}a_1^2&&\\&a_2^2&\\&&-a_3^2\end{pmatrix}\begin{pmatrix}\frac{1}{a_1}&&\\&\frac{1}{a_2}&\\&&\frac{1}{a_3}\end{pmatrix}$$

$$=\begin{pmatrix}1&&\\&1&\\&&-1\end{pmatrix}=\boldsymbol{B}$$

即 $\boldsymbol{A}$ 与 $\boldsymbol{B}$ 合同。

【例 10】 设 $\boldsymbol{A},\boldsymbol{B}$ 均为 n 阶实对称矩阵,$\boldsymbol{A}$ 与 $\boldsymbol{B}$ 相似的充要条件是(　　)。

(A) $\lambda\boldsymbol{E}-\boldsymbol{A}=\lambda\boldsymbol{E}-\boldsymbol{B}$　　(B) $|\lambda\boldsymbol{E}-\boldsymbol{A}|=|\lambda\boldsymbol{E}-\boldsymbol{B}|$

(C) $\boldsymbol{A},\boldsymbol{B}$ 均有 n 个互异的特征值　　(D) $\boldsymbol{A},\boldsymbol{B}$ 有公共的特征值

【答】 应选(B)。

分析:若 $\boldsymbol{A}$ 与 $\boldsymbol{B}$ 相似,即存在可逆的 $\boldsymbol{P}$,使 $\boldsymbol{B}=\boldsymbol{P}^{-1}\boldsymbol{AP}$,则

$$\lambda\boldsymbol{E}-\boldsymbol{B}=\boldsymbol{P}^{-1}(\lambda\boldsymbol{E}-\boldsymbol{A})\boldsymbol{P},\ |\lambda\boldsymbol{E}-\boldsymbol{B}|=|\lambda\boldsymbol{E}-\boldsymbol{A}|$$

反之,若 $|\lambda\boldsymbol{E}-\boldsymbol{B}|=|\lambda\boldsymbol{E}-\boldsymbol{A}|$,则 $\boldsymbol{A}$ 与 $\boldsymbol{B}$ 有完全相同的特征值,故实对称矩阵 $\boldsymbol{A}$ 与 $\boldsymbol{B}$ 相似于同一个对角矩阵,因此 $\boldsymbol{A}$ 与 $\boldsymbol{B}$ 相似,(B)是正确的;易见(A)、(C)都不正确;$\boldsymbol{A}$ 与 $\boldsymbol{B}$ 有公共的特征值,并不能保证 $\boldsymbol{A}$ 与 $\boldsymbol{B}$ 的所有特征值都相同,因此(D)也不正确。

【例 11】 设 $\boldsymbol{A}=\begin{pmatrix}2&-2&0\\-2&1&-2\\0&-2&0\end{pmatrix}$,求正交矩阵 $\boldsymbol{O}$,使得 $\boldsymbol{O}^{\mathrm{T}}\boldsymbol{AO}$ 为对角矩阵。

【解】

$$|\lambda\boldsymbol{E}-\boldsymbol{A}|=\begin{vmatrix}\lambda-2&2&0\\2&\lambda-1&2\\0&2&\lambda\end{vmatrix}=\lambda^3-3\lambda^2-6\lambda+8=(\lambda-1)(\lambda-4)(\lambda+2)$$

$\boldsymbol{A}$ 的相异特征值为 $\lambda_1=1,\lambda_2=4,\lambda_3=-2$。

对应于 $\lambda_1=1$,求解齐次线性方程组 $(\boldsymbol{E}-\boldsymbol{A})\boldsymbol{x}=\boldsymbol{0}$,即

$$\begin{pmatrix}-1&2&0\\2&0&2\\0&2&1\end{pmatrix}\begin{pmatrix}x_1\\x_2\\x_3\end{pmatrix}=\begin{pmatrix}0\\0\\0\end{pmatrix}$$

得基础解系 $\boldsymbol{\xi}_1=(2,1,-2)^{\mathrm{T}}$。

对应于 $\lambda_2=4$,求解齐次线性方程组 $(4\boldsymbol{E}-\boldsymbol{A})\boldsymbol{x}=\boldsymbol{0}$,即

$$\begin{pmatrix}2&2&0\\2&3&2\\0&2&4\end{pmatrix}\begin{pmatrix}x_1\\x_2\\x_3\end{pmatrix}=\begin{pmatrix}0\\0\\0\end{pmatrix}$$

得基础解系 $\boldsymbol{\xi}_2=(2,-2,1)^{\mathrm{T}}$。

对应于 $\lambda_3=-2$,求解齐次线性方程组 $(-2\boldsymbol{E}-\boldsymbol{A})\boldsymbol{x}=\boldsymbol{0}$,即

$$\begin{pmatrix}-4&2&0\\2&-3&2\\0&2&-2\end{pmatrix}\begin{pmatrix}x_1\\x_2\\x_3\end{pmatrix}=\begin{pmatrix}0\\0\\0\end{pmatrix}$$

得基础解系 $\boldsymbol{\xi}_3=(1,2,2)^{\mathrm{T}}$。

取 $\boldsymbol{p}_1=\dfrac{\boldsymbol{\xi}_1}{\|\boldsymbol{\xi}_1\|}=\dfrac{1}{3}(2,1,-2)^{\mathrm{T}},\boldsymbol{p}_2=\dfrac{\boldsymbol{\xi}_2}{\|\boldsymbol{\xi}_2\|}=\dfrac{1}{3}(2,-2,1)^{\mathrm{T}},\boldsymbol{p}_3=\dfrac{\boldsymbol{\xi}_3}{\|\boldsymbol{\xi}_3\|}=\dfrac{1}{3}(1,2,2)^{\mathrm{T}}$。

令 $\boldsymbol{O}=(\boldsymbol{p}_1,\boldsymbol{p}_2,\boldsymbol{p}_3)=\dfrac{1}{3}\begin{pmatrix}2&2&1\\1&-2&2\\-2&1&2\end{pmatrix}$,则 $\boldsymbol{O}^{\mathrm{T}}\boldsymbol{AO}=\begin{pmatrix}1&0&0\\0&4&0\\0&0&-2\end{pmatrix}$。

【例 12】 已知二次型

$$f(x_1,x_2,x_3)=2x_1^2+3x_2^2+3x_3^2+2ax_2x_3\quad(a>0)$$

通过正交变换化成标准形为

$$f=y_1^2+2y_2^2+5y_3^2$$

求参数 a 及所用的正交变换矩阵。

【解】 二次型 $f(x_1,x_2,x_3)$ 的矩阵为

$$\boldsymbol{A}=\begin{pmatrix}2&0&0\\0&3&a\\0&a&3\end{pmatrix}$$

已知 $f(x_1,x_2,x_3)$ 通过正交变换 $\boldsymbol{x}=\boldsymbol{T}\boldsymbol{y}$ 化成标准形 $f=y_1^2+2y_2^2+5y_3^2$，其中 $\boldsymbol{T}$ 为正交矩阵，即有

$$\boldsymbol{T}^{-1}\boldsymbol{A}\boldsymbol{T}=\boldsymbol{T}^{\mathrm{T}}\boldsymbol{A}\boldsymbol{T}=\boldsymbol{\Lambda}=\begin{pmatrix}1&&\\&2&\\&&5\end{pmatrix},\ \boldsymbol{A}\sim\boldsymbol{\Lambda}$$

因而 $|\boldsymbol{A}|=|\boldsymbol{\Lambda}|$，即

$$\begin{vmatrix}2&0&0\\0&3&a\\0&a&3\end{vmatrix}=\begin{vmatrix}1&0&0\\0&2&0\\0&0&5\end{vmatrix}\Rightarrow 18-2a^2=10$$

解得 $a=\pm2$，已知 $a>0$，所以 $a=2$，于是 $\boldsymbol{A}=\begin{pmatrix}2&0&0\\0&3&2\\0&2&3\end{pmatrix}$。

易知 $\boldsymbol{A}$ 的特征值为 $\lambda_1=1,\lambda_2=2,\lambda_3=5$。分别解齐次线性方程组 $(\boldsymbol{A}-\lambda_1\boldsymbol{E})x=\boldsymbol{0}$，$(\boldsymbol{A}-\lambda_2\boldsymbol{E})x=\boldsymbol{0}$ 与 $(\boldsymbol{A}-\lambda_3\boldsymbol{E})x=\boldsymbol{0}$，可得 $\boldsymbol{A}$ 的分别与 3 个特征值对应的特征向量为

$$\boldsymbol{p}_1=(0,-1,1)^{\mathrm{T}},\ \boldsymbol{p}_2=(1,0,0)^{\mathrm{T}},\ \boldsymbol{p}_3=(0,1,1)^{\mathrm{T}}$$

因为实对称矩阵 $\boldsymbol{A}$ 的不同特征值对应的特征向量必相互正交，所以只需将 3 个特征向量单位化，即

$$\boldsymbol{\eta}_1=\frac{\boldsymbol{p}_1}{\|\boldsymbol{p}_1\|}=\frac{1}{\sqrt{2}}(0,-1,1)^{\mathrm{T}}$$

$$\boldsymbol{\eta}_2=\frac{\boldsymbol{p}_2}{\|\boldsymbol{p}_2\|}=(1,0,0)^{\mathrm{T}}$$

$$\boldsymbol{\eta}_3=\frac{\boldsymbol{p}_3}{\|\boldsymbol{p}_3\|}=\frac{1}{\sqrt{2}}(0,1,1)^{\mathrm{T}}$$

则所求的正交变换矩阵为

$$\boldsymbol{T}=(\boldsymbol{\eta}_1,\boldsymbol{\eta}_2,\boldsymbol{\eta}_3)=\begin{pmatrix}0&1&0\\-\frac{1}{\sqrt{2}}&0&\frac{1}{\sqrt{2}}\\\frac{1}{\sqrt{2}}&0&\frac{1}{\sqrt{2}}\end{pmatrix}$$

【例 13】 已知 3 阶实对称矩阵 $\boldsymbol{A}$ 的特征值为 $\lambda_1=8,\lambda_2=\lambda_3=2$。$\boldsymbol{A}$ 的对应于 $\lambda_1=8$ 的特征向量为 $\boldsymbol{\alpha}_1=(1,k,1)^{\mathrm{T}}$，对应于 $\lambda_2=\lambda_3=2$ 的一个特征向量为 $\boldsymbol{\alpha}_2=(-1,1,0)^{\mathrm{T}}$。

① 求 k。

② 求正交矩阵 $\boldsymbol{O}$，使 $\boldsymbol{O}^{\mathrm{T}}\boldsymbol{A}\boldsymbol{O}$ 为对角矩阵。

③ 求矩阵 $\boldsymbol{A}$。

【解】 ① 因为属于对称矩阵的不同特征值的特征向量必互相正交,所以 $\boldsymbol{\alpha}_2$ 与 $\boldsymbol{\alpha}_1$ 正交,即 $(\boldsymbol{\alpha}_1,\boldsymbol{\alpha}_2)=k-1=0,k=1$。

② $\boldsymbol{A}$ 的属于 $\lambda_2=\lambda_3=2$ 的另一个特征向量 $\boldsymbol{\alpha}_3=(x_1,x_2,x_3)^{\mathrm{T}}$ 必定与 $\boldsymbol{\alpha}_1=(1,1,1)^{\mathrm{T}}$ 正交,即 $x_1+x_2+x_3=0$,反之,方程 $x_1+x_2+x_3=0$ 的非零解也是 $\boldsymbol{A}$ 的属于 $\lambda_2=\lambda_3=2$ 的特征向量。为了使 $\boldsymbol{\alpha}_2,\boldsymbol{\alpha}_3$ 正交,可取 $\boldsymbol{\alpha}_3$ 为方程组 $\begin{cases}x_1+x_2+x_3=0\\x_2-x_1=0\end{cases}$ 的解,取 $\boldsymbol{\alpha}_3=(1,1,-2)^{\mathrm{T}}$。

令 $\boldsymbol{O}=\left(\dfrac{\boldsymbol{\alpha}_1}{\|\boldsymbol{\alpha}_1\|},\dfrac{\boldsymbol{\alpha}_2}{\|\boldsymbol{\alpha}_2\|},\dfrac{\boldsymbol{\alpha}_3}{\|\boldsymbol{\alpha}_3\|}\right)=\begin{pmatrix}\frac{1}{\sqrt{3}}&-\frac{1}{\sqrt{2}}&\frac{1}{\sqrt{6}}\\\frac{1}{\sqrt{3}}&\frac{1}{\sqrt{2}}&\frac{1}{\sqrt{6}}\\\frac{1}{\sqrt{3}}&0&-\frac{2}{\sqrt{6}}\end{pmatrix}$,则 $\boldsymbol{O}^{\mathrm{T}}\boldsymbol{A}\boldsymbol{O}=\begin{pmatrix}8&0&0\\0&2&0\\0&0&2\end{pmatrix}$。

③

$$\boldsymbol{A}=\begin{pmatrix}\frac{1}{\sqrt{3}}&-\frac{1}{\sqrt{2}}&\frac{1}{\sqrt{6}}\\\frac{1}{\sqrt{3}}&\frac{1}{\sqrt{2}}&\frac{1}{\sqrt{6}}\\\frac{1}{\sqrt{3}}&0&-\frac{2}{\sqrt{6}}\end{pmatrix}\begin{pmatrix}8&0&0\\0&2&0\\0&0&2\end{pmatrix}\begin{pmatrix}\frac{1}{\sqrt{3}}&\frac{1}{\sqrt{3}}&\frac{1}{\sqrt{3}}\\-\frac{1}{\sqrt{2}}&\frac{1}{\sqrt{2}}&0\\\frac{1}{\sqrt{6}}&\frac{1}{\sqrt{6}}&-\frac{2}{\sqrt{6}}\end{pmatrix}$$

$$=\begin{pmatrix}\frac{8}{\sqrt{3}}&-\frac{2}{\sqrt{2}}&\frac{2}{\sqrt{6}}\\\frac{8}{\sqrt{3}}&\frac{2}{\sqrt{2}}&\frac{2}{\sqrt{6}}\\\frac{8}{\sqrt{3}}&0&-\frac{4}{\sqrt{6}}\end{pmatrix}\begin{pmatrix}\frac{1}{\sqrt{3}}&\frac{1}{\sqrt{3}}&\frac{1}{\sqrt{3}}\\-\frac{1}{\sqrt{2}}&\frac{1}{\sqrt{2}}&0\\\frac{1}{\sqrt{6}}&\frac{1}{\sqrt{6}}&-\frac{2}{\sqrt{6}}\end{pmatrix}=\begin{pmatrix}4&2&2\\2&4&2\\2&2&4\end{pmatrix}$$

【例 14】 用配方法将下列二次型化为标准形,并写出所用的可逆线性变换。

① $f(x_1,x_2,x_3)=x_1^2+2x_2^2+2x_3^2-4x_1x_2-4x_2x_3$。

② $f(x_1,x_2,x_3)=(x_1-x_2)^2+(x_2-x_3)^2+(x_3-x_1)^2$。

【解】 ① f 中有平方项 x_1^2。将所有含 x_1 的项归并到一起进行配方,得

$$\begin{aligned}f&=(x_1^2-4x_1x_2)+2x_2^2+2x_3^2-4x_2x_3\\&=(x_1-2x_2)^2-2x_2^2+2x_3^2-4x_2x_3\end{aligned}$$

进一步配方,得 $f=(x_1-2x_2)^2-2(x_2+x_3)^2+4x_3^2$。

令 $\begin{cases}y_1=x_1-2x_2\\y_2=x_2+x_3\\y_3=x_3\end{cases}$,即 $\begin{cases}x_1=y_1+2y_2-2y_3\\x_2=y_2-y_3\\x_3=y_3\end{cases}$,则 f 的标准形为 $f=y_1^2-2y_2^2+4y_3^2$。所用的可逆线性变换为 $\begin{pmatrix}x_1\\x_2\\x_3\end{pmatrix}=\begin{pmatrix}1&2&-2\\0&1&-1\\0&0&1\end{pmatrix}\begin{pmatrix}y_1\\y_2\\y_3\end{pmatrix}$。

② $f(x_1,x_2,x_3)=(x_1-x_2)^2+(x_2-x_3)^2+(x_3-x_1)^2=2x_1^2+2x_2^2+2x_3^2-2x_1x_2-2x_1x_3-2x_2x_3$,$f$ 中有平方项 x_1^2。将所有含 x_1 的项归并到一起进行配方,得

$$f=2(x_1^2-x_1x_2-x_1x_3)+2x_2^2+2x_3^2-2x_2x_3$$
$$=2(x_1-\frac{1}{2}x_2-\frac{1}{2}x_3)^2+\frac{3}{2}x_2^2+\frac{3}{2}x_3^2-3x_2x_3$$

进一步配方，得 $f=2\left(x_1-\frac{1}{2}x_2-\frac{1}{2}x_3\right)^2+\frac{3}{2}(x_2-x_3)^2$。

令 $\begin{cases}y_1=x_1-\frac{1}{2}x_2-\frac{1}{2}x_3\\y_2=x_2-x_3\\y_3=x_3\end{cases}$，即 $\begin{cases}x_1=y_1+\frac{1}{2}y_2+y_3\\x_2=y_2+y_3\\x_3=y_3\end{cases}$，则 f 的标准形为 $f=2y_1^2+\frac{3}{2}y_2^2$。所用的可逆线性变换为 $\begin{pmatrix}x_1\\x_2\\x_3\end{pmatrix}=\begin{pmatrix}1&\frac{1}{2}&1\\0&1&1\\0&0&1\end{pmatrix}\begin{pmatrix}y_1\\y_2\\y_3\end{pmatrix}$。

评注：本题若直接令 $y_1=x_1-x_2,y_2=x_2-x_3,y_3=x_3-x_1$，将 f 化为 $f=y_1^2+y_2^2+y_3^2$，这种做法是错误的，因为所用的线性变换不是可逆的。

【例 15】 设 $\boldsymbol{A}=\begin{pmatrix}0&1&0&0\\1&0&0&0\\0&0&x&1\\0&0&1&2\end{pmatrix}$。

① 已知 $\boldsymbol{A}$ 有特征值 3，求 x。

② 求可逆矩阵 $\boldsymbol{P}$，使得 $(\boldsymbol{AP})^{\mathrm{T}}\boldsymbol{AP}$ 为对角矩阵。

【解】 ① 由

$$|3\boldsymbol{E}-\boldsymbol{A}|=\begin{vmatrix}3&-1&0&0\\-1&3&0&0\\0&0&3-x&-1\\0&0&-1&1\end{vmatrix}=\begin{vmatrix}3&-1\\-1&3\end{vmatrix}\begin{vmatrix}3-x&-1\\-1&1\end{vmatrix}=8(2-x)=0$$

求得 $x=2$。

② $(\boldsymbol{AP})^{\mathrm{T}}\boldsymbol{AP}=\boldsymbol{P}^{\mathrm{T}}\boldsymbol{A}^{\mathrm{T}}\boldsymbol{AP}=\boldsymbol{P}^{\mathrm{T}}\boldsymbol{A}^2\boldsymbol{P}$。$\boldsymbol{A}^2=\begin{pmatrix}1&0&0&0\\0&1&0&0\\0&0&5&4\\0&0&4&5\end{pmatrix}$，以 $\boldsymbol{A}^2$ 为矩阵的二次型为

$$f(x_1,x_2,x_3,x_4)=x_1^2+x_2^2+5x_3^2+5x_4^2+8x_3x_4=x_1^2+x_2^2+5(x_3+\frac{4}{5}x_4)^2+\frac{9}{5}x_4^2$$

令 $\begin{cases}y_1=x_1\\y_2=x_2\\y_3=x_3+\frac{4}{5}x_4\\y_4=x_4\end{cases}$，即 $\begin{cases}x_1=y_1\\x_2=y_2\\x_3=y_3-\frac{4}{5}y_4\\x_4=y_4\end{cases}$，则 f 的标准形为 $f=y_1^2+y_2^2+5y_3^2+\frac{9}{5}y_4^2$。所用的可逆

线性变换为$\begin{pmatrix}x_1\\x_2\\x_3\\x_4\end{pmatrix}=\begin{pmatrix}1&0&0&0\\0&1&0&0\\0&0&1&-\frac{4}{5}\\0&0&0&1\end{pmatrix}\begin{pmatrix}y_1\\y_2\\y_3\\y_4\end{pmatrix}$。

令 $\boldsymbol{P}=\begin{pmatrix}1&0&0&0\\0&1&0&0\\0&0&1&-\frac{4}{5}\\0&0&0&1\end{pmatrix}$,则在可逆线性变换 $\boldsymbol{x}=\boldsymbol{P}\boldsymbol{y}$ 下,有

$$f=\boldsymbol{x}^{\mathrm{T}}\boldsymbol{A}^2\boldsymbol{x}=(\boldsymbol{P}\boldsymbol{y})^{\mathrm{T}}\boldsymbol{A}^2(\boldsymbol{P}\boldsymbol{y})=\boldsymbol{y}^{\mathrm{T}}(\boldsymbol{P}^{\mathrm{T}}\boldsymbol{A}^2\boldsymbol{P})\boldsymbol{y}=y_1^2+y_2^2+5y_3^2+\frac{9}{5}y_4^2$$

即 $\boldsymbol{P}^{\mathrm{T}}\boldsymbol{A}^2\boldsymbol{P}=\begin{pmatrix}1&0&0&0\\0&1&0&0\\0&0&5&0\\0&0&0&\frac{9}{5}\end{pmatrix}$。

【例 16】 求实对称矩阵 $\boldsymbol{A}=\begin{pmatrix}1&-1&2&0\\-1&-1&0&-2\\2&0&2&0\\0&-2&0&-1\end{pmatrix}$的合同规范形。

【解】 只需求出 $\boldsymbol{A}$ 的正、负惯性指数。以 $\boldsymbol{A}$ 为矩阵的二次型为

$$f(x_1,x_2,x_3,x_4)=x_1^2-x_2^2+2x_3^2-x_4^2-2x_1x_2+4x_1x_3-4x_2x_4$$

下面用配方法化 f 为标准形。

f 中有平方项 x_1^2。将所有含 x_1 的项归并到一起进行配方,得

$$\begin{aligned}f&=(x_1^2-2x_1x_2+4x_1x_3)-x_2^2+2x_3^2-x_4^2-4x_2x_4\\&=(x_1-x_2+2x_3)^2-2x_2^2-2x_3^2-x_4^2+4x_2x_3-4x_2x_4\end{aligned}$$

进一步配方,得

$$\begin{aligned}f&=(x_1-x_2+2x_3)^2-2(x_2-x_3+x_4)^2+x_4^2-4x_3x_4\\&=(x_1-x_2+2x_3)^2-2(x_2-x_3+x_4)^2+(2x_3-x_4)^2-4x_3^2\end{aligned}$$

f 的正、负惯性指数都为 2,所以 $\boldsymbol{A}$ 的合同规范形为 $\mathrm{diag}(1,1,-1,-1)$。

【例 17】 设 $\boldsymbol{A}$ 为 n 阶可逆实对称矩阵,$|\boldsymbol{A}|\neq 0$,二次型

$$f(x_1,x_2,\cdots,x_n)=\sum_{i=1}^{n}\sum_{j=1}^{n}\frac{A_{ji}}{|\boldsymbol{A}|}x_ix_j$$

其中 A_{ij} 为 $\boldsymbol{A}$ 中元素 a_{ij} 的代数余子式。

① 记 $\boldsymbol{x}=(x_1,x_2,\cdots,x_n)^{\mathrm{T}}$,把 f 表示成矩阵形式,并证明 f 的矩阵为 $\boldsymbol{A}^{-1}$。

② 二次型 $g=\boldsymbol{x}^{\mathrm{T}}\boldsymbol{A}\boldsymbol{x}$ 与 f 的规范形是否相同?说明理由。

【解】 ① 根据二次型的矩阵表示法,有

$$f(x_1,x_2,\cdots,x_n)=\boldsymbol{x}^{\mathrm{T}}\frac{1}{|\boldsymbol{A}|}\begin{pmatrix}A_{11}&A_{21}&\cdots&A_{n1}\\A_{12}&A_{22}&\cdots&A_{n2}\\\vdots&\vdots&&\vdots\\A_{1n}&A_{2n}&\cdots&A_{nn}\end{pmatrix}\boldsymbol{x}=\boldsymbol{x}^{\mathrm{T}}\frac{\boldsymbol{A}^*}{|\boldsymbol{A}|}\boldsymbol{x}=\boldsymbol{x}^{\mathrm{T}}\boldsymbol{A}^{-1}\boldsymbol{x}$$

于是 f 的矩阵是 $\boldsymbol{A}^{-1}$。

② 由于 $\boldsymbol{A}$ 是对称矩阵，故

$$(\boldsymbol{A}^{-1})^{\mathrm{T}}\boldsymbol{A}\boldsymbol{A}^{-1}=(\boldsymbol{A}^{\mathrm{T}})^{-1}\boldsymbol{A}\boldsymbol{A}^{-1}=\boldsymbol{A}^{-1}\boldsymbol{A}\boldsymbol{A}^{-1}=\boldsymbol{A}^{-1}$$

所以 $\boldsymbol{A}$ 与 $\boldsymbol{A}^{-1}$ 合同，因此 g 与 f 有相同的规范形。

【例 18】 设实二次型 $f=\boldsymbol{x}^{\mathrm{T}}\boldsymbol{A}\boldsymbol{x}$，$\lambda_{\max}$ 和 $\lambda_{\min}$ 分别为实对称矩阵 $\boldsymbol{A}$ 的最大特征值和最小特征值。证明：若 $\|\boldsymbol{x}\|=1$，则 $\lambda_{\min}\leqslant\boldsymbol{x}^{\mathrm{T}}\boldsymbol{A}\boldsymbol{x}\leqslant\lambda_{\max}$。

【证明】 存在正交变换 $\boldsymbol{x}=\boldsymbol{O}\boldsymbol{y}$，使得实二次型 $f=\boldsymbol{x}^{\mathrm{T}}\boldsymbol{A}\boldsymbol{x}$ 为标准形，即

$$\begin{aligned}f&=\boldsymbol{x}^{\mathrm{T}}\boldsymbol{A}\boldsymbol{x}=(\boldsymbol{O}\boldsymbol{y})^{\mathrm{T}}\boldsymbol{A}(\boldsymbol{O}\boldsymbol{y})=\boldsymbol{y}^{\mathrm{T}}(\boldsymbol{O}^{\mathrm{T}}\boldsymbol{A}\boldsymbol{O})\boldsymbol{y}\\&=\lambda_1y_1^2+\lambda_2y_2^2+\cdots+\lambda_ny_n^2\end{aligned}$$

其中 $\lambda_1,\lambda_2,\cdots,\lambda_n$ 是 $\boldsymbol{A}$ 的特征值。由于 $(\boldsymbol{x},\boldsymbol{x})=1$，$\boldsymbol{y}=\boldsymbol{O}^{-1}\boldsymbol{x}=\boldsymbol{O}^{\mathrm{T}}\boldsymbol{x}$，故有

$$(\boldsymbol{y},\boldsymbol{y})=(\boldsymbol{O}^{\mathrm{T}}\boldsymbol{x},\boldsymbol{O}^{\mathrm{T}}\boldsymbol{x})=(\boldsymbol{O}^{\mathrm{T}}\boldsymbol{x})^{\mathrm{T}}\boldsymbol{O}^{\mathrm{T}}\boldsymbol{x}=\boldsymbol{x}^{\mathrm{T}}\boldsymbol{O}\boldsymbol{O}^{\mathrm{T}}\boldsymbol{x}=\boldsymbol{x}^{\mathrm{T}}\boldsymbol{x}=1$$

从而有

$$\lambda_1y_1^2+\lambda_2y_2^2+\cdots+\lambda_ny_n^2\leqslant\lambda_{\max}(y_1^2+y_2^2+\cdots+y_n^2)=\lambda_{\max}(\boldsymbol{y},\boldsymbol{y})=\lambda_{\max}$$

同理可证 $\lambda_1y_1^2+\lambda_2y_2^2+\cdots+\lambda_ny_n^2\geqslant\lambda_{\min}$。

因此，对于任意的 $\|\boldsymbol{x}\|=1$，有 $\lambda_{\min}\leqslant\boldsymbol{x}^{\mathrm{T}}\boldsymbol{A}\boldsymbol{x}\leqslant\lambda_{\max}$。

下面证明最大值和最小值总可取到。不妨假设 $\lambda_1=\lambda_{\min}$，$\lambda_n=\lambda_{\max}$，取

$$\boldsymbol{e}_1=(1,0,\cdots,0,0)^{\mathrm{T}},\ \boldsymbol{e}_n=(0,0,\cdots,0,1)^{\mathrm{T}}$$

则当 $\boldsymbol{x}=\boldsymbol{O}\boldsymbol{e}_1$ 时，有

$$\boldsymbol{x}^{\mathrm{T}}\boldsymbol{A}\boldsymbol{x}=\lambda_1\cdot1^2+\lambda_2\cdot0^2+\cdots+\lambda_n\cdot0^2=\lambda_1=\lambda_{\min}$$

当 $\boldsymbol{x}=\boldsymbol{O}\boldsymbol{e}_n$ 时，有

$$\boldsymbol{x}^{\mathrm{T}}\boldsymbol{A}\boldsymbol{x}=\lambda_1\cdot0^2+\lambda_2\cdot0^2+\cdots+\lambda_n\cdot1^2=\lambda_n=\lambda_{\max}$$

【例 19】 判定二次型

$$f(x_1,x_2,x_3)=x_1^2+x_2^2+x_3^2+4x_1x_2+4x_1x_3+4x_2x_3$$

是否为正定二次型。

【解】【方法 1】 二次型 f 的矩阵为 $\boldsymbol{A}=\begin{pmatrix}1&2&2\\2&1&2\\2&2&1\end{pmatrix}$。$\begin{vmatrix}1&2\\2&1\end{vmatrix}=-3<0$，所以 f 不是正定二次型。

【方法 2】 先用配方法化 f 为标准形。

f 中有平方项 x_1^2，将所有含 x_1 的项归并到一起进行配方，得

$$\begin{aligned}f&=(x_1^2+4x_1x_2+4x_1x_3)+x_2^2+x_3^2+4x_2x_3\\&=(x_1+2x_2+2x_3)^2-3x_2^2-3x_3^2-4x_2x_3\\&=(x_1+2x_2+2x_3)^2-3(x_2+\frac{2}{3}x_3)^2-\frac{5}{3}x_3^2\end{aligned}$$

f 的正惯性指数为 1，所以 f 不是正定二次型。

【例 20】 设有 n 元二次型

$$f(x_1,x_2,\cdots,x_n)=(x_1+a_1x_2)^2+(x_2+a_2x_3)^2+\cdots+(x_{n-1}+a_{n-1}x_n)^2+(x_n+a_nx_1)^2$$

其中 $a_i(i=1,2,\cdots,n)$ 为实数，试问：当 $a_1,a_2,\cdots,a_n$ 满足何种条件时，二次型 $f(x_1,x_2,\cdots,x_n)$ 为正定二次型？

【解】 由于对任意 $\boldsymbol{x}=(x_1,x_2,\cdots,x_n)^{\mathrm{T}}\neq\boldsymbol{0}$,二次型 $f(x_1,x_2,\cdots,x_n)\geqslant 0$,而且 $f(x_1,x_2,\cdots,x_n)=0\Leftrightarrow x_1+a_1x_2=x_2+a_2x_3=\cdots=x_n+a_nx_1=0$,所以二次型 $f(x_1,x_2,\cdots,x_n)$ 是正定二次型的充分必要条件是齐次线性方程组

$$\begin{cases}x_1+a_1x_2=0\\x_2+a_2x_3=0\\\quad\vdots\\x_n+a_nx_1=0\end{cases}$$

只有零解,而该方程组只有零解的充分必要条件是其系数行列式

$$D_n=\begin{vmatrix}1&a_1&0&\cdots&0&0\\0&1&a_2&\cdots&0&0\\\vdots&\vdots&\vdots&&\vdots&\vdots\\0&0&0&\cdots&1&a_{n-1}\\a_n&0&0&\cdots&0&1\end{vmatrix}\neq 0$$

将 D_n 按第1列展开,得

$$D_n=1+(-1)^{n+1}a_1a_2\cdots a_n$$

所以,当 $1+(-1)^{n+1}a_1a_2\cdots a_n\neq 0$ 时,二次型 $f(x_1,x_2,\cdots,x_n)$ 是正定二次型。

【例21】 已知 $\boldsymbol{A}$ 为3阶实对称矩阵,且满足 $\boldsymbol{A}^3-\boldsymbol{A}^2-\boldsymbol{A}=2\boldsymbol{E}$,二次型 $f=\boldsymbol{x}^{\mathrm{T}}\boldsymbol{A}\boldsymbol{x}$ 经正交变换后化为标准形,求此标准形的表达式。

【解】 只要求出 $\boldsymbol{A}$ 的3个特征值即可。设 λ 为 $\boldsymbol{A}$ 的特征值,由 $\boldsymbol{A}^3-\boldsymbol{A}^2-\boldsymbol{A}=2\boldsymbol{E}$ 知 λ 满足方程

$$\lambda^3-\lambda^2-\lambda-2=0$$

即

$$(\lambda-2)(\lambda^2+\lambda+1)=0$$

由于 $\boldsymbol{A}$ 是3阶实对称矩阵,其所有特征值必为实数,且必满足上述方程,所以 $\boldsymbol{A}$ 的3个特征值为 $\lambda_1=\lambda_2=\lambda_3=2$,故所求二次型 $f=\boldsymbol{x}^{\mathrm{T}}\boldsymbol{A}\boldsymbol{x}$ 的标准形为

$$f=2y_1^2+2y_2^2+2y_3^2$$

【例22】 设矩阵 $\boldsymbol{A}=\begin{pmatrix}1&0&1\\0&2&0\\1&0&1\end{pmatrix}$,矩阵 $\boldsymbol{B}=(k\boldsymbol{E}+\boldsymbol{A})^2$,其中 k 为实数,求 k 为何值时,$\boldsymbol{B}$ 为正定矩阵?

【解】 由 $\boldsymbol{A}$ 的特征多项式

$$|\lambda\boldsymbol{E}-\boldsymbol{A}|=\begin{vmatrix}\lambda-1&0&-1\\0&\lambda-2&0\\-1&0&\lambda-1\end{vmatrix}=\lambda(\lambda-2)^2$$

可知实对称矩阵 $\boldsymbol{A}$ 的特征值为0,2,2,于是存在可逆矩阵 $\boldsymbol{P}$,使 $\boldsymbol{P}^{-1}\boldsymbol{A}\boldsymbol{P}=\begin{pmatrix}0&0&0\\0&2&0\\0&0&2\end{pmatrix}$,从而

$\boldsymbol{P}^{-1}\boldsymbol{B}\boldsymbol{P}=\boldsymbol{P}^{-1}(k^2\boldsymbol{E}+2k\boldsymbol{A}+\boldsymbol{A}^2)\boldsymbol{P}=k^2\boldsymbol{E}+2k\boldsymbol{P}^{-1}\boldsymbol{A}\boldsymbol{P}+(\boldsymbol{P}^{-1}\boldsymbol{A}\boldsymbol{P})^2=\begin{pmatrix}k^2&0&0\\0&(k+2)^2&0\\0&0&(k+2)^2\end{pmatrix}$,所

以 $\boldsymbol{B}$ 的特征值为 $k^2,(k+2)^2,(k+2)^2$。因此当 $k\neq0$ 且 $k\neq-2$ 时，$\boldsymbol{B}$ 为正定矩阵。

【例 23】 已知 n 阶方阵 $\boldsymbol{A}$ 的列向量组是 $\mathbf{R}^n$ 的一组标准正交基，且 $|\boldsymbol{A}-\lambda\boldsymbol{E}|=a_n\lambda^n+a_{n-1}\lambda^{n-1}+\cdots+a_1\lambda-1$。求证 $\mathrm{r}(\boldsymbol{A}^2-\boldsymbol{E})<\mathrm{r}(\boldsymbol{A})$，其中 $\mathrm{r}(\boldsymbol{A}^2-\boldsymbol{E})$，$\mathrm{r}(\boldsymbol{A})$ 分别为 $\boldsymbol{A}^2-\boldsymbol{E},\boldsymbol{A}$ 的秩。

【证明】 由已知条件可知 $\boldsymbol{A}$ 为正交矩阵，即 $\boldsymbol{A}^{\mathrm{T}}\boldsymbol{A}=\boldsymbol{E}$，故 $\mathrm{r}(\boldsymbol{A})=n$。

在 $|\boldsymbol{A}-\lambda\boldsymbol{E}|=a_n\lambda^n+a_{n-1}\lambda^{n-1}+\cdots+a_1\lambda-1$ 中取 $\lambda=0$，得 $|\boldsymbol{A}|=-1$，于是 $|\boldsymbol{A}+\boldsymbol{E}|=|\boldsymbol{A}+\boldsymbol{A}^{\mathrm{T}}\boldsymbol{A}|=|(\boldsymbol{E}+\boldsymbol{A})^{\mathrm{T}}\boldsymbol{A}|=|(\boldsymbol{E}+\boldsymbol{A})^{\mathrm{T}}||\boldsymbol{A}|=-|\boldsymbol{E}+\boldsymbol{A}|$，即 $|\boldsymbol{E}+\boldsymbol{A}|=0$，所以 $|\boldsymbol{A}^2-\boldsymbol{E}|=|\boldsymbol{A}+\boldsymbol{E}||\boldsymbol{A}-\boldsymbol{E}|=0$，$\mathrm{r}(\boldsymbol{A}^2-\boldsymbol{E})<n=\mathrm{r}(\boldsymbol{A})$。

【例 24】 设 $\boldsymbol{A}$ 是正交矩阵，证明 $\boldsymbol{A}$ 的特征值的模为 1。

【证明】 设 $\boldsymbol{A}\boldsymbol{x}=\lambda\boldsymbol{x},\boldsymbol{x}\neq\boldsymbol{0}$，即 $\boldsymbol{x}$ 是 $\boldsymbol{A}$ 的属于特征值 λ 的特征向量。取转置得 $\boldsymbol{x}^{\mathrm{T}}\boldsymbol{A}^{\mathrm{T}}=\lambda\boldsymbol{x}^{\mathrm{T}}$，再取共轭得 $\overline{\boldsymbol{x}}^{\mathrm{T}}\ \overline{\boldsymbol{A}}^{\mathrm{T}}=\overline{\lambda}\overline{\boldsymbol{x}}^{\mathrm{T}}$，即 $\overline{\boldsymbol{x}}^{\mathrm{T}}\boldsymbol{A}^{\mathrm{T}}=\overline{\lambda}\ \overline{\boldsymbol{x}}^{\mathrm{T}}$。两边右乘 $\boldsymbol{A}\boldsymbol{x}$，有 $\overline{\boldsymbol{x}}^{\mathrm{T}}\boldsymbol{A}^{\mathrm{T}}\boldsymbol{A}\boldsymbol{x}=\overline{\lambda}\ \overline{\boldsymbol{x}}^{\mathrm{T}}\boldsymbol{A}\boldsymbol{x}$。由于 $\boldsymbol{A}^{\mathrm{T}}\boldsymbol{A}=\boldsymbol{E}$，$\boldsymbol{A}\boldsymbol{x}=\lambda\boldsymbol{x}$，得 $\overline{\boldsymbol{x}}^{\mathrm{T}}\boldsymbol{x}=\lambda\overline{\lambda}\ \overline{\boldsymbol{x}}^{\mathrm{T}}\boldsymbol{x}$，即 $(|\lambda|^2-1)\overline{\boldsymbol{x}}^{\mathrm{T}}\boldsymbol{x}=0$。因为 $\overline{\boldsymbol{x}}^{\mathrm{T}}\boldsymbol{x}\neq0$，所以 $|\lambda|^2-1=0$，即 $|\lambda|^2=1$。

【例 25】 设 $\boldsymbol{A}$ 为 n 阶实对称矩阵，$\lambda_1,\lambda_2,\cdots,\lambda_n$ 是 $\boldsymbol{A}$ 的特征值，$\boldsymbol{p}_1,\boldsymbol{p}_2,\cdots,\boldsymbol{p}_n$ 分别是 $\boldsymbol{A}$ 的对应于 $\lambda_1,\lambda_2,\cdots,\lambda_n$ 的标准正交特征向量。求证 $\boldsymbol{A}=\lambda_1\boldsymbol{p}_1\boldsymbol{p}_1^{\mathrm{T}}+\lambda_2\boldsymbol{p}_2\boldsymbol{p}_2^{\mathrm{T}}+\cdots+\lambda_n\boldsymbol{p}_n\boldsymbol{p}_n^{\mathrm{T}}$。

【证明】 令 $\boldsymbol{P}=(\boldsymbol{p}_1,\boldsymbol{p}_2,\cdots,\boldsymbol{p}_n)$，因为 $\boldsymbol{p}_1,\boldsymbol{p}_2,\cdots,\boldsymbol{p}_n$ 是标准正交向量组，所以 $\boldsymbol{P}$ 是正交矩阵，即 $\boldsymbol{P}^{-1}=\boldsymbol{P}^{\mathrm{T}}$。已知 $\boldsymbol{A}\boldsymbol{p}_i=\lambda_i\boldsymbol{p}_i,i=1,2,\cdots,n$，即

$$\boldsymbol{A}\boldsymbol{P}=\boldsymbol{P}\mathrm{diag}(\lambda_1,\lambda_2,\cdots,\lambda_n)$$

所以

$$\begin{aligned}\boldsymbol{A}&=\boldsymbol{P}\mathrm{diag}(\lambda_1,\lambda_2,\cdots,\lambda_n)\boldsymbol{P}^{\mathrm{T}}\\&=(\boldsymbol{p}_1,\boldsymbol{p}_2,\cdots,\boldsymbol{p}_n)\begin{pmatrix}\lambda_1&0&\cdots&0\\0&\lambda_2&\cdots&0\\\vdots&\vdots&&\vdots\\0&0&\cdots&\lambda_n\end{pmatrix}\begin{pmatrix}\boldsymbol{p}_1^{\mathrm{T}}\\\boldsymbol{p}_2^{\mathrm{T}}\\\vdots\\\boldsymbol{p}_n^{\mathrm{T}}\end{pmatrix}\\&=\lambda_1\boldsymbol{p}_1\boldsymbol{p}_1^{\mathrm{T}}+\lambda_2\boldsymbol{p}_2\boldsymbol{p}_2^{\mathrm{T}}+\cdots+\lambda_n\boldsymbol{p}_n\boldsymbol{p}_n^{\mathrm{T}}\end{aligned}$$

【例 26】 设 $\boldsymbol{A}$ 为 n 阶实对称矩阵，如果对任意 $\boldsymbol{x}\in\mathbf{R}^n$，都有 $\boldsymbol{x}^{\mathrm{T}}\boldsymbol{A}\boldsymbol{x}=\boldsymbol{0}$，求证：$\boldsymbol{A}$ 为零矩阵。

【证明】 因为 $\boldsymbol{A}$ 为实对称矩阵，所以存在正交矩阵 $\boldsymbol{O}$，使得

$$\boldsymbol{O}^{\mathrm{T}}\boldsymbol{A}\boldsymbol{O}=\mathrm{diag}(\lambda_1,\lambda_2,\cdots,\lambda_n)$$

其中 $\lambda_1,\lambda_2,\cdots,\lambda_n$ 为 $\boldsymbol{A}$ 的特征值。

对任意 $\boldsymbol{y}=(y_1,y_2,\cdots,y_n)^{\mathrm{T}}\in\mathbf{R}^n$，令 $\boldsymbol{x}=\boldsymbol{O}\boldsymbol{y}$，则

$$\boldsymbol{x}^{\mathrm{T}}\boldsymbol{A}\boldsymbol{x}=\boldsymbol{y}^{\mathrm{T}}(\boldsymbol{O}^{\mathrm{T}}\boldsymbol{A}\boldsymbol{O})\boldsymbol{y}=\lambda_1y_1^2+\lambda_2y_2^2+\cdots+\lambda_ny_n^2=0$$

取 $y_1=1,y_j=0\ (j=2,3,\cdots,n)$，得 $\lambda_1=0$，类似可证

$$\lambda_2=\lambda_3=\cdots=\lambda_n=0$$

即 $\boldsymbol{O}^{\mathrm{T}}\boldsymbol{A}\boldsymbol{O}$ 为零矩阵，所以 $\boldsymbol{A}$ 为零矩阵。

【例 27】 设 $\boldsymbol{A},\boldsymbol{B}$ 为 n 阶实对称矩阵，如果 $\boldsymbol{A}$ 的所有特征值都小于 a，$\boldsymbol{B}$ 的所有特征值都小于 b，求证：$\boldsymbol{A}+\boldsymbol{B}$ 的所有特征值都小于 $a+b$。

【证明】 设 λ 为 $\boldsymbol{A}$ 的特征值，则 $a-\lambda$ 为 $a\boldsymbol{E}-\boldsymbol{A}$ 的特征值，已知 $\lambda<a$，故 $a-\lambda>0$，因此 $a\boldsymbol{E}-\boldsymbol{A}$ 的所有特征值都大于零，$a\boldsymbol{E}-\boldsymbol{A}$ 为正定矩阵。类似可知 $a\boldsymbol{E}-\boldsymbol{B}$ 也为正定矩阵，易知

$$a\boldsymbol{E}-\boldsymbol{A}+b\boldsymbol{E}-\boldsymbol{B}=(a+b)\boldsymbol{E}-(\boldsymbol{A}+\boldsymbol{B})$$

为正定矩阵〔参见练习题(三)第 11 题〕，故其所有特征值都大于零。设 μ 为 $\boldsymbol{A}+\boldsymbol{B}$ 的特征值，则 $a+b-\mu$ 为 $(a+b)\boldsymbol{E}-(\boldsymbol{A}+\boldsymbol{B})$ 的特征值，因为 $a+b-\mu>0$，故 $\mu<a+b$。

【例28】 设n元实二次型$f=\boldsymbol{x}^{\mathrm{T}}\boldsymbol{A}\boldsymbol{x}$,$\boldsymbol{A}$为实对称矩阵,如果存在$\boldsymbol{\alpha},\boldsymbol{\beta}\in\mathbf{R}^n$,使得$\boldsymbol{\alpha}^{\mathrm{T}}\boldsymbol{A}\boldsymbol{\alpha}>0$,$\boldsymbol{\beta}^{\mathrm{T}}\boldsymbol{A}\boldsymbol{\beta}<0$。求证:存在$\boldsymbol{\gamma}\in\mathbf{R}^n$,使$\boldsymbol{\gamma}^{\mathrm{T}}\boldsymbol{A}\boldsymbol{\gamma}=0$。

【证明】 $\boldsymbol{A}$为实对称矩阵,所以存在正交矩阵$\boldsymbol{O}$,使得

$$\boldsymbol{O}^{\mathrm{T}}\boldsymbol{A}\boldsymbol{O}=\mathrm{diag}(\lambda_1,\lambda_2,\cdots,\lambda_n)$$

其中$\lambda_1,\lambda_2,\cdots,\lambda_n$为$\boldsymbol{A}$的特征值。

令$\boldsymbol{x}=\boldsymbol{O}\boldsymbol{y}$,其中$\boldsymbol{y}=(y_1,y_2,\cdots,y_n)^{\mathrm{T}}$,则

$$f=\boldsymbol{x}^{\mathrm{T}}\boldsymbol{A}\boldsymbol{x}=\boldsymbol{y}^{\mathrm{T}}(\boldsymbol{O}^{\mathrm{T}}\boldsymbol{A}\boldsymbol{O})\boldsymbol{y}=\lambda_1y_1^2+\lambda_2y_2^2+\cdots+\lambda_ny_n^2$$

因为存在$\boldsymbol{\alpha}\in\mathbf{R}^n$,使得$\boldsymbol{\alpha}^{\mathrm{T}}\boldsymbol{A}\boldsymbol{\alpha}>0$,所以$\lambda_1,\lambda_2,\cdots,\lambda_n$中至少有一个大于零(否则对所有$\boldsymbol{\alpha}\in\mathbf{R}^n$,都有$\boldsymbol{\alpha}^{\mathrm{T}}\boldsymbol{A}\boldsymbol{\alpha}\leqslant0$),设$\lambda_k>0$;同理,因为存在$\boldsymbol{\beta}\in\mathbf{R}^n$,使得$\boldsymbol{\beta}^{\mathrm{T}}\boldsymbol{A}\boldsymbol{\beta}<0$,所以$\lambda_1,\lambda_2,\cdots,\lambda_n$中至少有一个小于零(否则对所有$\boldsymbol{\beta}\in\mathbf{R}^n$,都有$\boldsymbol{\beta}^{\mathrm{T}}\boldsymbol{A}\boldsymbol{\beta}\geqslant0$),设$\lambda_t<0$。

取$\tilde{\boldsymbol{\gamma}}$的第$k$个坐标为$\dfrac{1}{\sqrt{\lambda_k}}$,第$t$个坐标为$\dfrac{1}{\sqrt{-\lambda_t}}$,其余坐标为零向量,并令$\boldsymbol{\gamma}=\boldsymbol{O}\tilde{\boldsymbol{\gamma}}$,则

$$\boldsymbol{\gamma}^{\mathrm{T}}\boldsymbol{A}\boldsymbol{\gamma}=(\boldsymbol{O}\tilde{\boldsymbol{\gamma}})^{\mathrm{T}}\boldsymbol{A}(\boldsymbol{O}\tilde{\boldsymbol{\gamma}})=\lambda_k\left(\frac{1}{\sqrt{\lambda_k}}\right)^2+\lambda_t\left(\frac{1}{\sqrt{-\lambda_t}}\right)^2=0$$

【例29】 设$\boldsymbol{\alpha},\boldsymbol{\beta}$为三维实单位列向量,且$(\boldsymbol{\alpha},\boldsymbol{\beta})=0$。令$\boldsymbol{A}=\boldsymbol{\alpha}\boldsymbol{\beta}^{\mathrm{T}}+\boldsymbol{\beta}\boldsymbol{\alpha}^{\mathrm{T}}$,求证:$\boldsymbol{A}$与对角矩阵$\boldsymbol{\Lambda}=\mathrm{diag}(1,-1,0)$相似。

【证明】 $\boldsymbol{A}^{\mathrm{T}}=\boldsymbol{\beta}\boldsymbol{\alpha}^{\mathrm{T}}+\boldsymbol{\alpha}\boldsymbol{\beta}^{\mathrm{T}}=\boldsymbol{A}$,即$\boldsymbol{A}$为对称矩阵。

已知$\boldsymbol{\alpha}^{\mathrm{T}}\boldsymbol{\alpha}=\boldsymbol{\beta}^{\mathrm{T}}\boldsymbol{\beta}=1$,$(\boldsymbol{\alpha},\boldsymbol{\beta})=\boldsymbol{\alpha}^{\mathrm{T}}\boldsymbol{\beta}=\boldsymbol{\beta}^{\mathrm{T}}\boldsymbol{\alpha}=0$,于是有

$$\boldsymbol{A}\boldsymbol{\alpha}=(\boldsymbol{\alpha}\boldsymbol{\beta}^{\mathrm{T}}+\boldsymbol{\beta}\boldsymbol{\alpha}^{\mathrm{T}})\boldsymbol{\alpha}=\boldsymbol{\beta},\ \boldsymbol{A}\boldsymbol{\beta}=(\boldsymbol{\alpha}\boldsymbol{\beta}^{\mathrm{T}}+\boldsymbol{\beta}\boldsymbol{\alpha}^{\mathrm{T}})\boldsymbol{\beta}=\boldsymbol{\alpha}$$

所以

$$\boldsymbol{A}(\boldsymbol{\alpha}+\boldsymbol{\beta})=\boldsymbol{A}\boldsymbol{\alpha}+\boldsymbol{A}\boldsymbol{\beta}=\boldsymbol{\beta}+\boldsymbol{\alpha},\boldsymbol{A}(\boldsymbol{\alpha}-\boldsymbol{\beta})=\boldsymbol{A}\boldsymbol{\alpha}-\boldsymbol{A}\boldsymbol{\beta}=\boldsymbol{\beta}-\boldsymbol{\alpha}$$

这说明$\boldsymbol{A}$有特征值1与-1。

又$\mathrm{r}(\boldsymbol{A})\leqslant\mathrm{r}(\boldsymbol{\alpha}\boldsymbol{\beta}^{\mathrm{T}})+\mathrm{r}(\boldsymbol{\beta}\boldsymbol{\alpha}^{\mathrm{T}})\leqslant2$,所以$|\boldsymbol{A}|=0$,$\boldsymbol{A}$有特征值0,即对称矩阵$\boldsymbol{A}$的3个特征值为0,1与$-1$,因此$\boldsymbol{A}$与$\boldsymbol{\Lambda}=\mathrm{diag}(1,-1,0)$相似。

【例30】 设$\boldsymbol{A}$为m阶实对称矩阵且正定,$\boldsymbol{B}$为$m\times n$阶实矩阵,$\boldsymbol{B}^{\mathrm{T}}$为$\boldsymbol{B}$的转置矩阵,试证:$\boldsymbol{B}^{\mathrm{T}}\boldsymbol{A}\boldsymbol{B}$为正定矩阵的充分必要条件是$\boldsymbol{B}$的秩$\mathrm{r}(\boldsymbol{B})=n$。

分析:矩阵$\boldsymbol{B}^{\mathrm{T}}\boldsymbol{A}\boldsymbol{B}$正定当且仅当二次型$\boldsymbol{x}^{\mathrm{T}}(\boldsymbol{B}^{\mathrm{T}}\boldsymbol{A}\boldsymbol{B})\boldsymbol{x}$正定,即对任意的$\boldsymbol{x}\neq\boldsymbol{0}$,$\boldsymbol{x}^{\mathrm{T}}(\boldsymbol{B}^{\mathrm{T}}\boldsymbol{A}\boldsymbol{B})\boldsymbol{x}>0$,并注意$\mathrm{r}(\boldsymbol{B})=n$当且仅当$\boldsymbol{B}\boldsymbol{x}=\boldsymbol{0}$只有零解。

【证明】 必要性。设$\boldsymbol{B}^{\mathrm{T}}\boldsymbol{A}\boldsymbol{B}$正定,则对任意的实$n$维列向量$\boldsymbol{x}\neq\boldsymbol{0}$,有$\boldsymbol{x}^{\mathrm{T}}(\boldsymbol{B}^{\mathrm{T}}\boldsymbol{A}\boldsymbol{B})\boldsymbol{x}>0$,即$(\boldsymbol{B}\boldsymbol{x})^{\mathrm{T}}\boldsymbol{A}(\boldsymbol{B}\boldsymbol{x})>0$,从而$\boldsymbol{B}\boldsymbol{x}\neq\boldsymbol{0}$。由于对任意的$\boldsymbol{x}\neq\boldsymbol{0}$,都有$\boldsymbol{B}\boldsymbol{x}\neq\boldsymbol{0}$,因此方程组$\boldsymbol{B}\boldsymbol{x}=\boldsymbol{0}$只有零解,从而$\mathrm{r}(\boldsymbol{B})=n$。

充分性。因$(\boldsymbol{B}^{\mathrm{T}}\boldsymbol{A}\boldsymbol{B})^{\mathrm{T}}=\boldsymbol{B}^{\mathrm{T}}\boldsymbol{A}^{\mathrm{T}}\boldsymbol{B}=\boldsymbol{B}^{\mathrm{T}}\boldsymbol{A}\boldsymbol{B}$,故$\boldsymbol{B}^{\mathrm{T}}\boldsymbol{A}\boldsymbol{B}$为实对称矩阵。

若$\mathrm{r}(\boldsymbol{B})=n$,则线性方程组$\boldsymbol{B}\boldsymbol{x}=\boldsymbol{0}$只有零解,从而对任意实$n$维列向量$\boldsymbol{x}\neq\boldsymbol{0}$,有$\boldsymbol{B}\boldsymbol{x}\neq\boldsymbol{0}$。

又$\boldsymbol{A}$为正定矩阵,所以对于$\boldsymbol{B}\boldsymbol{x}\neq\boldsymbol{0}$有$(\boldsymbol{B}\boldsymbol{x})^{\mathrm{T}}\boldsymbol{A}(\boldsymbol{B}\boldsymbol{x})>0$。

于是当$\boldsymbol{x}\neq\boldsymbol{0}$时,$\boldsymbol{x}^{\mathrm{T}}(\boldsymbol{B}^{\mathrm{T}}\boldsymbol{A}\boldsymbol{B})\boldsymbol{x}>0$,故$\boldsymbol{B}^{\mathrm{T}}\boldsymbol{A}\boldsymbol{B}$为正定矩阵。

三、练习题

（一）填空题

1. 已知 $\mathbf{R}^3$ 中单位向量 $\boldsymbol{\alpha}$ 与 $\boldsymbol{\alpha}_1=(1,1,1)^{\mathrm{T}}$ 和 $\boldsymbol{\alpha}_2=(1,-1,2)^{\mathrm{T}}$ 都正交，则 $\boldsymbol{\alpha}=$__________。

2. 已知 $\boldsymbol{\alpha}_1=(1,1,3)^{\mathrm{T}}$ 与 $\boldsymbol{\alpha}_2=(4,5,a)^{\mathrm{T}}$ 分别是实对称矩阵 $\boldsymbol{A}$ 的属于不同特征值的特征向量，则 $a=$__________。

3. 已知实对称矩阵 $\boldsymbol{A}=\begin{pmatrix}1&a&1\\a&1&b\\1&b&1\end{pmatrix}$ 与对角矩阵 $\boldsymbol{B}=\begin{pmatrix}0&0&0\\0&1&0\\0&0&2\end{pmatrix}$ 相似，则 $a=$__________，$b=$__________。

4. 设 $\boldsymbol{A}=(a_{ij})$ 为 3 阶正交矩阵，且 $a_{11}=1$，则线性方程组 $\boldsymbol{Ax}=\boldsymbol{b}$ 的解为 $\boldsymbol{x}=$__________，其中 $\boldsymbol{b}=(1,0,0)^{\mathrm{T}}$。

5. 已知实二次型 $f(x_1,x_2,x_3)=-4x_1x_2+2x_1x_3+2tx_2x_3$ 的秩为 2，则 $t=$__________。

6. 已知矩阵 $\boldsymbol{A}=\begin{pmatrix}1&1&0\\1&k&0\\0&0&k^2\end{pmatrix}$ 正定，则 k 的取值范围是__________。

7. 已知实二次型

$$f(x_1,x_2,x_3)=a(x_1^2+x_2^2+x_3^2)+4x_1x_2+4x_1x_3+4x_2x_3$$

经正交变换 $\boldsymbol{x}=\boldsymbol{Py}$ 可化成标准形 $f=6y_1^2$，则 $a=$______________。

8. 实对称矩阵 $\boldsymbol{A}=\begin{pmatrix}1&1&0\\1&2&-2\\0&-2&-1\end{pmatrix}$ 的合同规范形为 $\widetilde{\boldsymbol{\Lambda}}=$__________。

9. 设 n 阶实对称矩阵 $\boldsymbol{A}$ 的 n 个特征值为 $\lambda_1\leqslant\lambda_2\leqslant\cdots\leqslant\lambda_n$，则当__________时，$k\boldsymbol{E}-\boldsymbol{A}$ 为正定矩阵。

10. 已知 n 元实二次型 $f(x_1,x_2,\cdots,x_n)=\boldsymbol{x}^{\mathrm{T}}\boldsymbol{Ax}$ 正定，它的正惯性指数为 p，秩 r 与 n 之间的关系是__________。

（二）选择题

1. 下列结论中正确的是（　　）。

(A) 若 n 阶实矩阵 $\boldsymbol{A}$ 与 $\boldsymbol{B}$ 等价，则 $\boldsymbol{A}$ 与 $\boldsymbol{B}$ 合同
(B) 若 n 阶实矩阵 $\boldsymbol{A}$ 与 $\boldsymbol{B}$ 合同，则 $\boldsymbol{A}$ 与 $\boldsymbol{B}$ 等价
(C) 若 n 阶实矩阵 $\boldsymbol{A}$ 与 $\boldsymbol{B}$ 相似，则 $\boldsymbol{A}$ 与 $\boldsymbol{B}$ 合同
(D) 若 n 阶实矩阵 $\boldsymbol{A}$ 与 $\boldsymbol{B}$ 合同，则 $\boldsymbol{A}$ 与 $\boldsymbol{B}$ 相似

2. 下列结论中正确的是（　　）。

(A) 若 n 阶实矩阵 $\boldsymbol{A}$ 与 $\boldsymbol{B}$ 等价，则 $|\boldsymbol{A}|=|\boldsymbol{B}|$
(B) 若 n 阶实矩阵 $\boldsymbol{A}$ 与 $\boldsymbol{B}$ 合同，则 $|\boldsymbol{A}|=|\boldsymbol{B}|$

(C) 设 $\boldsymbol{A},\boldsymbol{B}$ 为 n 阶实对称矩阵,若 $\boldsymbol{A}$ 与 $\boldsymbol{B}$ 相似,则 $\boldsymbol{A}$ 与 $\boldsymbol{B}$ 合同

(D) 设 $\boldsymbol{A},\boldsymbol{B}$ 为 n 阶实对称矩阵,若 $\boldsymbol{A}$ 与 $\boldsymbol{B}$ 合同,则 $\boldsymbol{A}$ 与 $\boldsymbol{B}$ 相似

3. 设 $\boldsymbol{A},\boldsymbol{B}$ 为 n 阶实方阵,且对任意 $\boldsymbol{x}\in\mathbf{R}^n$,都有 $\boldsymbol{x}^{\mathrm{T}}\boldsymbol{A}\boldsymbol{x}=\boldsymbol{x}^{\mathrm{T}}\boldsymbol{B}\boldsymbol{x}$,则当(　　)时,必有 $\boldsymbol{A}=\boldsymbol{B}$。

(A) $\mathrm{r}(\boldsymbol{A})=\mathrm{r}(\boldsymbol{B})$　　(B) $\boldsymbol{A}^{\mathrm{T}}=\boldsymbol{A}$

(C) $\boldsymbol{B}^{\mathrm{T}}=\boldsymbol{B}$　　(D) $\boldsymbol{A}^{\mathrm{T}}=\boldsymbol{A}$ 且 $\boldsymbol{B}^{\mathrm{T}}=\boldsymbol{B}$

4. 设 $\boldsymbol{A}=\begin{pmatrix}1&1&1&1\\1&1&1&1\\1&1&1&1\\1&1&1&1\end{pmatrix}$, $\boldsymbol{B}=\begin{pmatrix}4&0&0&0\\0&0&0&0\\0&0&0&0\\0&0&0&0\end{pmatrix}$,则 $\boldsymbol{A}$ 与 $\boldsymbol{B}$(　　)。

(A) 合同且相似　　(B) 合同但不相似

(C) 不合同但相似　　(D) 不合同且不相似

5. 设 $\boldsymbol{A},\boldsymbol{B}$ 均为 n 阶实对称矩阵,则 $\boldsymbol{A}$ 与 $\boldsymbol{B}$ 合同的充分必要条件是(　　)。

(A) $\boldsymbol{A}$ 和 $\boldsymbol{B}$ 有相同的秩

(B) $\boldsymbol{A}$ 和 $\boldsymbol{B}$ 相似

(C) $\boldsymbol{A}$ 和 $\boldsymbol{B}$ 都合同于对角矩阵

(D) $\boldsymbol{A}$ 和 $\boldsymbol{B}$ 有相同的正、负惯性指数

(三) 解答与证明题

1. 已知3阶实对称矩阵 $\boldsymbol{A}$ 的特征值为 $\lambda_1=2,\lambda_2=\lambda_3=-1$。$\boldsymbol{A}$ 的对应于 $\lambda_1=2$ 的特征向量为 $\boldsymbol{\alpha}_1=(1,0,1)^{\mathrm{T}}$,求矩阵 $\boldsymbol{A}$。

2. 已知实二次型 $f(x_1,x_2,x_3)=x_1^2+2x_2^2-2x_3^2+4x_1x_3$,用正交变换将该二次型化为标准形,并写出所用的正交变换。

3. 用正交变换化二次型 $f=2x_1^2+3x_2^2+3x_3^2+4x_2x_3$ 为标准形。

4. 设 $\boldsymbol{A}=\begin{pmatrix}2&-2&0\\-2&1&-2\\0&-2&0\end{pmatrix}$,求可逆矩阵 $\boldsymbol{P}$,使得 $\boldsymbol{P}^{\mathrm{T}}\boldsymbol{A}\boldsymbol{P}$ 为对角矩阵。

5. 设 $f(x_1,x_2,x_3)=x_1^2+x_2^2+5x_3^2+2ax_1x_2-2x_1x_3+4x_2x_3$ 为正定二次型,求 a。

6. 设 λ 是 n 阶正交矩阵 $\boldsymbol{A}$ 的特征值,证明 $\lambda\neq0$,且 $\dfrac{1}{\lambda}$ 也是 $\boldsymbol{A}$ 的特征值。

7. 设 $\boldsymbol{A},\boldsymbol{B}$ 为 n 阶实对称矩阵。求证:存在 n 阶正交矩阵 $\boldsymbol{O}$,使得 $\boldsymbol{B}=\boldsymbol{O}^{\mathrm{T}}\boldsymbol{A}\boldsymbol{O}$ 的充要条件是 $\boldsymbol{A},\boldsymbol{B}$ 有相同的特征值。

8. 设 $\boldsymbol{A}$ 为特征值是非负的 n 阶实对称矩阵,求证:存在特征值为非负的 n 阶实对称矩阵 $\boldsymbol{B}$,使 $\boldsymbol{A}=\boldsymbol{B}^2$。

9. 设 $\boldsymbol{A}$ 为 n(n 为奇数)阶实矩阵,如果对任意 $\boldsymbol{x}\in\mathbf{R}^n$,都有 $\boldsymbol{x}^{\mathrm{T}}\boldsymbol{A}\boldsymbol{x}=\boldsymbol{0}$,求证:$|\boldsymbol{A}|=0$。

10. 设实对称矩阵 $\boldsymbol{A}$ 满足 $\boldsymbol{A}^2-\boldsymbol{A}-6\boldsymbol{E}=\boldsymbol{O}$,试证明 $t\boldsymbol{E}+\boldsymbol{A}$(其中 $t>2$)为正定矩阵。

11. 设 $\boldsymbol{A},\boldsymbol{B}$ 均为 n 阶正定矩阵,求证:$\boldsymbol{A}+\boldsymbol{B}$ 也为正定矩阵。

12. 设 $\boldsymbol{A}$ 是 n 阶正定矩阵。试证:对于任意正整数 m,存在正定矩阵 $\boldsymbol{B}$,使得 $\boldsymbol{A}=\boldsymbol{B}^m$。

四、练习题答案与提示

（一）填空题

1. $\pm\frac{1}{\sqrt{14}}(3,-1,-2)^{\mathrm{T}}$。

分析：

$$\boldsymbol{\alpha}_1\times\boldsymbol{\alpha}_2=\begin{vmatrix}\boldsymbol{i} & \boldsymbol{j} & \boldsymbol{k}\\ 1 & 1 & 1\\ 1 & -1 & 2\end{vmatrix}=(3,-1,-2)^{\mathrm{T}},\boldsymbol{\alpha}=\pm\frac{\boldsymbol{\alpha}_1\times\boldsymbol{\alpha}_2}{\|\boldsymbol{\alpha}_1\times\boldsymbol{\alpha}_2\|}=\pm\frac{1}{\sqrt{14}}(3,-1,-2)^{\mathrm{T}}$$

2. -3。

3. $a=0,b=0$。

分析：因为 $\boldsymbol{A}$ 与 $\boldsymbol{B}$ 相似，所以 $\boldsymbol{A}$ 与 $\boldsymbol{B}$ 的特征值相同，即 $\boldsymbol{A}$ 的特征值为 $0,1,2$，于是 $|\boldsymbol{A}|=0\times1\times2=0$，即 $\begin{vmatrix}1 & a & 1\\ a & 1 & b\\ 1 & b & 1\end{vmatrix}=-(b-a)^2=0$，得 $a=b$，又 $|\boldsymbol{E}-\boldsymbol{A}|=\begin{vmatrix}0 & -a & -1\\ -a & 0 & -a\\ -1 & -a & 0\end{vmatrix}=-2a^2=0$，故 $a=b=0$。

4. $(1,0,0)^{\mathrm{T}}$。

分析：因为 $\boldsymbol{A}$ 是正交矩阵，所以 $\boldsymbol{A}$ 的行、列向量组都是标准正交向量组，又 $a_{11}=1$，所以 $\boldsymbol{A}=\begin{pmatrix}1 & 0 & 0\\ 0 & a_{22} & a_{23}\\ 0 & a_{32} & a_{33}\end{pmatrix}$，线性方程组 $\boldsymbol{Ax}=\boldsymbol{b}$ 的解为

$$\boldsymbol{x}=\boldsymbol{A}^{-1}\boldsymbol{b}=\begin{pmatrix}1 & 0 & 0\\ 0 & * & *\\ 0 & * & *\end{pmatrix}\begin{pmatrix}1\\0\\0\end{pmatrix}=\begin{pmatrix}1\\0\\0\end{pmatrix}$$

5. 0。

分析：f 的矩阵为 $\boldsymbol{A}=\begin{pmatrix}0 & -2 & 1\\ -2 & 0 & t\\ 1 & t & 0\end{pmatrix}$，对 $\boldsymbol{A}$ 作初等行变换，可得

$$\boldsymbol{A}=\begin{pmatrix}0 & -2 & 1\\ -2 & 0 & t\\ 1 & t & 0\end{pmatrix}\rightarrow\begin{pmatrix}1 & t & 0\\ 0 & -2 & 1\\ 0 & 0 & 2t\end{pmatrix}$$

因为 $\mathrm{r}(\boldsymbol{A})=2$，故 $t=0$。

6. $k>1$。

7. 2。

分析：二次型 $f(x_1,x_2,x_3)$ 的矩阵为 $\boldsymbol{A}=\begin{pmatrix}a & 2 & 2\\ 2 & a & 2\\ 2 & 2 & a\end{pmatrix}$，由于二次型经正交变换 $\boldsymbol{x}=\boldsymbol{Py}$ 可化

成标准形$f=6y_1^2$,可见 $\boldsymbol{A}$ 的特征值为 6,0,0。由矩阵的特征值的性质 $\sum_{i=1}^{n}a_{ii}=\sum_{i=1}^{n}\lambda_i$,得 $3a=6\Rightarrow a=2$。

8. $\begin{pmatrix}1&0&0\\0&1&0\\0&0&-1\end{pmatrix}$。

分析:以 $\boldsymbol{A}$ 为矩阵的二次型为 $f=x_1^2+2x_2^2-x_3^2+2x_1x_2-4x_2x_3$,$f$ 中有平方项 x_1^2,将 f 中所有含 x_1 的项合在一起进行配方,得

$$f=(x_1^2+2x_1x_2)+2x_2^2-x_3^2-4x_2x_3=(x_1+x_2)^2+x_2^2-x_3^2-4x_2x_3$$

进一步对余下的项进行配方,得

$$f=(x_1+x_2)^2+(x_2-2x_3)^2-5x_3^2$$

可见 f 的正惯性指数为 2,负惯性指数为 1,故$\widetilde{\boldsymbol{\Lambda}}=\mathrm{diag}(1,1,-1)$。

9. $k>\lambda_n$。

分析:$k\boldsymbol{E}-\boldsymbol{A}$ 的特征值为 $k-\lambda_1,k-\lambda_2,\cdots,k-\lambda_n$,$k\boldsymbol{E}-\boldsymbol{A}$ 为正定矩阵的充要条件是这 n 个特征值全为正,即 $k-\lambda_1>0,k-\lambda_2>0,\cdots,k-\lambda_n>0$,已知 $\lambda_1\leqslant\lambda_2\leqslant\cdots\leqslant\lambda_n$,所以 $k>\lambda_n$。

10. $p=r=n$。

(二) 选择题

1. (B)。

分析:$\boldsymbol{A}$ 与 $\boldsymbol{B}$ 等价,即存在可逆的 $\boldsymbol{P},\boldsymbol{Q}$,使 $\boldsymbol{B}=\boldsymbol{PAQ}$;$\boldsymbol{A}$ 与 $\boldsymbol{B}$ 合同,即存在可逆的 $\boldsymbol{P}$,使 $\boldsymbol{B}=\boldsymbol{P}^{\mathrm{T}}\boldsymbol{AP}$;$\boldsymbol{A}$ 与 $\boldsymbol{B}$ 相似,即存在可逆的 $\boldsymbol{P}$,使 $\boldsymbol{B}=\boldsymbol{P}^{-1}\boldsymbol{AP}$。由等价、合同、相似的定义可知(B)是正确的。

2. (C)。

分析:由等价、合同的定义可知(A)、(B)都不正确;若 $\boldsymbol{A}$ 与 $\boldsymbol{B}$ 相似,则 $\boldsymbol{A}$ 与 $\boldsymbol{B}$ 有完全相同的特征值,所以 $\boldsymbol{A}$ 与 $\boldsymbol{B}$ 的正、负惯性指数相同,因此 $\boldsymbol{A}$ 与 $\boldsymbol{B}$ 合同,(C)是正确的;根据定义可知(D)不正确。

3. (D)。

分析:取 $\boldsymbol{A}=\begin{pmatrix}0&1\\-1&0\end{pmatrix}$,$\boldsymbol{B}=\begin{pmatrix}0&2\\-2&0\end{pmatrix}$,可知(A)不正确;取 $\boldsymbol{A}=\begin{pmatrix}0&0\\0&0\end{pmatrix}$,$\boldsymbol{B}=\begin{pmatrix}0&2\\-2&0\end{pmatrix}$,可知(B)不正确;取 $\boldsymbol{A}=\begin{pmatrix}0&1\\-1&0\end{pmatrix}$,$\boldsymbol{B}=\begin{pmatrix}0&0\\0&0\end{pmatrix}$,可知(C)不正确;(D)是正确的(参见本章例 26)。

4. (A)。

分析:$\boldsymbol{A}$ 是实对称矩阵且 $\mathrm{r}(\boldsymbol{A})=1$,因此 $\boldsymbol{A}$ 只有一个非零特征向量,令 $\boldsymbol{x}=(1,1,1,1)^{\mathrm{T}}$,则 $\boldsymbol{Ax}=4\boldsymbol{x}$,从而 4 是 $\boldsymbol{A}$ 的一个特征值,因此 $\boldsymbol{A}$ 的特征值为$\lambda_1=4,\lambda_2=\lambda_3=\lambda_4=0$。从而 $\boldsymbol{A}$ 与 $\boldsymbol{B}$ 有相同的特征值。由于存在正交矩阵 $\boldsymbol{O}$,使得 $\boldsymbol{O}^{\mathrm{T}}\boldsymbol{AO}=\boldsymbol{O}^{-1}\boldsymbol{AO}=\boldsymbol{B}$,所以 $\boldsymbol{A}$ 与 $\boldsymbol{B}$ 既合同又相似。故(A)正确。

5. (D)。

分析:取 $\boldsymbol{A}=\begin{pmatrix}1&0\\0&1\end{pmatrix}$,$\boldsymbol{B}=\begin{pmatrix}1&0\\0&-1\end{pmatrix}$,可知 $\boldsymbol{A},\boldsymbol{B}$ 的秩都是 2,但 $\boldsymbol{A}$ 与 $\boldsymbol{B}$ 不合同,(A)不正

确；$\boldsymbol{A}$ 和 $\boldsymbol{B}$ 相似必有 $\boldsymbol{A}$ 和 $\boldsymbol{B}$ 合同，但 $\boldsymbol{A}$ 和 $\boldsymbol{B}$ 合同，推不出 $\boldsymbol{A}$ 和 $\boldsymbol{B}$ 相似，所以(B)不正确；取 $\boldsymbol{A}=\begin{pmatrix}1&&\\&-2&\\&&3\end{pmatrix}$，$\boldsymbol{B}=\begin{pmatrix}-1&&\\&-2&\\&&3\end{pmatrix}$，可知 $\boldsymbol{A}$ 与 $\boldsymbol{B}$ 不合同，(C)不正确；(D)是正确的(是本章定理的结论)。

(三) 解答与证明题

1. $\boldsymbol{A}=\dfrac{1}{2}\begin{pmatrix}1&0&3\\0&-2&0\\3&0&1\end{pmatrix}$。

分析：因为属于实对称矩阵的不同特征值的特征向量必互相正交，所以，属于 $\lambda_2=\lambda_3=-1$ 的特征向量 $\boldsymbol{x}=(x_1,x_2,x_3)^{\mathrm{T}}$ 必定与 $\boldsymbol{\alpha}_1$ 正交，即它们一定满足 $x_1+x_3=0$，x_2 可以取任何值。反之，方程 $x_1+x_3=0$ 的非零解也是 $\boldsymbol{A}$ 的属于 $\lambda_2=\lambda_3=-1$ 的特征向量(因为方程组 $x_1+x_3=0$ 的解空间与 $\boldsymbol{A}$ 的对应 $\lambda_2=\lambda_3=-1$ 的特征子空间是相同的)。取方程组 $x_1+x_3=0$ 的线性无关解 $\boldsymbol{\alpha}_2=(0,1,0)^{\mathrm{T}}$，$\boldsymbol{\alpha}_3=(1,0,-1)^{\mathrm{T}}$。

令 $\boldsymbol{P}=(\boldsymbol{\alpha}_1,\boldsymbol{\alpha}_2,\boldsymbol{\alpha}_3)=\begin{pmatrix}1&0&1\\0&1&0\\1&0&-1\end{pmatrix}$，则 $\boldsymbol{P}^{-1}\boldsymbol{AP}=\begin{pmatrix}2&0&0\\0&-1&0\\0&0&-1\end{pmatrix}$。求出 $\boldsymbol{P}^{-1}=\dfrac{1}{2}\begin{pmatrix}1&0&1\\0&2&0\\1&0&-1\end{pmatrix}$。

于是 $\boldsymbol{A}=\boldsymbol{P}\begin{pmatrix}2&0&0\\0&-1&0\\0&0&-1\end{pmatrix}\boldsymbol{P}^{-1}=\dfrac{1}{2}\begin{pmatrix}1&0&3\\0&-2&0\\3&0&1\end{pmatrix}$。

2. f 的标准形为 $f=2y_1^2+2y_2^2-3y_3^2$。

正交变换为 $\begin{pmatrix}x_1\\x_2\\x_3\end{pmatrix}=\begin{pmatrix}\frac{2}{\sqrt{5}}&0&\frac{1}{\sqrt{5}}\\0&1&0\\\frac{1}{\sqrt{5}}&0&-\frac{2}{\sqrt{5}}\end{pmatrix}\begin{pmatrix}y_1\\y_2\\y_3\end{pmatrix}$。

3. $\begin{pmatrix}x_1\\x_2\\x_3\end{pmatrix}=\begin{pmatrix}0&1&0\\-\frac{1}{\sqrt{2}}&0&\frac{1}{\sqrt{2}}\\\frac{1}{\sqrt{2}}&0&\frac{1}{\sqrt{2}}\end{pmatrix}\begin{pmatrix}y_1\\y_2\\y_3\end{pmatrix}$，$f=y_1^2+2y_2^2+5y_3^2$。

4. $\boldsymbol{P}=\begin{pmatrix}1&1&-2\\0&1&-2\\0&0&1\end{pmatrix}$，$\boldsymbol{P}^{\mathrm{T}}\boldsymbol{AP}=\begin{pmatrix}2&0&0\\0&-1&0\\0&0&4\end{pmatrix}$。

分析：以 $\boldsymbol{A}$ 为矩阵的二次型为

$$f(x_1,x_2,x_3)=2x_1^2+x_2^2-4x_1x_2-4x_2x_3$$

用配方法化 f 为标准形。f 中有平方项 x_1^2，将所有含 x_1 的项归并到一起进行配方，得

$$f=(2x_1^2-4x_1x_2)+x_2^2-4x_2x_3=2(x_1-x_2)^2-x_2^2-4x_2x_3$$

进一步配方，得 $f=2(x_1-x_2)^2-(x_2+2x_3)^2+4x_3^2$。

令$\begin{cases}y_1=x_1-x_2\\y_2=x_2+2x_3\\y_3=x_3\end{cases}$,即$\begin{cases}x_1=y_1+y_2-2y_3\\x_2=y_2-2y_3\\x_3=y_3\end{cases}$,则 f 的标准形为 $f=2y_1^2-y_2^2+4y_3^2$。所作的可逆线性变换为$\begin{pmatrix}x_1\\x_2\\x_3\end{pmatrix}=\begin{pmatrix}1&1&-2\\0&1&-2\\0&0&1\end{pmatrix}\begin{pmatrix}y_1\\y_2\\y_3\end{pmatrix}$。

令 $\boldsymbol{P}=\begin{pmatrix}1&1&-2\\0&1&-2\\0&0&1\end{pmatrix}$,则在可逆线性变换 $\boldsymbol{x}=\boldsymbol{P}\boldsymbol{y}$ 下,有

$$f=\boldsymbol{x}^{\mathrm{T}}\boldsymbol{A}\boldsymbol{x}=(\boldsymbol{P}\boldsymbol{y})^{\mathrm{T}}\boldsymbol{A}(\boldsymbol{P}\boldsymbol{y})=\boldsymbol{y}^{\mathrm{T}}(\boldsymbol{P}^{\mathrm{T}}\boldsymbol{A}\boldsymbol{P})\boldsymbol{y}=2y_1^2-y_2^2+4y_3^2$$

即 $\boldsymbol{P}^{\mathrm{T}}\boldsymbol{A}\boldsymbol{P}=\begin{pmatrix}2&0&0\\0&-1&0\\0&0&4\end{pmatrix}$。

5. $-\frac{4}{5}<a<0$。

分析:二次型 $f(x_1,x_2,x_3)$ 的矩阵 $\boldsymbol{A}=\begin{pmatrix}1&a&-1\\a&1&2\\-1&2&5\end{pmatrix}$,令其顺序主子式 $a_{11}=1>0$,$\begin{vmatrix}1&a\\a&1\end{vmatrix}=1-a^2>0$,$\begin{vmatrix}1&a&-1\\a&1&2\\-1&2&5\end{vmatrix}=-5a\left(a+\frac{4}{5}\right)>0$,解得$-\frac{4}{5}<a<0$。

6. 分析:已知 $\boldsymbol{A}^{\mathrm{T}}\boldsymbol{A}=\boldsymbol{E}$,故$|\boldsymbol{A}^{\mathrm{T}}\boldsymbol{A}|=1$,$|\boldsymbol{A}|^2=1$,$|\boldsymbol{A}|\neq0$,所以 $\lambda\neq0$。

由 $\boldsymbol{A}^{\mathrm{T}}\boldsymbol{A}=\boldsymbol{E}$,可得 $\boldsymbol{A}^{\mathrm{T}}=\boldsymbol{A}^{-1}$,因为 λ 是 $\boldsymbol{A}$ 的特征值,所以$\frac{1}{\lambda}$是 $\boldsymbol{A}^{-1}$ 的特征值,于是$\frac{1}{\lambda}$也是 $\boldsymbol{A}^{\mathrm{T}}$ 的特征值,而 $\boldsymbol{A}^{\mathrm{T}}$ 与 $\boldsymbol{A}$ 的特征值相同,所以$\frac{1}{\lambda}$也是 $\boldsymbol{A}$ 的特征值。

7. 提示:必要性显然。

充分性。如果 $\boldsymbol{A},\boldsymbol{B}$ 有相同的特征值,设特征值为 $\lambda_1,\lambda_2,\cdots,\lambda_n$。因为 $\boldsymbol{A},\boldsymbol{B}$ 为实对称矩阵,所以存在正交矩阵 $\boldsymbol{O}_1,\boldsymbol{O}_2$,使得 $\boldsymbol{O}_1^{\mathrm{T}}\boldsymbol{A}\boldsymbol{O}_1=\boldsymbol{O}_2^{\mathrm{T}}\boldsymbol{B}\boldsymbol{O}_2=\mathrm{diag}(\lambda_1,\lambda_2,\cdots,\lambda_n)$,即 $\boldsymbol{B}=\boldsymbol{O}_2\boldsymbol{O}_1^{\mathrm{T}}\boldsymbol{A}\boldsymbol{O}_1\boldsymbol{O}_2^{\mathrm{T}}$,令 $\boldsymbol{O}=\boldsymbol{O}_1\boldsymbol{O}_2^{\mathrm{T}}$,则 $\boldsymbol{O}$ 为正交矩阵,且 $\boldsymbol{B}=\boldsymbol{O}^{\mathrm{T}}\boldsymbol{A}\boldsymbol{O}$。

8. 提示:因为 $\boldsymbol{A}$ 为特征值是非负的实对称矩阵,所以存在正交矩阵 $\boldsymbol{O}$,使得

$$\boldsymbol{O}^{\mathrm{T}}\boldsymbol{A}\boldsymbol{O}=\mathrm{diag}(\lambda_1,\lambda_2,\cdots,\lambda_n)$$

其中 $\lambda_1,\lambda_2,\cdots,\lambda_n$ 非负,即 $\boldsymbol{A}=\boldsymbol{O}\mathrm{diag}(\lambda_1,\lambda_2,\cdots,\lambda_n)\boldsymbol{O}^{\mathrm{T}}$,取 $\boldsymbol{B}=\boldsymbol{O}\mathrm{diag}(\sqrt{\lambda_1},\sqrt{\lambda_2},\cdots,\sqrt{\lambda_n})\boldsymbol{O}^{\mathrm{T}}$ 即可。

9. 分析:因为 $\forall\,\boldsymbol{x}\in\mathbf{R}^n$,有 $\boldsymbol{x}^{\mathrm{T}}\boldsymbol{A}\boldsymbol{x}=0$,所以$(\boldsymbol{x}^{\mathrm{T}}\boldsymbol{A}\boldsymbol{x})^{\mathrm{T}}=\boldsymbol{x}^{\mathrm{T}}\boldsymbol{A}^{\mathrm{T}}\boldsymbol{x}=0$。令 $\boldsymbol{B}=\boldsymbol{A}+\boldsymbol{A}^{\mathrm{T}}$,则 $\boldsymbol{B}$ 为对称矩阵,且对任意 $\boldsymbol{x}\in\mathbf{R}^n$,$\boldsymbol{x}^{\mathrm{T}}\boldsymbol{B}\boldsymbol{x}=\boldsymbol{x}^{\mathrm{T}}\boldsymbol{A}\boldsymbol{x}+\boldsymbol{x}^{\mathrm{T}}\boldsymbol{A}^{\mathrm{T}}\boldsymbol{x}=0$,易知 $\boldsymbol{B}$ 为零矩阵。于是 $\boldsymbol{A}^{\mathrm{T}}=-\boldsymbol{A}$,$|\boldsymbol{A}|=|\boldsymbol{A}^{\mathrm{T}}|=|-\boldsymbol{A}|=(-1)^n|\boldsymbol{A}|=-|\boldsymbol{A}|$,$|\boldsymbol{A}|=0$。

10. 提示:证明 $t\boldsymbol{E}+\boldsymbol{A}$ 的特征值都大于 0。

11. 分析:因为 $\forall\,\boldsymbol{x}\neq\boldsymbol{0}$,$\boldsymbol{x}^{\mathrm{T}}\boldsymbol{A}\boldsymbol{x}>0$,$\boldsymbol{x}^{\mathrm{T}}\boldsymbol{B}\boldsymbol{x}>0$,所以 $\boldsymbol{x}^{\mathrm{T}}(\boldsymbol{A}+\boldsymbol{B})\boldsymbol{x}=\boldsymbol{x}^{\mathrm{T}}\boldsymbol{A}\boldsymbol{x}+\boldsymbol{x}^{\mathrm{T}}\boldsymbol{B}\boldsymbol{x}>0$。

12. 分析:因 $\boldsymbol{A}$ 是 n 阶正定矩阵,所以存在正交矩阵 $\boldsymbol{O}$,使得

$$\boldsymbol{O}^{\mathrm{T}}\boldsymbol{A}\boldsymbol{O}=\mathrm{diag}(\lambda_1,\lambda_2,\cdots,\lambda_n)\quad(\lambda_i>0,i=1,2,\cdots,n)$$

令 $\boldsymbol{B}=\boldsymbol{O}\mathrm{diag}(\sqrt[m]{\lambda_1},\sqrt[m]{\lambda_2},\cdots,\sqrt[m]{\lambda_n})\boldsymbol{O}^{\mathrm{T}}$,则 $\boldsymbol{B}$ 为正定矩阵,且满足 $\boldsymbol{A}=\boldsymbol{B}^m$。

第八章　空间曲面与曲线

一、内容提要

（一）空间曲面

1. 球面

球面的一般方程为 $x^2+y^2+z^2+2ax+2by+2cz+d=0$。

2. 旋转曲面

yOz 坐标面上的曲线 $\begin{cases} f(y,z)=0 \\ x=0 \end{cases}$ 绕 z 轴旋转,形成的旋转面方程为 $f(\pm\sqrt{x^2+y^2},z)=0$（$y\geqslant 0$ 时取正号,$y\leqslant 0$ 时取负号）。

3. 柱面

以 xOy 坐标面上的曲线 $\begin{cases} F(x,y)=0 \\ z=0 \end{cases}$ 为准线,母线平行于 z 轴的柱面方程为 $F(x,y)=0$;反之,任何一个不含变量 z 的方程,其图形为母线平行于 z 轴的柱面。

4. 二次曲面

三元二次方程 $F(x,y,z)=0$ 的图形称为二次曲面,二次曲面方程经过化简,可化为 9 种标准方程之一。因此二次曲面共有 9 种,包括椭球面、单叶双曲面、双叶双曲面、椭圆锥面、椭圆抛物面、双曲抛物面、椭圆柱面、双曲柱面、抛物柱面。

（二）空间曲线

1. 空间曲线的方程

① 空间曲线的一般方程形如 $\begin{cases} F(x,y,z)=0 \\ G(x,y,z)=0 \end{cases}$,其图形为曲面 $F(x,y,z)=0$ 与曲面 $G(x,y,z)=0$ 的交线。

② 空间曲线的参数方程形如 $\begin{cases} x=x(t) \\ y=y(t)\ (t\in I) \\ z=z(t) \end{cases}$。

2. 空间曲线在坐标面上的投影

设空间曲线 C:$\begin{cases}F(x,y,z)=0\\G(x,y,z)=0\end{cases}$,从 C 的方程中消去 z,得 $H(x,y)=0$,则曲线 $\begin{cases}H(x,y)=0\\z=0\end{cases}$ 包含了曲线 C 在 xOy 坐标面上的投影。

二、典型例题

【例 1】 曲面 $z=\sqrt{3(x^2+y^2)}$ 是由 xOz 平面上的曲线____________绕 z 轴旋转而成的。

【答】 $\begin{cases}z=\sqrt{3}x(x\geqslant 0)\\y=0\end{cases}$。

分析:xOz 坐标面上的曲线 $\begin{cases}f(x,z)=0\\y=0\end{cases}$ 绕 z 轴旋转,形成的旋转面方程为 $f(\pm\sqrt{x^2+y^2},z)=0$ ($x\geqslant 0$ 时取正号,$x\leqslant 0$ 时取负号),由 $z=\sqrt{3(x^2+y^2)}=\sqrt{3}\sqrt{x^2+y^2}$ 可得正确答案。

【例 2】 曲面 $y=x^2+z^2$ 是由 yOz 平面上的曲线____________绕 y 轴旋转而成的。

【答】 $\begin{cases}y=z^2\\x=0\end{cases}$。

分析:yOz 坐标面上的曲线 $\begin{cases}f(y,z)=0\\x=0\end{cases}$ 绕 y 轴旋转,形成的旋转面方程为 $f(y,\pm\sqrt{x^2+z^2})=0$ ($z\geqslant 0$ 时取正号,$z\leqslant 0$ 时取负号),由 $y=x^2+z^2=(\pm\sqrt{x^2+z^2})^2$ 可得正确答案。

【例 3】 曲线 $\begin{cases}x=2y^2+z^2\\x=4-(y^2+z^2)\end{cases}$ 在 yOz 平面上的投影曲线为____________。

【答】 $\begin{cases}3y^2+2z^2=4\\x=0\end{cases}$。

分析:从曲线的方程中消去 x,得 $2y^2+z^2=4-(y^2+z^2)$,即 $3y^2+2z^2=4$,故所求投影为 $\begin{cases}3y^2+2z^2=4\\x=0\end{cases}$。

【例 4】 以曲线 $\begin{cases}x^2+y^2+z^2=4\\x+y+z=0\end{cases}$ 为准线,母线平行于 x 轴的柱面方程为____________。

【答】 $y^2+yz+z^2=2$。

分析:从曲线的方程中消去 x,得 $(y+z)^2+y^2+z^2=4$,即 $y^2+yz+z^2=2$,故所求柱面方程为 $y^2+yz+z^2=2$。

【例 5】 已知动点 M 与 xOz 平面的距离为 5,与定点 $A(2,7,-2)$ 的距离为 4,则动点 M 的轨迹是(　　)。

(A) 圆柱面　　(B) 平面 $y=5$ 上的圆

(C) 椭圆柱面　　(D) 平面 $y=5$ 上的椭圆

【答】 应选 (B)。

分析:设动点 $M(x,y,z)$,由已知条件,M 的坐标满足

$$\begin{cases}(x-2)^2+(y-7)^2+(z+2)^2=16\\|y|=5\end{cases}$$

舍去 $y=-5$，即

$$\begin{cases}(x-2)^2+(z+2)^2=12\\ y=5\end{cases}$$

此即动点 M 的轨迹。所以选(B)。

【例 6】 二次曲面 $a^2x^2-b^2y^2+c^2=0(abc\neq 0)$ 的准线是(　　)。

(A)圆　　(B) 椭圆　　(C) 抛物线　　(D) 双曲线

【答】 应选(D)。

分析：二次曲面 $a^2x^2-b^2y^2+c^2=0$ 是母线平行于 z 轴的柱面，其准线为曲线

$$\begin{cases}a^2x^2-b^2y^2+c^2=0\\ z=0\end{cases}$$

是双曲线。

【例 7】 求球面方程，使球心在直线 $\frac{x+1}{2}=\frac{y}{0}=\frac{z}{-1}$ 上，且球面过点 $A(3,-3,5)$ 和 $B(4,-6,-3)$。

【解】 设球心为 $M(a,b,c)$，则 M 在直线上，且 $|AM|=|BM|$，于是有方程组

$$\begin{cases}\frac{a+1}{2}=\frac{b}{0}=\frac{c}{-1}\\ \sqrt{(a-3)^2+(b+3)^2+(c-5)^2}=\sqrt{(a-4)^2+(b+6)^2+(c+3)^2}\end{cases}$$

解得 $a=1,b=0,c=-1$，故球心为 $M(1,0,-1)$，半径为 $R=|AM|=7$。球面方程为

$$(x-1)^2+y^2+(z+1)^2=49$$

【例 8】 已知单叶双曲面的一个平面截痕为 $\begin{cases}\frac{x^2}{45}+\frac{y^2}{80}=1\\ z=4\end{cases}$ 且过点$(-3,4,-2)$，求它的标准方程。

【解】 设方程为 $\frac{x^2}{a^2}+\frac{y^2}{b^2}-\frac{z^2}{c^2}=1$，它与 $z=4$ 的交线为 $\begin{cases}\frac{x^2}{a^2}+\frac{y^2}{b^2}-\frac{16}{c^2}=1\\ z=4\end{cases}$，即 $\begin{cases}\frac{x^2}{a^2\left(1+\frac{16}{c^2}\right)}+\frac{y^2}{b^2\left(1+\frac{16}{c^2}\right)}=1\\ z=4\end{cases}$，通过与已知截痕进行比较，以及曲面过点$(-3,4,-2)$，可得

$$a^2\left(1+\frac{16}{c^2}\right)=45,\ b^2\left(1+\frac{16}{c^2}\right)=80,\ \frac{9}{a^2}+\frac{16}{b^2}-\frac{4}{c^2}=1$$

于是得 $a^2=9$，$b^2=16$，$c^2=4$，故此单叶双曲面的标准方程为

$$\frac{x^2}{9}+\frac{y^2}{16}-\frac{z^2}{4}=1$$

【例 9】 已知二次型

$$f(x_1,x_2,x_3)=5x_1^2+5x_2^2+ax_3^2-2x_1x_2+6x_1x_3-6x_2x_3$$

的秩为 2。

① 求 a 的值。

② 指出方程 $f(x_1,x_2,x_3)=1$ 表示何种二次曲面。

【解】 ① 二次型 f 的矩阵为 $\boldsymbol{A}=\begin{pmatrix}5&-1&3\\-1&5&-3\\3&-3&a\end{pmatrix}$，对 $\boldsymbol{A}$ 作初等行变换，得

$$\boldsymbol{A}=\begin{pmatrix}5&-1&3\\-1&5&-3\\3&-3&a\end{pmatrix}\to\begin{pmatrix}-1&5&-3\\0&2&-1\\0&0&a-3\end{pmatrix}$$

由 $\mathrm{r}(\boldsymbol{A})=2$，求得 $a=3$。

② 二次型 f 的矩阵为 $\boldsymbol{A}=\begin{pmatrix}5&-1&3\\-1&5&-3\\3&-3&3\end{pmatrix}$。

$$|\lambda\boldsymbol{E}-\boldsymbol{A}|=\begin{vmatrix}\lambda-5&1&-3\\1&\lambda-5&3\\-3&3&\lambda-3\end{vmatrix}\xlongequal{r_2+1r_1}\begin{vmatrix}\lambda-5&1&-3\\\lambda-4&\lambda-4&0\\-3&3&\lambda-3\end{vmatrix}$$

$$=(\lambda-4)\begin{vmatrix}\lambda-5&1&-3\\1&1&0\\-3&3&\lambda-3\end{vmatrix}=\lambda(\lambda-4)(\lambda-9)$$

$\boldsymbol{A}$ 的特征值为 $\lambda_1=0,\lambda_2=4,\lambda_3=9$。

通过正交变换，方程 $f(x_1,x_2,x_3)=1$ 可化为 $4y_1^2+9y_2^2=1$。因此方程 $f(x_1,x_2,x_3)=1$ 表示的是椭圆柱面。

【例 10】* 将下列二次曲面的方程化简为标准方程，并说明方程表示怎样的曲面：

① $2x^2+3y^2+3z^2+4yz=1$；

② $z=xy$；

③ $x^2-2y^2+z^2+4xy+8xz+4yz=3$。

【解】 ① 先用正交变换将二次型 $f(x,y,z)=2x^2+3y^2+3z^2+4yz$ 化为标准形：

$$f(x,y,z)=(x,y,z)\begin{pmatrix}2&0&0\\0&3&2\\0&2&3\end{pmatrix}\begin{pmatrix}x\\y\\z\end{pmatrix}$$

令 $\boldsymbol{X}=\begin{pmatrix}x\\y\\z\end{pmatrix}$，$\boldsymbol{A}=\begin{pmatrix}2&0&0\\0&3&2\\0&2&3\end{pmatrix}$，则 $f(x,y,z)=\boldsymbol{X}^{\mathrm{T}}\boldsymbol{A}\boldsymbol{X}$。

求 $\boldsymbol{A}$ 的特征值及相应的特征向量，得到

$$\lambda_1=2,\boldsymbol{p}_1=(1,0,0)^{\mathrm{T}}$$
$$\lambda_2=1,\boldsymbol{p}_2=(0,1,-1)^{\mathrm{T}}$$
$$\lambda_3=5,\boldsymbol{p}_3=(0,1,1)^{\mathrm{T}}$$

因为 $\boldsymbol{A}$ 的特征值两两不相等，所以 $\boldsymbol{p}_1,\boldsymbol{p}_2,\boldsymbol{p}_3$ 两两正交。

取 $\boldsymbol{O}=\left(\dfrac{\boldsymbol{p}_1}{\|\boldsymbol{p}_1\|},\dfrac{\boldsymbol{p}_2}{\|\boldsymbol{p}_2\|},\dfrac{\boldsymbol{p}_3}{\|\boldsymbol{p}_3\|}\right)=\begin{pmatrix}1&0&0\\0&\dfrac{1}{\sqrt{2}}&\dfrac{1}{\sqrt{2}}\\0&-\dfrac{1}{\sqrt{2}}&\dfrac{1}{\sqrt{2}}\end{pmatrix}$，则

$$\boldsymbol{O}^{\mathrm{T}}\boldsymbol{A}\boldsymbol{O}=\begin{pmatrix}2&0&0\\0&1&0\\0&0&5\end{pmatrix}$$

作正交变换 $\boldsymbol{X}=\boldsymbol{O}\boldsymbol{Y}$,其中 $\boldsymbol{Y}=(x_1,y_1,z_1)^{\mathrm{T}}$，即

$$\begin{cases}x=x_1\\y=\dfrac{1}{\sqrt{2}}(y_1+z_1)\\z=\dfrac{1}{\sqrt{2}}(z_1-y_1)\end{cases}$$

则 $f=2x_1^2+y_1^2+5z_1^2$,原方程化为 $2x_1^2+y_1^2+5z_1^2=1$。因此原方程代表一个椭球面。

注意：上面的正交变换，相当于将原来的直角坐标系变成了以 x_1,y_1,z_1 为坐标变量的新坐标系。原坐标系中的向量 $(1,0,0)^{\mathrm{T}}$，$\left(0,\dfrac{1}{\sqrt{2}},-\dfrac{1}{\sqrt{2}}\right)^{\mathrm{T}}$，$\left(0,\dfrac{1}{\sqrt{2}},\dfrac{1}{\sqrt{2}}\right)^{\mathrm{T}}$ 分别变成了新坐标系下的 x_1 轴、y_1 轴、z_1 轴的正向单位向量。

② 作正交变换

$$\begin{cases}x=\dfrac{1}{\sqrt{2}}(x_1+y_1)\\y=\dfrac{1}{\sqrt{2}}(x_1-y_1)\\z=z_1\end{cases}$$

则原方程化为 $z_1=\dfrac{1}{2}(x_1^2-y_1^2)$。因此原方程代表一个双曲抛物面(即马鞍面)。

注意：上面的正交变换，相当于将原来的直角坐标系变成了以 x_1,y_1,z_1 为坐标变量的新坐标系。原坐标系中的向量 $\left(\dfrac{1}{\sqrt{2}},\dfrac{1}{\sqrt{2}},0\right)^{\mathrm{T}}$，$\left(\dfrac{1}{\sqrt{2}},-\dfrac{1}{\sqrt{2}},0\right)^{\mathrm{T}}$，$(0,0,1)^{\mathrm{T}}$ 分别变成了新坐标系下的 x_1 轴、y_1 轴、z_1 轴的正向单位向量。

③ 先用正交变换将二次型 $f(x,y,z)=x^2-2y^2+z^2+4xy+8xz+4yz$ 化为标准形,则

$$f(x,y,z)=(x,y,z)\begin{pmatrix}1&2&4\\2&-2&2\\4&2&1\end{pmatrix}\begin{pmatrix}x\\y\\z\end{pmatrix}$$

令 $\boldsymbol{X}=\begin{pmatrix}x\\y\\z\end{pmatrix}$，$\boldsymbol{A}=\begin{pmatrix}1&2&4\\2&-2&2\\4&2&1\end{pmatrix}$,则 $f(x,y,z)=\boldsymbol{X}^{\mathrm{T}}\boldsymbol{A}\boldsymbol{X}$。

下面求 $\boldsymbol{A}$ 的特征值及相应的特征向量。

$$|\lambda\boldsymbol{E}-\boldsymbol{A}|=\begin{vmatrix}\lambda-1&-2&-4\\-2&\lambda+2&-2\\-4&-2&\lambda-1\end{vmatrix}\xlongequal{(-1)c_1+c_3}\begin{vmatrix}\lambda-1&-2&-3-\lambda\\-2&\lambda+2&0\\-4&-2&\lambda+3\end{vmatrix}$$

$$=(\lambda+3)\begin{vmatrix}\lambda-1&-2&-1\\-2&\lambda+2&0\\-4&-2&1\end{vmatrix}=(\lambda+3)^2(\lambda-6)$$

经计算，求得对应 $\lambda_1=\lambda_2=-3$ 的相互正交的特征向量为 $\boldsymbol{p}_1=(1,-2,0)^{\mathrm{T}}$，$\boldsymbol{p}_2=(-4,-2,5)^{\mathrm{T}}$；

对应 $\lambda_3=6$ 的特征向量为 $\boldsymbol{p}_3=(2,1,2)^{\mathrm{T}}$。

$$\text{取 } \boldsymbol{O}=\left(\frac{\boldsymbol{p}_1}{\|\boldsymbol{p}_1\|},\frac{\boldsymbol{p}_2}{\|\boldsymbol{p}_2\|},\frac{\boldsymbol{p}_3}{\|\boldsymbol{p}_3\|}\right)=\begin{pmatrix}\frac{1}{\sqrt5} & -\frac{4}{\sqrt{45}} & \frac{2}{3}\\ -\frac{2}{\sqrt5} & -\frac{2}{\sqrt{45}} & \frac{1}{3}\\ 0 & \frac{5}{\sqrt{45}} & \frac{2}{3}\end{pmatrix}\text{，则}$$

$$\boldsymbol{O}^{\mathrm{T}}\boldsymbol{A}\boldsymbol{O}=\begin{pmatrix}-3 & 0 & 0\\ 0 & -3 & 0\\ 0 & 0 & 6\end{pmatrix}$$

作正交变换 $\boldsymbol{X}=\boldsymbol{O}\boldsymbol{Y}$,其中 $\boldsymbol{Y}=(x_1,y_1,z_1)^{\mathrm{T}}$,则 $f=-3x_1^2-3y_1^2+6z_1^2$。原方程化为 $x_1^2+y_1^2-2z_1^2=-1$。因此原方程代表一个双叶双曲面。

注意:上面的正交变换,相当于将原来的直角坐标系变成了以 x_1,y_1,z_1 为坐标变量的新坐标系。原来的向量 $\frac{1}{\sqrt5}(1,-2,0)^{\mathrm{T}}$,$\frac{1}{\sqrt{45}}(-4,-2,5)^{\mathrm{T}}$,$\frac{1}{3}(2,1,2)^{\mathrm{T}}$ 分别变成了新坐标系下的 x_1 轴、y_1 轴、z_1 轴的正向单位向量。

【例 11】 求直线 $L:\begin{cases}x-y+2z-1=0\\ x-3y-2z+1=0\end{cases}$ 绕 z 轴旋转一周所形成曲面的方程。

【解】 设 $P(x_0,y_0,z_0)$ 为旋转面上的任意一点,且 P 不在 L 上。过 P 作垂直于 z 轴的平面(即 $z=z_0$),该平面与 L 交于一点 $Q(x,y,z_0)$,于是有 $\begin{cases}x-y+2z_0-1=0\\ x-3y-2z_0+1=0\end{cases}$,求得 $\begin{cases}x=2-4z_0\\ y=1-2z_0\end{cases}$。因为 P 与 Q 到 z 轴的距离相等,所以 $x^2+y^2=x_0^2+y_0^2$,即 $x_0^2+y_0^2=(2-4z_0)^2+(1-2z_0)^2$,所求旋转曲面方程为 $x^2+y^2=(2-4z)^2+(1-2z)^2$,即 $x^2+y^2-20z^2+20z-5=0$。

【例 12】 求曲线 $C:\begin{cases}x^2+y^2+z^2=4\\ z=x^2+y^2\end{cases}$ 在3个坐标面上的投影曲线方程。

【解】 从曲线方程中消去 z,得 $x^2+y^2=\frac{\sqrt{17}-1}{2}$,故曲线 C 在 xOy 平面上的投影为

$$C_{xOy}:\begin{cases}x^2+y^2=\frac{\sqrt{17}-1}{2}\\ z=0\end{cases}。$$

从曲线方程中消去 x,得 $z=\frac{\sqrt{17}-1}{2}$,从曲线 C 在 xOy 平面上的投影 C_{xOy} 看出 $y^2\leqslant\frac{\sqrt{17}-1}{2}$,故曲线 C 在 yOz 平面上的投影为 $C_{yOz}:\begin{cases}z=\frac{\sqrt{17}-1}{2}\\ x=0\end{cases}\left(y^2\leqslant\frac{\sqrt{17}-1}{2}\right)$。

从曲线方程中消去 y,得 $z=\frac{\sqrt{17}-1}{2}$,从曲线 C 在 xOy 平面上的投影 C_{xOy} 看出 $x^2\leqslant\frac{\sqrt{17}-1}{2}$,故曲线 C 在 xOz 平面上的投影为 $C_{xOz}:\begin{cases}z=\frac{\sqrt{17}-1}{2}\\ y=0\end{cases}\left(x^2\leqslant\frac{\sqrt{17}-1}{2}\right)$。

【例 13】* 设 L_1 与 L_2 是空间两条异面且不互相垂直的直线。求证：L_1 绕 L_2 旋转而成的曲面是单叶双曲面。

【证明】 设 L_1 与 L_2 的公垂线段长度为 a。以 L_2 为 z 轴，以公垂线为 x 轴建立坐标系（如图 8-1 所示），则 L_1 过点 $(a,0,0)$，且 L_1 与 x 轴垂直。设 L_1 的方向向量为 $\boldsymbol{s}_1=(m,n,p)$，因为 L_1 垂直于 x 轴，故 $\boldsymbol{s}_1\cdot\boldsymbol{i}=0$，即 $m=0$。L_1 与 L_2 不垂直，故 $\boldsymbol{s}_1\cdot\boldsymbol{k}\neq0$，即 $p\neq0$。又 L_1 与 L_2 异面，故 L_1 不垂直于 y 轴，故 $\boldsymbol{s}_1\cdot\boldsymbol{j}\neq0$，即 $n\neq0$。L_1 的参数方程为 $\begin{cases}x=a\\y=nt(n\neq0,p\neq0)\\z=pt\end{cases}$，设 $P(x,y,z)$ 为旋转面上的一点，则过 P 且垂直于 z 轴的平面与 L_1 的交点为 $Q\left(a,\dfrac{nz}{p},z\right)$，因为 P,Q 到 z 轴的距离相等，所以 $x^2+y^2=a^2+\dfrac{n^2z^2}{p^2}$，即 $p^2(x^2+y^2)-n^2z^2=a^2p^2$。这是一个单叶双曲面方程，故旋转曲面是一个单叶双曲面。

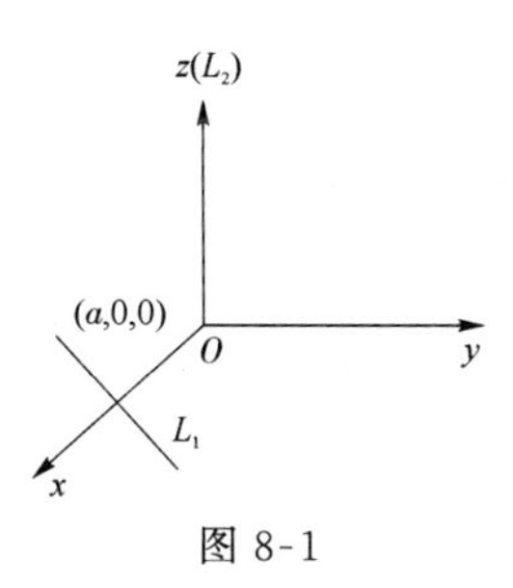

图 8-1

三、练习题

（一）填空题

1. xOz 平面上的曲线 $z^2=2x$ 绕 x 轴旋转所形成的旋转面方程为__________。

2. yOz 平面上的曲线 $\dfrac{y^2}{2}-z^2=1$ 绕 y 轴旋转所形成的旋转面方程为__________。

3. 曲线 $\begin{cases}y=x^2+z^2\\x=z\end{cases}$ 在 xOz 平面上的投影曲线为__________。

4. 方程 $2x^2+4y^2-z^2+1=0$ 所表示的曲面是__________。

（二）选择题

1. 方程 $x^2+2y^2-z+4=0$ 表示的曲面是（　　）。

(A) 单叶双曲面　　(B) 双叶双曲面　　(C) 锥面　　(D) 抛物面

2. 方程 $4x^2-z^2=9$ 表示的曲面是（　　）。

(A) 柱面　　(B) 两条相交直线　　(C) 旋转曲面　　(D) 锥面

3. 方程 $4x^2-y^2+9z^2=-1$ 表示的曲面是（　　）。

(A) 双曲抛物面　　(B) 单叶双曲面　　(C) 双叶双曲面　　(D) 椭圆抛物面

(三) 解答题

1. 已知 $A(2,0,4)$,$B(-1,-2,3)$,$C(3,0,1)$,$D(0,-3,1)$,求过 A,B,C,D 4 点的球面方程。

2. 已知某动点到点 $A(-2,3,1)$与点 $B(0,1,-1)$的距离之比为 $2:1$,求动点的轨迹方程,它表示怎样的曲面?

3. 若点 $A(2,-3,5)$和点 $B(4,1,-3)$是球面直径的两个端点,求球面方程。

4. 设柱面的母线平行于直线 $x=y=z$,其准线是曲线$\begin{cases}x^2+y^2+z^2=1\\x+y+z=0\end{cases}$,求柱面的方程。

5. 求下列曲线在指定平面上的投影曲线的方程:

① $\begin{cases}x^2+y^2+z^2=64\\x^2+y^2=4y\end{cases}$,在 yOz 平面上;

② $\begin{cases}x^2+y^2+2z^2=12\\x-y+z=1\end{cases}$,在 3 个坐标平面上;

③ $\begin{cases}x^2+y^2+z^2=16\\(x-1)^2+y^2+z^2=16\end{cases}$,在 yOz 平面上。

6. 求 k 为何值时,三元二次方程

$$f(x_1,x_2,x_3)=x_1^2+x_2^2+x_3^2+kx_1x_3+kx_2x_3=1$$

的图形为椭球面。

7*. 将下列方程化为最简形式,并判断曲面的类型。

① $x_1^2+x_2^2+5x_3^2-6x_1x_2-2x_1x_3+2x_2x_3=24$。

② $3x_1^2+6x_2^2+3x_3^2-4x_1x_2-8x_1x_3-4x_2x_3+14x_2+14x_3-\frac{35}{2}=0$。

四、练习题答案与提示

(一) 填空题

1. $2x=y^2+z^2$。

2. $\frac{y^2}{2}-x^2-z^2=1$。

分析:所求旋转面方程为$\frac{y^2}{2}-(\pm\sqrt{x^2+z^2})^2=1$,即$\frac{y^2}{2}-x^2-z^2=1$。

3. $\begin{cases}x=z\\y=0\end{cases}$。

分析:从曲线的方程中消去 y,得 $x=z$,故所求投影曲线为$\begin{cases}x=z\\y=0\end{cases}$。

4. 双叶双曲面。

（二）选择题

1.（D）。

2.（A）。

3.（C）。

（三）解答题

1. $(x-1)^2+(y+1)^2+(z-2)^2=6$。

分析：设所求球面方程为 $x^2+y^2+z^2+2ax+2by+2cz+d=0$，分别将点 $A(2,0,4)$，$B(-1,-2,3)$，$C(3,0,1)$，$D(0,-3,1)$ 的坐标代入方程，得

$$\begin{cases}4a+8c+d=-20\\2a+4b-6c-d=14\\6a+2c+d=-10\\6b-2c-d=10\end{cases}$$

求得 $\begin{cases}a=-1\\b=1\\c=-2\\d=0\end{cases}$，故所求球面方程为 $x^2+y^2+z^2-2x+2y-4z=0$，即 $(x-1)^2+(y+1)^2+(z-2)^2=6$。

2. 球心为 $\left(\frac{2}{3},\frac{1}{3},-\frac{5}{3}\right)$，半径为 $\frac{4\sqrt{3}}{3}$ 的球面。

3. $(x-3)^2+(y+1)^2+(z-1)^2=21$。

4. $x^2+y^2+z^2-xy-xz-yz-\frac{3}{2}=0$。

分析：因为直线的方向向量为 $\boldsymbol{s}=(1,1,1)$，设柱面上的动点 $P(x,y,z)$ 所在的母线与准线的交点为 $P_0(x_0,y_0,z_0)$，则 $\overrightarrow{P_0P}\parallel\boldsymbol{s}$。又 P_0 在准线上，所以

$$\begin{cases}\frac{x-x_0}{1}=\frac{y-y_0}{1}=\frac{z-z_0}{1}\\x_0^2+y_0^2+z_0^2=1\\x_0+y_0+z_0=0\end{cases}$$

设 $x-x_0=y-y_0=z-z_0=t$，即 $x_0=x-t$，$y_0=y-t$，$z_0=z-t$，代入两个方程后，消去 t，即得所求的柱面方程。

5. ① $\begin{cases}z^2=64-4y\\x=0\end{cases}$ $(|y-2|\leqslant 2)$。

② $\begin{cases}2y^2+3z^2-2yz+2y-2z=11\\x=0\end{cases}$；$\begin{cases}2x^2+3z^2+2xz-2x-2z=11\\y=0\end{cases}$；

$\begin{cases}3x^2+3y^2-4xy-4x+4y=10\\z=0\end{cases}$。

③ $\begin{cases}y^2+z^2=\frac{63}{4}\\x=0\end{cases}$。

6. $-\sqrt{2}<k<\sqrt{2}$。

分析：$f(x_1,x_2,x_3)$的矩阵为$\boldsymbol{A}=\begin{pmatrix}1 & 0 & \frac{k}{2}\\ 0 & 1 & \frac{k}{2}\\ \frac{k}{2} & \frac{k}{2} & 1\end{pmatrix}$，方程表示椭球面的充要条件是$f(x_1,x_2,x_3)$的标准形中的系数全大于0，这等价于$\boldsymbol{A}$是一个正定矩阵，因此其顺序主子式必须全大于零，即

$$|\boldsymbol{A}_1|=1>0,|\boldsymbol{A}_2|=\begin{vmatrix}1 & 0\\ 0 & 1\end{vmatrix}=1>0,|\boldsymbol{A}_3|=\begin{vmatrix}1 & 0 & \frac{k}{2}\\ 0 & 1 & \frac{k}{2}\\ \frac{k}{2} & \frac{k}{2} & 1\end{vmatrix}=1-\frac{k^2}{2}>0$$

解得$-\sqrt{2}<k<\sqrt{2}$,即当$-\sqrt{2}<k<\sqrt{2}$时，$f(x_1,x_2,x_3)=1$表示椭球面。

7*. ① $-2y_1^2+3y_2^2+6y_3^2=24$，单叶双曲面。

② $-2z_1^2+7z_2^2+7z_3^2=0$，圆锥面。

分析：① 先用正交变换将二次型

$$f(x_1,x_2,x_3)=x_1^2+x_2^2+5x_3^2-6x_1x_2-2x_1x_3+2x_2x_3$$

化为标准形,则

$$f(x_1,x_2,x_3)=(x_1,x_2,x_3)\begin{pmatrix}1 & -3 & -1\\ -3 & 1 & 1\\ -1 & 1 & 5\end{pmatrix}\begin{pmatrix}x_1\\ x_2\\ x_3\end{pmatrix}$$

令$\boldsymbol{x}=(x_1,x_2,x_3)^{\mathrm{T}}$,$\boldsymbol{A}=\begin{pmatrix}1 & -3 & -1\\ -3 & 1 & 1\\ -1 & 1 & 5\end{pmatrix}$,则$f=\boldsymbol{x}^{\mathrm{T}}\boldsymbol{A}\boldsymbol{X}$。

求$\boldsymbol{A}$的特征值及相应的特征向量,得到

$$\lambda_1=-2,\boldsymbol{p}_1=(1,1,0)^{\mathrm{T}}$$
$$\lambda_2=3,\boldsymbol{p}_2=(1,-1,1)^{\mathrm{T}}$$
$$\lambda_3=6,\boldsymbol{p}_3=(-1,1,2)^{\mathrm{T}}$$

因为$\boldsymbol{A}$的特征值两两不同,所以$\boldsymbol{p}_1,\boldsymbol{p}_2,\boldsymbol{p}_3$两两正交,取

$$\boldsymbol{O}=\left(\frac{\boldsymbol{p}_1}{\|\boldsymbol{p}_1\|},\frac{\boldsymbol{p}_2}{\|\boldsymbol{p}_2\|},\frac{\boldsymbol{p}_3}{\|\boldsymbol{p}_3\|}\right)=\begin{pmatrix}\frac{1}{\sqrt{2}} & \frac{1}{\sqrt{3}} & -\frac{1}{\sqrt{6}}\\ \frac{1}{\sqrt{2}} & -\frac{1}{\sqrt{3}} & \frac{1}{\sqrt{6}}\\ 0 & \frac{1}{\sqrt{3}} & \frac{2}{\sqrt{6}}\end{pmatrix}$$

则

$$\boldsymbol{O}^{\mathrm{T}}\boldsymbol{A}\boldsymbol{O}=\begin{pmatrix}-2 & 0 & 0\\ 0 & 3 & 0\\ 0 & 0 & 6\end{pmatrix}$$

作正交变换 $\boldsymbol{X}=\boldsymbol{O}\boldsymbol{y}$，其中 $\boldsymbol{y}=(y_1,y_2,y_3)^{\mathrm{T}}$，即

$$\begin{cases}x_1=\dfrac{1}{\sqrt{2}}y_1+\dfrac{1}{\sqrt{3}}y_2-\dfrac{1}{\sqrt{6}}y_3\\ x_2=\dfrac{1}{\sqrt{2}}y_1-\dfrac{1}{\sqrt{3}}y_2+\dfrac{1}{\sqrt{6}}y_3\\ x_3=\dfrac{1}{\sqrt{3}}y_2+\dfrac{2}{\sqrt{6}}y_3\end{cases}$$

则 $f=-2y_1^2+3y_2^2+6y_3^2$，原方程化为 $-2y_1^2+3y_2^2+6y_3^2=24$，其图形是单叶双曲面。

② 先用正交变换将二次型

$$f(x_1,x_2,x_3)=3x_1^2+6x_2^2+3x_3^2-4x_1x_2-8x_1x_3-4x_2x_3$$

化为标准形，则

$$f(x_1,x_2,x_3)=(x_1,x_2,x_3)\begin{pmatrix}3&-2&-4\\-2&6&-2\\-4&-2&3\end{pmatrix}\begin{pmatrix}x_1\\x_2\\x_3\end{pmatrix}$$

令 $\boldsymbol{x}=(x_1,x_2,x_3)^{\mathrm{T}}$，$\boldsymbol{A}=\begin{pmatrix}3&-2&-4\\-2&6&-2\\-4&-2&3\end{pmatrix}$，则 $f=\boldsymbol{x}^{\mathrm{T}}\boldsymbol{A}\boldsymbol{x}$。

求 $\boldsymbol{A}$ 的特征值及相应的特征向量，得到 $\lambda_1=-2$，$\boldsymbol{p}_1=(2,1,2)^{\mathrm{T}}$，$\lambda_2=\lambda_3=7$，取对应 $\lambda_2=\lambda_3=7$ 的正交的特征向量

$$\boldsymbol{p}_2=(1,-2,0)^{\mathrm{T}},\boldsymbol{p}_3=(-4,-2,5)^{\mathrm{T}}$$

$$\boldsymbol{O}=\left(\frac{\boldsymbol{p}_1}{\|\boldsymbol{p}_1\|},\frac{\boldsymbol{p}_2}{\|\boldsymbol{p}_2\|},\frac{\boldsymbol{p}_3}{\|\boldsymbol{p}_3\|}\right)=\begin{pmatrix}\dfrac{2}{3}&\dfrac{1}{\sqrt{5}}&-\dfrac{4}{\sqrt{45}}\\ \dfrac{1}{3}&-\dfrac{2}{\sqrt{5}}&-\dfrac{2}{\sqrt{45}}\\ \dfrac{2}{3}&0&\dfrac{5}{\sqrt{45}}\end{pmatrix}$$

令 $\boldsymbol{x}=\boldsymbol{O}\boldsymbol{y}$，$\boldsymbol{y}=(y_1,y_2,y_3)^{\mathrm{T}}$，即

$$\begin{cases}x_1=\dfrac{2}{3}y_1+\dfrac{1}{\sqrt{5}}y_2-\dfrac{4}{\sqrt{45}}y_3\\ x_2=\dfrac{1}{3}y_1-\dfrac{2}{\sqrt{5}}y_2-\dfrac{2}{\sqrt{45}}y_3\\ x_3=\dfrac{2}{3}y_1+\dfrac{5}{\sqrt{45}}y_3\end{cases}$$

则 $f=-2y_1^2+7y_2^2+7y_3^2$。原方程化为

$$-2\left(y_1-\frac{7}{2}\right)^2+7\left(y_2-\frac{2}{\sqrt{5}}\right)^2+7\left(y_3+\frac{1}{\sqrt{5}}\right)^2=0$$

令 $z_1=y_1-\dfrac{7}{2}$，$z_2=y_2-\dfrac{2}{\sqrt{5}}$，$z_3=y_3+\dfrac{1}{\sqrt{5}}$，即 $-2z_1^2+7z_2^2+7z_3^2=0$，是圆锥面。

第九章　线性空间与线性变换

一、内容提要

（一）线性空间

1. 线性空间的概念

设 V 是非空集合，$\mathbf{R}$ 为全体实数。如果对于任意的元素 $\boldsymbol{\alpha},\boldsymbol{\beta}\in V$，总有唯一的 $\boldsymbol{\gamma}\in V$ 与之对应，称 $\boldsymbol{\gamma}$ 为 $\boldsymbol{\alpha}$ 与 $\boldsymbol{\beta}$ 的和，记作 $\boldsymbol{\gamma}=\boldsymbol{\alpha}+\boldsymbol{\beta}$（这种运算称为加法）；对于任意的 $\boldsymbol{\alpha}\in V$ 及任意的 $\lambda\in\mathbf{R}$，有唯一的 $\boldsymbol{\delta}\in V$ 与之对应，称 $\boldsymbol{\delta}$ 为 λ 与 $\boldsymbol{\alpha}$ 的数量乘积，记作 $\boldsymbol{\delta}=\lambda\boldsymbol{\alpha}$（这种运算称为数乘）。

同时上述加法与数乘运算满足如下 8 条运算规律：

① 对任意 $\boldsymbol{\alpha},\boldsymbol{\beta}\in V$，$\boldsymbol{\alpha}+\boldsymbol{\beta}=\boldsymbol{\beta}+\boldsymbol{\alpha}$；

② 对任意 $\boldsymbol{\alpha},\boldsymbol{\beta},\boldsymbol{\gamma}\in V$，$(\boldsymbol{\alpha}+\boldsymbol{\beta})+\boldsymbol{\gamma}=\boldsymbol{\alpha}+(\boldsymbol{\beta}+\boldsymbol{\gamma})$；

③ 存在元素 $\mathbf{0}\in V$，使得对任意 $\boldsymbol{\alpha}\in V$，$\boldsymbol{\alpha}+\mathbf{0}=\boldsymbol{\alpha}$（称 $\mathbf{0}$ 为 V 的零元素）；

④ 对任意 $\boldsymbol{\alpha}\in V$，存在元素 $\boldsymbol{\beta}\in V$，使得 $\boldsymbol{\alpha}+\boldsymbol{\beta}=\mathbf{0}$（称 $\boldsymbol{\beta}$ 为 $\boldsymbol{\alpha}$ 的负元素，记为 $-\boldsymbol{\alpha}$）；

⑤ 对任意 $\boldsymbol{\alpha}\in V$，$1\boldsymbol{\alpha}=\boldsymbol{\alpha}$；

⑥ 对任意 $\boldsymbol{\alpha}\in V$ 及任意 $\lambda,\mu\in\mathbf{R}$，$\lambda(\mu\boldsymbol{\alpha})=(\lambda\mu)\boldsymbol{\alpha}$；

⑦ 对任意 $\boldsymbol{\alpha}\in V$ 及任意 $\lambda,\mu\in\mathbf{R}$，$(\lambda+\mu)\boldsymbol{\alpha}=\lambda\boldsymbol{\alpha}+\mu\boldsymbol{\alpha}$；

⑧ 对任意 $\boldsymbol{\alpha},\boldsymbol{\beta}\in V$ 及任意 $\lambda\in\mathbf{R}$，$\lambda(\boldsymbol{\alpha}+\boldsymbol{\beta})=\lambda\boldsymbol{\alpha}+\lambda\boldsymbol{\beta}$。

称 V 为实线性空间，类似可定义复线性空间（即将上述的 $\mathbf{R}$ 改为全体复数 $\mathbf{C}$）。

2. 子空间

设 V 是线性空间，W 是 V 的非空子集。如果 W 对于 V 中的加法与数乘这两种运算也构成线性空间，则称 W 为 V 的子空间。

设 W 是实线性空间 V 的非空子集，则 W 是 V 的子空间 $\Leftrightarrow W$ 对于 V 中的加法及数乘运算封闭，即对任意的 $\boldsymbol{\alpha},\boldsymbol{\beta}\in W$ 及 $\lambda\in\mathbf{R}$，有 $\boldsymbol{\alpha}+\boldsymbol{\beta}\in W$ 且 $\lambda\boldsymbol{\alpha}\in W$。

3. 线性空间的基

设 V 为实线性空间。如果 V 中存在元素 $\boldsymbol{\alpha}_1,\boldsymbol{\alpha}_2,\cdots,\boldsymbol{\alpha}_n$ 满足：① $\boldsymbol{\alpha}_1,\boldsymbol{\alpha}_2,\cdots,\boldsymbol{\alpha}_n$ 线性无关；② V 中任意元素 $\boldsymbol{\alpha}$ 都可由 $\boldsymbol{\alpha}_1,\boldsymbol{\alpha}_2,\cdots,\boldsymbol{\alpha}_n$ 线性表示，即存在实数 $x_1,x_2,\cdots,x_n$，使得 $\boldsymbol{\alpha}=x_1\boldsymbol{\alpha}_1+x_2\boldsymbol{\alpha}_2+\cdots+x_n\boldsymbol{\alpha}_n$。则称 $\boldsymbol{\alpha}_1,\boldsymbol{\alpha}_2,\cdots,\boldsymbol{\alpha}_n$ 为实线性空间 V 的一组基，n 称为线性空间 V 的维数，记为 $\dim V=n$。

4. 线性空间中向量的坐标

设 $\boldsymbol{\alpha}_1,\boldsymbol{\alpha}_2,\cdots,\boldsymbol{\alpha}_n$ 是 n 维实线性空间 V 的一组基。对于 V 中的任意元素 $\boldsymbol{\alpha}$,存在唯一的有序实数组 $(x_1,x_2,\cdots,x_n)$,使 $\boldsymbol{\alpha}=x_1\boldsymbol{\alpha}_1+x_2\boldsymbol{\alpha}_2+\cdots+x_n\boldsymbol{\alpha}_n$,称向量 $\boldsymbol{x}=(x_1,x_2,\cdots,x_n)^{\mathrm{T}}$ 为元素 $\boldsymbol{\alpha}$ 在基 $\boldsymbol{\alpha}_1,\boldsymbol{\alpha}_2,\cdots,\boldsymbol{\alpha}_n$ 下的坐标。

5. 过渡矩阵

设 $\boldsymbol{\alpha}_1,\boldsymbol{\alpha}_2,\cdots,\boldsymbol{\alpha}_n$ 与 $\boldsymbol{\beta}_1,\boldsymbol{\beta}_2,\cdots,\boldsymbol{\beta}_n$ 是 n 维实线性空间 V 的两组基,且

$$(\boldsymbol{\beta}_1,\boldsymbol{\beta}_2,\cdots,\boldsymbol{\beta}_n)=(\boldsymbol{\alpha}_1,\boldsymbol{\alpha}_2,\cdots,\boldsymbol{\alpha}_n)\begin{pmatrix} p_{11} & p_{12} & \cdots & p_{1n} \\ p_{21} & p_{22} & \cdots & p_{2n} \\ \vdots & \vdots & & \vdots \\ p_{n1} & p_{n2} & \cdots & p_{nn} \end{pmatrix}$$

称矩阵 $\boldsymbol{P}=(p_{ij})$ 为从基 $\boldsymbol{\alpha}_1,\boldsymbol{\alpha}_2,\cdots,\boldsymbol{\alpha}_n$ 到基 $\boldsymbol{\beta}_1,\boldsymbol{\beta}_2,\cdots,\boldsymbol{\beta}_n$ 的过渡矩阵。过渡矩阵是可逆的。

6. 坐标变换公式

设 n 维实线性空间 V 中元素 $\boldsymbol{\alpha}$ 在基 $\boldsymbol{\alpha}_1,\boldsymbol{\alpha}_2,\cdots,\boldsymbol{\alpha}_n$ 与基 $\boldsymbol{\beta}_1,\boldsymbol{\beta}_2,\cdots,\boldsymbol{\beta}_n$ 下的坐标分别为 $\boldsymbol{x}=(x_1,x_2,\cdots,x_n)^{\mathrm{T}}$ 与 $\boldsymbol{y}=(y_1,y_2,\cdots,y_n)^{\mathrm{T}}$。如果从基 $\boldsymbol{\alpha}_1,\boldsymbol{\alpha}_2,\cdots,\boldsymbol{\alpha}_n$ 到基 $\boldsymbol{\beta}_1,\boldsymbol{\beta}_2,\cdots,\boldsymbol{\beta}_n$ 的过渡矩阵为 $\boldsymbol{P}$,则 $\boldsymbol{x}=\boldsymbol{P}\boldsymbol{y}$。

(二) 线性变换

1. 线性变换的概念

设 V 为实线性空间。如果存在一个从 V 到 V 自身的对应法则 σ,使得对任意 $\boldsymbol{\alpha}\in V$,有唯一的 V 中的元素〔记为 $\sigma(\boldsymbol{\alpha})$〕与之对应,而且 σ 满足:①对任意 $\boldsymbol{\alpha},\boldsymbol{\beta}\in V$,有 $\sigma(\boldsymbol{\alpha}+\boldsymbol{\beta})=\sigma(\boldsymbol{\alpha})+\sigma(\boldsymbol{\beta})$;②对任意 $\boldsymbol{\alpha}\in V$ 及任意 $\lambda\in\mathbf{R}$,有 $\sigma(\lambda\boldsymbol{\alpha})=\lambda\sigma(\boldsymbol{\alpha})$。则称 σ 为实线性空间 V 的一个线性变换。

2. 线性变换在基下的矩阵

设 σ 是 n 维实线性空间 V 的一个线性变换,$\boldsymbol{\alpha}_1,\boldsymbol{\alpha}_2,\cdots,\boldsymbol{\alpha}_n$ 是 V 的一组基。如果 $(\sigma(\boldsymbol{\alpha}_1),\sigma(\boldsymbol{\alpha}_2),\cdots,\sigma(\boldsymbol{\alpha}_n))=(\boldsymbol{\alpha}_1,\boldsymbol{\alpha}_2,\cdots,\boldsymbol{\alpha}_n)\boldsymbol{A}$,则称 $\boldsymbol{A}$ 为线性变换 σ 在基 $\boldsymbol{\alpha}_1,\boldsymbol{\alpha}_2,\cdots,\boldsymbol{\alpha}_n$ 下的矩阵。

3. 线性变换的矩阵表示

设 $\boldsymbol{\alpha}_1,\boldsymbol{\alpha}_2,\cdots,\boldsymbol{\alpha}_n$ 是 n 维实线性空间 V 的一组基,V 的线性变换 σ 在基 $\boldsymbol{\alpha}_1,\boldsymbol{\alpha}_2,\cdots,\boldsymbol{\alpha}_n$ 下的矩阵为 $\boldsymbol{A}$。对任意 $\boldsymbol{\alpha}\in V$,设 $\boldsymbol{\alpha}$ 与 $\sigma(\boldsymbol{\alpha})$ 在基 $\boldsymbol{\alpha}_1,\boldsymbol{\alpha}_2,\cdots,\boldsymbol{\alpha}_n$ 下的坐标分别为 $\boldsymbol{x}=(x_1,x_2,\cdots,x_n)^{\mathrm{T}}$ 与 $\boldsymbol{y}=(y_1,y_2,\cdots,y_n)^{\mathrm{T}}$,则 $\boldsymbol{y}=\boldsymbol{A}\boldsymbol{x}$。

4. 线性变换在不同基下的矩阵是相似的

设 $\boldsymbol{\alpha}_1,\boldsymbol{\alpha}_2,\cdots,\boldsymbol{\alpha}_n$ 与 $\boldsymbol{\beta}_1,\boldsymbol{\beta}_2,\cdots,\boldsymbol{\beta}_n$ 是 n 维实线性空间 V 的两组基,σ 为 V 的线性变换。如果 σ 在基 $\boldsymbol{\alpha}_1,\boldsymbol{\alpha}_2,\cdots,\boldsymbol{\alpha}_n$ 与 $\boldsymbol{\beta}_1,\boldsymbol{\beta}_2,\cdots,\boldsymbol{\beta}_n$ 下的矩阵分别为 $\boldsymbol{A}$ 与 $\boldsymbol{B}$,从基 $\boldsymbol{\alpha}_1,\boldsymbol{\alpha}_2,\cdots,\boldsymbol{\alpha}_n$ 到基 $\boldsymbol{\beta}_1,\boldsymbol{\beta}_2,\cdots,\boldsymbol{\beta}_n$ 的过渡矩阵为 $\boldsymbol{P}$,则 $\boldsymbol{B}=\boldsymbol{P}^{-1}\boldsymbol{A}\boldsymbol{P}$。

(三)* 欧氏空间

1. 欧氏空间的概念

设 V 是 n 维实线性空间。如果对 V 中任意两个向量 $\boldsymbol{\alpha},\boldsymbol{\beta}$,都有唯一确定的实数〔记作$(\boldsymbol{\alpha},\boldsymbol{\beta})$〕与之对应,且满足下面的 3 条性质,则称实数$(\boldsymbol{\alpha},\boldsymbol{\beta})$为向量 $\boldsymbol{\alpha}$ 与 $\boldsymbol{\beta}$ 的内积。

① 对称性:对于任意的 $\boldsymbol{\alpha},\boldsymbol{\beta}\in\mathbf{R}^n$,$(\boldsymbol{\alpha},\boldsymbol{\beta})=(\boldsymbol{\beta},\boldsymbol{\alpha})$。

② 线性性:对于任意的 $\boldsymbol{\alpha},\boldsymbol{\beta},\boldsymbol{\gamma}\in\mathbf{R}^n$,$(\boldsymbol{\alpha}+\boldsymbol{\beta},\boldsymbol{\gamma})=(\boldsymbol{\alpha},\boldsymbol{\gamma})+(\boldsymbol{\beta},\boldsymbol{\gamma})$;而且对于任意的 $\boldsymbol{\alpha},\boldsymbol{\beta}\in\mathbf{R}^n$ 及任意的 $k\in\mathbf{R}$,$(k\boldsymbol{\alpha},\boldsymbol{\beta})=k(\boldsymbol{\alpha},\boldsymbol{\beta})$。

③ 正定性:对于任意的 $\boldsymbol{\alpha}\in\mathbf{R}^n$,$(\boldsymbol{\alpha},\boldsymbol{\alpha})\geqslant 0$,而且$(\boldsymbol{\alpha},\boldsymbol{\alpha})=0\Leftrightarrow\boldsymbol{\alpha}=\mathbf{0}$。

定义了内积运算的 n 维实线性空间 V 称为 n 维欧氏空间。$\mathbf{R}^n$ 中的标准正交基等概念及施密特(Schimidt)正交化方法对欧氏空间也适用。

2. 度量矩阵

设 V 为 n 维欧氏空间,$\boldsymbol{\alpha}_1,\boldsymbol{\alpha}_2,\cdots,\boldsymbol{\alpha}_n$ 为 V 的一组基,称

$$\boldsymbol{A}=\begin{pmatrix}(\boldsymbol{\alpha}_1,\boldsymbol{\alpha}_1) & (\boldsymbol{\alpha}_1,\boldsymbol{\alpha}_2) & \cdots & (\boldsymbol{\alpha}_1,\boldsymbol{\alpha}_n)\\ (\boldsymbol{\alpha}_2,\boldsymbol{\alpha}_1) & (\boldsymbol{\alpha}_2,\boldsymbol{\alpha}_2) & \cdots & (\boldsymbol{\alpha}_2,\boldsymbol{\alpha}_n)\\ \vdots & \vdots & & \vdots\\ (\boldsymbol{\alpha}_n,\boldsymbol{\alpha}_1) & (\boldsymbol{\alpha}_n,\boldsymbol{\alpha}_2) & \cdots & (\boldsymbol{\alpha}_n,\boldsymbol{\alpha}_n)\end{pmatrix}$$

为 V 在基 $\boldsymbol{\alpha}_1,\boldsymbol{\alpha}_2,\cdots,\boldsymbol{\alpha}_n$ 下的度量矩阵。度量矩阵是正定的。

3. 内积的矩阵表示

设 V 为 n 维欧氏空间,$\boldsymbol{\alpha}_1,\boldsymbol{\alpha}_2,\cdots,\boldsymbol{\alpha}_n$ 为 V 的一组基,$\boldsymbol{A}$ 为 V 在基 $\boldsymbol{\alpha}_1,\boldsymbol{\alpha}_2,\cdots,\boldsymbol{\alpha}_n$ 下的度量矩阵。任取 $\boldsymbol{\alpha},\boldsymbol{\beta}\in V$,分别设 $\boldsymbol{\alpha},\boldsymbol{\beta}$ 在基 $\boldsymbol{\alpha}_1,\boldsymbol{\alpha}_2,\cdots,\boldsymbol{\alpha}_n$ 下的坐标为 $\boldsymbol{x}=(x_1,x_2,\cdots,x_n)^{\mathrm{T}}$ 与 $\boldsymbol{y}=(y_1,y_2,\cdots,y_n)^{\mathrm{T}}$,则$(\boldsymbol{\alpha},\boldsymbol{\beta})=\boldsymbol{x}^{\mathrm{T}}\boldsymbol{A}\boldsymbol{y}$。

4. 不同基下的度量矩阵是合同的

设 V 为 n 维欧氏空间,$\boldsymbol{\alpha}_1,\boldsymbol{\alpha}_2,\cdots,\boldsymbol{\alpha}_n$ 与 $\boldsymbol{\beta}_1,\boldsymbol{\beta}_2,\cdots,\boldsymbol{\beta}_n$ 为 V 的两组基,V 在基 $\boldsymbol{\alpha}_1,\boldsymbol{\alpha}_2,\cdots,\boldsymbol{\alpha}_n$ 与 $\boldsymbol{\beta}_1,\boldsymbol{\beta}_2,\cdots,\boldsymbol{\beta}_n$ 下的度量矩阵分别为 $\boldsymbol{A},\boldsymbol{B}$,从 $\boldsymbol{\alpha}_1,\boldsymbol{\alpha}_2,\cdots,\boldsymbol{\alpha}_n$ 到 $\boldsymbol{\beta}_1,\boldsymbol{\beta}_2,\cdots,\boldsymbol{\beta}_n$ 的过渡矩阵为 $\boldsymbol{P}$,则 $\boldsymbol{B}=\boldsymbol{P}^{\mathrm{T}}\boldsymbol{A}\boldsymbol{P}$。

(四)* 线性空间的同构

1. 线性空间同构的概念

设 V_1,V_2 为实线性空间。如果存在一个从 V_1 到 V_2 的对应法则 f,使得对任意 $\boldsymbol{\alpha}\in V_1$,有唯一的 V_2 中的元素〔记为 $f(\boldsymbol{\alpha})$〕与之对应,而且 f 满足:①对任意 $\boldsymbol{\alpha},\boldsymbol{\beta}\in V_1$,有 $f(\boldsymbol{\alpha}+\boldsymbol{\beta})=f(\boldsymbol{\alpha})+f(\boldsymbol{\beta})$;②对任意 $\boldsymbol{\alpha}\in V_1$ 及任意 $\lambda\in\mathbf{R}$,有 $f(\lambda\boldsymbol{\alpha})=\lambda f(\boldsymbol{\alpha})$。则称 f 为实线性空间 V_1 到 V_2 的一个线性映射。若 f 为一一对应的,则称 f 为实线性空间 V_1 到 V_2 的一个同构映射,此时也称 V_1 与 V_2 同构。若 $V_1=V_2$,则称 f 为 V_1 的一个自同构。

2. 线性空间同构的充要条件

线性空间 V_1 与 V_2 同构的充要条件为 $\dim V_1=\dim V_2$。

二、典型例题

【例 1】 设 $\mathbf{C}$ 表示全体复数集，则

$$V=\left\{\begin{pmatrix}a_{11} & a_{12}\\ a_{21} & a_{22}\end{pmatrix}\middle| a_{11},a_{12},a_{21},a_{22}\in\mathbf{C},a_{12}+a_{21}=0\right\}$$

试说明 V 关于矩阵的加法与数乘运算构成实线性空间，并求出 V 的维数与一组基。

【解】 对任意的 $\boldsymbol{A},\boldsymbol{B}\in V$ 及任意的 $\lambda\in\mathbf{R}$，设 $\boldsymbol{A}=(a_{ij})$，$\boldsymbol{B}=(b_{ij})$，因为 $a_{12}+a_{21}=0$，$b_{12}+b_{21}=0$，所以 $(a_{12}+b_{12})+(a_{21}+b_{21})=0$，$\lambda a_{12}+\lambda a_{21}=0$，即 $\boldsymbol{A}+\boldsymbol{B}\in V$，$\lambda\boldsymbol{A}\in V$，这表明 V 关于矩阵的加法与数乘运算是封闭的。

很明显矩阵的加法与数乘运算满足前面介绍的 8 条运算规律，所以 V 关于矩阵的加法与数乘运算构成实线性空间。下面求 V 的维数与一组基。

任取 $\boldsymbol{A}\in V$，设 $\boldsymbol{A}=\begin{pmatrix}a_1+b_1 i & a_2+b_2 i\\ -a_2-b_2 i & a_3+b_3 i\end{pmatrix}$，$a_i,b_i\in\mathbf{R}$，$i=1,2,3$，则

$$\boldsymbol{A}=a_1\begin{pmatrix}1&0\\0&0\end{pmatrix}+a_2\begin{pmatrix}0&1\\-1&0\end{pmatrix}+a_3\begin{pmatrix}0&0\\0&1\end{pmatrix}+b_1\begin{pmatrix}i&0\\0&0\end{pmatrix}+b_2\begin{pmatrix}0&i\\-i&0\end{pmatrix}+b_3\begin{pmatrix}0&0\\0&i\end{pmatrix}$$

即 $\boldsymbol{A}$ 可由 V 中的向量组 $\begin{pmatrix}1&0\\0&0\end{pmatrix},\begin{pmatrix}0&1\\-1&0\end{pmatrix},\begin{pmatrix}0&0\\0&1\end{pmatrix},\begin{pmatrix}i&0\\0&0\end{pmatrix},\begin{pmatrix}0&i\\-i&0\end{pmatrix},\begin{pmatrix}0&0\\0&i\end{pmatrix}$ 线性表示。

若有实数 $\lambda_1,\lambda_2,\cdots,\lambda_6$ 满足

$$\lambda_1\begin{pmatrix}1&0\\0&0\end{pmatrix}+\lambda_2\begin{pmatrix}0&1\\-1&0\end{pmatrix}+\lambda_3\begin{pmatrix}0&0\\0&1\end{pmatrix}+\lambda_4\begin{pmatrix}i&0\\0&0\end{pmatrix}+\lambda_5\begin{pmatrix}0&i\\-i&0\end{pmatrix}+\lambda_6\begin{pmatrix}0&0\\0&i\end{pmatrix}=\begin{pmatrix}0&0\\0&0\end{pmatrix}$$

则 $\begin{pmatrix}\lambda_1+\lambda_4 i & \lambda_2+\lambda_5 i\\ -\lambda_2-\lambda_5 i & \lambda_3+\lambda_6 i\end{pmatrix}=\begin{pmatrix}0&0\\0&0\end{pmatrix}$，即 $\lambda_1=\lambda_2=\cdots=\lambda_6=0$，这表明该向量组线性无关，因此该向量组是 V 的一组基，$\dim V=6$。

【例 2】 已知 V 为全体 2 阶实矩阵的集合，按矩阵的加法与数乘运算，V 构成一个实线性空间。设 $W=\{\boldsymbol{B}\mid\boldsymbol{B}\in V,\boldsymbol{AB}=\boldsymbol{BA}\}$，其中 $\boldsymbol{A}=\begin{pmatrix}1&0\\-1&1\end{pmatrix}$，试说明 W 是实线性空间 V 的子空间，并求出 W 的维数与一组基。

【解】 对任意的 $\boldsymbol{B}_1,\boldsymbol{B}_2\in W$ 及任意的 $\lambda\in\mathbf{R}$，因为 $\boldsymbol{AB}_1=\boldsymbol{B}_1\boldsymbol{A}$，$\boldsymbol{AB}_2=\boldsymbol{B}_2\boldsymbol{A}$，所以 $\boldsymbol{A}(\boldsymbol{B}_1+\boldsymbol{B}_2)=(\boldsymbol{B}_1+\boldsymbol{B}_2)\boldsymbol{A}$，$\boldsymbol{A}(\lambda\boldsymbol{B}_1)=(\lambda\boldsymbol{B}_1)\boldsymbol{A}$，即 $\boldsymbol{B}_1+\boldsymbol{B}_2\in W$，$\lambda\boldsymbol{B}_1\in W$，这表明 W 关于 V 中的加法与数乘运算是封闭的，因此 W 是实线性空间 V 的子空间。

下面求 W 的维数与一组基。

任取 $\boldsymbol{B}\in W$，设 $\boldsymbol{B}=\begin{pmatrix}b_{11}&b_{12}\\b_{21}&b_{22}\end{pmatrix}$，由 $\boldsymbol{AB}=\boldsymbol{BA}$ 得

$$\begin{pmatrix}b_{11} & b_{12}\\ b_{21}-b_{11} & b_{22}-b_{12}\end{pmatrix}=\begin{pmatrix}b_{11}-b_{12} & b_{12}\\ b_{21}-b_{22} & b_{22}\end{pmatrix}$$

即 $b_{11}=b_{22}$，$b_{12}=0$，于是 $\boldsymbol{B}=\begin{pmatrix}b_{11}&0\\b_{21}&b_{11}\end{pmatrix}=b_{11}\begin{pmatrix}1&0\\0&1\end{pmatrix}+b_{21}\begin{pmatrix}0&0\\1&0\end{pmatrix}$ 可由 W 中的向量组 $\begin{pmatrix}1&0\\0&1\end{pmatrix}$，$\begin{pmatrix}0&0\\1&0\end{pmatrix}$ 线性表示。

若有实数 λ_1,λ_2 满足 $\lambda_1\begin{pmatrix}1&0\\0&1\end{pmatrix}+\lambda_2\begin{pmatrix}0&0\\1&0\end{pmatrix}=\begin{pmatrix}0&0\\0&0\end{pmatrix}$，则

$$\begin{pmatrix}\lambda_1&0\\\lambda_2&\lambda_1\end{pmatrix}=\begin{pmatrix}0&0\\0&0\end{pmatrix}$$

即 $\lambda_1=\lambda_2=0$，这表明该向量组线性无关，因此该向量组是 W 的一组基，$\dim W=2$。

【例 3】 设 $\mathbf{R}^{2\times 2}$ 为全体 2 阶实矩阵的集合，$V=\{\boldsymbol{B}\mid\boldsymbol{B}\in\mathbf{R}^{2\times 2},\boldsymbol{AB}=\boldsymbol{BA}\}$，其中 $\boldsymbol{A}=\begin{pmatrix}1&1\\0&1\end{pmatrix}$。按矩阵的加法与数乘运算，$V$ 构成一个实线性空间。

① 验证 $\boldsymbol{B}_1=\begin{pmatrix}1&1\\0&1\end{pmatrix}$，$\boldsymbol{B}_2=\begin{pmatrix}0&1\\0&0\end{pmatrix}$ 为 V 的一组基。

② 求 $\dim V$ 及 $\boldsymbol{B}=\begin{pmatrix}2&1\\0&2\end{pmatrix}$ 在基 $\boldsymbol{B}_1,\boldsymbol{B}_2$ 下的坐标。

【解】 ①任取 $\boldsymbol{B}\in V$，设 $\boldsymbol{B}=\begin{pmatrix}b_{11}&b_{12}\\b_{21}&b_{22}\end{pmatrix}$，由 $\boldsymbol{AB}=\boldsymbol{BA}$ 得

$$\begin{pmatrix}b_{11}+b_{21}&b_{12}+b_{22}\\b_{21}&b_{22}\end{pmatrix}=\begin{pmatrix}b_{11}&b_{11}+b_{12}\\b_{21}&b_{21}+b_{22}\end{pmatrix}$$

即 $b_{11}=b_{22}$，$b_{21}=0$，于是 $\boldsymbol{B}=\begin{pmatrix}b_{11}&b_{12}\\0&b_{11}\end{pmatrix}$，易见 $\boldsymbol{B}_1,\boldsymbol{B}_2\in V$，且 $\boldsymbol{B}=\begin{pmatrix}b_{11}&b_{12}\\0&b_{11}\end{pmatrix}=b_{11}\boldsymbol{B}_1+(b_{12}-b_{11})\boldsymbol{B}_2$ 可由 V 中的向量组 $\boldsymbol{B}_1,\boldsymbol{B}_2$ 线性表示。

若有实数 λ_1,λ_2 满足 $\lambda_1\boldsymbol{B}_1+\lambda_2\boldsymbol{B}_2=\begin{pmatrix}0&0\\0&0\end{pmatrix}$，则

$$\begin{pmatrix}\lambda_1&\lambda_1+\lambda_2\\0&\lambda_1\end{pmatrix}=\begin{pmatrix}0&0\\0&0\end{pmatrix}$$

即 $\lambda_1=\lambda_2=0$，这表明向量组 $\boldsymbol{B}_1,\boldsymbol{B}_2$ 线性无关，因此该向量组是 V 的一组基。

② $\dim V=2$。

因为 $\boldsymbol{B}=\begin{pmatrix}2&1\\0&2\end{pmatrix}=2\boldsymbol{B}_1-\boldsymbol{B}_2$，所以 $\boldsymbol{B}=\begin{pmatrix}2&1\\0&2\end{pmatrix}$ 在基 $\boldsymbol{B}_1,\boldsymbol{B}_2$ 下的坐标为 $(2,-1)^{\mathrm{T}}$。

【例 4】 设 $\mathbf{C}$ 表示全体复数集，$V=\left\{\begin{pmatrix}a_1&0\\0&a_2\end{pmatrix}\middle| a_1,a_2\in\mathbf{C},a_1+a_2=0\right\}$，按矩阵的加法与数乘运算，$V$ 构成一个实线性空间。

① 验证 $\boldsymbol{A}_1=\begin{pmatrix}1&0\\0&-1\end{pmatrix}$，$\boldsymbol{A}_2=\begin{pmatrix}i&0\\0&-i\end{pmatrix}$ 为 V 的一组基。

② 求 $\dim V$ 及 $\boldsymbol{A}=\begin{pmatrix}-1+3i&0\\0&1-3i\end{pmatrix}$ 在基 $\boldsymbol{A}_1,\boldsymbol{A}_2$ 下的坐标。

【解】 ① 任取 $\boldsymbol{B}\in V$，设 $\boldsymbol{B}=\begin{pmatrix}a+bi&0\\0&-a-bi\end{pmatrix}$，$a,b\in\mathbf{R}$，则

$$\boldsymbol{B}=a\begin{pmatrix}1&0\\0&-1\end{pmatrix}+b\begin{pmatrix}i&0\\0&-i\end{pmatrix}=a\boldsymbol{A}_1+b\boldsymbol{A}_2$$

即 $\boldsymbol{B}$ 可由 V 中的向量组 $\boldsymbol{A}_1,\boldsymbol{A}_2$ 线性表示。

若有实数 λ_1,λ_2 满足 $\lambda_1\boldsymbol{A}_1+\lambda_2\boldsymbol{A}_2=\begin{pmatrix}0&0\\0&0\end{pmatrix}$，则

$$\begin{pmatrix}\lambda_1+\lambda_2 i&0\\0&-\lambda_1-\lambda_2 i\end{pmatrix}=\begin{pmatrix}0&0\\0&0\end{pmatrix}$$

即 $\lambda_1=\lambda_2=0$，这表明向量组 $\boldsymbol{A}_1,\boldsymbol{A}_2$ 线性无关，因此该向量组是 V 的一组基。

② $\dim V=2$。

因为 $\boldsymbol{A}=\begin{pmatrix}-1+3i&0\\0&1-3i\end{pmatrix}=-\boldsymbol{A}_1+3\boldsymbol{A}_2$，所以 $\boldsymbol{A}$ 在基 $\boldsymbol{A}_1,\boldsymbol{A}_2$ 下的坐标为 $(-1,3)^{\mathrm{T}}$。

【例 5】 设 $\mathbf{R}^{2\times2}$ 为全体 2 阶实矩阵的集合，$V=\{\boldsymbol{A}\mid\boldsymbol{A}\in\mathbf{R}^{2\times2},\operatorname{tr}(\boldsymbol{A})=0\}$，按矩阵的加法与数乘运算，$V$ 构成一个实线性空间。

① 验证 $\boldsymbol{A}_1=\begin{pmatrix}1&0\\0&-1\end{pmatrix},\boldsymbol{A}_2=\begin{pmatrix}0&1\\0&0\end{pmatrix},\boldsymbol{A}_3=\begin{pmatrix}0&0\\1&0\end{pmatrix}$ 为 V 的一组基。

② 求 $\dim V$ 及 $\boldsymbol{A}=\begin{pmatrix}-2&1\\-3&2\end{pmatrix}$ 在基 $\boldsymbol{A}_1,\boldsymbol{A}_2,\boldsymbol{A}_3$ 下的坐标。

【解】 ① 任取 $\boldsymbol{A}\in V$，设 $\boldsymbol{A}=\begin{pmatrix}a_{11}&a_{12}\\a_{21}&-a_{11}\end{pmatrix}$，$a_{11},a_{12},a_{21}\in\mathbf{R}$，则

$$\boldsymbol{A}=a_{11}\begin{pmatrix}1&0\\0&-1\end{pmatrix}+a_{12}\begin{pmatrix}0&1\\0&0\end{pmatrix}+a_{21}\begin{pmatrix}0&0\\1&0\end{pmatrix}=a_{11}\boldsymbol{A}_1+a_{12}\boldsymbol{A}_2+a_{21}\boldsymbol{A}_3$$

即 $\boldsymbol{A}$ 可由 V 中的向量组 $\boldsymbol{A}_1,\boldsymbol{A}_2,\boldsymbol{A}_3$ 线性表示。

若有实数 $\lambda_1,\lambda_2,\lambda_3$ 满足 $\lambda_1\boldsymbol{A}_1+\lambda_2\boldsymbol{A}_2+\lambda_3\boldsymbol{A}_3=\begin{pmatrix}0&0\\0&0\end{pmatrix}$，则

$$\begin{pmatrix}\lambda_1&\lambda_2\\\lambda_3&-\lambda_1\end{pmatrix}=\begin{pmatrix}0&0\\0&0\end{pmatrix}$$

即 $\lambda_1=\lambda_2=\lambda_3=0$，这表明向量组 $\boldsymbol{A}_1,\boldsymbol{A}_2,\boldsymbol{A}_3$ 线性无关，因此该向量组是 V 的一组基。

② $\dim V=3$。

因为 $\boldsymbol{A}=\begin{pmatrix}-2&1\\-3&2\end{pmatrix}=-2\boldsymbol{A}_1+\boldsymbol{A}_2-3\boldsymbol{A}_3$，所以 $\boldsymbol{A}$ 在基 $\boldsymbol{A}_1,\boldsymbol{A}_2,\boldsymbol{A}_3$ 下的坐标为 $(-2,1,-3)^{\mathrm{T}}$。

【例 6】 设 $V=\mathbf{R}[x]_3$ 为全体次数小于 3 的实系数多项式的集合，按多项式的加法与数乘运算，V 构成一个实线性空间。

① 验证 $1,x,x^2$ 与 $1,x-1,(x-1)(x-2)$ 分别为 V 的一组基。

② 求从基 $1,x,x^2$ 到基 $1,x-1,(x-1)(x-2)$ 的过渡矩阵 $\boldsymbol{P}$。

③ 求 $f(x)=2x^2-x+9$ 在基 $1,x-1,(x-1)(x-2)$ 下的坐标 $\boldsymbol{y}$。

【解】 ① 略去验证 $1,x,x^2$ 是 V 的一组基的过程。

下面验证 $1,x-1,(x-1)(x-2)$ 为 V 的一组基。

任取 $f(x)\in V$，设 $f(x)=a_0+a_1x+a_2x^2$，$a_0,a_1,a_2\in\mathbf{R}$，则

$$f(x)=(a_2+a_1+a_0)+(3a_2+a_1)(x-1)+a_2(x-1)(x-2)$$

即 $f(x)$ 可由 V 中的向量组 $1,x-1,(x-1)(x-2)$ 线性表示。

若有实数 $\lambda_1,\lambda_2,\lambda_3$ 满足 $\lambda_1+\lambda_2(x-1)+\lambda_3(x-1)(x-2)=0$，则

$$\lambda_3x^2+(\lambda_2-3\lambda_3)x+(2\lambda_3-\lambda_2+\lambda_1)=0$$

求得 $\lambda_1=\lambda_2=\lambda_3=0$,这表明向量组 $1,x-1,(x-1)(x-2)$线性无关,因此该向量组是 V 的一组基。

② 因为$(1,x-1,(x-1)(x-2))=(1,x,x^2)\begin{pmatrix}1&-1&2\\0&1&-3\\0&0&1\end{pmatrix}$,所以 $\boldsymbol{P}=\begin{pmatrix}1&-1&2\\0&1&-3\\0&0&1\end{pmatrix}$。

③ 因为 $f(x)=2x^2-x+9=2(x-1)(x-2)+5(x-1)+10$,所以 $f(x)$在基 $1,x-1,(x-1)(x-2)$下的坐标为 $\boldsymbol{y}=(10,5,2)^{\mathrm{T}}$(或 $\boldsymbol{y}=\boldsymbol{P}^{-1}\begin{pmatrix}9\\-1\\2\end{pmatrix}=\begin{pmatrix}1&1&1\\0&1&3\\0&0&1\end{pmatrix}\begin{pmatrix}9\\-1\\2\end{pmatrix}=\begin{pmatrix}10\\5\\2\end{pmatrix}$)。

【例 7】 设 V 为全体 2 阶实对称矩阵的集合,按矩阵的加法与数乘运算,V 构成一个实线性空间。

① 验证 $\boldsymbol{A}_1=\begin{pmatrix}1&0\\0&0\end{pmatrix},\boldsymbol{A}_2=\begin{pmatrix}0&1\\1&0\end{pmatrix},\boldsymbol{A}_3=\begin{pmatrix}0&0\\0&1\end{pmatrix}$与 $\boldsymbol{B}_1=\begin{pmatrix}1&0\\0&-1\end{pmatrix},\boldsymbol{B}_2=\begin{pmatrix}1&1\\1&0\end{pmatrix},\boldsymbol{B}_3=\begin{pmatrix}1&1\\1&1\end{pmatrix}$分别为 V 的一组基。

② 求从基 $\boldsymbol{A}_1,\boldsymbol{A}_2,\boldsymbol{A}_3$ 到基 $\boldsymbol{B}_1,\boldsymbol{B}_2,\boldsymbol{B}_3$ 的过渡矩阵 $\boldsymbol{P}$。

③ 求 $\boldsymbol{A}=\begin{pmatrix}4&2\\2&-3\end{pmatrix}$在基 $\boldsymbol{B}_1,\boldsymbol{B}_2,\boldsymbol{B}_3$ 下的坐标 $\boldsymbol{y}$。

【解】 ① 略去验证 $\boldsymbol{A}_1,\boldsymbol{A}_2,\boldsymbol{A}_3$ 是 V 的一组基的过程。

下面验证 $\boldsymbol{B}_1,\boldsymbol{B}_2,\boldsymbol{B}_3$ 为 V 的一组基。

由 $\boldsymbol{B}_1=\boldsymbol{A}_1-\boldsymbol{A}_3,\boldsymbol{B}_2=\boldsymbol{A}_1+\boldsymbol{A}_2,\boldsymbol{B}_3=\boldsymbol{A}_1+\boldsymbol{A}_2+\boldsymbol{A}_3$ 可得 $\boldsymbol{A}_1=\boldsymbol{B}_1-\boldsymbol{B}_2+\boldsymbol{B}_3,\boldsymbol{A}_2=-\boldsymbol{B}_1+2\boldsymbol{B}_2-\boldsymbol{B}_3$,$\boldsymbol{A}_3=-\boldsymbol{B}_2+\boldsymbol{B}_3$。

任取 $\boldsymbol{A}\in V$,设 $\boldsymbol{A}=\begin{pmatrix}a_{11}&a_{12}\\a_{12}&a_{22}\end{pmatrix},a_{11},a_{12},a_{22}\in\mathbf{R}$,则

$$\begin{aligned}\boldsymbol{A}&=a_{11}\boldsymbol{A}_1+a_{12}\boldsymbol{A}_2+a_{22}\boldsymbol{A}_3\\&=a_{11}(\boldsymbol{B}_1-\boldsymbol{B}_2+\boldsymbol{B}_3)+a_{12}(-\boldsymbol{B}_1+2\boldsymbol{B}_2-\boldsymbol{B}_3)+a_{22}(-\boldsymbol{B}_2+\boldsymbol{B}_3)\\&=(a_{11}-a_{12})\boldsymbol{B}_1+(-a_{11}+2a_{12}-a_{22})\boldsymbol{B}_2+(a_{11}-a_{12}+a_{22})\boldsymbol{B}_3\end{aligned}$$

即 $\boldsymbol{A}$ 可由 V 中的向量组 $\boldsymbol{B}_1,\boldsymbol{B}_2,\boldsymbol{B}_3$ 线性表示。

若有实数 $\lambda_1,\lambda_2,\lambda_3$ 满足 $\lambda_1\boldsymbol{B}_1+\lambda_2\boldsymbol{B}_2+\lambda_3\boldsymbol{B}_3=\begin{pmatrix}0&0\\0&0\end{pmatrix}$,则

$$\begin{pmatrix}\lambda_1+\lambda_2+\lambda_3&\lambda_2+\lambda_3\\\lambda_2+\lambda_3&\lambda_3-\lambda_1\end{pmatrix}=\begin{pmatrix}0&0\\0&0\end{pmatrix}$$

求得 $\lambda_1=\lambda_2=\lambda_3=0$,这表明向量组 $\boldsymbol{B}_1,\boldsymbol{B}_2,\boldsymbol{B}_3$ 线性无关,因此该向量组是 V 的一组基。

② 因为$(\boldsymbol{B}_1,\boldsymbol{B}_2,\boldsymbol{B}_3)=(\boldsymbol{A}_1,\boldsymbol{A}_2,\boldsymbol{A}_3)\begin{pmatrix}1&1&1\\0&1&1\\-1&0&1\end{pmatrix}$,所以

$$\boldsymbol{P}=\begin{pmatrix}1&1&1\\0&1&1\\-1&0&1\end{pmatrix}$$

③ 因为 $\boldsymbol{A}=2\boldsymbol{B}_1+3\boldsymbol{B}_2-\boldsymbol{B}_3$，所以 $\boldsymbol{A}$ 在基 $\boldsymbol{B}_1,\boldsymbol{B}_2,\boldsymbol{B}_3$ 下的坐标为 $\boldsymbol{y}=(2,3,-1)^{\mathrm{T}}$（或 $\boldsymbol{y}=\boldsymbol{P}^{-1}\begin{pmatrix}4\\2\\-3\end{pmatrix}=\begin{pmatrix}1&-1&0\\-1&2&-1\\1&-1&1\end{pmatrix}\begin{pmatrix}4\\2\\-3\end{pmatrix}=\begin{pmatrix}2\\3\\-1\end{pmatrix}$）。

【例 8】 设 V 为全体 3 阶实对称矩阵的集合，按矩阵的加法与数乘运算，V 构成一个实线性空间。求 V 的维数与一组基。

【解】 任取 $\boldsymbol{A}\in V$，设 $\boldsymbol{A}=\begin{pmatrix}a_{11}&a_{12}&a_{13}\\a_{12}&a_{22}&a_{23}\\a_{13}&a_{23}&a_{33}\end{pmatrix}$，$a_{11},a_{12},a_{13},a_{22},a_{23},a_{33}\in\mathbf{R}$，则

$$\boldsymbol{A}=a_{11}\boldsymbol{E}_{11}+a_{12}(\boldsymbol{E}_{12}+\boldsymbol{E}_{21})+a_{13}(\boldsymbol{E}_{13}+\boldsymbol{E}_{31})+a_{22}\boldsymbol{E}_{22}+a_{23}(\boldsymbol{E}_{23}+\boldsymbol{E}_{32})+a_{33}\boldsymbol{E}_{33}$$

即 $\boldsymbol{A}$ 可由 V 中的向量组 $\boldsymbol{E}_{11},\boldsymbol{E}_{12}+\boldsymbol{E}_{21},\boldsymbol{E}_{13}+\boldsymbol{E}_{31},\boldsymbol{E}_{22},\boldsymbol{E}_{23}+\boldsymbol{E}_{32},\boldsymbol{E}_{33}$ 线性表示，其中 $\boldsymbol{E}_{ij}$ 为第 i 行第 j 列元素为 1，其余元素为零的 3 阶矩阵。

设有实数 $\lambda_1,\lambda_2,\lambda_3,\lambda_4,\lambda_5,\lambda_6$，使得

$$\lambda_1\boldsymbol{E}_{11}+\lambda_2(\boldsymbol{E}_{12}+\boldsymbol{E}_{21})+\lambda_3(\boldsymbol{E}_{13}+\boldsymbol{E}_{31})+\lambda_4\boldsymbol{E}_{22}+\lambda_5(\boldsymbol{E}_{23}+\boldsymbol{E}_{32})+\lambda_6\boldsymbol{E}_{33}=\boldsymbol{O}$$

其中 $\boldsymbol{O}$ 为零矩阵，即

$$\begin{pmatrix}\lambda_1&\lambda_2&\lambda_3\\\lambda_2&\lambda_4&\lambda_5\\\lambda_3&\lambda_5&\lambda_6\end{pmatrix}=\begin{pmatrix}0&0&0\\0&0&0\\0&0&0\end{pmatrix}$$

求得 $\lambda_1=\lambda_2=\lambda_3=\lambda_4=\lambda_5=\lambda_6=0$。这说明 $\boldsymbol{E}_{11},\boldsymbol{E}_{12}+\boldsymbol{E}_{21},\boldsymbol{E}_{13}+\boldsymbol{E}_{31},\boldsymbol{E}_{22},\boldsymbol{E}_{23}+\boldsymbol{E}_{32},\boldsymbol{E}_{33}$ 线性无关。

因此 $\boldsymbol{E}_{11},\boldsymbol{E}_{12}+\boldsymbol{E}_{21},\boldsymbol{E}_{13}+\boldsymbol{E}_{31},\boldsymbol{E}_{22},\boldsymbol{E}_{23}+\boldsymbol{E}_{32},\boldsymbol{E}_{33}$ 为 V 的一组基，$\dim V=6$。

【例 9】 设 V 为全体 3 阶实上三角矩阵的集合，按矩阵的加法与数乘运算，V 构成一个实线性空间。求 V 的维数与一组基。

【解】 任取 $\boldsymbol{A}\in V$，设 $\boldsymbol{A}=\begin{pmatrix}a_{11}&a_{12}&a_{13}\\0&a_{22}&a_{23}\\0&0&a_{33}\end{pmatrix}$，$a_{11},a_{12},a_{13},a_{22},a_{23},a_{33}\in\mathbf{R}$，则

$$\boldsymbol{A}=a_{11}\boldsymbol{E}_{11}+a_{12}\boldsymbol{E}_{12}+a_{13}\boldsymbol{E}_{13}+a_{22}\boldsymbol{E}_{22}+a_{23}\boldsymbol{E}_{23}+a_{33}\boldsymbol{E}_{33}$$

即 $\boldsymbol{A}$ 可由 V 中的向量组 $\boldsymbol{E}_{11},\boldsymbol{E}_{12},\boldsymbol{E}_{13},\boldsymbol{E}_{22},\boldsymbol{E}_{23},\boldsymbol{E}_{33}$ 线性表示，其中 $\boldsymbol{E}_{ij}$ 为第 i 行第 j 列元素为 1，其余元素为零的 3 阶矩阵。

设有实数 $\lambda_1,\lambda_2,\lambda_3,\lambda_4,\lambda_5,\lambda_6$，使得

$$\lambda_1\boldsymbol{E}_{11}+\lambda_2\boldsymbol{E}_{12}+\lambda_3\boldsymbol{E}_{13}+\lambda_4\boldsymbol{E}_{22}+\lambda_5\boldsymbol{E}_{23}+\lambda_6\boldsymbol{E}_{33}=\boldsymbol{O}$$

其中 $\boldsymbol{O}$ 为零矩阵，即 $\begin{pmatrix}\lambda_1&\lambda_2&\lambda_3\\0&\lambda_4&\lambda_5\\0&0&\lambda_6\end{pmatrix}=\begin{pmatrix}0&0&0\\0&0&0\\0&0&0\end{pmatrix}$，求得 $\lambda_1=\lambda_2=\lambda_3=\lambda_4=\lambda_5=\lambda_6=0$。这说明 $\boldsymbol{E}_{11},\boldsymbol{E}_{12},\boldsymbol{E}_{13},\boldsymbol{E}_{22},\boldsymbol{E}_{23},\boldsymbol{E}_{33}$ 线性无关。因此 $\boldsymbol{E}_{11},\boldsymbol{E}_{12},\boldsymbol{E}_{13},\boldsymbol{E}_{22},\boldsymbol{E}_{23},\boldsymbol{E}_{33}$ 为 V 的一组基，$\dim V=6$。

【例 10】 设 $\mathbf{R}^4$ 为全体四维实向量的集合，按向量的加法与数乘运算，$\mathbf{R}^4$ 构成一个实线性空间。设 $\boldsymbol{\alpha}_1=(1,-1,2,3)^{\mathrm{T}}$，$\boldsymbol{\alpha}_2=(2,1,0,-1)^{\mathrm{T}}$，$\boldsymbol{\alpha}_3=(4,-1,4,5)^{\mathrm{T}}$，$\boldsymbol{\alpha}_4=(7,-1,6,7)^{\mathrm{T}}$。

① 求 $L(\boldsymbol{\alpha}_1,\boldsymbol{\alpha}_2,\boldsymbol{\alpha}_3,\boldsymbol{\alpha}_4)$ 的维数与一组基。

② 求 $\boldsymbol{\alpha}_1,\boldsymbol{\alpha}_2,\boldsymbol{\alpha}_3,\boldsymbol{\alpha}_4$ 在题①中基下的坐标。

【解】 ① $\boldsymbol{\alpha}_1,\boldsymbol{\alpha}_2,\boldsymbol{\alpha}_3,\boldsymbol{\alpha}_4$ 的极大无关组即 $L(\boldsymbol{\alpha}_1,\boldsymbol{\alpha}_2,\boldsymbol{\alpha}_3,\boldsymbol{\alpha}_4)$ 的一组基。对 $(\boldsymbol{\alpha}_1,\boldsymbol{\alpha}_2,\boldsymbol{\alpha}_3,\boldsymbol{\alpha}_4)$ 作

初等行变换,得

$$(\boldsymbol{\alpha}_1,\boldsymbol{\alpha}_2,\boldsymbol{\alpha}_3,\boldsymbol{\alpha}_4)=\begin{pmatrix}1&2&4&7\\-1&1&-1&-1\\2&0&4&6\\3&-1&5&7\end{pmatrix}\to\begin{pmatrix}1&0&2&3\\0&1&1&2\\0&0&0&0\\0&0&0&0\end{pmatrix}\tag{9-1}$$

注:式(9-1)只能作行变换。于是$\boldsymbol{\alpha}_1,\boldsymbol{\alpha}_2$是$\boldsymbol{\alpha}_1,\boldsymbol{\alpha}_2,\boldsymbol{\alpha}_3,\boldsymbol{\alpha}_4$的一个极大无关组,$\boldsymbol{\alpha}_3=2\boldsymbol{\alpha}_1+\boldsymbol{\alpha}_2$,$\boldsymbol{\alpha}_4=3\boldsymbol{\alpha}_1+2\boldsymbol{\alpha}_2$。

故$L(\boldsymbol{\alpha}_1,\boldsymbol{\alpha}_2,\boldsymbol{\alpha}_3,\boldsymbol{\alpha}_4)$的维数是2,$\boldsymbol{\alpha}_1,\boldsymbol{\alpha}_2$为一组基。

② $\boldsymbol{\alpha}_1,\boldsymbol{\alpha}_2,\boldsymbol{\alpha}_3,\boldsymbol{\alpha}_4$在基$\boldsymbol{\alpha}_1,\boldsymbol{\alpha}_2$下的坐标分别为$\boldsymbol{x}_1=(1,0)^{\mathrm{T}}$,$\boldsymbol{x}_2=(0,1)^{\mathrm{T}}$,$\boldsymbol{x}_3=(2,1)^{\mathrm{T}}$,$\boldsymbol{x}_4=(3,2)^{\mathrm{T}}$。

【例11】 设$\mathbf{R}^3$为全体三维实向量的集合,按向量的加法与数乘运算,$\mathbf{R}^3$构成一个实线性空间。在$\mathbf{R}^3$中定义σ为

$$\sigma(x_1,x_2,x_3)^{\mathrm{T}}=(x_1+x_2,x_2+x_3,x_3+x_1)^{\mathrm{T}},\forall x_1,x_2,x_3\in\mathbf{R}$$

① 验证σ为$\mathbf{R}^3$的一个线性变换。

② 求σ在基$\boldsymbol{\varepsilon}_1,\boldsymbol{\varepsilon}_2,\boldsymbol{\varepsilon}_3$($\boldsymbol{\varepsilon}_i$为第$i$个分量为1,其余分量为零的向量)下的矩阵$\boldsymbol{A}$。

【解】 ① 对任意$\boldsymbol{\alpha}=(x_1,x_2,x_3)^{\mathrm{T}}\in\mathbf{R}^3$,有唯一的

$$\sigma(\boldsymbol{\alpha})=(x_1+x_2,x_2+x_3,x_3+x_1)^{\mathrm{T}}\in\mathbf{R}^3$$

与之对应。

对任意$\boldsymbol{\alpha},\boldsymbol{\beta}\in\mathbf{R}^3$,设$\boldsymbol{\alpha}=(x_1,x_2,x_3)^{\mathrm{T}}$,$\boldsymbol{\beta}=(y_1,y_2,y_3)^{\mathrm{T}}$,则

$$\boldsymbol{\alpha}+\boldsymbol{\beta}=(x_1+y_1,x_2+y_2,x_3+y_3)^{\mathrm{T}}$$

$$\sigma(\boldsymbol{\alpha})=(x_1+x_2,x_2+x_3,x_3+x_1)^{\mathrm{T}}$$

$$\sigma(\boldsymbol{\beta})=(y_1+y_2,y_2+y_3,y_3+y_1)^{\mathrm{T}}$$

$$\sigma(\boldsymbol{\alpha}+\boldsymbol{\beta})=(x_1+y_1+x_2+y_2,x_2+y_2+x_3+y_3,x_3+y_3+x_1+y_1)^{\mathrm{T}}=\sigma(\boldsymbol{\alpha})+\sigma(\boldsymbol{\beta})$$

对任意$\lambda\in\mathbf{R}$,有

$$\sigma(\lambda\boldsymbol{\alpha})=(\lambda x_1+\lambda x_2,\lambda x_2+\lambda x_3,\lambda x_3+\lambda x_1)^{\mathrm{T}}=\lambda\sigma(\boldsymbol{\alpha})$$

所以σ是$\mathbf{R}^3$的一个线性变换。

②

$$\sigma(\boldsymbol{\varepsilon}_1)=(1,0,1)^{\mathrm{T}}=\boldsymbol{\varepsilon}_1+\boldsymbol{\varepsilon}_3$$

$$\sigma(\boldsymbol{\varepsilon}_2)=(1,1,0)^{\mathrm{T}}=\boldsymbol{\varepsilon}_1+\boldsymbol{\varepsilon}_2,\sigma(\boldsymbol{\varepsilon}_3)=(0,1,1)^{\mathrm{T}}=\boldsymbol{\varepsilon}_2+\boldsymbol{\varepsilon}_3$$

因为$(\sigma(\boldsymbol{\varepsilon}_1),\sigma(\boldsymbol{\varepsilon}_2),\sigma(\boldsymbol{\varepsilon}_3))=(\boldsymbol{\varepsilon}_1,\boldsymbol{\varepsilon}_2,\boldsymbol{\varepsilon}_3)\begin{pmatrix}1&1&0\\0&1&1\\1&0&1\end{pmatrix}$,所以$\boldsymbol{A}=\begin{pmatrix}1&1&0\\0&1&1\\1&0&1\end{pmatrix}$。

【例12】 设V为全体2阶实矩阵的集合,按矩阵的加法与数乘运算,V构成一个实线性空间。在V中定义σ为:$\sigma(\boldsymbol{X})=\boldsymbol{X}\begin{pmatrix}1&-2\\3&1\end{pmatrix}$,$\forall\boldsymbol{X}\in V$。

① 验证σ为V的一个线性变换。

② 求σ在基$\boldsymbol{E}_{11},\boldsymbol{E}_{12},\boldsymbol{E}_{21},\boldsymbol{E}_{22}$($\boldsymbol{E}_{ij}$为第$i$行第$j$列元素为1,其余元素为零的矩阵)下的矩阵$\boldsymbol{A}$。

【解】 ① 对任意$\boldsymbol{X}\in V$,有唯一的$\sigma(\boldsymbol{X})=\boldsymbol{X}\begin{pmatrix}1&-2\\3&1\end{pmatrix}$与之对应,且对任意$\boldsymbol{X},\boldsymbol{Y}\in V$,有

$$\sigma(\boldsymbol{X}+\boldsymbol{Y})=(\boldsymbol{X}+\boldsymbol{Y})\begin{pmatrix}1 & -2\\ 3 & 1\end{pmatrix}$$

$$=\boldsymbol{X}\begin{pmatrix}1 & -2\\ 3 & 1\end{pmatrix}+\boldsymbol{Y}\begin{pmatrix}1 & -2\\ 3 & 1\end{pmatrix}=\sigma(\boldsymbol{X})+\sigma(\boldsymbol{Y})$$

对任意 $\lambda\in\mathbf{R}$,有

$$\sigma(\lambda\boldsymbol{X})=(\lambda\boldsymbol{X})\begin{pmatrix}1 & -2\\ 3 & 1\end{pmatrix}=\lambda\sigma(\boldsymbol{X})$$

所以 σ 是 V 的一个线性变换。

②

$$\sigma(\boldsymbol{E}_{11})=\begin{pmatrix}1 & 0\\ 0 & 0\end{pmatrix}\begin{pmatrix}1 & -2\\ 3 & 1\end{pmatrix}=\begin{pmatrix}1 & -2\\ 0 & 0\end{pmatrix}=\boldsymbol{E}_{11}-2\boldsymbol{E}_{12}$$

$$\sigma(\boldsymbol{E}_{12})=\begin{pmatrix}0 & 1\\ 0 & 0\end{pmatrix}\begin{pmatrix}1 & -2\\ 3 & 1\end{pmatrix}=\begin{pmatrix}3 & 1\\ 0 & 0\end{pmatrix}=3\boldsymbol{E}_{11}+\boldsymbol{E}_{12}$$

$$\sigma(\boldsymbol{E}_{21})=\begin{pmatrix}0 & 0\\ 1 & 0\end{pmatrix}\begin{pmatrix}1 & -2\\ 3 & 1\end{pmatrix}=\begin{pmatrix}0 & 0\\ 1 & -2\end{pmatrix}=\boldsymbol{E}_{21}-2\boldsymbol{E}_{22}$$

$$\sigma(\boldsymbol{E}_{22})=\begin{pmatrix}0 & 0\\ 0 & 1\end{pmatrix}\begin{pmatrix}1 & -2\\ 3 & 1\end{pmatrix}=\begin{pmatrix}0 & 0\\ 3 & 1\end{pmatrix}=3\boldsymbol{E}_{21}+\boldsymbol{E}_{22}$$

因为

$$(\sigma(\boldsymbol{E}_{11}),\sigma(\boldsymbol{E}_{12}),\sigma(\boldsymbol{E}_{21}),\sigma(\boldsymbol{E}_{22}))=(\boldsymbol{E}_{11},\boldsymbol{E}_{12},\boldsymbol{E}_{21},\boldsymbol{E}_{22})\begin{pmatrix}1 & 3 & 0 & 0\\ -2 & 1 & 0 & 0\\ 0 & 0 & 1 & 3\\ 0 & 0 & -2 & 1\end{pmatrix}$$

所以

$$\boldsymbol{A}=\begin{pmatrix}1 & 3 & 0 & 0\\ -2 & 1 & 0 & 0\\ 0 & 0 & 1 & 3\\ 0 & 0 & -2 & 1\end{pmatrix}$$

【例 13】 设 $V=\mathbf{R}[x]_n$ 为全体次数小于 n 的实系数多项式的集合,按多项式的加法与数乘运算,V 构成一个实线性空间。在 V 中定义 σ 为:$\sigma[f(x)]=f(x+1)-f(x)$, $\forall\, f(x)\in V$。

① 验证 σ 为 V 的一个线性变换。

② 求 σ 在基 $1,x,\dfrac{x(x-1)}{2!},\dfrac{x(x-1)(x-2)}{3!},\cdots,\dfrac{x(x-1)\cdots(x-n+2)}{(n-1)!}$下的矩阵 $\boldsymbol{A}$。

【解】 ① 对任意 $f(x)\in V$,有唯一的 $\sigma[f(x)]=f(x+1)-f(x)$与之对应,且对任意 $f(x),g(x)\in V$,有

$$\sigma[f(x)+g(x)]=f(x+1)+g(x+1)-f(x)-g(x)$$

$$=\sigma[f(x)]+\sigma[g(x)]$$

对任意 $\lambda\in\mathbf{R}$,有

$$\sigma[\lambda f(x)]=\lambda f(x+1)-\lambda f(x)=\lambda\sigma[f(x)]$$

所以 σ 是 V 的一个线性变换。

②

$$\sigma(1)=0,\sigma(x)=x+1-x=1$$

$$\sigma\left[\frac{x(x-1)}{2!}\right]=\frac{(x+1)x}{2!}-\frac{x(x-1)}{2!}=x$$

$$\begin{aligned}\sigma\left[\frac{x(x-1)\cdots(x-k+1)}{k!}\right]&=\frac{(x+1)x\cdots(x-k+2)}{k!}-\frac{x(x-1)\cdots(x-k+1)}{k!}\\&=\frac{x(x-1)\cdots(x-k+2)}{(k-1)!},\quad k=3,4,\cdots,n-1\end{aligned}$$

$$\begin{aligned}&\left(\sigma(1),\sigma(x),\sigma\left(\frac{x(x-1)}{2!}\right),\cdots,\sigma\left(\frac{x(x-1)\cdots(x-n+2)}{(n-1)!}\right)\right)\\&=\left(1,x,\frac{x(x-1)}{2!},\cdots,\frac{x(x-1)\cdots(x-n+2)}{(n-1)!}\right)\boldsymbol{A}\end{aligned}$$

$$\boldsymbol{A}=\begin{pmatrix}0&1&0&\cdots&0\\0&0&1&\cdots&0\\\vdots&\vdots&\vdots&&\vdots\\0&0&0&\cdots&1\\0&0&0&\cdots&0\end{pmatrix}$$

【例 14】 设 V 为三维实线性空间,$\boldsymbol{\alpha}_1,\boldsymbol{\alpha}_2,\boldsymbol{\alpha}_3$ 为 V 的一组基。

① 在 V 中定义 σ 为:$\sigma(x_1\boldsymbol{\alpha}_1+x_2\boldsymbol{\alpha}_2+x_3\boldsymbol{\alpha}_3)=(x_1+x_3)\boldsymbol{\alpha}_1+x_2\boldsymbol{\alpha}_2+(x_1-x_3)\boldsymbol{\alpha}_3$, $\forall x_1,x_2,x_3\in\mathbf{R}$。验证 σ 为 V 的一个线性变换。

② 求 σ 在基 $\boldsymbol{\alpha}_1,\boldsymbol{\alpha}_2,\boldsymbol{\alpha}_3$ 下的矩阵 $\boldsymbol{A}$。

③ 若 $\boldsymbol{\beta}_1=\boldsymbol{\alpha}_1+\boldsymbol{\alpha}_2-\boldsymbol{\alpha}_3,\boldsymbol{\beta}_2=\boldsymbol{\alpha}_2-2\boldsymbol{\alpha}_3,\boldsymbol{\beta}_3=2\boldsymbol{\alpha}_1+\boldsymbol{\alpha}_2-2\boldsymbol{\alpha}_3$,证明 $\boldsymbol{\beta}_1,\boldsymbol{\beta}_2,\boldsymbol{\beta}_3$ 也是 V 的一组基,并求从基 $\boldsymbol{\alpha}_1,\boldsymbol{\alpha}_2,\boldsymbol{\alpha}_3$ 到基 $\boldsymbol{\beta}_1,\boldsymbol{\beta}_2,\boldsymbol{\beta}_3$ 的过渡矩阵 $\boldsymbol{P}$。

④ 求 σ 在基 $\boldsymbol{\beta}_1,\boldsymbol{\beta}_2,\boldsymbol{\beta}_3$ 下的矩阵 $\boldsymbol{B}$。

【解】 ① 对任意 $\boldsymbol{\alpha}\in V$,设 $\boldsymbol{\alpha}=x_1\boldsymbol{\alpha}_1+x_2\boldsymbol{\alpha}_2+x_3\boldsymbol{\alpha}_3$,有唯一的 $\sigma(\boldsymbol{\alpha})=(x_1+x_3)\boldsymbol{\alpha}_1+x_2\boldsymbol{\alpha}_2+(x_1-x_3)\boldsymbol{\alpha}_3$ 与之对应。

对任意 $\boldsymbol{\alpha},\boldsymbol{\beta}\in V$,设 $\boldsymbol{\alpha}=x_1\boldsymbol{\alpha}_1+x_2\boldsymbol{\alpha}_2+x_3\boldsymbol{\alpha}_3,\boldsymbol{\beta}=y_1\boldsymbol{\alpha}_1+y_2\boldsymbol{\alpha}_2+y_3\boldsymbol{\alpha}_3$,则

$$\boldsymbol{\alpha}+\boldsymbol{\beta}=(x_1+y_1)\boldsymbol{\alpha}_1+(x_2+y_2)\boldsymbol{\alpha}_2+(x_3+y_3)\boldsymbol{\alpha}_3$$

$$\sigma(\boldsymbol{\alpha})=(x_1+x_3)\boldsymbol{\alpha}_1+x_2\boldsymbol{\alpha}_2+(x_1-x_3)\boldsymbol{\alpha}_3$$

$$\sigma(\boldsymbol{\beta})=(y_1+y_3)\boldsymbol{\alpha}_1+y_2\boldsymbol{\alpha}_2+(y_1-y_3)\boldsymbol{\alpha}_3$$

$$\begin{aligned}\sigma(\boldsymbol{\alpha}+\boldsymbol{\beta})&=(x_1+y_1+x_3+y_3)\boldsymbol{\alpha}_1+(x_2+y_2)\boldsymbol{\alpha}_2+(x_1+y_1-x_3-y_3)\boldsymbol{\alpha}_3\\&=\sigma(\boldsymbol{\alpha})+\sigma(\boldsymbol{\beta})\end{aligned}$$

对任意 $\lambda\in\mathbf{R}$,有

$$\sigma(\lambda\boldsymbol{\alpha})=(\lambda x_1+\lambda x_3)\boldsymbol{\alpha}_1+\lambda x_2\boldsymbol{\alpha}_2+(\lambda x_1-\lambda x_3)\boldsymbol{\alpha}_3=\lambda\sigma(\boldsymbol{\alpha})$$

所以 σ 是 V 的一个线性变换。

②

$$\sigma(\boldsymbol{\alpha}_1)=\boldsymbol{\alpha}_1+\boldsymbol{\alpha}_3,\sigma(\boldsymbol{\alpha}_2)=\boldsymbol{\alpha}_2,\sigma(\boldsymbol{\alpha}_3)=\boldsymbol{\alpha}_1-\boldsymbol{\alpha}_3$$

因为$(\sigma(\boldsymbol{\alpha}_1),\sigma(\boldsymbol{\alpha}_2),\sigma(\boldsymbol{\alpha}_3))=(\boldsymbol{\alpha}_1,\boldsymbol{\alpha}_2,\boldsymbol{\alpha}_3)\begin{pmatrix}1&0&1\\0&1&0\\1&0&-1\end{pmatrix}$,所以 $\boldsymbol{A}=\begin{pmatrix}1&0&1\\0&1&0\\1&0&-1\end{pmatrix}$。

③ 因为$(\boldsymbol{\beta}_1,\boldsymbol{\beta}_2,\boldsymbol{\beta}_3)=(\boldsymbol{\alpha}_1,\boldsymbol{\alpha}_2,\boldsymbol{\alpha}_3)\begin{pmatrix}1&0&2\\1&1&1\\-1&-2&-2\end{pmatrix}$，而且

$$\begin{vmatrix}1&0&2\\1&1&1\\-1&-2&-2\end{vmatrix}=-2\neq0$$

所以$\boldsymbol{\beta}_1,\boldsymbol{\beta}_2,\boldsymbol{\beta}_3$也是$V$的一组基，从基$\boldsymbol{\alpha}_1,\boldsymbol{\alpha}_2,\boldsymbol{\alpha}_3$到基$\boldsymbol{\beta}_1,\boldsymbol{\beta}_2,\boldsymbol{\beta}_3$的过渡矩阵为

$$\boldsymbol{P}=\begin{pmatrix}1&0&2\\1&1&1\\-1&-2&-2\end{pmatrix}$$

④ 求得$\boldsymbol{P}^{-1}=\begin{pmatrix}0&2&1\\-\frac{1}{2}&0&-\frac{1}{2}\\\frac{1}{2}&-1&-\frac{1}{2}\end{pmatrix}$，于是$\boldsymbol{B}=\boldsymbol{P}^{-1}\boldsymbol{A}\boldsymbol{P}=\begin{pmatrix}4&4&6\\-1&0&-2\\-2&-3&-3\end{pmatrix}$。

【例 15】 设V为三维实线性空间，$\boldsymbol{\alpha}_1,\boldsymbol{\alpha}_2,\boldsymbol{\alpha}_3$为$V$的一组基。已知$V$的线性变换$\sigma$在基$\boldsymbol{\alpha}_1,\boldsymbol{\alpha}_2,\boldsymbol{\alpha}_3$下的矩阵为$\boldsymbol{A}=(a_{ij})$。

① 求σ在基$\boldsymbol{\alpha}_3,\boldsymbol{\alpha}_1,\boldsymbol{\alpha}_2$下的矩阵$\boldsymbol{B}_1$。

② 求σ在基$\boldsymbol{\alpha}_1,\boldsymbol{\alpha}_2,2\boldsymbol{\alpha}_3$下的矩阵$\boldsymbol{B}_2$。

【解】 ① 因为从基$\boldsymbol{\alpha}_1,\boldsymbol{\alpha}_2,\boldsymbol{\alpha}_3$到基$\boldsymbol{\alpha}_3,\boldsymbol{\alpha}_1,\boldsymbol{\alpha}_2$的过渡矩阵为$\boldsymbol{P}=\begin{pmatrix}0&1&0\\0&0&1\\1&0&0\end{pmatrix}$，所以

$$\boldsymbol{B}_1=\boldsymbol{P}^{-1}\boldsymbol{A}\boldsymbol{P}=\begin{pmatrix}0&1&0\\0&0&1\\1&0&0\end{pmatrix}^{-1}\boldsymbol{A}\begin{pmatrix}0&1&0\\0&0&1\\1&0&0\end{pmatrix}=\begin{pmatrix}a_{33}&a_{31}&a_{32}\\a_{13}&a_{11}&a_{12}\\a_{23}&a_{21}&a_{22}\end{pmatrix}$$

② 因为从基$\boldsymbol{\alpha}_1,\boldsymbol{\alpha}_2,\boldsymbol{\alpha}_3$到基$\boldsymbol{\alpha}_1,\boldsymbol{\alpha}_2,2\boldsymbol{\alpha}_3$的过渡矩阵为$\boldsymbol{Q}=\begin{pmatrix}1&0&0\\0&1&0\\0&0&2\end{pmatrix}$，所以

$$\boldsymbol{B}_2=\boldsymbol{Q}^{-1}\boldsymbol{A}\boldsymbol{Q}=\begin{pmatrix}1&0&0\\0&1&0\\0&0&2\end{pmatrix}^{-1}\boldsymbol{A}\begin{pmatrix}1&0&0\\0&1&0\\0&0&2\end{pmatrix}=\begin{pmatrix}a_{11}&a_{12}&2a_{13}\\a_{21}&a_{22}&2a_{23}\\\frac{1}{2}a_{31}&\frac{1}{2}a_{32}&a_{33}\end{pmatrix}$$

【例 16】* 设V为三维欧氏空间，$\boldsymbol{\alpha}_1,\boldsymbol{\alpha}_2,\boldsymbol{\alpha}_3$为$V$的一组基，$V$在基$\boldsymbol{\alpha}_1,\boldsymbol{\alpha}_2,\boldsymbol{\alpha}_3$下的度量矩阵为$\boldsymbol{A}=\begin{pmatrix}1&1&0\\1&3&2\\0&2&5\end{pmatrix}$。$\boldsymbol{\beta}_1=2\boldsymbol{\alpha}_1-\boldsymbol{\alpha}_2,\boldsymbol{\beta}_2=\boldsymbol{\alpha}_2+\boldsymbol{\alpha}_3$，求$(\boldsymbol{\beta}_1,\boldsymbol{\beta}_2)$。

【解】

$$\begin{aligned}(\boldsymbol{\beta}_1,\boldsymbol{\beta}_2)&=(2\boldsymbol{\alpha}_1-\boldsymbol{\alpha}_2,\boldsymbol{\alpha}_2+\boldsymbol{\alpha}_3)\\&=2(\boldsymbol{\alpha}_1,\boldsymbol{\alpha}_2)+2(\boldsymbol{\alpha}_1,\boldsymbol{\alpha}_3)-(\boldsymbol{\alpha}_2,\boldsymbol{\alpha}_2)-(\boldsymbol{\alpha}_2,\boldsymbol{\alpha}_3)\\&=2\times1+2\times0-3-2=-3\end{aligned}$$

【例 17】* 设 V 为全体 2 阶实对称矩阵。对于矩阵的加法与数乘运算,V 构成一个三维实线性空间。在 V 中定义内积:$(\boldsymbol{A},\boldsymbol{B})=\mathrm{tr}(\boldsymbol{A}^{\mathrm{T}}\boldsymbol{B})$,$\forall \boldsymbol{A},\boldsymbol{B}\in V$。求 V 的一组标准正交基。

【解】 在 V 中取基 $\boldsymbol{\alpha}_1=\boldsymbol{E}_{11}$,$\boldsymbol{\alpha}_2=\boldsymbol{E}_{12}+\boldsymbol{E}_{21}$,$\boldsymbol{\alpha}_3=\boldsymbol{E}_{22}$,其中 $\boldsymbol{E}_{ij}$ 为第 i 行第 j 列元素为 1,其余元素为零的 2 阶矩阵。

将 $\boldsymbol{\alpha}_1,\boldsymbol{\alpha}_2,\boldsymbol{\alpha}_3$ 标准正交化,即可得到 $\boldsymbol{V}$ 的一组标准正交基 $\boldsymbol{A}_1,\boldsymbol{A}_2,\boldsymbol{A}_3$。

令 $\boldsymbol{\beta}_1=\boldsymbol{\alpha}_1=\boldsymbol{E}_{11}$,则

$$\boldsymbol{\beta}_2=\boldsymbol{\alpha}_2-\frac{(\boldsymbol{\alpha}_2,\boldsymbol{\beta}_1)}{(\boldsymbol{\beta}_1,\boldsymbol{\beta}_1)}\boldsymbol{\beta}_1=\boldsymbol{E}_{12}+\boldsymbol{E}_{21}-\frac{\mathrm{tr}(\boldsymbol{E}_{12}\boldsymbol{E}_{11}+\boldsymbol{E}_{21}\boldsymbol{E}_{11})}{\mathrm{tr}(\boldsymbol{E}_{11}^2)}\boldsymbol{E}_{11}=\boldsymbol{E}_{12}+\boldsymbol{E}_{21}$$

$$\begin{aligned}\boldsymbol{\beta}_3&=\boldsymbol{\alpha}_3-\frac{(\boldsymbol{\alpha}_3,\boldsymbol{\beta}_1)}{(\boldsymbol{\beta}_1,\boldsymbol{\beta}_1)}\boldsymbol{\beta}_1-\frac{(\boldsymbol{\alpha}_3,\boldsymbol{\beta}_2)}{(\boldsymbol{\beta}_2,\boldsymbol{\beta}_2)}\boldsymbol{\beta}_2\\&=\boldsymbol{E}_{22}-\frac{\mathrm{tr}(\boldsymbol{E}_{11}\boldsymbol{E}_{22})}{\mathrm{tr}(\boldsymbol{E}_{11}^2)}\boldsymbol{E}_{11}-\frac{\mathrm{tr}(\boldsymbol{E}_{12}\boldsymbol{E}_{22}+\boldsymbol{E}_{21}\boldsymbol{E}_{22})}{\mathrm{tr}[(\boldsymbol{E}_{12}+\boldsymbol{E}_{21})^2]}(\boldsymbol{E}_{12}+\boldsymbol{E}_{21})\\&=\boldsymbol{E}_{22}\end{aligned}$$

取

$$\boldsymbol{A}_1=\frac{\boldsymbol{\beta}_1}{\|\boldsymbol{\beta}_1\|}=\frac{\boldsymbol{E}_{11}}{\sqrt{\mathrm{tr}(\boldsymbol{E}_{11}^2)}}=\boldsymbol{E}_{11}$$

$$\boldsymbol{A}_2=\frac{\boldsymbol{\beta}_2}{\|\boldsymbol{\beta}_2\|}=\frac{\boldsymbol{E}_{12}+\boldsymbol{E}_{21}}{\sqrt{\mathrm{tr}[(\boldsymbol{E}_{12}+\boldsymbol{E}_{21})^2]}}=\frac{1}{\sqrt{2}}(\boldsymbol{E}_{12}+\boldsymbol{E}_{21})$$

$$\boldsymbol{A}_3=\frac{\boldsymbol{\beta}_3}{\|\boldsymbol{\beta}_3\|}=\frac{\boldsymbol{E}_{22}}{\sqrt{\mathrm{tr}(\boldsymbol{E}_{22}^2)}}=\boldsymbol{E}_{22}$$

$\boldsymbol{A}_1,\boldsymbol{A}_2,\boldsymbol{A}_3$ 即为 V 的一组标准正交基。

【例 18】 设 V 为实线性空间,V_1,V_2 为 V 的子空间。

$$W=\{\boldsymbol{\alpha}_1+\boldsymbol{\alpha}_2\mid\boldsymbol{\alpha}_1\in V_1,\boldsymbol{\alpha}_2\in V_2\}$$

记为 $W=V_1+V_2$,证明 W 是 V 的子空间。

【证明】 显然 W 是 V 的非空子集,所以只需证 W 关于 V 中的加法和数乘运算封闭。

任取 $\boldsymbol{\gamma}_1,\boldsymbol{\gamma}_2\in W$,设 $\boldsymbol{\gamma}_1=\boldsymbol{\alpha}_1+\boldsymbol{\beta}_1$,$\boldsymbol{\gamma}_2=\boldsymbol{\alpha}_2+\boldsymbol{\beta}_2$,其中 $\boldsymbol{\alpha}_1,\boldsymbol{\alpha}_2\in V_1$,$\boldsymbol{\beta}_1,\boldsymbol{\beta}_2\in V_2$,则

$$\boldsymbol{\gamma}_1+\boldsymbol{\gamma}_2=(\boldsymbol{\alpha}_1+\boldsymbol{\beta}_1)+(\boldsymbol{\alpha}_2+\boldsymbol{\beta}_2)=(\boldsymbol{\alpha}_1+\boldsymbol{\alpha}_2)+(\boldsymbol{\beta}_1+\boldsymbol{\beta}_2)$$

因为 V_1,V_2 为 V 的子空间,所以 $\boldsymbol{\alpha}_1+\boldsymbol{\alpha}_2\in V_1$,$\boldsymbol{\beta}_1+\boldsymbol{\beta}_2\in V_2$,于是 $\boldsymbol{\gamma}_1+\boldsymbol{\gamma}_2\in W$。

又对任意实数 λ,$\lambda\boldsymbol{\gamma}_1=\lambda\boldsymbol{\alpha}_1+\lambda\boldsymbol{\beta}_1$,因为 V_1,V_2 为 V 的子空间,所以 $\lambda\boldsymbol{\alpha}_1\in V_1$,$\lambda\boldsymbol{\beta}_1\in V_2$,于是 $\lambda\boldsymbol{\gamma}_1\in W$。$W$ 关于 V 中的加法和数乘运算封闭,所以 W 是 V 的子空间。

【例 19】 设 V 为实线性空间,V_1,V_2 为 V 的子空间,$W=V_1\cap V_2$,证明 W 是 V 的子空间。

【证明】 显然 W 是 V 的非空子集,所以只需证 W 关于 V 中的加法和数乘运算封闭。

任取 $\boldsymbol{\alpha},\boldsymbol{\beta}\in W$,则 $\boldsymbol{\alpha},\boldsymbol{\beta}\in V_1$ 且 $\boldsymbol{\alpha},\boldsymbol{\beta}\in V_2$。因为 V_1,V_2 为 V 的子空间,所以 $\boldsymbol{\alpha}+\boldsymbol{\beta}\in V_1$,且 $\boldsymbol{\alpha}+\boldsymbol{\beta}\in V_2$,于是 $\boldsymbol{\alpha}+\boldsymbol{\beta}\in W$;又对任意实数 λ,因为 V_1,V_2 为 V 的子空间,所以 $\lambda\boldsymbol{\alpha}\in V_1$ 且 $\lambda\boldsymbol{\alpha}\in V_2$,于是 $\lambda\boldsymbol{\alpha}\in W$。$W$ 关于 V 中的加法和数乘运算封闭,所以 W 是 V 的子空间。

【例 20】 设 V 为全体 2 阶实矩阵的集合,按矩阵的加法与数乘运算,V 构成一个实线性空间。记 $\boldsymbol{E}_{ij}$ 为第 i 行第 j 列元素为 1,其余元素为零的 2 阶矩阵,求证:$\boldsymbol{E}_{11},\boldsymbol{E}_{12},\boldsymbol{E}_{21},\boldsymbol{E}_{22}$ 与 $\boldsymbol{E}_{11},\boldsymbol{E}_{22},\boldsymbol{E}_{12}+\boldsymbol{E}_{21},\boldsymbol{E}_{12}-\boldsymbol{E}_{21}$ 等价。

【证明】 显然 $\boldsymbol{E}_{11},\boldsymbol{E}_{22},\boldsymbol{E}_{12}+\boldsymbol{E}_{21},\boldsymbol{E}_{12}-\boldsymbol{E}_{21}$ 可由 $\boldsymbol{E}_{11},\boldsymbol{E}_{12},\boldsymbol{E}_{21},\boldsymbol{E}_{22}$ 线性表示;反过来,有

$$\boldsymbol{E}_{12}=\frac{1}{2}(\boldsymbol{E}_{12}+\boldsymbol{E}_{21})+\frac{1}{2}(\boldsymbol{E}_{12}-\boldsymbol{E}_{21})$$

$$\boldsymbol{E}_{21}=\frac{1}{2}(\boldsymbol{E}_{12}+\boldsymbol{E}_{21})-\frac{1}{2}(\boldsymbol{E}_{12}-\boldsymbol{E}_{21})$$

即 $\boldsymbol{E}_{11},\boldsymbol{E}_{12},\boldsymbol{E}_{21},\boldsymbol{E}_{22}$ 也可由 $\boldsymbol{E}_{11},\boldsymbol{E}_{22},\boldsymbol{E}_{12}+\boldsymbol{E}_{21},\boldsymbol{E}_{12}-\boldsymbol{E}_{21}$ 线性表示，所以 $\boldsymbol{E}_{11},\boldsymbol{E}_{12},\boldsymbol{E}_{21},\boldsymbol{E}_{22}$ 与 $\boldsymbol{E}_{11},\boldsymbol{E}_{22},\boldsymbol{E}_{12}+\boldsymbol{E}_{21},\boldsymbol{E}_{12}-\boldsymbol{E}_{21}$ 等价。